PETIT

DICTIONNAIRE MANUEL

DU

JARDINIER AMATEUR

PAR

MOLÉRI

PARIS

COLLIGNON, LIBRAIRE-ÉDITEUR

RUE SERPENTE, 31

LIBRAIRIE CENTRALE D'AGRICULTURE ET DE JARDINAGE

AUG. GOIN

Rue des Écoles, 82

PETIT DICTIONNAIRE MANUEL

DU

JARDINIER AMATEUR

SAINT-DENIS. — TYPOGRAPHIE DE A. MOULIN.

C.

PETIT

DICTIONNAIRE MANUEL

DE

JARDINIER AMATEUR

PAR

MOLÉRI

PARIS

COLLIGNON, LIBRAIRE-ÉDITEUR

RUE SERPENTE, 31

LIBRAIRIE CENTRALE D'AGRICULTURE ET DE JARDINAGE

AUG. GOIN

Rue des Écoles, 82

1865

PRÉFACE

On a écrit un grand nombre de livres sur le jardinage ;
mais, en général, ils sont d'un prix élevé et n'ont
guère été faits qu'en vue des grands horticulteurs ou
cultivateurs. Cependant les amateurs qui n'ont à leur
disposition qu'un terrain de dimensions étroites, forment la classe non-seulement la plus nombreuse, mais
encore la plus intéressante ; car, n'ayant point de jardinier à leur service, ou exploités par ces jardiniers
d'un savoir douteux, qui *font ou entreprennent au mois
ou à l'année toute espèce de jardins bourgeois*, ils ont,
plus que personne, besoin qu'on les éclaire, qu'on les
instruise, qu'on leur enseigne les moyens de tirer parti,
au profit de leurs jouissances, des ressources dont ils
disposent, si petites qu'elles soient. C'est pour leur être
à la fois agréables et utiles que nous publions ce petit
livre, auquel nous avons donné la forme de dictionnaire. Le dictionnaire a ceci d'avantageux et de commode, qu'on y trouve sur-le-champ et, pour ainsi dire

sans recherches, les renseignements dont on a besoin.

Comme on peut être un excellent horticulteur sans savoir un mot de grec ni de latin, et que notre ouvrage est spécialement destiné à des Français, nous avons cru devoir ne pas faire bon marché de notre langue au profit d'une nomenclature très-scientifique sans doute, mais inintelligible pour la plupart des lecteurs. La science est fort belle pour les savants ; mais il n'est pas donné à tout le monde de la posséder, et nous croyons qu'une des premières préoccupations d'un écrivain doit être de chercher à se faire comprendre de tout le monde. Nous savons qu'il y a des gens enchantés de pouvoir dire : « J'ai dans mon jardin de beaux *cheiranthus*, d'admirables *callistephus*, de ravissants *dianthus*, » pensant faire croire probablement à ceux qui les écoutent qu'ils sont possesseurs des plantes exotiques les plus rares : triste satisfaction d'amour-propre, et qui se change bientôt en ridicule lorsque, sous ces étranges étiquettes, on montre tout bonnement des *giroflées*, des *reines-marguerites* et des *œillets*. Nous avons, autant que cela nous a été possible, donné avant tout à chaque plante son nom français, ou au moins celui sous lequel elle est le plus généralement connue en France.

Chaque année, les revues, les almanachs, les catalogues appellent l'attention du public sur des centaines de plantes nouvelles, avec descriptions pompeuses, accompagnées d'éloges dont il serait sage de ne pas même croire la moitié. Ces interminables nomenclatures de variétés nouvelles semblent vraiment faites pour décourager le modeste amateur ; car, pour loger un seul exemplaire de chacune de ces plantes si vantées, il faudrait qu'il pût disposer d'un terrain, non de quelques mètres, mais de quelques hectares. Il est impossible, à notre avis, à moins d'avoir une tête bien fortement organisée, de supporter la lecture d'un catalogue d'horticulteur sans éprouver vingt fois l'envie de renoncer pour jamais à toute velléité de jardinage. Heureux celui qui, sans s'inquiéter de ce fatras commercial, cherche et sait trouver, dans la possession d'un petit nombre de plantes connues, des plaisirs vrais et durables ! L'étiquette et la dédicace d'une fleur ne constituent point son mérite. Deux mille variétés de rosiers ne réjouiront pas plus votre vue ni votre odorat, qu'une vingtaine de ces charmants arbustes, auxquels vous aurez du moins le temps de payer chaque jour le tribut de vos soins et de vos admirations ; eh bien, cette vingtaine de rosiers, osez les choisir dans un catalogue !

Nous n'avons donc donné, à la suite de la description des plantes dites de collection, qu'un choix très-restreint de leurs variétés les plus estimables ; encore craignons-nous que le nombre, tout restreint qu'il est, ne soit trop considérable quelquefois, et ne devienne pour nos lecteurs une cause de perplexité.

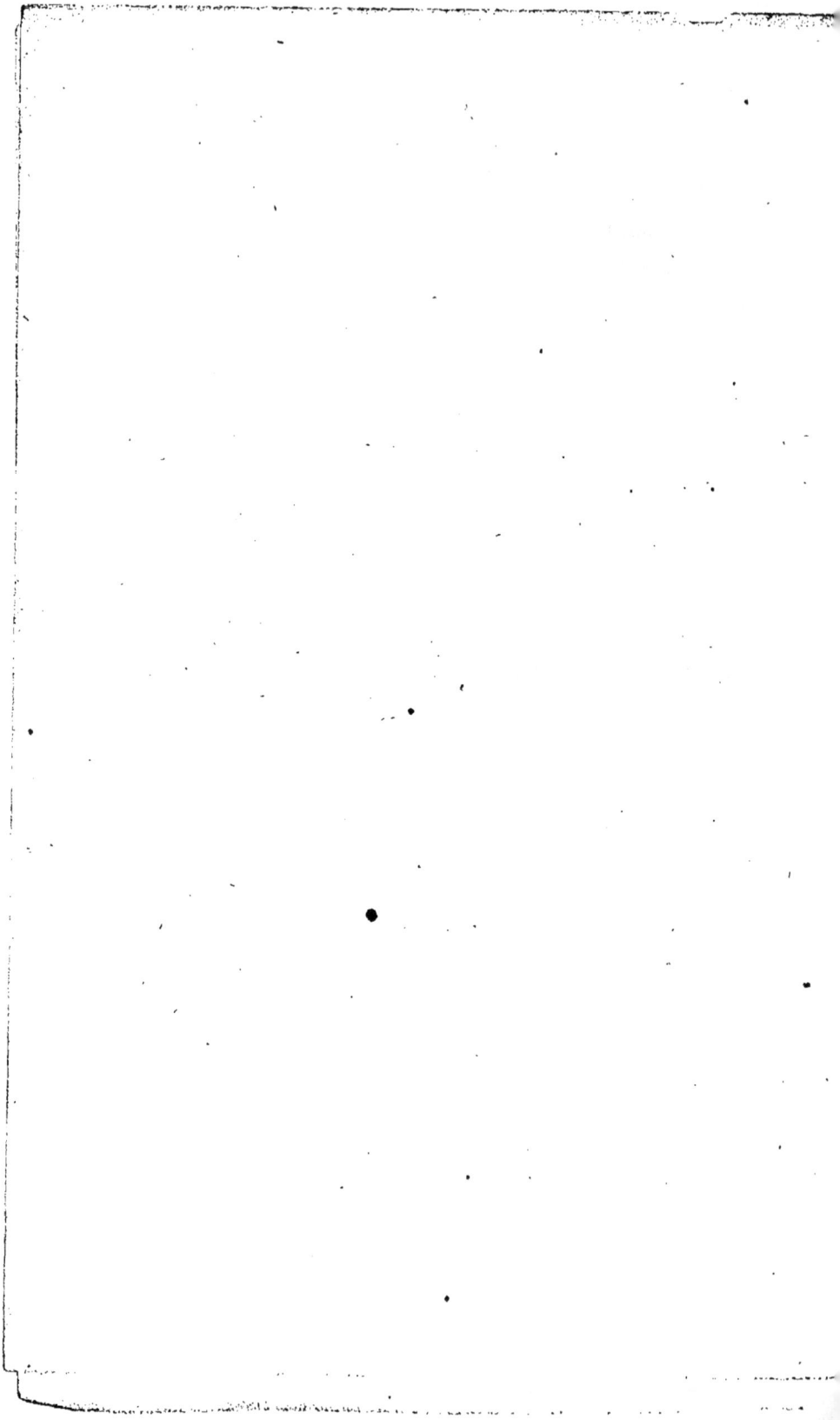

CALENDRIER DE L'HORTICULTEUR.

———

Au mois de novembre, il n'y a, pour ainsi dire, plus de fleurs dans les jardins, et la récolte des fruits est terminée ; on commence à cette époque la taille, les plantations, les labours, etc., qui préparent les résultats de l'année suivante ; c'est dans le même temps qu'on s'occupe des soins à donner aux plantes rentrées en orangerie le mois précédent. Pour ces diverses raisons qui nous ont paru concluantes, nous commençons par le mois de novembre le calendrier de l'horticulteur.

Novembre.

Arbres fruitiers. — Commencer la taille par les arbres à fruits à pépins, dont l'âge ou la faiblesse ne permet point de laisser se perdre une partie de la séve dans les bourgeons qui doivent être supprimés. Procéder ensuite à la taille des autres sujets, que toutefois il faudrait suspendre, s'il survenait de fortes gelées.

Arracher les arbres morts ou usés et, avant de les remplacer, renouveler dans une large mesure la terre destinée à recevoir les nouveaux sujets.

Faire, autant que possible, les plantations vers la fin de ce mois ; c'est l'époque la plus favorable pour cette opération, que, du reste, le propriétaire ou locataire d'un jardin de moyenne grandeur n'aurait aucun prétexte plausible de différer.

Arbres d'agrément. — Appliquer aux arbres d'agrément ce qui vient d'être dit au sujet des arbres fruitiers ; cependant, on doit attendre le printemps pour la plantation des arbres résineux et pour celle des arbrisseaux de terre de bruyère.

Fleurs. — Arracher les plantes annuelles qui ont achevé le cours de leur végétation. — Rentrer les tubercules des dahlias, belles de nuit, etc.,

a.

les oignons de glaïeuls, de tigridies, etc. — Dédoubler les pieds trop vigoureux des plantes vivaces. — Planter du 1er au 15 les oignons de jacinthes, de narcisses, de tulipes, les griffes et pattes d'anémones et de renoncules. — Mettre en place les plantes vivaces. — Planter les rosiers ; tailler ceux qui sont greffés sur églantier ; recéper les rosiers du Bengale. —Couvrir les souches délicates de feuilles, de mousse ou de litière.

Orangerie. — Visiter et surveiller les plantes dont la rentrée et l'arrangement ont dû être achevés en octobre. — Arroser chaque sujet selon le temps, le besoin, le degré de sécheresse ou d'humidité du local : c'est à cette intelligente distribution de l'eau que se fait surtout reconnaître le discernement de l'horticulteur. — Renouveler l'air aussi souvent que le permet la température extérieure. — Veiller à ce que la température intérieure ne soit ni trop élevée ni trop abaissée. — Tenir dans un état constant de propreté les plantes et le local qui les renferme.

Décembre.

Arbres fruitiers. — Mêmes travaux que le mois précédent, si on les a omis ou seulement commencés. Tailler les pommiers et les poiriers.

Arbres d'agrément. — Élaguer, recéper, achever les plantations commencées.

Fleurs. — Donner, si la température le permet, un léger labour aux massifs et aux plates-bandes. Défoncer les gazons qu'on veut renouveler. Terminer, s'il y a lieu, les travaux commencés le mois précédent.

Orangerie. — Elle ne doit pas être chauffée, tant que le thermomètre n'y descend pas au-dessous de 0°; on y laisse pénétrer le soleil toutes les fois qu'il n'y produit pas une chaleur au-dessus de 10°. Enfin, si la température n'y est pas au-dessous de 4°, il faut avoir soin d'ouvrir les fenêtres ou les châssis, afin de renouveler l'air et de chasser l'humidité. Du reste, les prescriptions du mois précédent sont de tous points applicables à celui-ci.

Janvier.

Arbres fruitiers. — On peut encore en planter, quoiqu'il soit mieux de l'avoir fait à la fin de novembre. Continuer la taille des pommiers et des poiriers, si on ne l'a pas achevée le mois précédent. Débarrasser les arbres du bois mort, de la mousse et des lichens.

Arbres d'agrément. — Rien à faire pour ceux qui ont eu le bon esprit de planter en novembre et décembre.

Fleurs. — Défoncer, labourer les plates-bandes ; recharger les allées défoncées ; préparer les composts pour rempoter en mars et en avril certaines plantes herbacées cultivées en pot, telles que : œillets, crêtes-de-

coq, etc.; voici la composition de ces composts : terre jaune, terre de
gazon décomposée, fumier consommé et fumier frais mélangés avec soin ;
lorsque viendra le moment de procéder au rempotage, on ajoutera, selon
le besoin, à ce mélange, de la terre de bruyère et du sable blanc. Visiter,
lorsqu'il a plu, les plantes vivaces recouvertes de litière, surtout celles
que l'humidité pourrait faire périr : les auricules, par exemple, craignent
encore plus l'eau que la gelée. Tailler avec les cisailles les rosiers en
buisson ; tailler avec le sécateur, et mieux avec la serpette, les rosiers
à tige, à l'exception pourtant des rosiers-thé ; il va sans dire que cette
opération aura lieu seulement lorsque le permettront la température et la
beauté du temps.

Orangerie. — Continuer les soins donnés en novembre et en décembre ;
visiter souvent les plantes et enlever les moisissures dont elles sont sujettes à se couvrir dans ce mois surtout où elles manquent le plus d'air et
de soleil.

Février.

Arbres fruitiers. — Terminer les plantations en terre sèche et légère.
— La taille de la vigne ne saurait être reculée au delà de ce mois.

Arbres d'agrément. — Enlever le bois mort et supprimer les branches
nuisibles ou mal placées. — Si le temps est favorable, faire la toilette
des rosiers, et enlever surtout, en supprimant les branches mal placées,
celles qui obstruent le centre de la tête, parce qu'elles ont le double
inconvénient d'être improductives et d'épuiser la plante. Retirer au pied
de ces arbustes quelques centimètres de terre qu'on remplace par du
fumier. — Labourer à la houe les bosquets, les massifs, le pied des arbres
isolés.

Fleurs. — Nettoyer les allées et les recharger de sable. — Rafraîchir
les bordures de gazon. — Labourer les parties destinées à être semées en
gazon, pour les ensemencer vers la fin du mois. — Planter en motte sur
les plates-bandes les plantes vivaces ou bisannuelles qu'on n'a pu planter
en automne. — Replanter les bordures de buis, d'hysope, de lavande, de
mignardise, de pâquerette, de sauge, etc. — Donner de l'air, pendant les
heures les plus douces de la journée, aux plantes vivaces qu'on a tenues
empaillées durant l'hiver. — Couvrir les œillets de pleine terre aussitôt
qu'un dégel s'annonce. — Rempoter et mettre en place les auricules qu'on
doit arroser d'abord très-modérément. — Mettre en place, si le temps le
permet, les roses trémières obtenues de semis ou de boutures.

— Planter les renoncules. — Commencer à découvrir les carrés de tulipes
et de jacinthes. — On peut essayer de semer sur place, en bordure ou en
potelet : adonide, balisier, clarkie, coquelicot, coréopside, gilie, giroflée
de Mahon, némophile, nigelle, pavot, pied d'alouette, réséda, etc.

Orangerie. — Continuer les soins des mois précédents. — Renouveler l'air toutes les fois que le temps le permet. — Arroser plus fréquemment les plantes en fleur. — Débarrasser toutes les plantes des feuilles mortes et des insectes.

Mars.

Arbres fruitiers. — Achever la taille des arbres en espalier, à moins qu'ils ne soient trop vigoureux; il convient, en ce cas, de retarder la taille pour laisser la séve se porter un peu dans les bourgeons à supprimer. — Ne pas tailler encore les pêchers dont la floraison trop hâtée pourrait être endommagée par les gelées tardives. — Tailler les contre-espaliers et les quenouilles; enlever le bois supprimé. — Labourer le pied des arbres et y répandre du paillis.

Arbres d'agrément. — Achever les plantations, à l'exception des arbres verts et des arbres résineux. — Recharger de terre nouvelle, après un bon binage, les arbustes de pleine terre de bruyère — Dégarnir vers la fin du mois, les andromèdes et les rosages qu'on aura cru devoir empailler.

Fleurs. — Labourer les plates-bandes en leur donnant une dose convenable d'engrais et de terreau. — Dédoubler les plantes vivaces dont les touffes ont pris trop de développement. — Découvrir dans la première quinzaine les carrés de jacinthes et de tulipes, si on n'a pu le faire à la fin du mois précédent. — Renouveler les bordures d'œillets nains. — Semer sur couche : balsamines, belles-de-nuit, zinnies élégantes, etc. — Mettre à nu sur une couche les tubercules de dahlias et de belles-de-nuit, les recouvrir de châssis, puis, lorsque les bourgeons sont sortis et un peu développés, diviser les touffes et planter en pépinière jusqu'au moment où on les mettra en place. — Semer sur place : adonide, belles-de-jour, capucines, collinsies, coquelicots, coréopside, escholtzie de Californie, gilie tricolore, giroflée de Mahon, godéties, malopes, mufliers, némophile remarquable, nigelle, œillets de Chine, pavots doubles, pied-d'alouette nain, pois de senteur, ravenelles, reines-marguerites, réséda, siléné à fleur rose, thlaspi, volubilis, etc. — Mettre en place en pleine terre : amaryllis, lis Saint-Jacques, anémones, variétés du glaïeul rose, iris germanica, variétés rustiques du lis, ornithogales, pancratium d'Illyrie, pancratium maritimum, renoncules, tigridies. — Mettre en place à la fin du mois les plantes annuelles semées l'été précédent et repiquées en pépinière dans l'automne.

Orangerie. — Donner aux plantes un peu plus d'eau et en seringuer les feuilles. — Entretenir une propreté rigoureuse.

Avril.

Arbres fruitiers. — Tailler les arbres trop vigoureux dont la taille a été reculée. — Tailler les pêchers. — Lorsque les bourgeons se sont allongés de 20 à 25 millimètres, supprimer ceux qui sont nuisibles, mal placés ou inutiles. — Couvrir avec des toiles ou des paillassons, si des gelées tardives paraissent à craindre. — Rechercher et détruire les nids de chenilles échappés à l'échenillement d'hiver.

Arbres d'agrément. — Visiter les arbrisseaux et arbustes nouvellement plantés, arroser ceux qui paraîtraient en retard. — Planter les arbres verts et les arbres résineux. — Faire la chasse aux chenilles et autres insectes nuisibles.

Fleurs. — Soigner la tenue des plates-bandes, des massifs et des allées. — Arroser à propos les nouvelles plantations. — Diviser les astères, les centaurées, les chrysanthèmes, les lychnides, les œillets de poëte. — Planter les œillets et les baguetter avec soin. — Arroser assez fréquemment les auricules et les polyanthes. — Semer sur place : alysse odorante, belles-de-nuit odorante et hybride, capucines brune et des Canaries, chrysanthème à carène, collinsie bicolore, coquelicots doubles variés, coréopside de Drummond, énothère blanche, Vélar de Pétrowski, eucharidions élégant et à grandes fleurs, lin à grandes fleurs, œillet de la Chine panaché, œillet d'Inde, rose d'Inde, salpiglossis, séneçon double, zinnies, ainsi que les plantes énumérées dans le mois précédent, si le temps n'a pas permis de les semer avant celui-ci.

Orangerie. — Donner de l'air chaque fois que le temps est favorable. — Augmenter les arrosements à raison de la force de la chaleur et de la végétation. — Supprimer entièrement le feu. — Commencer à sortir les grenadiers, les lauriers roses, les verveines. — Remettre en place les fuchsias.

Mai.

Arbres fruitiers. — Supprimer les pousses mal placées ou nuisibles qui auraient pù échapper le mois précédent.

Fleurs. — Biner les plates-bandes et les massifs. — Faucher les gazons et en extraire les mauvaises herbes. — Mettre les dahlias en place du 10 au 15. — Arroser le soir les renoncules et les tulipes si elles en ont besoin. — Donner des tuteurs aux jacinthes qu'on arrose modérément. — Biner les œillets. — Planter à deux ou trois reprises anémones et renoncules, si l'on veut en avoir en fleur pendant tout l'été. — Mettre en place : agapante ombellifère, amaryllis jaune, colchiques, cyclamen d'Europe, safran d'automne. — Semer : ambrette, balsamines, camélias, belles-de-jour, campanules à grosses fleurs doubles, violettes, centaurée

musquée, clarkie gentille, coréopside, cuphéa pourpre, escholtzie de
Californie, variétés de giroflée (grosse espèce), haricots d'Espagne,
julienne de Mahon, lupin jaune odorant, lupin nain, némophiles, pétunies, phlox de Drummond, pourpier à grandes fleurs, scabieuses, verveines, etc. — Bouturer : datura en arbre, jasmin d'Espagne, phlox à
feuilles en croix, roses trémières, sauge à fleurs larges.

Orangerie. — Sortir du 10 au 15 les orangers et les plantes d'orangerie. — Visiter les plus grands arbustes et les tailler, s'il y a lieu.

Juin.

Arbres fruitiers. — Veiller au maintien de l'équilibre dans toutes les
parties de chaque arbre en espalier. — Palisser les branches de l'abricotier précoce et en découvrir le fruit. — Commencer la récolte des
fruits rouges, si l'année a été favorable.

Arbres d'agrément. — Greffer les rosiers en écusson à œil poussant.

Fleurs. — Ratisser, biner, arroser. — Faucher les gazons. — Donner
des tuteurs solides aux dahlias, aux roses trémières, aux astères. —
Couper les tiges des plantes herbacées à mesure que la fleur est passée
et n'en réserver que quelques-unes pour graine. — Arroser et biner les
pots et caisses sortis de l'orangerie. — Repiquer les balsamines, les
reines-marguerites, les zinnies. — Marcotter les œillets. — Bouturer les
fuchsias et les épacrides. — Placer à l'ombre, dans un endroit aéré, les
auricules et les polyanthes. — Disposer pour l'automne les jeunes pieds
de chrysanthèmes. — Sortir par un temps couvert les camélias pour les
placer dans un endroit aéré du jardin et à mi-ombre. — On peut semer :
alysse odorante, anémone, barkhausie rouge, cacalie écarlate, capucine
panachée, chrysanthème à carène, collinsie bicolore, coréopside élégante,
coréopside pourpre, godétie rubiconde, ipomée quamoclit, lin à grandes
fleurs, lupin rose changeant, lupin de Guatemala, œillet d'Inde, reines-
marguerites, rose d'Inde, souci à bouquet, etc.

Juillet.

Arbres fruitiers. — Visiter les arbres en espalier, s'assurer si l'équilibre se conserve bien partout, et le rétablir s'il est rompu. — Palisser.
— Pincer les branches qui s'emportent et tirer en avant celles qui
sont trop faibles. — Découvrir un peu les fruits qui approchent de leur
maturité. — Si le temps est sec, arroser les arbres au pied et seringuer
les fruits. — Faire la chasse aux limaçons lorsqu'il a plu, ou le matin
avant que le soleil ait dissipé la rosée.

Arbres d'agrément. — Tondre, élaguer.

Fleurs. — Arroser, ratisser, biner. — A la fin du mois, planter en
mottes sur les plates-bandes et au bord des massifs les fleurs d'automne

— Marcotter les œillets. — Relever les oignons et les griffes lorsque les feuilles et les tiges sont desséchées, et les replanter immédiatement, si on le veut, en ayant soin, si on les replante à la même place, de changer ou au moins de modifier la terre. Mais nous croyons qu'il vaut mieux laisser reposer les bulbes à fleurs jusqu'en septembre, pour ne les replanter qu'à cette époque; quant aux caïeux, il leur est profitable de passer en pépinière le reste de la belle saison; seulement il faut, à l'approche de l'hiver, les couvrir d'une litière abondante. — Mettre en place les caïeux de couronne impériale. — Ébourgeonner les dahlias. — Pincer les jeunes pieds de chrysanthèmes. — Rempoter les épacrides. — Renouveler les semis en place des belles-de-jour, des belles-de-nuit, des zinnies. — On peut encore semer dès le commencement du mois, pour fleurir en septembre et en octobre : alysse odorante, campanule, chrysanthème à carène, clarkie blanche, clarkie élégante, escholtzie de Californie, phlox de Drummond, souci à la reine, souci prolifère, spéculaire miroir de Vénus, thlaspi blanc, en un mot, toutes les plantes à croissance rapide.

Août.

Arbres fruitiers. — Palisser complétement les arbres en espalier. — Découvrir peu à peu les fruits qui approchent de leur maturité. — Visiter avec soin les branches malades.

Arbres d'agrément. — Greffer en écusson à œil dormant les arbres et arbustes d'ornement.

Fleurs. — Achever de mettre en place les fleurs annuelles d'automne. — Arroser, ratisser, biner. — Couper le gazon. — Tondre les bordures. — Sevrer les marcottes d'œillets et les planter en pleine terre ou en pot. — Bouturer : aucuba du Japon, centaurée blanche, chrysanthèmes de l'Inde, cuphéas, gaillarde peinte, giroflées, héliotropes, hortensia, jasmin d'Espagne, muflier, pentstémon, pétunies, sauges, weigélias, violette en arbre, hysope, lavande, marjolaine, romarin, thym, etc. — Semer pour fleurir l'année suivante : cuphéas, escholtzie de Californie, ficoïde tricolore, gaillarde peinte, lobélie érine, lobélie pubescente, mouron en arbre, nyctérinie, œillet de la Chine, rose trémière de la Chine, rudbeckie bicolore, tagétès luisant, etc. — Mettre en place pour fleurir dans les premiers mois de l'année suivante : arum, dodécathéon de Virginie, fritillaire, iris d'Espagne, iris d'Angleterre, muscari odorant, muscari monstrueux, perce-neige, sparaxide.

Orangerie. — Rempoter les plantes qui en ont besoin et pour lesquelles cette opération n'a pas été faite au mois de mai.

Septembre.

Arbres fruitiers. — Surveiller les péchers dont l'équilibre pourrait être dérangé. — Découvrir les fruits trop ombragés. — Envelopper les plus belles grappes de chasselas dans des sacs de crin ou de papier.

Fleurs. — Séparer et planter les plantes qui fleurissent de bonne heure au printemps, telles que pivoines herbacées, alstrœmères, fume-terres bulbeuses, pâquerettes, juliennes, muscari, mignardise. — Empoter les variétés délicates d'œillets flamands et de fantaisie. — Mettre en pots les chrysanthèmes. — Surveiller la maturité des graines à récolter. — Semer en pleine terre : adonide d'été, alysse odorante, barkhausie rouge, centaurée, clarkie gentille, coquelicots doubles variés, coréopside élé-gante, eschscholtzie de Californie, eucharidion à grandes fleurs, julienne de Mahon, œillet de la Chine, pavots doubles variés, pensée vivace, pied-d'alouette et variétés annuelles, pois de senteur, roses trémières de la Chine, saponaire, scabieuse, siléné à bouquets, thlaspi blanc. — Semer sous châssis : brachycome, calcéolaire, coquelourde rose, énothères, gail-lardes, immortelle à grande fleur, lin à grande fleur, mimulus, mouron en arbre, oxalide rose, phlox de Drummond, séneçon double, vervei-nes, etc. — Mettre en place : anémone des fleuristes, crocus, glaïeul cardinal, hépatiques, iris de Perse, jonquilles, muguet, ornithogale en ombelle, vieusseuxia, etc.

Orangerie. — Achever le rempotage. — Arroser modérément et plutôt le matin que le soir.

Octobre.

Arbres fruitiers. — Cueillir par un temps sec les fruits d'hiver, les étaler dans une pièce sèche, où on les laisse se ressuyer pendant cinq ou six jours, et les ranger ensuite sur les tablettes du fruitier.

Fleurs. — Donner la dernière façon aux allées. — Ramasser les feuilles tombées. — Couper les tiges des plantes vivaces dont la floraison est terminée. — Nettoyer, fumer et labourer les plates-bandes pour y planter immédiatement : œillet de poëte, campanules, scabieuses, mufliers, valé-riane grecque, etc. — Mettre en pot la giroflée grosse espèce pour la rentrer pendant les gelées. — Continuer à mettre en terre les oignons à fleur indiqués aux deux mois précédents. — Semer en pleine terre : calandrinie à grandes fleurs, campanule pentagonale, collomie coccinée, gaura de Lendheimer, gilie à fleurs en tête, godétie rubiconde, gypso-phile élégante, immortelle annuelle, matricaire mandiane, siléné de Vir-ginie, soucis, thlaspi violet foncé, et celles des plantes indiquées pour le mois précédent qui n'auront pas encore été semées.

Orangerie. — Rentrer vers le 15 les orangers et les plantes d'oran-gerie.

PETIT

DICTIONNAIRE

MANUEL

DU JARDINIER AMATEUR.

A

ABÉLIE *des rochers* (caprifoliacées.) Arbrisseau de la Chine. Branches grêles, diffuses. Feuilles d'un vert brillant, ovales, dentées. Fleurs blanches, d'une odeur agréable, durant longtemps. Terre légère, serre tempérée ou froide. — *A. à fleurs nombreuses :* arbrisseau de 2 m. Rameaux pendants. Bouquets axillaires et terminaux de fleurs roses, tubuleuses et pendantes. Terre de bruyère ; serre tempérée, dont elle tapisse agréablement le mur. Multipl. de boutures étouffées.

ABRICOTIER (rosacées). D'Arménie. Racines pivotantes. En février et mars, fleurs à cinq pétales arrondis, précédant les feuilles. Fruit arrondi ou ovoïde, couvert de duvet, marqué d'une rainure dans sa longueur ; pulpe charnue et succulente, enveloppant un noyau osseux et comprimé. Terre bien ameublie, pas trop argileuse ; engrais consommés, en petite quantité. En espalier, au levant ou en plein vent ; les fruits sont meilleurs en plein vent, plus beaux en espalier. Greffer en écusson, à œil dormant, sur franc, sur amandier, prunier damas noir, Saint-Julien, cerisette. Retrancher des fruits s'ils se montrent en trop grande quantité. Couvrir de toiles ou de paillassons les fleurs précoces pour les préserver des gelées tardives. Ne découvrir que peu à peu, en palissant, les fruits des espaliers situés au midi. — *Taille* : On taille l'abricotier en plein vent, seulement pour l'empêcher de se dégarnir par le bas, et pour retrancher les branches mal placées ou inutiles, surtout à l'intérieur. Quant à l'abricotier en espalier, il ne faut pas trop compter sur sa souplesse; on ne doit guère le tailler qu'en éventail. La première année, à la fin de mars, on rabat la tige à la hauteur de 0 m. 16 c. à 0 m. 22 c.; on laisse jusqu'en avril les yeux se développer; alors on les abat, à l'exception de deux, un de chaque côté, destinés à former deux membres. On modère celui qui paraîtrait prendre plus de force que l'autre. On les palisse en septembre, en les ouvrant de 10 à 15 degrés; ils doivent avoir de 1 m. 30 c. à 1 m. 60 c. de longueur, si l'arbre a eu une nourriture suffisante. La deuxième année, on rabat le chicot sur le plus haut membre; on couvre la plaie de cire à greffer. On taille à une longueur de 0 m. 16 c. à 0 m. 22 c.; on laisse les yeux se développer; on supprime ceux de derrière, on conserve les autres; on pousse au développement les deux plus élevés de chaque membre, destinés à faire des prolongements. Les yeux latéraux devront faire des branches à fruit. Si ceux de devant dépassent une longueur de 0 m. 06 c., il faut les couper en mai et juin, à l'épaisseur d'un écu, suivant le précepte de La Quintinie, pour en faire sortir une ou deux petites branches à fruit. On palisse, on supprime les petits bourgeons, on maintient l'équilibre entre les membres. La troisième année, tailler les quatre branches terminales à une longueur de 0 m. 50 c. à 0 m. 70 c., ou moins si l'on craint d'avoir des vides; tailler les autres branches de 0 m. 06 c., à 0 m. 25 c. et 0 m. 35 c., selon leur force et le nombre de rameaux qu'on veut obtenir. Ne point tailler les branches qui ont 0 m. 06 c. et au-dessous.

LISTE PAR ORDRE ALPHABÉTIQUE DES ESPÈCES OU VARIÉTÉS LE PLUS GÉNÉRALEMENT CULTIVÉES ET CONSIDÉRÉES COMME LES MEILLEURES.

Abricotin, A. précoce; A. hâtif musqué : Fruit petit, aplati aux extrémités; rainure bien caractérisée; amande amère. Mûrit au commencement de juillet.

Alberge : Fruit petit; chair fondante; noyau grand et plat, renfermant une amande grosse et amère. Cet abricotier n'aime que le plein vent et se multiplie par noyau. Mi-août.

Angoumois : Fruit excellent, allongé ; chair d'un jaune presque rouge, fondante, agréable, vineuse, légèrement acide. Mi-juillet.

Blanc : Bon fruit ; chair blanche, délicate, ayant un léger goût de pêche ; amande amère. En juillet.

Commun : Fruit très-gros ; chair pâteuse lorsqu'elle est trop mûre ; amande amère. Mi-juillet.

Hollande (de) ; *amande aveline* : Fruit petit ; chair jaune, fondante, vineuse ; amande douce. Mi-juillet.

Musch : Bon fruit, arrondi, d'un jaune foncé ; chair transparente et fine. Mi-juillet.

Musch-Musch (gros) : Bon fruit, sillonné profondément d'un côté, aplati de l'autre ; chair parfumée ; amande douce. Fin de juillet.

Noir ; *A. du Pape* : Fruit petit, lie de vin foncée, de qualité médiocre.

Pêche ; *A. de Nancy* ; *A. de Wurtemberg* : Excellent fruit, très-gros, un peu aplati, raboteux et coloré lorsqu'il est en plein vent ; chair d'un jaune rouge, très-parfumée, d'un goût relevé ; multiplication par noyau. Fin d'août.

Portugal (de) : très-bon fruit, rond, petit ; chair délicate, fondante. Mi-août.

Pourret : Variété de l'abricot-pêche de Nancy ; fruit plus vineux. Fin août.

Provence (de) : Fruit petit ; chair jaune, sucrée, vineuse, quelquefois un peu sèche ; amande douce. Fin de juillet.

Royal : Variété de l'abricot-pêche de Nancy ; fruit plus rond et encore meilleur. Fin août.

ABRIS. On appelle *abri* tout ce qui a pour objet de protéger les plantes contre le froid, le soleil ou le vent. Les *murs*, les *paillassons*, les *toiles*, les *cloches*, les *verrines*, les *entonnoirs*, les *cages*, les *contre-sol*, les *châssis*, les *bâches*, les *serres*, les *ados*, les *palissades*, la *litière*, les *feuilles*, le *paillis*, la *mousse*, les *couches* sont des abris (voir chacun de ces mots).

ABRONIE *à ombelles* (Nyctaginées). Annuelle. Tiges et rameaux grêles, teints de rouge. Petites fleurs roses, formant une tête portée par un long pédoncule. Semer en pot dans le courant de mars, et repiquer en place à la fin d'avril.

ABUTILON *strié* (malvacées), arbrisseau du Brésil. Rameaux glabres, effilés; feuilles trilobées et dentées, cordiformes à la base; lobes aigus et dentés. Fleurs solitaires, pendantes, en forme de cloches, jaune d'or, veinées de pourpre. Orangerie; mise en pleine terre au mois de mai, cette plante fleurit abondamment jusqu'aux gelées. Multipl. de boutures. — *A. de Bedford :* plus grand; feuilles dentées, cordiformes. Fleurs plus grandes, moins colorées; arrosements fréquents en été. — *A. veiné :* plus haut, plus vigoureux; feuilles à bords sinués, dentés irrégulièrement, offrant sept digitations. Fleurs plus grandes et plus colorées. — *A. remarquable :* fleurs rouges.

ACACIA (mimosées). Genre composé d'un grand nombr d'espèces dont voici les plus généralement cultivées : *A. de Farnèse; casse du Levant.* De l'Inde. Arbrisseau épineux de 5 à 6 m. Feuilles bi-pennées. Fleurs en août, jaunes, à odeur suave. Terre légère; orangerie pendant les deux ou trois premières années. Multipl. de graines, au printemps, sur couche et sous châssis. — *A. pudique; sensitive.* De l'Amérique méridionale. Plante herbacée. Tige rameuse, épineuse. Feuilles bi-pennées, dont les folioles se rapprochent et les pétioles s'abaissent au moindre attouchement. Fleurs violacées en houppes. Multipl. de graines, sur couche et sous châssis. — *A. à fleurs nombreuses :* De la Nouvelle-Hollande; bel arbuste de 2 m.; rameaux pendants; feuilles éparses, linéaires; épis de fleurs jaune-soufre, odorantes. Orangerie. — *A. ondulé :* Tige droite; feuilles alternes, lancéolées, ciliées, à pointe recourbée en crochet, ayant deux stipules épineuses à leur base; fleurs jaunes couvrant les rameaux. — *A. Julibrizin; de Constantinople; arbre de soie :* De l'Asie occidentale; haut de 9 à 10 m. Feuilles bi-pennées, à folioles très-fines; fleurs d'un blanc rosé, en houppes soyeuses; cime large; pleine terre, mais sous le climat de Paris, il faut le rentrer, l'hiver, en orangerie, jusqu'à l'âge de deux ou trois ans; multipl. de graines sur couche et sous châssis, au printemps. — *A. toujours fleuri :* Feuilles glauques, lancéolées; fleurs jaunes, en petites houppes, disposées en grappes. — Nous citerons encore les *acacias : à longues feuilles,* d'un effet charmant en fleurs; *échancré; trompeur; velu* ou *de Sainte-Hélène; en lame de couteau; à feuilles de célastre;* gracieux, à fleurs jaune d'or, d'une odeur suave; *à feuilles de lin; odorant; verticillé,* arbrisseau élégant ; *à grappes; à deux épis; à épines d'ivoire.*

ACACIA *blanc* ou *commun; robinier faux acacia* (papilionacées). De la Virginie. Haut de 16 à 23 m. Tronc droit. Rameaux épineux et cassants. Feuilles pennées de 17 à 21 folioles. Fleurs blanches, en mai et juin, en grappes et à odeur de fleur d'oranger. Terre légère et fraîche. Multipl. de rejetons ou de graines qu'on sème peu profondément en mars et en avril. — *Robinier visqueux;* fleurs rose pâle, en grappes pendantes. — *R. sans épines;* très-rameux ; tête en boule ; feuilles nombreuses et petites. — *R. rose :* de la Caroline ; haut de 1 m. 60 c. à 2 m.; 15 ou 17 folioles ; bois très-cassant ; fleurs roses en grappes ; d'un effet charmant ; multipl. par la greffe en fente.

ACANTHE *sans épines; Acanthus mollis; blanc ursine* (acanthacées). De la région méditerranéenne. Vivace. Tige de 1 m. à 1 m. 30 c. Feuilles grandes, lisses, découpées. Fleurs lavées de rose, vers la fin de l'été. Terre franche, profonde. Couverture l'hiver, dans le nord. Multipl. de graines ou de racines.

ACÉRANTHE (papavéracées). Du Japon. Vivace. Petite plante à fleurs blanches en grappes. Terre légère, sableuse fraîche, ombragée.

ACHILLÉE, *à feuilles pectinées; A. d'Égypte* (composées). Vivace. Tiges de 0 m. 50 c., blanchâtres, cotonneuses. Feuilles pennati-lobées, très-découpées. Fleurs en corymbe serré, d'un beau jaune, durant tout l'été. Pleine terre; quelques pieds en orangerie. — *A. mille-feuilles; herbe aux charpentiers :* fleurs pourpres ou roses ; variété à feuilles panachées. — *A. visqueuse; Eupatoire de Mésué :* indigène, rustique ; feuilles visqueuses, lancéolées, obtuses. Fleurs jaunes en août et septembre. — *A. rose :* d'Amérique ; fleurs rouges ou rosées, tout l'été. — *A. à feuilles de filipendule :* du Levant : tige de 1 m. 50 c.; feuilles bipennées, odorantes. En juillet, fleurs jaunes en corymbe. — *A. ptarmica; herbe à éternuer; bouton d'argent :* fleurs blanches, doubles, en corymbe, de juillet à septembre. — *A. à grandes feuilles :* plante élégante, à fleurs blanches; arrosements fréquents en été.

ACONIT (renonculacées). Vivace. Tige droite de 0 m. 70 c. à 1 m. 30 c. Feuilles luisantes, incisées, palmées. Fleurs en grappes ou en panicules terminales, ayant la forme d'un casque.

Multipl. par éclats ou de graines semées en terre douce, à mi-ombre. — *A. tue-loup* : des Alpes ; fleurs jaunes. — *A. anthora;* fleurs jaunes; moins rustique que les autres espèces. — *A. napel* : d'Europe ; fleurs bleues ; dix-huit variétés. — *A. bicolore* : fleurs grandes, à bords d'un bleu très-vif, et le reste d'un bleu de faïence pâle. — *A. paniculé* : de Suisse ; fleurs d'un bleu luisant; visière se terminant en pointe verte. — *A. à crochets* : de l'Amér. sept. Fleurs bleu-violacé. — *A. d'automne* : de la Chine; fleurs nombreuses, blanches et lilas. — Tous les aconits fleurissent en été.

ACORUS *gramineus* (aroïdées). Du Japon. Feuilles rubanées de vert, de blanc et de rose. Terre de bruyère humide et ombragée ; orangerie. Multipl. par éclats.

ACROLINIUM *à fleurs roses* (composées). De la Nouv.-Holl. Annuelle. Feuilles linéaires. Capitules roses à disque jaune.

ADIANTE *pédiaire* (fougère). De l'Amér. sept. Tige rouge et luisante de 0 m. 40 c. à 0. m. 60 c. Folioles réniformes, distiques. Plante élégante. Pleine terre de bruyère. Multipl. par la division du pied.

ADONIDE *printanière* (renonculacées). Indigène. Vivace. Tige de 0 m. 16 c. à 0 m. 32 c. Feuilles multifides. En mars et avril, fleurs solitaires, grandes, jaunes. Terre légère et mieux terre de bruyère. Multipl. par éclats ou de graines semées immédiatement en terrine et qui ne lèvent que le printemps suivant. Couverture l'hiver. — *A. d'été* : Indigène. Annuelle. Fleurs petites, d'un rouge vif. Terre légère. Semer en place.

ADOS. On appelle ainsi une pente du nord au sud, sur laquelle on sème, pour les obtenir en primeur, des salades, des pois, des raves; on y plante des fraisiers des quatre saisons. Pour faire un ados sur un terrain plat, il faut tracer une planche du levant au couchant et la labourer de manière à élever la terre de 0 m. 16 c. du côté du nord, en la baissant de 0 m. 16 c. du côté du midi.

ÆTHIONÈME ou *Ethionème à feuilles de coris* (crucifères). Du Liban. Vivace. Tiges étalées de 0 m. 16 c. à 0 m. 22 c. Feuilles linéaires. Grappe terminale de fleurs rose lilacé, en mai et juin. Plante charmante en bordures. Tout terrain. Multipl. d'éclats et de graines. — *Æ. diastrophide;* d'Arménie. En automne, petits épis terminaux de fleurs roses.

AGAPANTHE *ombellifère*, *Tubéreuse bleue* (liliacées). D'Afrique. Vivace. Feuilles longues, étroites. Tige de 0 m. 70 c. à 1 m. verte, lisse, légèrement comprimée. En juillet, ombelle de 20 à 40 fleurs bleues. Racine tubéreuse. Terre légère; arrosements modérés; orangerie, ou couverture de litière pendant les grands froids. Multipl. par éclats de la racine entre deux boutons, ou par semis en terre de bruyère, dont les élèves ne fleurissent pas avant la quatrième année — *A. à petites feuilles:* Variété plus petite dans toutes ses parties. — *A. rubanée.* Autre variété charmante à fleurs blanches et à feuilles panachées.

AGAVE *d'Amérique* (Amaryllidées). Du Mexique. Vivace. Feuilles charnues, bordées d'aiguillons. Hampe nue de 3 à 8 mètres, formant plusieurs candélabres. Corymbe de fleurs jaunes au sommet de chaque branche. Variétés à feuilles striées de jaune, jaunes au centre, bordées de jaune ou de blanc. Terre légère substantielle, beaucoup d'eau l'été, orangerie l'hiver, avec très-peu d'arrosements; rempoter au printemps, à la sortie de la serre. Multipl. d'œilletons et de graines. — *A. de Cels:* Feuilles d'un vert glauque, frangées de petites épines noires; hampe de 7 mètres. — *A. élégant:* Larges feuilles irrégulièrement dentées. — *A. à feuilles étroites:* Tige beaucoup moins élevée; feuilles longues, lancéolées. — *A. à feuilles glauques:* Feuilles fragiles, longues de 1 mètre, larges de 0 mètre 20. — *A. à feuilles vert foncé:* Feuilles d'un joli vert, en S, disposées avec régularité, aussi longues et aussi larges que celles du précédent. — *A. horizontal:* Petite plante à feuilles glauques et horizontales. — *A. filifère:* Feuilles d'un vert foncé, menues, rayées de bandes blanches et bordées de filaments blancs. — *A. à épines ligneuses:* Feuilles en forme de corne de bélier. — *A. de salon:* Feuilles d'un beau vert, épaisses, larges de 0 mètre 30. — *A. à feuilles de Yucca.* ═ Toutes ces plantes sont belles et curieuses; mais elles fleurissent très-rarement en France.

AGÉRATOIRE *du Mexique* (composées). Bisannuelle. Tige très-rameuse, pubescente. Feuilles ovales-deltoïdes, pétiolées, dentées, pubescentes. Capitules de fleurs bleues, longuement pédonculés, durant toute l'année. Multipl. de graines ou de boutures qu'on rentre sous châssis pendant l'hiver. — *A. remarquable:* Annuelle; haute de 0 mètre 75, pendant l'été et l'automne, corymbes de fleurs blanches; semer sur couche en avril, et repiquer en place.

AGRAPHIS *étalé* (liliacées). Vivace. Bulbes tuniquées. Feuilles charnues, linéaires. Hampe de 0 mètre 30 environ. Au printemps, grappes de fleurs bleu violacé. Terre légère et fraîche.

AIL *moly* ou *doré* (liliacées). Indigène. Vivace. Tige nue. Feuilles planes. En juin, ombelle de grandes fleurs jaune doré. Variété à fleurs blanches. — *A. à odeur de vanille* : d'Afrique; ombelle lâche de grandes fleurs roses en dehors, blanches et striées de pourpre en dedans. Odeur de vanille. — *A. azuré* : de Sibérie. En mai-août, tête de fleurs bleu d'azur. — *A. odorant.* Feuilles linéaires, canaliculées. Fleurs nombreuses, blanches, en ombelle fastigiée. Odeur très-agréable. — *A. à fleurs de lis.* Feuilles larges, planes, engaînantes. Belle tête de fleurs blanches. — Pour tous les aulx, pleine terre avec quelques précautions pour les espèces méridionales. Multipl. de graines et de caïeux.

AIRELLE *myrtille; raisin de bois* (éricacées). Indigène. Arbuste de 0 mètre 40. Tige anguleuse. Feuilles ovales, dentelées. Au printemps, bouquets de fleurs en grelot, d'un blanc rose. Baies d'un bleu noir, dont on fait des confitures. Terre de bruyère ombragée; beaucoup d'eau. Multipl. de graines. — *Airelle de Cappadoce; raisin d'ours* : Arbrisseau diffus, toujours vert. En juin, grappes de fleurs blanches, rosées; fruit bleu; couverture l'hiver. — *A. à fleurs en corymbe* : Tige de 1 mètre 50. — *A. érythrine* : Arbuste toujours vert; fleurs carmin. — *A. ponctuée.* — — *A. des marais*, etc. Toutes ces plantes sont d'une culture difficile et ne vivent pas longtemps.

ARÉBIA *à cinq feuilles* (lardizabalées). De la Chine. Vivace. Grappes de fleurs rouge-vineux. Propre à orner les treillages en plein air. Multipl. par boutures.

ALBUCA *blanc* (liliacées). Du Cap. Vivace. Feuilles radicales, en forme de gouttière, longues et étroites. Tige de 1 m. à 1 m. 30 c. En septembre et octobre, épi de fleurs blanches, rayées de vert. Orangerie; terre de bruyère mélangée; arrosements fréquents pendant la végétation, très-rares pendant le repos. Dès que les feuilles sont desséchées, on sépare les caïeux et on rempote. — *A. jaune.* Tige de 0 m. 35 c. à 0 m. 70 c. En mai, fleurs verdâtres, bordées de jaune, en épi lâche. Même culture.

ALIBOUFIER, voyez *Styrax.*

ALISIER, voyez *Cratægus.*

ALOÈS (liliacées). Ce genre comprend de nombreuses espèces, curieuses par leur bizarrerie, d'une culture facile : terre légère, substantielle ; bonne orangerie et point d'arrosements
pendant l'hiver. Rempotage au printemps, lorsqu'on les sort de
la serre. — Nous citerons l'*A. socotrin*, de l'Inde ; l'*A. féroce*; l'*A.
de l'île Bourbon*; l'*A. corne de bélier*; l'*A. mitré*; l'*A à ombelle*;
l'*A. à langue de chat*; l'*A. à bec de cane*; l'*A. à éventail*; l'*A. nain*;
l'*A. oblique*; l'*A. perroquet*; l'*A. à toile d'araignée*; l'*A. verru-
queux*; l'*A. perlé*; l'*A. à pouce écrasé*; l'*A cilié*; l'*A. artichaut*;
l'*A. en nacelle*.

ALONZOA *élégant* (scrophularinées). Du Pérou. Arbuste toujours vert de 0 m. 70 c. à 1 m. Feuilles lancéolées, dentées. En
été, fleurs en épi, d'un beau rouge écarlate, brunes au centre.
Terre de bruyère: orangerie l'hiver. Multipl. de graines et de
boutures. — *A. à feuilles d'ortie* : de l'Amér. austr. Même culture. — *A. de Warcewicz* : tout l'été, grappes de fleurs d'un beau
vermillon; même culture.

ALSTROÉMÈRE *pélégrine*; *Lis des Incas* (amaryllidées).
Vivace. Du Pérou. Racine ressemblant à celle de l'asperge;
hampe de 0 m. 35 c., garnie de feuilles sessiles, lancéolées,
contournées. De juin en octobre, 3 à 4 fleurs à divisions ouvertes, blanches, inégales, rayées et nuancées de pourpre vif;
les intérieures sont marquées, à la base, d'une tache jaune, poin-
tillée de rouge vif. Bonne terre franche sans engrais: peu d'arrosement; orangerie. Multipl. par racines qu'on sépare avec
précaution, à cause de leur fragilité, ou par semis faits au printemps ou en automne, en terre substantielle légère. — *A. à feurs
rayées*: du Pérou. Tiges lavées de rouge. Feuilles en rosette au
sommet de la tige. Au printemps, fleurs en ombelle, d'une odeur
suave, ayant 3 pétales rouges et blancs, et 3 pétales tout rouges.
— *A. perroquet* : Du Mexique, fleurs d'un rouge tigré de pourpre. Espèce robuste, fleurissant tout l'été, et pouvant passer
l'hiver en pleine terre. — *A. coccinée* : du Chili. — *A. à fleurs
pâles;* de l'Amér. mérid. Châssis froid. — *A. à fleurs changeantes* : du Chili; couverture l'hiver.

AMANDIER *commun* (rosacées). De la Mauritanie. Racines
1.

pivotantes. Fleurs précédant les feuilles en mars. Terre légère, sablonneuse, graveleuse, calcaire. Multipl. de noyaux et de greffe sur lui-même ou sur prunier. Les variétés cultivées sont : *A. à petits fruits doux;* — *A. à coque tendre* ; — *A. à gros fruits doux;* — *A. à coque dure et à fruits amers,* — *A. pêche,* participant du pêcher et de l'A. commun, donnant quelquefois sur la même branche des fruits gros, allongés, couverts d'un brou sec et mince, et des fruits ronds, gros, à chair épaisse et succulente comme celle des pêches, mais d'une saveur amère; noyau lisse et amande douce. — *A. Nain.* D'Asie. Arbrisseau de 1 m. à 1 m. 30 c. Racines traçantes. Rameaux grêles. Feuilles lancéolées. Nombreuses fleurs roses en mai et quelquefois en septembre. Fruit amer. Multipl. de drageons et de noyaux. — *A. nain à fleurs doubles* : bonne terre légère au soleil. Multipl. de greffe. — *A. satiné, du Levant :* petit. Branches étalées. Feuilles argentées.

AMARANTE *queue de renard; Discipline de religieuse* (amarantacées). De l'Inde. Annuelle. Tige de 0 m. 70 c. à 1 m. Feuilles ovales, lancéolées, rougeâtres. Pendant l'été et l'automne, fleurs en longues grappes pendantes, d'un rouge foncé. Tout terrain. Se sème d'elle-même, ou en place au printemps. — Variétés : *en épi; à fleurs jaunes; gigantesque.* — *A. tricolore :* Feuilles tachées de jaune, de vert et de rouge. Semer sur couche en mars, repiquer en pleine terre en mai. — *A. pourpre :* du Népaul. Se sème d'elle-même ou en place.

AMARYLLIS *jaune, Lis narcisse* (amaryllidées). De l'Europe mérid. Vivace. Ognon ovale. 5 à 6 feuilles de 0 m. 20 c. à 0 m. 25 c., d'un vert noir. Hampe de 0 m. 10 c. à 0 m. 16 c., terminée en septembre par une fleur en entonnoir, régulière et d'un jaune vif. Terre légère au levant. Couverture de feuilles pendant les gelées. Relever en mai tous les 3 ou 4 ans. Multipl. de caïeux. — *A. à fleurs en croix; Lis de Saint-Jacques :* De l'Amér. austr. Feuilles planes, linéaires. Hampe de 0 m. 35 c. portant une seule fleur bilabiée, d'un rouge pourpre foncé et velouté. Plante magnifique. Orangerie sans arrosement, pendant l'hiver. Multipl. de caïeux qui sont en grand nombre. — *A. belladone :* du Cap. Ognon allongé, gros comme le poing; feuilles très-glabres, canaliculées; hampe de 0 m. 50 c. à 0 m. 70 c. En octobre, 8 ou

12 grandes fleurs roses, campanulées, odorantes, précédant les feuilles. Même culture que pour l'*A. jaune*. — *A. ondulée* : du Cap. En sept. et oct., ombelle de fleurs pourpre rose, petites, ondulées, lavées de gris de lin. Terre de bruyère. Châssis l'hiver. — *A. divariquée* : même culture. — *A. de Virginie* : en juillet, fleurs solitaires, évasées, blanches, teintes de rose. — *A. de Guernesey; du Japon.* En sept. et oct., ombelle de 8 à 10 fleurs rouge cerise, paraissant semées de points d'or au soleil. Même culture. — *A. dorée; Lis jaune doré* : de la Chine. En juillet-août, ombelle de fleurs jaune doré. Terre légère renouvelée tous les ans. — *A. à rubans; Belladone de Rouen* : en juin et juillet, 4 ou 5 belles fleurs à tube verdâtre, teint de rouge, à divisions blanches, marquées de trois lignes carmin à l'intérieur. Orangerie, ou pleine terre avec couverture l'hiver. — *A. à longues fleurs* : du Pérou. En juin ou juillet, ombelle de fleurs nombreuses, aux pétales blancs, marqués d'une bande carminée. Même culture. — *A. orientale; Girandole;* des Indes. Fleurs rouges en girandole. Serre tempérée. — *A. candélabre* : du Cap. En août et septembre, magnifique couronne d'une soixantaine de fleurs longues, rose pâle, rayées de rose foncé. Terre de bruyère; sous châssis l'hiver. — *A. ciliée* : du Cap. Ombelle de 16 à 20 fleurs violettes, bordées de blanc. Même culture. — *A. vénéneuse* : du Cap. Hampe terminée par un grand nombre de petites fleurs rose tendre, formant une large et gracieuse ombelle. — *A. saltimbanque* : de la Bolivie. Hampe terminée par une ombelle de 4 fleurs opposées en croix, d'un beau rouge cramoisi, d'abord droites, puis horizontales, et remarquables par l'arrangement bizarre des divisions de leur périanthe. Pleine terre sous châssis.

AMENDEMENT. On donne généralement ce nom à des substances minérales destinées à modifier la nature du sol, sans contribuer à l'alimentation des végétaux. Ainsi l'on amende : les terres argileuses par une quantité convenable de *sable*, de *marne*, de *terre calcaire*, mélangés ; les terres sablonneuses par une addition de *terre argileuse* ; une terre calcaire trop lourde et trop fraîche, en y ajoutant du *sable* ; une terre calcaire trop sèche, en y mêlant de l'*argile* ; une terre argileuse avec du *sable* ; une terre sablonneuse avec de l'*argile* séchée et réduite en poudre ; les terres blanches en y mêlant des *terres noires*, de la *houille*. Les *cendres*, la *suie*, les *plâtras*, la *chaux*, la *marne*, qu'on mêle aux terres privées de ces éléments, sont à la fois dès amendements et des engrais.

AMÉTHISTE *bleue* (labiées). De la Sibérie. Annuelle. Tiges de 0 m. 32 c. En été, large corymbe terminal de fleurs bleues, odorantes. Terre franche, à demi ombragée. Semer en place.

AMOMUM ; *Cerisette ; Oranger du Savetier* (solanées.) De Madère. Arbrisseau d'un mètre à 1 m. 30 c. Feuilles persistantes, lancéolées. En été, fleurs blanches. Fruits jaunes ou rouges d'un charmant effet. Terre franche légère ; arrosements fréquents en été, rares en hiver ; orangerie. Semer sur couche tiède.

AMORPHE *frutescent ; Indigo bâtard* (légumineuses). De la Caroline. Arbrisseau de 2 mètres 50. En été, épis de fleurs bleu violacé, n'ayant que l'étendard. Terre franche légère, sans humidité. Multipl. de graines, de boutures et de couchage. — *A. de Lewis* : Petites fleurs violettes.

AMOURETTE. Voyez *Saxifrage*.

AMSONIE *à larges feuilles* (apocynées). De l'Amér. sept. Vivace. Touffe de 0 m. 50 c. Feuilles ovales, lancéolées. Corymbe terminal de fleurs bleues. Terre de bruyère, humide, à l'ombre. Multipl. de graines et de boutures. — *A. à feuilles étroites* ; même fleur ; même culture.

ANCOLIE *commune ; Ancolie des jardins ; Gant de Notre-Dame* (renonculacées). Indigène. Vivace. Rustique. Tiges de 0 m. 65 c. à 1 m. Feuilles triternées, à folioles glabres. En juin, fleurs bleues, blanches ou panachées, simples ou doubles, pendantes, à éperons recourbés. Terre substantielle, ombragée. Multipl. de graines ou d'éclats. — *A. agréable* ; en juin, corymbe terminal de fleurs roses, doubles. — *A. du Canada ;* fleurs d'un beau rouge safrané, à étamines très-longues. Terre de bruyère et ombre. — *A. de Sibérie ;* fleur solitaire, dressée, à pétales bleus, dont le limbe est blanc. — *A. glanduleuse :* fleur d'un beau bleu à sépales glanduleux, cornets et étamines jaunes. — *A. de Wittmann :* fleurs d'un beau bleu porcelaine. — *A. agréable :* même fleur ; propre à décorer les rocailles. — *A. des Pyrénées :* hampe terminée par de grandes fleurs simples, bleu clair. Terre sèche au nord. — *A. hybride :* En été, fleurs très-grandes ; pétales extérieurs d'un bleu lilacé ; pétales intérieurs blancs ; éperon lilas. Séparer les pieds en automne.

ANDROMÈDE *pulvérulente* (éricacées). De l'Amér. sept. Buisson de 0 m. 70 à 1 m. Feuilles ovales, dentées, couvertes en dessous d'une poussière blanche. Fleurs d'un blanc pur, en juin et juillet. Terre de bruyère, fraîche, ombragée, au levant et au nord. Multipl. de graines, de rejetons, de marcottes.— *A. à feuilles de pouliot* : feuilles persistantes, lancéolées, alternes. Touffe arrondie de 0 m. 35 c. En mai, fleurs rouges ou blanches. — *A. du Maryland* : Buisson de 0 m. 70 c. à 1 m. 30 c. Feuilles ovales, luisantes, ponctuées en dessous. Grappes de fleurs blanches en juillet. — *A. à feuilles de cassine* : buisson de 0 m. 70 c. à 1 m. En juillet et août, grandes fleurs blanches, fasciculées. — *A. marginée*. De la Floride. Arbuste de 1 m. Feuilles luisantes, ovales, garnies d'un rebord. En août, 3 à 7 fleurs réunies, blanches ou rougeâtres. — *A. à grappes*. De la Pensylvanie. Arbuste de 1 m. En juillet, grappes de fleurs blanches. — *A. axillaire* : De la Caroline. Arbuste de 1 m. à 1 m. 30 c. Feuilles persistantes, à nervure rouge. Grappes de fleurs blanches en été. — *A. cotonneuse*. De la Caroline. Plante presque toujours verte. Au printemps, grappes de grandes fleurs blanches, cotonneuses. — Il existe plusieurs autres espèces et variétés d'andromèdes, sans compter l'*A. en arbre*, que ses grandes dimensions excluent de notre cadre. Elles demandent généralement la culture indiquée plus haut.

ANDROSÈME *officinal ; Toute-Saine* (hypéricinées). Indigène. Arbuste de 0 mètre 35 à 0 mètre 65 ; feuilles sessiles, ovales. Tout l'été, ombelles terminales de fleurs jaunes. Baies noires. Pleine terre fraîche. Multipl. de graines et d'éclats.

ANGÉLIQUE *épineuse*. Voyez *Aralie*.

ANÉMONE *hépatique* (renonculacées). Indigène. Vivace. Touffes très-basses de feuilles trilobées, entières, luisantes, et, au au printemps, de nombreuses fleurs rouges, blanches ou bleues, simples, semi-doubles et doubles. Propre à faire de charmantes bordures. Terre franche, ombragée. Multipl. d'éclats en automne. — *A. des fleuristes*, et *A. des jardins*. Les nombreuses variétés doubles tant recherchées des amateurs sont dues à ces deux espèces. Pour être irréprochable, une anémone doit réunir les qualités suivantes : *pampre* (feuillage) large et découpé également ; *fane* (collerette ou involucre), éloignée de la fleur du tiers de la longueur

de la tige ; *baguette* (tige) haute, droite et ferme ; *manteau* (pétales de la circonférence) épais, arrondi, d'une nuance vive et
franche ; limbe et *culotte* (onglet) d'une autre couleur ; *cordon*
(rang de pétales après le manteau) court, large, arrondi, d'une
couleur tranchante ; béquillons (pétales qui avoisinent le centre),
nombreux, arrondis ; *panne* ou *pluche* (pétales du centre) allongés
et gonflés ; fleur totale de 0 m. 055 mil. à 0 m. 080 mil. de largeur, proportionnée à la tige, bombée en forme de bouton. —C'est
par le semis qu'on obtient des variétés. On choisit la graine sur
des anémones simples d'une belle forme et d'une nuance vive.
Dans les pays chauds on sème en automne, et au printemps dans
les pays froids, sur une plate-bande de terre meuble, recouverte
de 0 m. 03 c. de terreau. On sarcle, on bine, on arrose le jeune
plant lorsqu'il est levé. Les fanes étant desséchées à la fin de
juin, on relève les racines qui alors s'appellent *pois*, pour les
placer à l'air dans un lieu ni trop sec ni trop humide; on les replante en automne ou au printemps suivant ; elles donnent dans
ce dernier cas des fleurs plus belles. A la 3e pousse, la plante
fleurit ; elle est faite. Les anémones doivent être plantées en
octobre, dans une terre légère, un peu sablonneuse, fertile,
chaude, à 0 m. 08 c. de profondeur, l'œil en dessus. — *A. à œil
de paon*. Du midi. Racine tubéreuse. Tiges de 0 m. 28 c. à 0 m.
32 c. En mai, belle fleur solitaire d'un rouge vif; pétales du
centre d'un blanc verdâtre. Terre légère et substantielle, en pots ;
terre de bruyère exposée au soleil, en plate-bande. Multipl. par la
séparation des racines. — *A. de l'Apennin* : d'Italie. Feuilles bi-
ternées; belles fleurs bleues en mars ou avril. — *A. à fleurs de
narcisse*. Des Alpes. Racines fibreuses; feuilles à bords ciliés ;
tige purpurescente de 0 m. 16 c. à 0 m. 28 c. En mai, ombelle de
fleurs blanches à disque jaune. — *A. pulsatile; Coquelourde* : en
avril et mai, jolie fleur d'un bleu violet; pleine terre sèche. —
A. du Japon : belle plante dont la tige, haute de 0 m. 30 c. à 0 m.
40 c. se couvre, une partie de l'année, de grandes fleurs solitaires,
lilas pourpre. Terre de bruyère fraîche et ombragée. — *A. en
arbre*. Du Cap. Tige ligneuse ; feuilles pennées, à divisions pennatifides, cunéiformes; hampes latérales, ayant une collerette
d'où sortent 2 fleurs blanches en dedans, rougeâtres en dehors,
composées de 15 pétales striés. Terre de bruyère.

ANIMAUX NUISIBLES ; voyez : *Taupe, rat, mulot, souris, loir, oiseaux, chenille, araignée, courtilière, tiquet, fourmi, li mace, escargot, ver blanc, perce-oreille, frelon, guêpe, punaise, puceron, tigre, grise, ver de terre.*

ANIS. Voyez *Badiane.*

ANNUEL, ELLE : cette désignation s'applique aux végétaux qui naissent, fructifient et meurent dans la même année.

ANTHÈRE : Partie supérieure de l'étamine, renfermant la poussière fécondante ou *pollen.*

ANTHYLLIDE *argentée ; Barbe de Jupiter* (papilionacées). Du levant. Arbrisseau de 1 m. 30 c. à 1 m. 60 c. Feuilles persistantes, pennées, argentées en dessous. De mars en mai, bouquets de fleurs jaune pâle. Orangerie près des jours ou pleine terre avec couverture l'hiver ; exposition chaude ; peu d'arrosements. Multipl. de graines, marcottes, boutures et rejetons. — *A. vulnéraire* : indigène. Fleurs jaunes, blanches ou purpurines, de mai en juillet. — *A. visqueuse* : grandes fleurs blanches.

APALANCHE *vert* (ilicinées.) De l'Amér. sept. Arbuste de 1 m. 60 c. à 2 m. Feuilles ovales. En juillet, petites fleurs blanches auxquelles succèdent de petits fruits rouges. Terrain frais, ombragé. Multipl. de graines et de marcottes.

APOCYN *gobe-mouche* (apocynées). De Virginie. Vivace. Traçant. Tiges rameuses de 0 m. 65 c. Feuilles ovales. De juillet en septembre, jolies petites fleurs roses, contenant du miel qui attire les mouches dont la trompe, une fois engagée entre les filets des étamines, ne peut plus se retirer. Terre franche, légère, au levant. Multipl. de graines ou par drageons. — *A. denté* ; des îles Ioniennes. Tige de 1 m. Feuilles semblables à celles du saule. Fleurs blanches ou rouges, en juillet et août. Terre légère, substantielle, au midi.

AQUATIQUES (Plantes) ; on appelle ainsi celles qui croissent et se nourrissent dans l'eau. Elles sont propres à orner les bassins.

ARABETTE *printanière* et **A.** *du Caucase* (crucifères). Petites touffes vivaces. Fleurs blanches, au commencement du printemps. Bordures solides. Multipl. de graines et de branches enracinées.

ARAIGNÉE : L'araignée nuisible est celle qu'on voit toujours en mouvement sur la terre; elle attaque les jeunes semis et surtout celui de carottes qu'elle parvient à détruire. Un arrosement avec une décoction de suie est le meilleur moyen de les éloigner.

ARALIE *épineuse; Angélique épineuse* (araliacées.) De la Caroline. Arbrisseau de 2 à 4 m., à tige épineuse. Feuilles tripennées, grandes, épineuses. En août et septembre, immense panicule de petites fleurs blanches, à odeur suave. Terre légère, fraîche, à mi-soleil. Multipl. de graines sur couche tiède, de rejetons, de tronçons de racines. Rentrer le jeune plant la 1re année. —*A. de la Chine.* Feuilles pubescentes, perdant leurs épines dans la 3e année.

ARAUJA *blanchâtre* (asclépiadées). Du Brésil. Tige ligneuse, grimpante, de 4 à 5 m. Feuilles oblongues, blanches en dessous. Pendant l'été et l'automne, fleurs blanches, lavées de rose, odorantes. Terre légère; orangerie; pleine terre en mai. Multipl. de boutures.

ARBORESCENT. On applique cette désignation aux plantes herbacées, lorsque leurs tiges ou rameaux prennent la consistance de ceux des arbres.

ARBOUSIER, *Arbre aux fraises* (éricacées). Des Pyrénées. Arbre de 5 m. Toujours vert. Tiges, branches et rameaux rouges. Feuilles ovales, persistantes. En automne, grappes pendantes de fleurs blanches ou rouges, simples ou doubles. Fruit d'un goût fade, ressemblant à la fraise. Terre franche, sableuse, au nord-ouest, ou orangerie près des jours. Multipl. de graines dès leur maturité, ou de marcottes. — Variétés: *A. panaché; A. à fleurs roses.* -- *A. à longues feuilles.* De Ténériffe. En mai, belles grappes de fleurs blanches, lavées de rose. Multipl. de greffe sur le précédent. Orangerie. — *A. raisin d'ours*: des Alpes. Exposition du levant. — *A. andrachné*: écorce d'un rouge brun, lisse, se détachant par écailles; panicules de fleurs blanches, en mars et avril. Orangerie. Multipl. de greffe sur l'arbre aux fraises.

ARBRE *à chapelets.* Voyez *Azédarach.*
ARBRE *aux fraises.* Voyez *Arbousier.*
ARBRE *de Judée.* Voyez *Gafnier.*
ARBRE *saint.* Voyez *Azédarach.*
ARBRE *de Sainte-Lucie.* Voyez *Cerisier.*
ARBRE *de soie.* Voyez *Acacia.*

ARCTOTIS *tricolore* (composées). Du Cap. Vivace. Racines en fuseau. Tiges uniflores de 0 m. 35 c. Feuilles semblables à celles du chêne. En mai et juin, fleurs radiées, jaune pâle en dedans, rouges et bordées de blanc au dehors ; disque pourpre. Terre légère au midi. Orangerie. Arrosements fréquents. Multipl. de graines sur couche, d'éclats et de boutures. — *A. maculée* : extrémité des fleurons marquée de jaune. — *A. à fleurs toutes jaunes*. — *A. à fleurs roses*. — *A. à grandes fleurs*. — *A. ondulée* : annuelle.

ARÉNAIRE, *Sabline de Mahon* (caryophyllées). Vivace. Basse, traçante, formant gazon. Feuilles ovales, persistantes. Multitude de fleurs blanches en mai. Orangerie. Multipl. de graines ou d'éclats. Propre à garnir les rocailles un peu fraîches.

ARGÉMONE *à grandes fleurs* (Papavéracées). Annuelle. Du Mexique De 0 m. 70 c. à 1 m. Grandes feuilles pennatifides. Tout l'été, fleurs terminales, blanches et fort larges. Semer en place au printemps.

ARGENTINE ; *Céraiste cotonneux ; oreille de souris* (Caryophyllées). D'Italie. Vivace. Touffe ronde, blanche. Nombreuses feuilles étroites. En mai et juin, fleurs blanches, terminales. Tout terrain, pas trop ombragé ni trop humide. Multipl. de graines ou de drageons. Propre aux rocailles et aux bordures.

ARISTÉE *à fleurs en tête* (Iridées). Du Cap. Vivace Longues feuilles ensiformes. Hampe rougeâtre de 1 m. à 1 m. 30 c. En juillet, épi très-long de jolies fleurs bleues. Terre légère au midi. Orangerie. Multipl. de graines sur couche, et d'éclats. Plante magnifique. — *A. à fleurs bleues* : plus petite.

ARISTOLOCHE *Siphon* (Aristolochiées). De l'Amér. sept. Arbrisseau de 6 à 10 m. rustique, à grandes feuilles en cœur, grimpant. En mai et juin, fleurs lavées de jaune et de brun, en forme de pipe. Bois aromatique. Terre franche, légère. Multipl. de graines et de marcottes qui se font avec du bois de deux ans, incisé sur un nœud. Propre à garnir les tonnelles et les hautes murailles.

ARMOISE *aurone ; Citronelle* (composées). De l'Europe mérid. Arbuste de 0 m. 70 à 1 m., à odeur de camphre ou de citron. Feuilles découpées en lobes linéaires. Grappes menues de fleurs jaunes. Terre légère et substantielle, au midi. — *A. en arbre :* orangerie. — *A. argentée :* orangerie.

ARNEBIA *echioïdes* (Borraginées). Des Alpes, du Caucase et de l'Arménie. Vivace. Feuilles en touffe, radicales, ovales-lancéolées, pubescentes. Tiges de 0 m. 25 c. à 0 m. 30 c. Au printemps, grappes de fleurs jaune d'or, marquées d'une tache pourpre. Terre légère et siliceuse. Multipl. d'éclats. — *A. de Griffith :* du Caboul; petites grappes de fleurs jaune orangé, marquée de 5 taches noires; culture des plantes annuelles de pleine terre.

ARROSEMENTS. On reconnaît qu'une plante a besoin d'eau, lorsqu'elle se fane. Cependant il en est qui présentent le même aspect lorsqu'on les a trop arrosées. Un jardinier intelligent étudie ce que réclame d'eau chaque plante qu'il soigne, selon sa nature, sa force ou son exposition, suivant qu'elle est en pleine terre ou en pot, à l'air ou en orangerie.

La tête et les feuilles des arbustes doivent être arrosées de temps à autre.

L'arrosement en pluie, qui se fait avec l'arrosoir à pomme, convient surtout aux plantes à feuilles molles et velues. Pour les plantes à feuilles raides et lisses, on se sert de préférence de l'arrosoir à bec.

Pendant l'hiver, les arrosements doivent être faits, dans une orangerie, avec de l'eau qui n'y ait pas séjourné moins de 24 heures.

Les eaux de pluie sont les meilleures pour les arrosements.

Les eaux stagnantes sont excellentes.

Les eaux de source, ordinairement froides, ne doivent être employées qu'après avoir été quelque temps exposées à l'air.

Les eaux de puits, lorsqu'elles dissolvent le savon et cuisent les légumes, doivent également être exposées à l'air avant d'être employées. Elles sont nuisibles aux plantes lorsqu'elles ne cuisent point les légumes et que le savon y caille; on parvient cependant à les corriger par l'addition de quelques poignées de potasse.

ARROSOIRS. L'arrosoir à côtés plats et à anse est d'un usage plus commode que l'arrosoir rond. Il doit être muni d'une pomme et d'un bec qu'on ôte et remet à volonté. Plus sont fins les trous dont la pomme est percée, moins les plantes sont couchées et la terre battue par l'arrosement. Si l'on se sert d'arrosoirs en ferblanc, on fera bien de les couvrir en dehors de deux couches de peinture à l'huile. — Pour arroser une pièce de gazon ou des arbres en espalier, on se sert d'une *pompe à main, à jet continu.* La *seringue à gerbe* est employée dans l'orangerie pour arroser le feuillage des plantes.

ARTHROPODE *à vrilles* (liliacées). De la Nouvelle-Hollande. Vivace. Feuilles lancéolées de 0 m. 60 c. Hampe de 0 m. 65 c.; garnie au printemps d'un grand nombre de fleurs blanches, assez larges. Étamines à filets barbus. Terre légère; orangerie Pendant l'été, arrosements fréquents. Multipl. de graines et de drageons.

ARUM ; *Gouet chevelu*; *Attrape-mouche* (aroïdées). De la Corse. Vivace. Tige de 0 m. 40 c. à 0 m. 50 c. Feuilles pédiaires, grandes, à pétioles engaînants. Au printemps, fleur terminale de 0 m. 35 c., marquée de vert à l'extrémité, tapissée, à l'inté rieur, de soies violettes où se prennent les mouches attirées par l'odeur cadavéreuse qui s'en exhale. Pleine terre à l'ombre, avec couverture l'hiver; arrosements fréquents. Multipl. de graines, ou par la séparation des tubercules. — *A. Serpentaire* : indigène.

ASCLÉPIADE *incarnate* (asclépiadées.) De la Virginie. Vivace. Feuilles lancéolées, glabres. Tige de 1 m. à 1 m. 30 c. En été, ombelles de fleurs rouge pourpre, à odeur de vanille; petite pointe recourbée à l'intérieur des cornets. Terre légère un peu fraîche au soleil ; couverture l'hiver ou orangerie. Multiplication de graines aussitôt qu'elles sont mûres, d'éclats ou de rejetons. — *A. tubéreuse* : de l'Amér. sept. Feuilles lancéolées, velues, alternes. Tiges de 0 m. 50 c. De juillet en septembre, fleurs en ombelles, d'un beau rouge safrané. Terre franche légère.

ASIMINIER *trilobé; Anone à trois lobes* (Anonacées). De l'A-mer. sept. Arbrisseau de 1 m. 50 c. à 5 m. Feuilles obovales, lancéolées. Au printemps, fleurs pourpre foncé. Fruits verts, man-geables. Pleine terre franche, mélangée de terre de bruyère fraîche. Multipl. de graines et de boutures de racines. — *A. à grandes fleurs* : Feuilles pubescentes en dessous; fleurs beaucoup plus grandes et de même couleur. — *A. à petites fleurs.*

ASPÉRULE *odorante* (rubiacées). Indigène. Vivace. Touffes rondes de 0 m. 20 c. à 0 m. 30 c. Tiges anguleuses. Feuilles ver-ticillées. Corymbes de fleurs blanches, odorantes. Tout terrain. Multipl. par séparation.

ASPHODÈLE *jaune; Bâton de Jacob* (liliacées.). Indigène. Vivace. Racines fibreuses. Feuilles triangulaires, disposées en spirale. Tige de 1 m. En mai-juillet, long épi de fleurs jaunes. Terre franche, sans engrais, au midi. Multipl. par drageons, par la séparation des racines, ou de graines semées au midi, en mars-avril — Variété à fleurs doubles — *A. rameux; Bâton royal:* feuilles ensiformes, carénées, de 0 m. 65 c. Tige de 1 m. verte, rameuse. En mai, épis de fleurs blanches, rayées de brun, ouvertes en étoile. Bonne terre au soleil.

ASTÈRE (composées). Ce genre comprend de nombreuses espèces, et contribue pour une large part à l'ornement des jardins. Vivaces, presque toutes originaires de l'Amér. sept., robustes, hautes de 0 m. 65 c. à 2 m., elles forment de grosses touffes, couvertes en été et en automne de fleurs nombreuses, de diverses couleurs. Ces plantes épuisent la terre et doivent être changées de place tous les quatre ans. Multipl. facile par la division des touffes. — *A. des Alpes:* grandes fleurs solitaires à rayons violets et à disque jaune. — *A. remarquable:* fleurs d'un beau bleu. — *A. soyeuse:* Des bords du Mississipi. Tige rameuse. Feuilles lancéolées, pointues, couvertes de poils soyeux et argentés. Fleurs terminales à disque jaune et à rayons violets. — *A. œil de Christ:* corymbes de fleurs à disque jaune et à rayons d'un beau bleu. — *A. de la Nouvelle-Angleterre:* tiges droites, velues; corymbes terminaux, courts, de grandes fleurs bleu violacé. — *A. rose:* panicule allongée de fleurs rose violacé. — *A. à grandes fleurs:* fleurs terminales, bleu-pourpre, à odeur de citron. — *A. horizontale:* tiges rameuses, horizontales; grand nombre de petites fleurs d'un blanc purpurin, couvrant les rameaux. — *A. multiflore:* tige très-rameuse; nombreuses fleurs blanches et petites. — *A. de Paris:* nombreuses et larges fleurs roses. — *A. en gazon:* tiges étalées, rameuses; grandes fleurs d'un blanc violacé. — *A. de Révers:* tige de 0 m. 25 c.; petites fleurs d'un blanc carné; propre à faire des bordures. — *A. à feuilles glauques:* tige ligneuse; feuilles spatulées, dentées; larges fleurs solitaires; fleurons jaunes; rayons violets. Terre franche, légère; couverture l'hiver. Multipl. d'éclats ou de boutures.

ASTÈRE *d'Afrique,* voyez *Cinéraire à fleurs bleues.*

ASTÈRE *de la Chine,* voyez *Reine-Marguerite.*

ASTILBE *des ruisseaux* (Saxifragées). De l'Himalaya. Vivace. Plante traçante. Feuilles bipennées à poils roux. Panicules de fleurs blanches Terre douce à mi-ombre. Multipl. d'éclats au printemps.

ASTRAGALE *bigarré* (papilionacées.) Du midi de l'Europe. Tiges de 0 m. 65 c. Feuilles pennées, soyeuses, En été, longs épis de fleurs bleu-violet, marquées de jaune. Terre sablonneuse au midi. Multipl. d'éclats ou de graines sur couche. —*A. onobrychis :* grappes de fleurs d'un beau bleu. — *A. adragant :* rameaux tortueux, blanchâtres ; feuilles pennées, persistantes, excepté celles du sommet ; fleurs blanchâtres en épis ; propres à orner les rocailles.

ATHANASIE *annuelle* (composées). Indigène. Tiges rameuses de 0 m. 35 c. Feuilles pennées. En été, corymbe de fleurs jaunes, durant fort longtemps. Semer au printemps, en place, au midi, 15 ou 20 graines qu'on recouvre de terreau, et arroser fréquemment jusqu'à ce que le plant ait acquis un peu de force. — *A. à feuilles de Chritmum.* Du cap. Vivace. Arbrisseau de 0 m. 70 c. à 1 m. 30 c. Corymbes de fleurs jaunes. Orangerie. Multipl. de boutures.

AUBÉPINE, voyez *Cratœgus.*

AUBRIÉTIE *deltoïde* (crucifères). De l'Europe mérid. Plante sous-ligneuse. Grosses touffes très-basses. Feuilles pubescentes. En été, grand nombre de jolies fleurs bleues. Multipl. de graines aussitôt après leur maturité, et d'éclats. Propre à orner les rocailles.

AUCUBA *du Japon* (cornées). Arbuste rameux de 1 m. à 1 m. 30 c. toujours vert. Feuilles grandes, ovales, dentées, d'un beau vert marbré de jaune. En avril, petites fleurs brunes, insignifiantes. Terre franche, légère, à mi-ombre ; point d'humidité, l'hiver. Multipl. de boutures au printemps, et de marcottes en pots. On ne possède que des individus femelles.

AURICULE, voyez *Primevère.*

AZALÉE (éricacées). Sous ce nom, l'usage a réuni les azalées à feuilles persistantes et les azalées à feuilles caduques. — **AZALÉES** *à feuilles caduques ; fleurs ayant cinq étamines :* rustiques ; du Caucase ou de l'Amérique septentrionale ; nous citerons l'*A. visqueuse,* à corolles blanches ou rouges ; l'*A. à fleurs* *nues,* dont les fleurs, rouges, paraissent avant les feuilles ; l'*A. couleur de souci,* à feuilles mucronées, pubescentes, à fleurs en corymbes nus, offrant de belles variétés ; l'*A. pontique,* à fleurs jaunes ou rouges, en corymbes, munis seulement de bractées caduques. Pleine terre de bruyère. Multipl. de semis, de greffe, de rejetons et de marcottes. — **AZALÉES** *à feuilles persistantes; dix étamines.* De l'Inde Feuilles oblongues, lancéolées, couvertes de poils soyeux, ainsi que les rameaux. Bouquets terminaux de fleurs rouges ou écarlates. Les catalogues des jardiniers comprennent un grand nombre de variétés de cette charmante espèce, qui fleurit au printemps, comme la précédente, et dont les nuances varient du blanc pur au rouge foncé et à l'écarlate le plus vif. Terre de bruyère pure, fréquemment arrosée, sans excès d'humidité. Orangerie. Rempoter après la floraison ; sortir les plantes en mai, les placer à mi-ombre et les rentrer en octobre. Multipl. d'éclats enracinés, de greffe ou de marcottes pour conserver les variétés de choix, et de semis pour obtenir des variétés nouvelles.

Nous citerons parmi les variétés les plus recherchées :

A. Admiration : Grandes fleurs blanches, maculées et panachées de rose.

A. Alexandre II : Pétales ondulés, d'un blanc strié de carmin.

A. Ardente : Fleurs d'un rouge éclatant.

A. Coquette de Paris : Fleurs rose vif, blanches au centre.

A. Dona Maria : Fleurs rose tendre, bordées de blanc, ponctuées de violet.

A. Duc Adolphe de Nassau : Larges fleurs rose violet, ponctuées, souvent semi-doubles.

A. Duchesse de Nassau : Larges fleurs rouge orange.

A. duc de Devonshire : belles fleurs rouge ponceau.

A. gloire de Belgique : fleurs blanches, striées de carmin.

A. Marie-Louise . très-grandes fleurs rose vif.

A. Napoléon III : grandes fleurs d'un rose carminé foncé.

A. Prince Albert : grandes fleurs d'un rouge foncé.

A. Quentin Durward : fleurs rose saumoné, doubles.

A. Reine des Belges : fleurs rose tendre, doubles.

A. rosée, élégante : fleurs roses. Variété très-florifère.

A. Rubens : larges fleurs écarlates, légèrement ponctuées.

A. semi-double maculée : fleurs rose vif, maculées de rose foncé.

AZÉDARACH *bipenné; Arbre saint; Arbre à chapelet; Faux sycomore; Lilas des Indes* (méliacées). De l'Inde et de la Syrie. Arbre de 2 m. en France, quoique beaucoup plus grand dans son pays. Feuilles bipennées à folioles ovales. En été, panicules axillaires de fleurs ressemblant à celles du lilas par l'odeur et par la couleur. Orangerie pendant les quatre premières années; ensuite, pleine terre légère à bonne exposition. Multipl. de graines sur couche. — *A. toujours vert; Margousier* : à peu près semblable au précédent, mais plus petit et plus sensible au froid.

B

BACCHANTE *de Virginie; Baccharide à feuilles d'halime; Seneçon en arbre* (composées). Arbrisseau de 3 à 4 m. Feuilles persistantes, ovales, oblongues, dentées, ponctuées de blanc. En automne, panicules de fleurs blanches. Terre légère et sablonneuse au midi; couverture l'hiver. Multipl. de graines, boutures ou marcottes.

BACHE, voyez *Châssis.*

BADIANE, *Anis étoilé* (magnoliacées). De Chine. Arbrisseau aromatique de 3 à 4 m. Feuilles persistantes, obovales. Au printemps, fleurs jaunes. Terre légère et substantielle. Orangerie ou couverture l'hiver. Multipl. de graines ou de marcottes qui ne prennent racine que la deuxième année. — *B. de la Floride* : arbrisseau plus petit. Feuilles pointues. Fleurs rouge brun. Terre de bruyère. — *B. à petites fleurs* : petites fleurs d'un blanc soufré, exhalant une odeur encore plus forte. — *B. sacrée* : du Japon. L'anis étoilé du commerce se récolte sur cette espèce qui est plus délicate que les précédentes. Orangerie; arrosements modérés.

BÆCKEA *effilée* (myrtacées). De la Nouvelle-Hollande. Arbrisseau de 0 m. 70 c. à 1 m. 60 c. Feuilles linéaires, persistantes, glabres, glanduleuses. En juillet-août, ombelles de petites fleurs blanches. Terre de bruyère; orangerie. Multipl. de boutures étouffées et de marcottes.

BAGUENAUDIER *ordinaire, faux séné* (papilionacées). Indigène. Arbrisseau de 3 à 4 m. Feuilles pennées; folioles ovales, échancrées. Durant tout l'été, fleurs jaunes, marquées de deux lignes rouges sur l'étendard. Fruits vésiculeux, crevant avec bruit lorsqu'on les presse. Terre franche, légère, mi-ombre. Multipl. de drageons et de graines — *B. du Levant* : de 1 m. 60 c. à 2 m. Fleurs rouge-pourpré, marquées de deux taches jaunes sur l'étendard. Plein soleil. Semis sur couche. — *B. d'Alep* : Fleurs jaunes. Fruits rougeâtres, ouverts au sommet. — *B. moyen* : Fleurs jaunes, lavées de rouge. — *B. d'Éthiopie* : grappes axillaires de fleurs d'un beau rouge. Cultiver comme plante annuelle, en semant au printemps sur couche et en repiquant en pleine terre.

BAIE : Fruit mou, charnu, renfermant des pépins ou de petits noyaux.

BALISIER *des Indes; Canne d'Inde; Canna* (cannées). De l'Amér. mérid. Racine tubéreuse. Feuilles de 0 m. 50 c., engaînantes, alternes, larges de 0 m. 22 c., bordées d'un filet blanc. Pendant l'été, épi de fleurs irrégulières, d'un très-beau rouge. Multipl. de graines semées sur couche au printemps; repiquer en juin; mettre en pleine terre en mai de l'année suivante. Les tubercules doivent être traités comme ceux des dahlias. — *B. à feuilles étroites* : trois divisions supérieures de la fleur, rouges; trois divisions inférieures, jaunes, ponctuées de rouge. — *B. à fleurs bordées* : le plus beau de tous par sa bizarrerie et son éclat. — *B. à fleur orange*. — *B. gigantesque*, haut de 1 m. 70 c. — *B. glauque*. — *B. pédonculé*. — *B. flasque* : fleurs d'un jaune roussâtre. — *B. à fleurs écarlates* : tige de 1 m. 50; au printemps et en été, grappe de fleurs écarlates, à labelle jaune maculé de rouge. — *B. de Warsewicz* : tige de 1 m. 30; feuilles longues de 0 m. 32; fleurs d'un écarlate vif.

BALIVEAU : jeune arbre non taillé, filant droit avec ses branches.

BALSAMINE; *Impatiente* (balsaminées). De l'Inde. Annuelle. Grosse tige rameuse, cassante, de 0 m. 35 c. à 0 m. 60 c. Feuilles dentées, lancéolées. Pendant l'été, nombreuses fleurs axillaires, éperonnées, blanches, roses, rouges, violettes, simples ou doubles, unicolores ou panachées. D'un bel effet. Nombreuses variétés dont les plus remarquables sont la *B. à rameaux*, et la

B. à fleurs de camélia. Multipl. de graines contenues dans des capsules dont les valves se séparent et s'enroulent sur elles-mêmes dès qu'on les touche, ce qui justifie le nom d'*Impatiente* ou de *Noli me tangere*, donné à cette jolie plante. Semer sur couche en avril; repiquer sur planche bien terreautée; lever en motte pour mettre en place, par un temps couvert et humide. — *B. glanduleuse* : de Cachemire. Buisson touffu de 1 à 2 m. Grandes feuilles à pétiole glanduleux. Panicules corymbiformes terminales de grosses fleurs rouge violacé. — *B. à trois cornes* : de l'Inde. Tout l'été, fleurs jaunes, axillaires, en grappes, ayant la forme d'un casque; pétale inférieur terminé en corne; pétale supérieur présentant deux cornes plus petites. — *B. à larges fleurs :* Vivace. Grandes fleurs planes, rose vif. Arrosements abondants. Multipl. de graines et de boutures. Plus propre à orner les serres que les jardins où les sécheresses de l'été lui sont contraires.

BANKSIE *à feuilles en scie* (protéacées). De la Nouvelle-Hollande. Arbuste de 2 m. 50 c. à 3 m. Feuilles linéaires, dont la nervure est terminée par une épine. Petites fleurs à tube jaune, violettes à l'intérieur, bleues à l'extérieur. Orangerie; ombre et terre de bruyère pure pour les jeunes plantes; terre légère sablonneuse, lorsqu'elles ont acquis de la force; fraîcheur humide continuelle et égale. Multipl. de graines — *B. de Cunningham :* feuilles plus petites, sans épine. — *B. élevée* : délicate, craignant l'humidité.

BAPTISIE *de la Caroline* (papilionacées). Racine vivace. Touffe annuelle, haute de 0 m. 65 c. Feuilles à trois folioles cunéiformes. En été, longues grappes de grandes fleurs bleues. Terre franche légère, au midi. Multipl. d'éclats ou de graines semées sur couche tiède. — *B. à fleurs blanches.*

BARBARÉE, voyez *Vélar.*

BARBE DE JUPITER, voyez *Anthyllide.*

BARKHAUSIE *rouge* (composées). D'Italie. Annuelle. Tiges de 0 m. 20 c. à 0 m. 30 c. Feuilles découpées. En été et en automne, grandes fleurs d'un joli rose. Tout terrain. Propre à faire des bordures. Variété à fleurs blanches.

BARTONIE *dorée* (loasées). De la Californie. Annuelle. Tige blanche, rameuse, étalée. Feuilles incisées, rudes. En été, gran-

2

des fleurs jaunes d'un bel effet. Semer sur place, en terrain sec. au soleil. Très-peu d'arrosements.

BASILIC *commun* (labiées). Des Indes. Annuel. Plante très-aromatique. Tige de 0 m. 32 c. Feuilles ovales. Fleurs blanches ou pourpres. Semer sur couche en mars ; replanter en pot ou en pleine terre au midi. — *Petit B.* — *B. à feuilles d'ortie.* — *B. à feuilles de laitue.* — *B. anisé.*

BASSINER. Arroser légèrement et en pluie fine.

BAUÈRE *à feuilles de garance* (saxifragées). De la Nouvelle-Hollande. Arbrisseau de 1 m. 50 c. à 2. m., ayant besoin de tuteur. Feuilles linéaires, persistantes, couvertes de duvet. Pendant l'été, petites fleurs pendantes, pourpres, rayées de blanc. Orangerie ; terre de bruyère mélangée ; bonne exposition lorsqu'on la sort de la serre ; beaucoup d'eau, l'été. Multipl. de boutures sous cloche et de marcottes.

BATON DE JACOB, voyez *Asphodèle.*

BATON ROYAL, voyez *Asphodèle.*

BAUME-COQ, voyez *Pyrèthre.*

BAUME DU PÉROU ; *Mélilot bleu; Lotier odorant* (papilionacées). De Bohême. Annuel. Rustique. Feuilles à deux folioles. En août, fleurs bleues très-odorantes. Terre légère. Semer en place ou sur couche.

BEAUFORTIA *à feuilles en croix* (myrtacées). De la Nouv.-Hollande. Arbrisseau à feuilles persistantes, opposées en croix. En été, fleurs d'un beau rouge, disposées autour des tiges. Orangerie ; terre de bruyère mélangée ; arrosements fréquents en été ; rempotage annuel. Multipl. de marcottes, de boutures étouffées, ou de graines semées au printemps en terrines placées sous châssis.

BÊCHE. Outil dont on se sert pour labourer. Sa grandeur doit être proportionnée à la profondeur du labour qu'exige la qualité du terrain.

BÉGONIA *discolore* (bégoniacées). De la Chine. Vivace. Tige rameuse, teintée de rouge au-dessus des articulations. Grandes feuilles cordiformes, obliques, inégalement dentées, d'un rose foncé en dessous. Tout l'été, panicules de grandes fleurs d'un beau rose. Les tiges meurent en automne. Terre de bruyère ; orangerie. Multipl. d'éclats et de bulbilles axillaires qui prennent racine à l'endroit où elles sont tombées. Beaucoup d'eau pendant la végétation, très-peu pendant le repos. De nombreuses espèces composent le genre Bégonia ; la plupart demandent une serre chaude ; il n'entre pas dans notre plan de les décrire.

BÉJARIE *paniculée* (éricacées). De la Floride. Arbrisseau de 1 m. à 1 m. 30 c. Feuilles persistantes, ovales, rougeâtres sur les bords. En été, fleurs d'un rose pourpré, légèrement odorantes. Terre légère et substantielle. Bonne orangerie. Multipl. de graines, de marcottes, de boutures sur couche et sous châssis. — *B. à feuilles de lédon* : rameaux grêles, couverts de poils rougeâtres ; feuilles lancéolées, lisses, à bords roulés; corymbes irréguliers de grandes fleurs d'un beau rouge. — *B. couleur de feu* : feuilles ferrugineuses en dessous. — *B. à fleurs brunes* : panicules serrées de fleurs pourpres. — *B. à corymbes serrés.*

BELLADONE, voyez *Amaryllis.*

BELLE DE JOUR : voyez *Convolvulus tricolor.*

BELLE DE NUIT ; *Faux jalap; Mirabilis* (nyctaginées). Du Pérou. Racine fusiforme. Vivace. Tige de 0 m. 65 c. Feuilles cordiformes, opposées. Bouquets axillaires de fleurs blanches, rouges, jaunes ou panachées, à odeur suave. Bonne terre franche. Multipl. de graines sur couche au printemps ; repiquer en place à la fin de mai. On obtient des fleurs plus tôt en conservant les racines à la cave comme celles des dahlias. — *B. de nuit à longues fleurs* : du Mexique. Fleurs toujours blanches, très-odorantes, au bout d'un tube de 0 m. 10 c. à 0 m. 14 c. Variété à fleurs violettes.

BELLE D'ONZE HEURES : voyez *Ornithogale à ombelle.*

BÉNOITE *écarlate* (rosacées). D'Orient. Vivace. Feuilles radicales pennées; feuilles caulinaires trilobées. Tige rameuse de 0 m. 50 c. Pendant l'été, fleurs écarlates. Terre légère au midi. Multipl. de graines sur couche et d'éclats. Variété à fleurs doubles.

BENTHAMIE *porte-fraises* (cornées). Du Népaul. Arbrisseau d'environ 4 m. Feuilles blanchâtres en dessous. Fleurs jaunâtres. Fruit semblable à une fraise. Terre meuble ; orangerie à Paris. Multipl. de boutures.

BENZOIN ou *benjoin odoriférant* (laurinées). De l'Amér. sept. Arbuste à bois odorant. Feuilles ovales odorantes. Fleurs jaunâtres en mai. Baies d'un rouge vif passant au noir. Pleine terre de bruyère, humide, à mi-soleil. Multipl. de marcottes par incision, ou de graines fraîches sur couche tiède et ombragée.

BERMUDIENNE *à petites fleurs* (iridées). Des îles Bermudes. Vivace. Racines fibreuses. Tige rameuse de 0 m. 15 c. à 0 m. 30 c. Feuilles linéaires, ensiformes. En juin-juillet, spathe de quatre fleurs bleues. Terre franche, légère, un peu humide; couverture pendant les grands froids. Multipl. d'éclats ou de graines. propre aux bordures. — *B. bicolore* : grandes fleurs en étoiles, bleu violet tacheté de jaune. Orangerie. — *B. à réseau* : du Mexique; ombelle de grandes fleurs à six lobes d'un blanc jaunâtre, un peu odorante. Pleine terre. — *B. roulée* : du Cap. Fleurs d'un jaune de jonquille. — *B. de Gay* : du Chili. En mai, fleurs jaune orange. Culture des ixias pour ces deux dernières espèces.

BESSÈRE *à fleurs vermillon* (liliacées). Du Mexique. Vivace. Feuilles canaliculées, longues, linéaires. Hampe nue. Ombelle terminale de fleurs d'un beau rouge à l'extérieur, d'un rouge plus pâle en dedans. Terre de bruyère. Culture des ixias.

BÉTOINE *du Levant* (labiées). Du Caucase. Vivace. Feuilles lancéolées et gaufrées. Fleurs d'un pourpre pâle. Multipl. de graines et d'éclats. — *B. à grandes fleurs* : de Sibérie. Feuilles radicales, cordiformes, dentées. Fleurs verticillées, roses, avec de grandes bractées.

BIGNONE *à vrilles* (bignoniacées). Des États-Unis. Arbre grimpant. Feuilles persistantes, géminées; pétiole muni de vrilles. En mai et juin, fleurs tubuleuses, rouges. Terrain un peu frais; bonne exposition. Couverture pendant les grands froids. Propre à garnir les murs.

BINAGE : opération qui consiste à briser la superficie de la terre à une profondeur de 0 m. 06 c. à 0 m. 08 c. afin d'empêcher qu'elle ne se durcisse et de la débarrasser des mauvaises herbes qui nuisent à la végétation des plantes.

BINETTE : outil léger en forme de houe, à manche plus long, propre à biner et à butter les plantes.

BISANNUEL, LE : nom donné aux végétaux qui périssent après avoir duré deux années.

BLANC, *lèpre, meunier* : sorte de moisissure qui commence à l'extrémité des jeunes pousses du pêcher, puis les couvre entièrement, s'étend même au fruit et fait périr les jeunes tiges et les

feuilles. Maladie dangereuse, surtout au printemps, et se repro-
duisant chaque année. Couper les parties malades, pour en atté-
nuer les effets.

BLANC URSINE, voyez *Acanthe.*

BLUET, voyez *Centaurée.*

BOBARTIE *orangée* (iridées). Du Cap. Feuilles canaliculées,
linéaires, longues ; hampe de 0 m. 50 c., supportant 2 ou 3
fleurs jaune orangé. Multipl. par la séparation des bulbes. Terre
de bruyère. Culture des ixias.

BOIS GENTIL ; BOIS JOLI, voy. *Daphné.*

BOLTONIE *à feuilles d'astère* (composées). De la Virginie,
Vivace. Rustique. Touffe de 0 m. 70 c. à 1 m. Feuilles glabres,
linéaires, lancéolées. D'août en octobre, panicules de petites fleurs
blanches à disque jaune. Terre légère, humide. Multipl. d'éclats
ou de graines. — *B.. à feuilles de pastel :* tiges droites de 1 m.
60 c. à 2 m. Grande panicule de fleurs dont les rayons sont quelquefois teints de gris de lin ou de pourpre.

BONNET DE PRÊTRE, voyez *Fusain.*

BORDURES. Quoiqu'en disent certains horticulteurs, le buis
nain est encore de toutes les bordures celle qui soutient le mieux
la terre des plates-bandes, qui se plie le mieux à la taille et dans
laquelle il se fait le moins de ces vides qui sont si désagréables à
l'œil. Cependant nous conviendrons, pour ne pas être exclusif,
qu'il est d'autres bordures que leurs qualités, soit comme durée,
soit comme agrément ou solidité, ne laissent pas de recommander
à l'amateur. Nous placerons en tête le gazon qu'il faut arroser
fréquemment et tondre très-court tous les huit jours pour l'empêcher de venir à graine. Les bordures de fleurs nous paraissent
toutefois préférables dans les petits parterres ; celles-ci sont vivaces ou annuelles. Les premières ont l'avantage de soutenir les
plates-bandes en toute saison. Parmi les plantes vivaces, nous
conseillerons de préférence le *Thym,* l'*OEillet mignardise,* la *Pâquerette à fleur pleine,* la *Corbeille d'or,* l'*Arabette printanière,*
l'*Iris naine,* l'*Argentine,* la *Violette,* la *Véronique germandrée.*
Nous citerons, parmi les plantes annuelles, la *Giroflée de Mahon,*
la *Collinsie bicolore,* la *Clarkie gentille,* le *Pied-d'alouette,* la
Gypsophile élégante, la *Némophile remarquable,* la *Nigelle de
Damas,* etc.

BORNER, rapprocher avec le plantoir la terre autour des racines, lorsqu'on repique un jeune plant.

BORONIE *à feuilles pennées* (diosurées). De la Nouv.-Galles. Arbuste de 0 m. 70 c. à 0 m. 80 c. Tige grêle. Feuilles lancéolées, à odeur de myrte. De février en mai, fleurs latérales, roses, à odeur d'aubépine. Terre de bruyère. Orangerie. Multipl. de boutures.

BOUILLON. Eau de fumier avec laquelle on arrose les plantes malades, mais dont il faut user modérément si l'on ne veut pas les faire périr par un excès de nourriture substantielle. Cette eau se prépare de la manière suivante : On mélange dans un tonneau un tiers de crottin de cheval, de matière fécale, de bouse de vache, etc., deux tiers d'eau et une petite quantité de fumier bien imprégné d'urine; on remue de temps en temps. Au bout de 15 ou 20 jours, l'eau est faite.

BOULE DE NEIGE, voyez *Viorne*.

BOURGEON, bouton un peu développé, ordinairement entouré d'écailles, qui paraît aux arbres et aux arbrisseaux, et d'où il doit sortir des branches, des feuilles ou du fruit.

BOURREAU DES ARBRES, voyez *Célastre*.

BOUTON D'ARGENT, voyez *Achillée*.

BOUTURE : branche ou partie quelconque d'une plante, mise en terre pour obtenir, par suite de son enracinement, le développement d'un nouveau sujet. C'est pour le jardinier un puissant moyen de reproduction, et précieux surtout pour la conservation des variétés. Comme nous tenons à ne point sortir de notre cadre, nous ne parlerons ici que des boutures de végétaux d'orangerie ou de serre tempérée. Ces boutures se font sous cloches ou sous châssis, pendant les mois de mai, de juin et de juillet, qui sont les plus favorables au succès. On emploie soit la terre de bruyère bien tamisée, soit un mélange de 3/4 de terre de bruyère avec 1/4 de terre normale, soit le sable blanc pur qui est préférable pour les plantes sujettes à pourrir. Si les boutures doivent être faites sous cloches, on les place en terrines ou en pots dont on garnit le fond de gravier ou de pierrailles. Les pots doivent avoir de 0 m. 02 c. à 0 m. 03 c. de diamètre, et les terrines, 0 m. 30 c. environ. On coupe les boutures immédiatement au-dessous d'un nœud, d'une longueur proportionnée à leur force; on enlève les feuilles de la partie inferieure ; on enfonce chaque sujet dans un trou fait avec un petit bâton, en pressant fortement la terre autour de lui ; si c'est en terrine qu'on opère, on forme autour de la 1ʳᵉ bouture, placée au milieu, un ou deux cercles de boutures espacées, suivant leur grosseur, de 0 m. 03 c. à 0 m. 08 c. Si la même terrine doit contenir des espèces différentes, les plus vigoureuses seront placées au milieu et les plus délicates le long des parois ; cette disposition favorise l'enracinement des sujets délicats en ce qu'elle les met en contact plus immédiat avec l'oxigène de l'air qui pénètre à travers la matière poreuse du vase. L'opération terminée, la terrine, après une bonne mouillure en pluie très-fine, est placée à l'abri du soleil et du vent. Dès que l'eau est un peu ressuyée, on recouvre d'une cloche ; on ne donne un peu d'air qu'au bout de quelques jours ; on bassine très-légèrement dans le cas où les boutures auraient absolument besoin d'eau ; on essuie la cloche à l'intérieur, lorsqu'il s'y forme de grosses gouttes, indices d'humidité ; on enlève les moisissures. Aussitôt que les boutures sont enracinées, la cloche n'est plus nécessaire ; on empote alors chacune d'elles isolément et l'on a soin de ne pas exposer brusquement la nouvelle plante au soleil.

BOUQUET PARFAIT, voyez *OEillet*.

BOUVARDIE *bleue* (rubiacées). De la Virginie. Vivace. Tiges de 0 m. 10 c. à 0 m. 15 c. Petites feuilles en spatules. Au printemps, fleurs bleuâtres. Multipl. de graines et d'éclats. — *B. à fleurs jaunes* : tiges deux fois plus élevées ; feuilles ovales, opposées, ponctuées de vert pâle. Fleurs jaune clair. Multipl. de boutures. — *B. à feuilles molles* : fleurs jaunes, lavées de pourpre. *B. de Cavanilles* : du Mexique. Buisson à feuilles ovales, sessiles, produisant tout l'été de jolis bouquets de fleurs écarlates. Couverture l'hiver. — *B. écarlate* : charmant arbuste dont les tiges, de 0 m. 65 c. périssent l'hiver, pour faire place à d'autres au printemps. Ombelles de fleurs d'un rouge éclatant. Jolies variétés à fleurs blanches et à fleurs rouge-vermillon. Multipl. de marcottes, de boutures ou par la séparation des touffes.

BRACHYCOME *à feuilles d'ibéris* (composées). De la Nouv.-Hollande. Plante annuelle. Rameaux menus. Feuilles linéaires. Capitules bleus, radiés, terminaux. Multipl. de graines semées en pot ou en place, au printemps.

BRACTÉE ou *feuille florale*. Petite feuille ordinairement colorée, qui naît avec la fleur de certaines plantes, et qui diffère des autres feuilles par la forme, la couleur et la consistance.

BRAGALOU *de Montpellier* (joncées). Vivace. Tige de 0 m. 35 c. Fleurs bleues terminales. Orangerie ou couverture l'hiver. Multipl. de graines et d'éclats.

BRINDILLE : branche à fruit, mince et courte.

BROUALLE *élevée; Violette bleue* (scrophularinées). Du Pérou. Annuelle. Tiges rameuses de 0 m. 65 c. Feuilles lancéolées. En été, fleurs axillaires, bleu lilas, à long tube d'un beau jaune. Variété blanche. Terre légère, substantielle, au midi. Multipl. de graines sur couche chaude et sous châssis. Les graines ne mûrissent que sur des sujets repiqués en pot et placés sous châssis ou en serre. — *B. à tige tombante* : Fleurs d'un violet bleuâtre taché de jaune à la base de la division supérieure. Arrosements fréquents. — *B. de Jameson* : du Pérou et de la Colombie. Vivace. Feuilles persistantes. Jolis bouquets de fleurs d'un beau jaune, ayant la surface supérieure du limbe d'un rouge orangé éclatant. Châssis froid l'hiver.

BRUNELLE *à grandes fleurs* (labiées). Indigène. Vivace. Feuilles obovales. En été, épi de grandes fleurs blanches, roses, pourpres ou bleues. Terre légère ; toute exposition. Multipl. de graines ou d'éclats. Propre à faire des bordures.

BRUNNICHIA *à vrilles* (polygonées). De Virginie. Plante ligneuse, grimpante. Feuilles cordiformes. En automne, panicules de petites fleurs jaunâtres. Multipl. de marcottes, ou par tronçons de racine bouturés.

BRUYÈRE (éricacées). Ce genre comprend un nombre considérable d'espèces dont les curieux pourront chercher la nomenclature dans les catalogues. Neuf d'entre elles peuvent être cultivées en pleine terre sous le climat de Paris ; ce sont : la *Bruyère commune* : tiges diffuses. Petites fleurs latérales, blanches ou roses, simples ou doubles — *B. cendrée* : fleurs purpurines, terminales et latérales. — *B. ciliée* : grappes unilatérales de fleurs pourpres ou blanches. — *B. quaternée* : fleurs blanches et roses. — *B. herbacée.* — *B. méditerranéenne.* — *B. multiflore*. fleurs blanches et rouges. — *B. à balais.* — *B. multicaule* : tige rameuse, formant une touffe arrondie ; fleurs terminales, ovales, roses. = Les autres espèces doivent être rentrées en serre, l'hiver. Toutes demandent la terre de bruyère. Orangerie dans le nord de la France pour celles qui viennent du midi. Arrosements modérés, mais fréquents. Multipl. de graines et de boutures qu'on place dans un sable fin, pur et blanc, pour les lever aussitôt qu'elles ont des racines.

BUDLEYE *globuleuse* (scrophularinées). Du Pérou. Arbrisseau toujours vert, très-rameux, de 2 m. 50 c. à 3 m. Feuilles ovales allongées, blanches en dessous En été, petites fleurs odorantes, en globules, d'un jaune orangé vif. Terre légère, un peu abritée. Orangerie pendant les deux premières années, puis pleine terre avec couverture l'hiver. Multipl. de boutures sur couche et sous châssis, de marcottes et de graines. — *B. à feuilles de sauge* : du Cap. En septembre, panicules terminales de petites fleurs blanches à disque jaune. Orangerie. — *B. de Madagascar.* Thyrse allongé de fleurs passant du jaune clair au pourpre. Terre substantielle ; arrosements fréquents Serre tempérée. — *B. de Lindley.* De la Chine. Rustique. Fleurs en épis simples ou rameux, par bouquets de trois à six sur un pédoncule commun ; corolle tubuleuse, lie de vin pâle au dehors, pourpre violet e dedans. Terre de bruyère. Multipl. de boutures et d'éclats.

BUGLOSSE *d'Italie* (borraginées). Indigène Vivace. Touffe de 0 m. 50 c. Feuilles ovales. De mars en juillet, panicules de fleurs bleu d'azur. Bonne terre douce au soleil. Multipl. de graines ou d'éclats. — *B. de Virginie* : épi de fleurs jaunes en été. Terre de bruyère, au soleil.— *B. blanchâtre* : rustique ; feuilles blanchâtres en dessous ; épi terminal, roulé en crosse, de fleurs d'un beau jaune.

BUGRANE *élevée* (papilionacées). De Silésie. Vivace et rustique. Tige de 1 m. Feuilles à trois folioles lancéolées, dentées. En été, épis de fleurs purpurines. Terre franche, légère. Multipl. de graines ou d'éclats. — *B. frutescente* : indigène. Rameaux blanchâtres. En mai et juin, grappes de fleurs roses. Exposition chaude. Multipl. de graines ou de marcottes repiquées en septembre. — *B. à feuilles rondes* : des Alpes. Tige de 0 m 35 c. Pendant l'été, petites grappes de grandes fleurs jaunes, lavées et striées de rose. Multipl. de graines ou de racines bouturées ; ne vit que deux ou trois ans.

BUIS *toujours vert* (euphorbiacées). Indigène. Arbre de 4 à 5 m. Petites feuilles persistantes. En avril, fleurs blanchâtres, insignifiantes. Variétés à feuilles maculées, panachées, ou bordées, soit de blanc soit de jaune. Terre légère. Multipl. de graines, et, pour les variétés, de greffe, de boutures ou de marcottes. — *B. nain* : employé pour border les plates-bandes. Multipl. d'éclats. — *B. de Mahon* : feuilles plus grandes. En mai, petites fleurs jaunes, odorantes. Terre franche, légère, au midi. Orangerie la première année; couverture dans les grands froids. Multipl. de boutures sur couche.

BULBE : Tige souterraine, arrondie, formée d'un plateau charnu, conique, portant des écailles ou des tuniques charnues, superposées, et un bourgeon central.

BULBIFÈRE : nom donné aux plantes qui produisent des bulbilles.

BULBILLE : Petite bulbe naissant aux articulations des tiges, aux aisselles des feuilles, ou remplaçant les fleurs, dans certaines plantes.

BULBOCODE *printanier* (mélanthacées). Du Dauphiné et de la Provence. Feuilles lancéolées. Au printemps, deux ou trois fleurs radicales passant du blanc au pourpre. Terre légère, au midi. Couverture dans les grands froids. Séparer et replanter les bulbes tous les deux ou trois ans. — *B. automnal* ; des Pyrénées; en automne, fleur solitaire, lilas pourpre.

BUPHTHALME *à grandes fleurs* (composées). Indigène. Vivace et rustique. Feuilles étroites, lancéolées; grandes fleurs jaunes, en été. Terre franche légère, au midi. Multipl. de graines ou d'éclats. — *B. ou telekia à feuilles en cœur* : de Hongrie. Tiges de 1 m. 30 c., en larges touffes. Pendant l'été, nombreuses fleurs d'un beau jaune.

BUPLÈVRE *frutescent; Oreille de lièvre* (ombellifère). Indigène. Arbrisseau de 1 m. 30 c. à 1 m. 60 c. Feuilles persistantes, obliques. En été, ombelles de petites fleurs jaunes. Terre franche, humide. Multipl. de graines, de marcottes et de boutures.

BURCHELLIE *du Cap* (rubiacées). Arbrisseau de 0 m. 70 c. à 1 m. 30 c. Feuilles cordiformes, coriaces. En mai et juin, belles fleurs écarlates. Terre légère; serre tempérée. Multipl. de marcottes et de boutures.

BURSARIA *épineux* (pittosporées). De la Nouv.-Hollande. Tiges d'environ 1 m. 60 c. Rameaux épineux; petites feuilles spatulées, luisantes. En été, grappes paniculées de petites fleurs blanches. Orangerie. Terre de bruyère. Multipl. de marcottes.

BURTONIE *gentille* (papilionacées). De la Nouv.-Hollande Arbuste de 0 m. 40 c. à 0 m. 60 c. Rameaux grêles. Feuilles sessiles, à trois folioles linéaires. Au printemps, épi terminal, très-dense, de fleurs d'un rouge vif. Terre de bruyère pure; serre tempérée. Multipl. de graines — *B. velue* : Fleurs d'un beau pourpre, marquées d'une tache jaune, à la base de l'étendard.

BUTTER : Amonceler la terre autour d'une plante.

BUTOME *ombellé; Jonc fleuri* (butomées). Indigène. Vivace. Longues feuilles droites. Tiges nues de 0 m. 70 c. à 1 m. En juillet, ombelles de fleurs roses, durant longtemps et d'un bel effet. Multipl. de graines et d'éclats. Propre à orner les bassins. Variété à feuilles panachées.

C

CACALIE *à feuilles sagittées* (composées). De Java. Annuelle. Tiges de 0 m. 40 c. Feuilles amplexicaules. En été, fleurs terminales rouge-orange. Semer en place, fin avril.

CADUC, QUE : se dit des feuilles, des calices, des corolles qui tombent après avoir rempli leur destination.

CAGE : Verrine à carreaux, mobile, pour couvrir les arbustes ou les arbrisseaux. — Cylindre d'osier, destiné à priver une plante d'une partie des rayons du soleil, ou à la garantir des animaux.

CAILLEBOTTE, voyez *Viorne*.

CAIEU : Petite bulbe qui se forme sur le côté d'un oignon.

CAISSE : On fait, depuis quelques années, des bacs ou caisses rondes, préférables aux caisses carrées, en ce qu'elles sont plus durables, et que l'eau s'y écoule promptement, vu la disposition perpendiculaire des douves.

CAJOPHORE *à fleur rouge* (loasées). Du Chili. Plante grimpante, bisannuelle Feuilles incisées, velues. En été, fleurs solitaires, axillaires, bizarres, d'un rouge orangé. Fruits en spirale.

Multipl. de graines en automne; il faut repiquer le plant pour le rentrer en serre; au mois de mai suivant, on le met en place au pied d'un mur, au midi. — *C. d'Herbert* : variété dont les fleurs sont plus grandes et d'un rouge plus vif.

CALAMINTHE *à grandes fleurs* (labiées). Des Alpes. Vivace. Feuilles ovales, dentées. Tout l'été, grappes unilatérales de grandes fleurs rose pourpre. Variété à feuilles panachées. Terre franche, légère. Multipl. de graines et d'éclats.

CALANDRINIE *à grandes fleurs* (portulacées). Du Chili. Vivace. Feuilles spatulées, d'un vert glauque en dessus, rougâtres en dessous. En été, fleurs d'un beau pourpre violet. Serre tempérée. Terre substantielle. Multipl. de graines et de boutures.

CALCÉOLAIRE (scrophularinées). De l'Amér. mérid. Genre composé d'un grand nombre d'espèces, et qui doit son nom à la forme de ses fleurs, semblable à celle d'un sabot, *calceolus*. Parmi ces espèces, il y en a de ligneuses, qui se multiplient d'éclats ou de boutures; les autres sont herbacées et se multiplient de graines ou par la division des touffes. Les semis se font en terre de bruyère humide; le plant doit également être repiqué en terre de bruyère. Les calcéolaires demandent une température humide et douce, et, pendant l'hiver, une bonne orangerie où on les arrose modérément. Les fleurs de ces jolies plantes sont jaunes, brun mordoré, piquetées de points rouges ou bruns sur fond jaune, blanc, carminé, saumoné. Nous citerons comme espèces remarquables, parmi les ligneuses : les *C. arlequin, talisman*, et parmi les herbacées : les *C. à fleurs crénelées, laineuse, à feuilles de plantain, en corymbe*; les variétés, aujourd'hui si nombreuses, et qui s'augmentent encore tous les jours, ont été produites par la *C. en corymbe* et la *C. à fleurs crénelées*.

CALICE : Enveloppe extérieure dans laquelle sont renfermés la corolle et les organes sexuels. Il est *monosépale*, d'une seule pièce, ou *polysépale*, composé de plusieurs. On l'appelle *caliculé*, lorsque de petites écailles forment un second calice à sa base; *supère* ou *adhérent* s'il paraît au-dessus de l'ovaire; *libre*, s'il est au-dessous; *embriqué*, lorsqu'il est composé de parties appliquées les unes sur les autres; *bifide*, lorsqu'il est divisé environ jusqu'à moitié en deux parties; *trifide*, lorsqu'il est divisé en trois parties. On l'appelle encore *Bourse,* pour désigner le calice des champignons; *Bale,* pour désigner le calice des graminées, formé de mailles ou paillettes qui environnent ou renferment les organes sexuels; *Coiffe,* pour désigner l'enveloppe mince et membraneuse qui recouvre l'urne dans laquelle sont enfermés les organes de la fructification des mousses; *Spathe,* pour désigner une espèce de gaîne membraneuse qui renferme une ou plusieurs fleurs.

CALIMÉRIS *incisé* (composées). De Sibérie. Feuilles lancéolées. Tiges de 0 m. 65 c. En juillet, grandes fleurs lilas clair. Tout terrain.

CALLA *d'Éthiopie* (aroïdées). Du Cap. Vivace. Longs pétioles, belles feuilles sagittées. Au printemps, hampe de 0 m. 65 c. surmontée d'une grande fleur blanche en cornet, d'une odeur très-agréable. Terre légère, humide, au soleil. Bonne orangerie. Multipl. de rejetons.

CALLICARPE *d'Amérique* (verbénacées). Bel arbrisseau de 1 m., à rameaux cotonneux. Feuilles ovales. En été, corymbes de fleurs jaunes, marquées de rouge. Fruits rouges d'un joli effet. Terre de bruyère. Orangerie ou couverture l'hiver. Multipl. de graines, de marcottes ou de boutures. — *C. pourpre* : de la Chine; arbuste à petites fleurs pourpres; fruits violets; d'un effet charmant; même culture.

CALLIRHOÉ *à fleurs pourpres* (malvacées). De Californie. Annuelle. Haute de 0 m. 60. Pendant l'été et l'automne, larges fleurs pourpres à œil blanc. Semer sous châssis en mars et repiquer en mai.

CALLISTACHYS *à feuilles lancéolées* (papilionacées). De la Nouvelle-Hollande. Arbrisseau à feuilles lancéolées, verticillées, ouverte le jour, redressées le soir. En août, épis de fleurs jaunes, marquées de rayons rouges à l'étendard. Terre de bruyère. Orangerie. Multipl. de graines, de marcottes et de boutures sur couche tiède au printemps. — *C. à feuilles ovales* : rameaux jaunâtres, velus; fleurs jaune foncé.

CALLISTÉMON ou *Métrosidéros à panache* (myrtacées). Arbrisseau de 2 à 3 m. Feuilles lancéolées, rougeâtres, ponctuées. En été, fleurs rouges en forme de goupillons, autour des rameaux. Variété naine, plus précoce. Mi-ombre l'été; orangerie l'hiver. — *C. à feuilles épaisses.* De février en juillet, fleurs en goupillon au sommet des rameaux. Multipl. de greffe sur le *C. en panache.* — *C. à feuilles de saule.* En juin et juillet, fleurs rose tendre. — *C. linéaire,* etc. Tous se greffent sur le *C. à panache.*

CALOMÉRIE *amaranthoïde* (composées). Bisannuelle. Tiges de 2 m. à 2 m. 60 c. Longues feuilles cotonneuses à la base, oblongues, crénelées, amplexicaules, alternes. En été, immense panicule terminale, à rameaux pendants, de nombreux capitules, petits, bruns, bordés de pourpre. Terre à oranger. Orangerie. Multipl. de graines et de boutures. Pleine terre pendant l'été qui suit le semis. Plante bizarre et curieuse.

CALYCANTHE *de la Caroline; Arbre aux anémones* (caly-canthées). Arbrisseau à bois odoriférant, de 2 m. à 2 m. 50 c. Feuilles ovales, cotonneuses en dessous. En été, fleurs brunes, à divisions recourbées en dedans, ayant une odeur de melon ou de pomme de reinette. Terre de bruyère. Multipl. de rejetons ou de marcottes qui n'ont de racines que la deuxième année. — *C. glauque.* Feuilles oblongues, glauques en dessous. — *C. à feuilles lisses.* Feuilles glabres, vertes des deux côtés. Variété naine.

CALYSTÉGIE *pubescente* (convolvulacées). De la Chine. Vivace, volubile, pubescente. Feuilles hastées. Grandes fleurs doubles, rose tendre nuancé de rose vif. Terre légère. Multipl. de boutures ou par séparation des racines.

CAMÉLÉE *à trois coques; Garoupe* (connaracées). Indigène. Tige de 0 m. 35 c. à 0 m. 65 c. Feuilles persistantes, lancéolées. En été, petites fleurs jaunes à trois pétales. Terre légère, pierreuse. Multipl. de graines qui se sèment d'elles-mêmes et lèvent après plusieurs années. — *C. pulvérulente* : des îles Canaries. Tige de 1 m. 60 c. Rameaux et feuilles blanchâtres. Fleurs à quatre pétales. Orangerie.

CAMÉLIA *du Japon* (ternstrémiacées). Arbrisseau de 1 à 5 ou 6 m. Feuilles persistantes, d'un beau vert, ovales, pointues, dentées. Fleurs d'un beau rouge; étamines terminées par des pointes d'un jaune doré. Terre franche, légère, dans des pots ou caisses d'une petite dimension relativement à la force du sujet. Orangerie, les fleurs ne pouvant se développer en plein air. Multipl. de graines et de boutures étouffées. Les variétés se greffent par approche ou en fente sur le C. du Japon à fleurs simples; pour se procurer des sujets, on plante en terre de bruyère, dans une bâche, des camélias à fleurs simples qu'on rabat près de erre, et l'année suivante on couche les rameaux. Au bout d'un an, on les sèvre et on les empote; ils sont bons à greffer l'année d'après. Si, d'après la nouvelle méthode, on couche les rameaux, lorsqu'ils sont encore à l'état herbacé, ils s'enracinent plus promptement et peuvent être sevrés et rempotés dans l'année même. Vers la fin de juin, on sort les camélias de l'orangerie, pour les mettre en plein air, à mi-ombre; ils y forment leurs boutons à fleurs pour l'hiver et le printemps suivants; les arrosements doivent être convenables pendant la floraison et pendant la pousse des bourgeons, et des boutons à fleurs. Le rencaissement se fait après la fleur, ou au moment de rentrer la plante dans l'orangerie. Les catalogues donnent une nomenclature de plusieurs centaines de variétés; ils doivent être absolument consultés par les collectionneurs. Quant aux amateurs dont l'ambition ne va pas au delà d'une douzaine de beaux Camélias dans lesquels ils mettent à la fois leur plaisir et leur orgueil, nous proposons à leur choix un nombre restreint, mais suffisant, de variétés admises parmi les plus remarquables :

C. archiduchesse Augusta : cramoisi foncé, bande blanche au centre de chaque pétale.

C. Auguste Delfosse : carmin mélangé de minium, strié de blanc pur.

C. belle Jeannette : grand, imbriqué, rose cuivré, bande blanche sur le milieu des pétales.

C. Candor : imbriqué, large, d'un blanc pur.

C. Caroline Smith : imbriqué, rose très-tendre, rubané de blanc.

C. Catherine Longhi : imbriqué, carmin, rubané de blanc.

C. cent-feuilles : imbriqué, rouge cramoisi, maculé de blanc.

C. Cimarosa : blanc incarnat, strié de rose; un des plus beaux.

C. comte de Paris : blanc rosé, veiné et rubané de carmin.

C. comtesse Balbiani : grand, rouge foncé, à bandes régulières blanches et roses.

C. comtesse d'Ellesmère : imbriqué, blanc carné, strié incarnat.

C. comtesse Woronzoff : rose clair veiné de rose foncé; pétales bordés de blanc.

C. comtesse d'Orkney : imbriqué, d'un blanc de crème, veiné et strié de rose.

C. de la Reine : énorme, imbriqué, blanc pur strié de rose.

C. duc de Bretagne : imbriqué, rose très-vif.

C. duchesse de Montpensier : imbriqué, très-plein, blanc strié de rose.

C. duchesse d'Orléans : imbriqué, blanc rosé, strié de carmin.

C. Élisabeth Herbert : imbriqué, rouge vif, rose pâle au centre.

C. George Washington : imbriqué, blanc jaunâtre.

C. Henri Favre : imbriqué, rose clair.

C. imbriqué rouge : imbriqué, rouge carminé, très-beau.

C. Impératrice Eugénie : très-grand, rose vif, pétales bordés de blanc.

C. incarnat : imbriqué, blanc carné; pétales pointus disposés en étoile.

C. Jardin d'hiver : imbriqué, rose nuancé de carmin.

C. la concorde : giroflée pâle, strié ponceau et tacheté de blanc.

C. madame Lebois : très-grand, parfaitement imbriqué, rose carminé.

C. madame Pépin : très-grand, rose clair ou incarnat, carmin vif au centre et sur les bords.

C. madame Strekaloff : imbriqué, rose tendre satiné, strié largement de blanc jaunâtre.

C. Maria Morren : grand, imbriqué, rouge cerise.

C. Mazuchelli : imbriqué, rouge cerise vif, rubané de blanc.

C. perfection : imbriqué, rouge cerise, ligné de blanc; reflets bleuâtres sur la fin de la floraison.

C. prince Albert : imbriqué, centre pœoniforme, ponctué et veiné de carmin.

C. princesse Bacciocchi : magnifique; imbriqué, carmin ponceau, strié de blanc.

C. princesse Frédéric William : de la plus grande beauté; fond rose, strié et fascié cramoisi.

C. Reine Victoria : imbriqué, rose vif, largement rubané de blanc.

C. Reine des fleurs : imbriqué, vermillon; pétales lancéolés; fleur admirable.

C. Reine des roses : imbriqué très-plein; circonférence rose tendre, centre rose maculé de blanc jaunâtre.

C. Roi des blancs : imbriqué, blanc pur.

C. Targioni : blanc strié de carmin, parfait de forme.

C. Yellow : rapporté de Chine par M. Fortuné; fleur jaune pâle, ayant la forme d'une anémone.

CAMOMILLE *romaine* (composées). Indigène. Vivace. Aromatique. Touffe basse. Pendant l'été, fleurs blanches, doubles. Terre franche, sèche. Multipl. d'éclats.

CAMPANULE *à feuilles de pêcher* (campanulacées). Indigène. Vivace. Tige de 0 m. 50 c. En été, grandes fleurs en cloche, blanches ou bleues, simples ou doubles. Terre franche, légère, à mi-ombre. Multipl. par éclats ou de graines aussitôt qu'elles sont mûres. — *C. à grandes fleurs* : de Sibérie. Rameaux terminés par une belle fleur bleue, larges de 0 m. 07 c. Pleine terre de bruyère mélangée, à mi-ombre. — *C. dorée; muschia dorée.* En été, panicule de grandes fleurs d'un beau jaune, à divisions étroites, réfléchies; terre franche, légère; arrosements modérés; orangerie; semer sur couche, repiquer isolément en petits pots. — *C. doucette; spéculaire; miroir de Vénus:* Indigène; annuelle; tige étalée de 0 m. 20 c. à 0 m. 30 c. Petites feuilles ovales. En mai-juillet, nombreuses fleurs violettes, terminales. Semer à l'automne, en place et en bordure. Variété à fleurs blanches. — *C. pyramidale* : de l'Illyrie. Bisannuelle. Rustique. Tige de 1 m. 30 c. à 1 m. 50 c. Grandes feuilles radicales cordiformes, petites feuilles caulinaires, lancéolées. En été, très-longue grappe de fleurs bleues. Arrosements fréquents. Variété à fleurs blanches. — *C. à grosses fleurs; violette marine* : bisannuelle; feuilles lancéolées, en rosette; grandes fleurs violettes ou blanches, velues à l'intérieur, simples ou doubles. Semer au printemps et repiquer en août. — *C. des Alpes* : Tige de 0 m. 08 c. D'avril en juin, grandes fleurs bleues, penchées. Semer en terre de bruyère humide et graveleuse. — *C. à larges feuilles* : des Alpes. Vivace. En été, épi de belles fleurs bleues ou blanches. — *C. noble* : de la Chine. Rhizomes rampants; très-grandes fleurs tubuleuses d'un rouge vineux, semées de points plus foncés. Pleine terre légère et fraîche. Variété à fleurs blanchâtres, ponctuées de violet. — *C. gazonnante* : des Alpes; vivace; tout l'été, fleurs bleues; plante basse, propre à faire des bordures, ainsi que la *C. des murailles.* — Nous citerons encore la *C. gantelée* ou *gant de Notre-Dame*; la *C. des monts*

Carpathes ; la *C. à fruits velus ;* la *C. à fleurs blanches ;* la *C. à fleurs en tête ;* la *C. de dore ;* la *C. ponctuée.*

CANARINE *campanulée* (campanulacées). Des Canaries. Vivace. Racine tubéreuse. Tige de 1 m. à 2 m., disparaissant une partie de l'année. Feuilles hastiées, dentées, glauques. De décembre en mars, grandes fleurs jaunes, rayées de rouge. Terre légère et substantielle ; orangerie. Multipl. en été, par la séparation du pied, lorsqu'il est fort.

CANNA, voyez *Balisier.*

CANTUA *à feuilles de buis* (polémoniacées). Du Pérou. Arbrisseau de 1 m. à 1 m. 50 c. Feuilles découpées. Longues grappes de fleurs rouge vif, ponctuées de brun. Terre de bruyère. Serre tempérée. Multipl. de graines ou de boutures sur couche.

CAPITULE : inflorescence dans laquelle un nombre plus ou moins considérable de petites fleurs sont réunies sur un réceptacle commun et entourées d'un involucre particulier, désigné autrefois sous le nom de calice commun. Les fleurs du *soleil*, de la *pâquerette*, du *souci*, de la *marguerite*, sont des capitules.

CAPRIER *commun ; tapenier* (capparidées). De l'Europe méridionale. Arbrisseau de 1 m. 30 c. Feuilles arrondies. En été, grandes fleurs solitaires, axillaires, blanches, à filets purpurins. Terre légère, substantielle, sur un lit de pierrailles, au pied d'un mur au midi ; peu d'eau ; couverture l'hiver. Multipl. de marcottes par strangulation, qu'on met en pots sur couche tiède, à l'ombre, ou de graines semées, dès leur maturité, dans des pots qu'on rentre pendant l'hiver et qu'on plonge au printemps dans une couche chaude.

CAPSULE : Espèce de fruit renfermant des graines dans une ou plusieurs loges.

CAPUCINE *grande ; cresson du Pérou* (tropéolées). Annuelle. Grimpante. Tige succulente. Feuilles orbiculaires, peltées, à cinq lobes. Pendant l'été et une partie de l'automne, fleurs axillaires, barbues en dedans, d'un jaune orange. Terre ordinaire. Se sème d'elle-même. — *C. de Constantinople* : fleurs plus grandes, plus colorées ; semis produisant en partie des individus à fleurs doubles. — *C. brune* : fleurs pourpre foncé. — *C. naine* : fleurs jaunes, lavées de rouge. — *C. tricolore* : racine tubéreuse, vivace. Fleurs solitaires ; calice rouge feu, divisions du limbe

bordées de violet foncé; pétales jaunes. — *C. bleue* : du Chili.
Tiges et pétioles capillaires; fleurs bleu coupé de blanc. Multipl.
de greffe sur les tubercules des autres espèces. — *C. de pope-*
laere : fleurs d'un blanc pur; onglets des pétales jaunes. — *C. de*
Smith : calice carmin, éperon carmin à pointe verte, pétales
jaune orangé. — *C. éclatante* : fleurs d'un beau rouge vermillon,
nuancé de jaune à l'onglet des pétales. — *C. à ombelles* : ombelles de fleurs à l'extrémité de pédoncules axillaires. — *C. à*
cinq feuilles : de Montevidéo. Racine tubéreuse, vivace. Fleurs
solitaires, tubuleuses; calice rouge à divisions bordées de violet.
Serre tempérée.

CARAGANA *frutescent; acacia de Sibérie; aspalathe* (papilionacées). Arbrisseau de 2 m. Feuilles digitées. En mai, fleurs
jaunes latérales. Toute terre. Multipl. de graines ou de greffe.
— *C. à grandes fleurs* : feuilles et fleurs plus grandes. — *C. al-*
tagan : de 3 à 7 m. En mai, petites grappes de fleurs jaunes. —
C. de la Chine : de 1 m. à 1 m. 30 c. En mai, grandes fleurs
jaunes. — *C. pygmée* : de Sibérie; arbuste de 0 m. 70 c. à 1 m.;
très-épineux; rameaux couchés sur la terre; fleurs jaunes. —
C. argenté : de Sibérie; rustique; arbrisseau de 1 m. 30 c. à
1 m. 60 c.; rameaux blanchâtres, épineux; feuilles pennées; au
printemps, fleurs d'un rose tendre.

CARDAMINE *des prés* (crucifères). Indigène. Vivace. Ombelles de fleurs d'un rose lilas. Beaucoup d'eau. Jolie variété à
fleurs doubles.

CARTHAME *des teinturiers; Safran bâtard* (composées).
D'Égypte. Annuel. Feuilles sessiles, dentées. En été, capitule de
fleurs d'un beau rouge safrané. Toute terre. Semer sur place, au
printemps.

CARYOPTÉRIS *du Mogol* (verbénacées). De la Chine. Arbrisseau. Rameaux et feuilles opposés. En été, verticilles de fleurs
bleu clair. Exposition chaude; peu d'arrosements. Multipl. de
graines et de boutures en terre de bruyère.

CASSE *du Maryland* (césalpiniées). Arbrisseau de 1 m. à
1 m. 30 c. Feuilles à huit paires de folioles ovales. En automne,
grappes de nombreuses fleurs jaunes. Exposition chaude; beaucoup d'eau. Multipl. de graines ou d'éclats. — *C. à grandes*
fleurs : du Mexique. Feuilles à six folioles opposées. En été, co-

rymbes de fleurs d'un beau jaune. — *C. à grandes stipules* : du Chili. — *C. cotonneuse* : feuilles persistantes, blanchâtres et cotonneuses en dessous. En février et mars, grappes de grandes fleurs jaunes. Terre franche, légère, au midi. Orangerie. Multipl. de graines et de boutures au printemps, sur couche et sous châssis. — Même culture pour la *C. de Buénos-Ayres*, arbrisseau de 2 m. 50 c. à 3 m. 50 c. produisant, en septembre, des bouquets de fleurs d'un jaune éclatant.

CATALEPTIQUE *de Virginie* (labiées) Vivace. Tiges d'environ 1 m. Feuilles lancéolées, dentées. En été, épis de grandes fleurs rose tendre, restant, lorsqu'on les dérange, dans la position où on les met. Multipl. de graines ou d'éclats.

CATALPA *de Kœmpfer* (bignoniacées). Du Japon. Arbuste de 0 m. 60 c. à 0 m. 70 c. Feuilles cordiformes, glabres. Panicules de fleurs à corolles blanchâtres, ponctuées de violet. Terre fraîche et légère. — *C. commun :* bel arbre de 10 m. En été, larges girandoles de fleurs blanches, maculées de pourpre et de jaune.

CÉANOTHE *azuré* (rhamnées). Du Mexique. Arbrisseau de 1 à 4 m. Feuilles oblongues, dentées, blanches en dessous. En été, grappes de jolies fleurs azurées au bout des rameaux. Terre de bruyère. Bonne orangerie. Multipl. de graines, de boutures, de greffe sur le *C. d'Amérique*. Variété à fleurs plus pâles, passant l'hiver en pleine terre. — *C. d'Amérique* : tiges d'environ 1 m. En été, grappes de très-petites fleurs blanches. Pleine terre de bruyère à mi-soleil. Quand les fortes gelées ont fait périr les tiges, il en repousse d'autres. Multipl. de marcottes ou de graines en terrines qu'on rentre le premier hiver. Variété à fleurs roses. — *C. à fleurs en thyrse* : de la Nouv.-Californie. En été, thyrses de fleurs bleues au sommet des rameaux. Couverture l'hiver. Multipl. de couchage. — *C. de Delille* : grappes de fleurs blanches, nuancées de bleu pâle; pleine terre légère. — *C. à feuilles papilleuses* : rameaux verts, tachés de brun, horizontaux ou retombants; feuilles alternes, oblongues, velues en dessous; épis de fleurs d'un très-beau bleu. — *C. floribond* : buisson couvert de fleurs d'un beau bleu d'azur: orangerie dans le nord de la France. — *C. à feuilles dentées* : de la Californie; petits épis de fleurs d'un joli bleu d'azur; pleine terre légère.— *C. à feuilles très-entières.* — *C. à feuilles cunéiformes.* — *C. à fleurs raides* :

fleurs pourpre violacé foncé réunies en petits bouquets ayant forme d'ombelles.

CÈDRE LYCIEN : Voyez *Genévrier*.

CÉDRONELLE *du Mexique* (labiées). Vivace. Feuilles lancéolées, dentées. Épi terminal interrompu de fleurs pourpres en verticilles. Terre substantielle, légère; serre tempérée.

CÉLASTRE *grimpant; Bourreau des arbres* (célastrinées). Du Canada. Arbrisseau grimpant à tige volubile de 4 m., étranglant les arbres autour desquels elle s'enlace. Feuilles ovales, dentées. En mai et juin, petites fleurs verdâtres auxquelles succèdent des fruits rouges à 3 cornes. Terre fraîche. Multipl. de graines ou de racines bouturées. — Le *C. à feuilles de buis*, du Cap; le *C. multiflore*, du Cap, à petites fleurs blanches, le *C. luisant, petit cerisier des Hottentots*, dont les fruits ressemblent à des cerises, et quelques autres espèces à feuilles persistantes, telles que le *C. comestible* et le *C. à feuilles entières*, demandent l'orangerie.

CÉLESTINE *à fleurs bleues* (composées). Des Antilles. Annuelle. Feuilles crénelées, cordiformes. En été, corymbes terminaux de fleurs bleues. — *C. vivace* : fleurs d'un plus beau bleu. Orangerie. Multipl. de boutures.

CÉLOSIE *à crête; Amarante; Crête-de-coq; Passe-velours* (amarantacées). De l'Inde. Annuelle. Tige de 0 m. 40 c. à 0 m. 60 c. Feuilles ovales, sessiles. Fleurs nombreuses, petites, serrées, formant une tête longue, aplatie, plissée, rouge ou jaune. Terre légère, au soleil; beaucoup d'eau. Multipl. de graines semées sur couche en mars; on repique sur couche et on met en place en juillet.

CELSIE *lancéolée* (scrophularinées). Des bords de l'Euphrate. Racine vivace. Tiges rameuses. En mai et juin, fleurs d'un beau jaune taché de pourpre. Terre de bruyère au midi; couverture l'hiver. Multipl. d'éclats ou de boutures sur couche, au printemps.

CENTAURÉE *odorante, Barbeau jaune; Ambrette jaune; Fleur du Grand-Seigneur* (composées). Du levant. Annuelle. Feuilles lyrées, pennatifides. Tige de 0 m. 35 c. à 0 m. 50 c. supportant de gros capitules de fleurs d'un beau jaune. Terre franche légère, au midi. Semer sur place en février, ou dès l'automne, en garantissant du froid avec une cloche couverte de litière. — *C. Bluet; Barbeau; Casse-lunette* : Indigène; annuelle.

3.

Variétés de toutes couleurs, à l'exception du jaune. Toute terre. Semer en automne ou au printemps de bonne heure. — *C. de montagne; Jacée de Montagne; Barbeau vivace* : Indigène; vivace; en été, fleurs terminales d'un beau bleu. Variété à fleurs blanches. — *C. d'Amérique* : tige de 1 m. En été, capitules de fleurs bleu-lilas : Belle plante. — *C. musquée; Barbeau musqué; Bluet du Levant* : en été fleurs blanches ou violettes, à odeur de musc. Culture de la C. odorante. — *C. du Nil* : grandes fleurs blanches en dedans, purpurines en dehors. Culture de la C. odorante. — *C. de Raguse* : vivace. Fleurs jaunes. Orangerie. Multipl. de graines ou d'éclats. — *C. Blanche* : vivace. Belle plante à grandes fleurs jaunes. Orangerie.

CÉPHALANTHE *occidental; Bois-Bouton* (rubiacées). De l'Amér. sept. Arbrisseau de 2 m. Grandes feuilles ovales, opposées et ternées. En été, petites fleurs blanches, en têtes arrondies. Terre de bruyère, à l'ombre. Multipl. de graines, de racines bouturées ou de marcottes qui s'enracinent la 2e année.

CERISIER (rosacées). Arbre de moyenne grandeur, à suc gommeux, à feuilles simples, pétiolées, stipulées, à fruit charnu, arrondi, glabre, légèrement sillonné d'un côté, renfermant un noyau lisse, presque rond, marqué latéralement d'un angle plus ou moins saillant. On divise en trois sections les 70 variétés connues de cerisiers :

1re SECTION : *Merisiers. — Guigniers.* Le merisier, nommé aussi grand cerisier des bois, se distingue par sa hauteur, sa forme pyramidale, ses branches horizontales, son bois rougeâtre, employé dans l'ébénisterie.

Merisier à petit fruit : fruit rouge ou noir, ou un peu blanc, mais coloré et veiné de rouge; Chair sèche; saveur peu agréable; noyau adhérent à la chair. C'est sur le plant de ce merisier que les pépiniéristes greffent toutes les espèces de cerisiers.

Merisier à gros fruit noir : fruit à longue queue nommé *merise*; chair tendre, d'un rouge foncé, très-vineuse, douce, sucrée, adhérente au noyau.

Guignier à fruit noir : fruit à peau fine, brune, tirant sur le noir; chair et suc d'un rouge foncé; noyau adhérent. Mûrit en mai ou juin.

Guignier à gros fruit noir luisant : peau noire, polie, luisante; chaire rouge et tendre; eau abondante d'un goût relevé et agréable; noyau un peu teint en rouge. Mûrit à la fin de juin.

Guignier rose hâtif : fruit d'un rouge tendre très-aqueux.

Guignier à gros fruit blanc : fruit blanc de cire d'un côté, lavé de rouge de l'autre; chair ferme; eau blanche, assez agréable; noyau très-blanc, adhérent à la chair. Mûrit de la fin de juin au 15 juillet.

2° SECTION : *Bigarreautiers :* moins élevés, plus gros que les arbres de la 1re section, ils ont des branches moins horizontales, des feuilles plus pendantes, des fruits gros, oblongs, d'une chair croquante, blanche ou rouge, sujets à être piqués des vers.

Bigarreautier à gros fruit rouge : fruit gros, convexe d'un côté, aplati de l'autre, divisé par une rainure assez profonde, poli, brillant, rouge vif et rouge foncé, ferme, cassant, succulent; eau rougeâtre, parfumée, excellente; noyau ovale et jaunâtre. Mûrit en juillet et août.

B. à gros fruit blanc : fruit blanc de cire et rouge très-clair; chair moins ferme, plus succulente que celle du précédent.

B. à petit fruit hâtif : fruit blanc de cire légèrement rosé et rouge tendre; chair blanche; eau d'un goût relevé; noyau blanc.

B. Belle de Rochmont : gros fruit cordiforme, rouge clair, luisant. Mûrit vers le 15 juillet.

B. Gros cœuret : très-bon fruit, rouge passant au cramoisi presque noir. Mûrit en août.

B. Napoléon : très-beau et très-bon fruit.

3e SECTION : *Cerisiers — Griottiers :* arbres moins élevés que les précédents; branches plus multipliées, moins fortes; feuilles moins grandes, d'un vert plus foncé; fleurs plus petites, plus ouvertes; fruits rouges ou noirs, ronds, fondants, acides; peau se séparant aisément de la chair.

C. nain précoce : arbre de 2 à 3 m. rameaux flexibles; feuilles longues, luisantes, fruit petit, rond, rouge vif. Mûrit en mai lorsqu'il est en espalier.

C. commun; griottier à fruit rond : arbre élevé, très-productif, offrant de nombreuses variétés, entre autres : *la grosse griotte,* précoce, *la cerise de pied,* hâtive, la *Madeleine* tardive.

C. à Trochet; griottier à Trochet : fruit moyen, rouge foncé; chair délicate, très-acide.

C. de la Toussaint; Griottier de la Toussaint : fleurs durant tout l'été; il présente à la fois des boutons de fleurs, des fleurs épanouies, des fruits qui nouent, d'autres qui commencent à rougir et d'autres qui sont mûrs. Espèce curieuse, mais dont les fruits sont très-acides; on ne le cultive que comme arbre d'agrément.

C. de Montmorency : Griottier de Montmorency; gros Gobet; Gobet à courte queue : fruit gros, aplati aux deux extrémités; queue courte, grosse; peau d'un beau rouge vif; chair délicate, d'un blanc un peu jaunâtre ; eau abondante, agréable, peu acide; noyau blanc, petit. Mûrit en juillet. — Variété à fleur plus grande à fruit moins gros, plus rond, d'un rouge plus foncé et qui mûrit quinze jours plus tôt.

C. de Hollande : le plus grand des griottiers; fruit gros, presque rond, d'un beau rouge, à forte queue; chair fine, légèrement rougeâtre ; eau douce, très-agréable. Mûrit en juin.

C. à fruit ambré, à fruit blanc : queue assez longue; fruit gros, arrondi, couleur d'ambre légèrement lavé de rouge; eau abondante, douce, sucrée. Mûrit vers la mi-juillet.

C. Griottier commun : rameaux fastigiés; fruit gros, comprimé, presque noir; chair et eau très-rouges, douces, agréables. Mûrit au commencement de juillet.

C. Griottier de Portugal : fruit gros, aplati par les extrémités, un peu par un côté; queue grosse; peau cassante, d'un beau rouge brun tirant sur le noir ; chair ferme, d'un rouge foncé; eau abondante, légèrement amère et excellente; noyau petit et pointu au sommet. Mûrit au commencement de juillet.

C. Griottier d'Allemagne, Griotte de chaux : fruit allongé, plus renflé vers la queue qui est longue et mince; peau rouge brun très-foncé; chair d'un rouge foncé; eau abondante, très-acide. Mûrit vers la mi-juillet.

C. royal : arbre assez grand, très-productif; fruit gros, un peu comprimé par les deux extrémités; queue verte, médiocrement grosse; peau rouge-brun tirant sur le noir; chair un peu ferme, rouge ; eau douce, agréable; noyau pointu. Mûrit à la fin de juin.

C. anglais : rameaux fastigiés; queue menue, longue; fruit gros, applati sur les côtés, sans rainure ; peau d'un rouge brun foncé tirant sur le noir; chair un peu molle, colorée comme la peau ; eau rouge, douce, agréable; noyau ovale, pointu. Mûrit à la fin de juin.

(Les cerisiers *royal* et *anglais* ne donnent pas seulement de bons fruits; ils ont encore le précieux mérite, si on les plante à diverses expositions, de retarder ou d'avancer la maturité de leurs fruits de manière à permettre d'en manger pendant toute la durée des mois de juin et de juillet.)

C. Griottier du nord : gros fruit, cordiforme, violet noir, assez doux, très-bon à confire dans l'eau-de-vie, mûr en septembre, pouvant rester jusqu'aux gelées sur l'arbre lorsqu'il est en espalier.

C. de la reine Hortense : gros fruit d'un rouge clair et d'une excellente qualité. Mûrit au commencement de juillet.

C. Belle de Choisy : fruit gros, rond, ambré, transparent; chair douce, sucrée, délicieuse. Mûrit en juillet.

Le cerisier se plaît dans une terre calcaire et légère; il réussit moins dans un sol argileux ou humide. La majeure partie des espèces se reproduisent et se multiplient de noyau; mais la greffe est préférable et plus sûre. Toutes les manières de greffer sont bonnes; on préfère pourtant l'écusson à œil poussant, ou, lorsque le pied est fort, la greffe en fente. — C'est à la nature qu'il faut abandonner le soin de diriger le cerisier; la serpette du jardinier lui est presque toujours funeste.

CÉRISIER odorant, *arbre de Saint-Lucie; Mahaleb* (rosacées). Arbre à feuilles ovales, dentées. En mai et juin, corymbes de fleurs blanches odorantes. Fruits noirs ou rouges, non mangeables. Terre franche, profonde. Multipl. de graines ou de marcottes. — *C. nain ou du Canada; Ragouminier* : arbuste de 1 m. 30 c. à 1 m. 60 c. Petites fleurs blanches; tout terrain, toute exposition.

CHALEF *argenté; Olivier de Bohême* (Éléagnées). Arbre de 5 à 7 m. Feuilles lancéolées, argentées ainsi que les rameaux. En juin, petites fleurs jaunâtres d'une odeur agréable. Terre sablonneuse, à bonne exposition. Multipl. de graines, de rejetons, de boutures et de marcottes. — *C. du Japon* : plus délicat; terre profonde, au midi.

CHAMÉROPE; *palmier nain* (Palmiers). De Barbarie. Tige s'élevant dans la serre à 6 ou 7 m., quoique très-courte dans son pays. Feuilles en éventail. Orangerie. Multipl. de graines et d'œilletons.

CHANCRE : Ulcère, tantôt sec, tantôt sanieux, qui attaque les arbres, les ronge, les creuse plus ou moins promptement, et les détruit si on néglige d'y porter remède. Il faut enlever intégralement la partie malade et couvrir la plaie d'un emplâtre de cire à greffer.

CHAPEAU D'ÉVÊQUE, voyez *Epimède*.

CHARDON MARIE, *carthame maculé* (composées). Bisannuel. De 1 m. 30 c. à 1 m. 60 c. Grandes feuilles ondulées, épineuses, d'un vert brillant marbré de blanc. Gros capitules de fleurs pourpres. Plante pittoresque. Toute terre. Multipl. de graines.

CHARIÉIS *hétérophylle* (composées). Du Cap. Annuelle. De 0 m. 18 c. à 0 m. 22 c. En été, capitules terminaux de belles fleurs bleu d'azur. Tout terrain. Semer sur couche ou en place.

CHASSIS : se compose d'une caisse et d'un ou plusieurs panneaux. La caisse est ordinairement large de 1 m. à 1 m. 60 c.; sa longueur dépend du nombre des panneaux dont un veut la convrir. Sa paroi postérieure doit être plus élevée que l'antérieure, de façon que les panneaux puissent être inclinés vers le midi. Le panneau, d'une longueur égale à la largeur de la caisse, a généralement 1 m. 30 c. de largeur; on emploie, pour remplir son cadre, le verre, le calicot enduit de caoutchouc ou simplement le papier huilé. Un morceau de bois, taillé en forme de crémaillère, sert à soulever le panneau plus ou moins, selon la quantité d'air qu'on veut donner aux plantes, par derrière ou par devant, suivant qu'on le juge convenable. Le châssis est *portatif* ou *fixe*. Celui-ci est maintenu en place par quatre piquets fichés en terre. S'il est destiné à préserver les plantes du froid, on lui donne une hauteur de 0 m. 70 c. sur le devant et d'environ 2 m. 80 c. sur le derrière, afin d'y pouvoir placer les pots commodément et abriter même des arbrisseaux ; on l'entoure alors de feuilles sèches et de litière. Le châssis portatif, employé pour les semis précoces ou pour forcer les plantes, doit être entouré de fumier chaud. — Une 3e espèce de châssis est le châssis *froid* ou *bâche froide*, dont le coffre est le plus souvent construit en maçonnerie. Le sol y est en contre-bas du sol extérieur, de 0 m. 50 c. à 0 m. 60 c., et on le recouvre, soit de sable de rivière, soit de mâchefer, afin d'empêcher la multiplication des insectes et des vers. Ce châssis est destiné à la conservation des

plantes bulbeuses du cap de Bonne-Espérance, des Bruyères, etc.
Pendant la belle saison, à l'exception des jours de grandes pluies,
les panneaux doivent rester ouverts la nuit comme le jour. En
hiver, on les couvre de litière sèche et de feuilles, ou même,
pendant les grands froids, d'une couche de fumier chaud, cal-
culée toutefois de manière à ne point produire intérieurement
une chaleur de plus de 4 à 5 degrés.

CHATON : Épi long, flexible, de fleurs qui ne possèdent pas
à la fois les étamines et le pistil; cet épi tire son nom de sa ressemblance avec une queue de chat. Telles sont les fleurs du mû-
rier, du saule, du chêne, du châtaignier, du noisetier.

CHÊNE (quercinées). Ce genre offre quelques espèces de dimensions petites ou moyennes qui permettent de les employer à
l'ornement de jardins de moyenne grandeur. Nous indiquerons
le *C. au kermès*, buisson de 1 à 2 m.; le *C. yeuse* ou *C. vert*, à
feuilles persistantes, etc.

CHENILLES : Le seul moyen, non de se débarrasser de cet
hôte incommode, mais au moins d'en diminuer le nombre, consiste dans une vigilance de tous les moments : il faut détruire
les papillons, autant qu'on le peut, les chenilles qu'on trouve
éparses sur les plantes, les nids et les anneaux d'œufs déposés
sur les branches des arbres.

CHÉNOSTOME *à fleurs nombreuses* (scrophularinées). De
l'Afr. boréale. Rameaux diffus et couchés, couverts, pendant
l'été, de fleurs roses à gorge jaune. Terre de bruyère. Multipl.
de graines et de boutures. — *C. velu.* Du Cap. Arbrisseau de
0 m. 70 c. à 1 m. 30 c. Pendant l'été, fleurs axillaires, semblables à celles du précédent. Terre légère; orangerie. Variété à
fleurs blanches.

CHEVELU : Ensemble de racines capillaires, formant comme
des touffes de cheveux.

CHÈVRE-FEUILLE (caprifoliacées). Genre composé de nombreuses espèces qu'on peut diviser en *volubiles* et *non volubiles*.
Les premières, à tiges grêles et grimpantes, sont propres à couvrir les berceaux et les murs ; les secondes forment des buissons
et n'ont besoin d'aucun appui. Nous signalerons parmi les volubiles : le *C. des jardins.* Feuilles supérieures réunies par leur
base, les autres libres, glabres en dessous. En mai et juin, bou-

quets terminaux de fleurs bilabiées, odorantes, plus ou moins rouges en dehors. Tout terrain. Multipl. de rejetons, de boutures ou de marcottes. Variétés à feuilles de chêne et à feuilles panachées. — *C. toujours fleuri* : d'Italie ; feuilles pubescentes. — *C. à petites fleurs* : de la Caroline ; fleurs jaunes, lavées de pourpre. — *C. entrelacé* : Des îles Baléares ; feuilles persistantes et glauques en dessous ; en été et en automne, longues fleurs violet rouge en dehors. — *C. à fleurs jaunes* : de l'Amér. sept. ; fleurs odorantes, d'un beau jaune. — *C. toujours vert* : Très-belles fleurs verticillées, jaunes en dedans, d'un rouge vif en dehors, mais sans odeur. — *C. des bois* : Indigène ; fleurs blanches ou roses, passant au jaune, d'une odeur suave. — *C. du Japon* : feuilles libres ; fleurs géminées, blanches d'abord, puis jaunes, à odeur de fleur d'oranger. Couverture dans les hivers rigoureux. = Les chèvre-feuilles non volubiles, appelés aussi *Chamécerisiers*, comprennent plusieurs espèces agréables, telles que : le *C. de Tartarie*. — le *C. des Pyrénées*, qui demande une terre légère et du soleil. — le *C. des Alpes*, à fleurs roses. — le *C. xilostéon*, buisson de 2 m. 30 à à 2 m. 60 c. — Le *C. de Ledebour*, de la Nouv.-Calédonie, arbrisseau de 1 m. 30 à 2 m. à fleurs jaune rougeâtre dont le calice devient très-grand et rouge.

CHIMONANTHE *odoriférant* (calycanthées). Du Japon. Arbrisseau de 1 m. 50 c. à 3 m. Feuilles lancéolées. Pendant l'hiver, fleurs précédant les feuilles, rougeâtres en dedans, d'un blanc sale en dehors, ayant une odeur agréable. Pleine terre de bruyère. Multipl. de graines et de marcottes.

CHIONANTHE *de Virginie; arbre de neige* (oléinées). Arbrisseau de 3 à 4 m., croissant au bord des eaux. Feuilles grandes, oblongues, d'un vert foncé. Longues grappes de fleurs d'un beau blanc. Terre franche, humide, à mi-soleil. Multipl. de greffe sur le frêne ou de graines en terrine.

CHLIDANTHE *odorant* (amaryllidées.) Du Pérou. Vivace. Plante bulbeuse. Feuilles linéaires. Hampe supportant 2 ou 3 fleurs jaune vif, à longs tubes, répandant une odeur d'encens. Terre légère ; couverture l'hiver. Multipl. par la séparation des bulbes.

CHOROZÈME *à feuilles de houx* (papilionacées). De la Nouv-Hollande. Arbuste de 0 m. 35 c. à 0 m. 70 c. Rameaux épineux. Feuilles ovales. En été, grappes de petites fleurs à étendard jaune, lavées de rouge. Terre de bruyère; peu d'arrosements, surtout en hiver. Orangerie ou châssis froid. Multipl. de graines, ou de boutures au printemps sur couche et sous châssis. — *C. d'henchmann* : de la Nouv.-Hollande. Vivace. Feuilles aiguës, petites. Fleurs pourpres, axillaires et terminales, tachées de jaune à l'étendard. — *C. rhomboïdale* : Fleurs orange foncé, peu nombreuses. — *C. à longues feuilles* : épi serré de fleurs terminales, à ailes pourpres et à étendard jaune. — *C. à feuilles en chœur* : ailes et carène pourpres, étendard jaune orange. — Les Chorozèmes sont d'une culture assez difficile.

CHRYSANTHÈME *des jardins* (composées). Du Levant. Annuel. Feuilles amplexicaules. Tige de 0 m. 65 c. En été, fleurs blanches ou jaunes, en capitules solitaires, simples ou doubles. Toute terre. Multipl. de graines. — *C. caréné* : feuilles charnues, à odeur de géranium. Fleur s'étalant au soleil et se couchant en dehors à l'ombre. Semis en pots sur couche, pour repiquer ensuite. — *C. frutescent* : arbrisseau des Canaries, d'une hauteur d'environ 1 m. à feuilles pennatifides, à larges capitules blancs, longuement pédonculés ; pleine terre l'été, orangerie l'hiver; multipl. de semis faits au printemps sur couche et sous cloche, ou de boutures, étouffées pendant le printemps, en plein air et à l'ombre, pendant l'été ; variété à fleur jaune. — *C. des étangs* : du Portugal; vivace; tige de 1 m. 30 c.; en été, larges capitules blancs à disque jaune; terrains humides ; multipl. par la division des souches.

CHRYSANTHÈME *des Indes,* voyez *Pyrèthre.*

CHRYSANTHÈME *de la Chine,* voyez *Pyrèthre.*

CHRYSOCOME *dorée ; chevelure dorée* (composées). Du Cap. Arbuste de 0 m. 65 c., à feuilles linéaires, persistantes. Tout l'été, fleurs jaunes. Terre légère et substantielle au soleil ; orangerie. Multipl. de boutures ou de graines sur couche chaude.

CIERGE; *Cactus* (cactées). Tige dépourvue de feuilles, succulente, simple ou rameuse, droite ou diffuse, quelquefois rampante. Fleur tubuleuse. Terre franche légère. Orangerie l'hiver, sans arrosement. Tenir, pendant l'été, la plante en pleine terre, au-dessus d'un lit de plâtras, au midi, et arroser abondamment matin et soir. Multipl. de tronçons bouturés dont il faut d'abord laisser sécher la plaie. — *C. du Pérou.* tige rameuse, droite, à

8 angles garnis de faisceaux d'épines fauves. Fleur de 0 m. 16 c., blanche en dedans, rose sur le bord en dehors, verdâtre dans la longueur du tube, s'ouvrant, en été, de 11 heures à 3. — *C. magnifique* : du Mexique ; tige articulée, rameuse, à 3 et 4 angles, munie d'épines, haute de 0 m. 70 c. à 2 m. Fleur latérale, de 0 m. 10 c. à 0 m. 14 c., écarlate pourpré, à reflets irisés à l'intérieur. Si on a soin de l'étêter en avril ou en juillet, il manque rarement de fleurir le printemps suivant. — *C. de Maynard* : Fleur de 0 m. 25 c. à 0 m. 27 c. de diamètre. — *C. serpentin* : tige longue, rampante, cylindrique, cannelée, velue ; fleur rose pâle, de 0 m. 10 c. à 0 m. 14 c., ayant le parfum de la rose. — *C. fouet* : de l'Amér. mérid. Tige traînante, grosse comme le doigt, à 8 ou 10 angles peu marqués, couvertes de tubercules sétifères. Fleurs nombreuses, d'un beau rouge carmin. — *C. de Mallisen* : large et belle fleur d'un carmin vif. — *C. anguleux* : fleurs blanches, laciniées, à odeur très-suave. — *C. de Blanch* : tige rameuse à sept côtes ; larges fleurs violet foncé.— *C. azuré* : tige azurée, à 6 côtes ; grande fleur blanche, s'ouvrant la nuit. — *C. rouge cinabre* : tige à 21 côtes. — *C. cendré* : tige à 6 côtes ; fleur d'un rouge carmin vif. — *C. bleuâtre* : tige bleuâtre à 6, 7 côtes ; larges fleurs blanches, en forme de coupe, s'ouvrant la nuit. — *C. à crêtes* : de la Bolivie ; tige globuleuse à côtes obliques ; très-grandes et très-belles fleurs d'un blanc de neige. — *C. crénelé* : de Honduras ; tige régulièrement crénelée ; larges fleurs blanches. — *C. élevé* : tige de 1 m., très-larges fleurs blanches, supportées par un tube de 0 m. 20 c.— *C. de Hooker* : tige crénelée de 1 m. ; fleurs blanches, très-abondantes. — *C. de Mac-Donald* : de Honduras ; tige sarmenteuse, à côtes nombreuses ; fleurs très-belles, d'un rouge orangé, blanches au centre. — *C. de Martin* : nombreuses fleurs blanches, très-belles, ayant le parfum de la fleur d'oranger. — *C. pectiné* : tête globuleuse à 18 côtes ; épines disposées en forme de peigne ; fleurs roses à tube vert. — *C. de Pentland* : de la Bolivie ; tige globuleuse à 20 côtes obliques ; fleurs d'un rose carminé clair ; variétés très-remarquables.— *C. à côtes nombreuses* : côtes au nombre de 12 ; tube jaune orangé à la base, supportant une fleur rouge carmin.— *C. remarquable* : du Mexique ; tiges plates, articulées, rameuses, au sommet desquelles naissent de nombreuses fleurs

d'un beau rose. — *C. toupie* : de la république argentine; fleurs blanches, longuement tubulées. — *C. de Tweed* : fleurs d'une belle couleur orange. — *C. Dumortier; C. d'ivoire;* etc., etc.

CINÉRAIRE *bleue* (composées). Du Cap. Buisson de 0 m. 50 c. Feuilles rudes, ovales, dentées. Pendant une grande partie de l'année, fleurs à rayons bleus et à disque jaune. Terre légère, substantielle. Orangerie. Multipl. de graines, de rejetons, de boutures et de marcottes.

CINÉRAIRE; *seneçon pourpre* : espèce de seneçon dont les semis ont produit de nombreuses et brillantes variétés plus connues sous le nom de *cinéraires.* C'est une plante originaire de Ténériffe, vivace, haute de 0 m. 35 c. à 1 m., à feuilles cordiformes, dentées, vertes ou purpurines, cotonneuses ou velues, à corymbe de nombreux capitules blancs, pourpres, roses, violets, carmin, lilas, bleu tendre, bleu d'azur, paraissant de février en mai, et d'une longue durée. Rempoter en septembre et rentrer en orangerie où on les maintient dans une humidité modérée. Multipl. de graines ou d'éclats enracinés. Les éclats et le jeune plant, mis en pots, dans une terre composée de terre franche, de terre de bruyère et de terreau, doivent être rentrés l'hiver dans l'orangerie.

CIRSE *à deux épines* (composées). De Syrie. Bisannuel. Feuilles panachées, munies d'épines blanches. Multipl. de graines; rentrer le plant en orangerie et le mettre en pleine terre au printemps.

CISAILLES; ciseaux de jardin : instrument propre à tondre les buis, les arbrisseaux, les palissades.

CISTE *à feuilles de laurier* (cistinées). Du midi de la France. Arbrisseau de 1 m. 30 c. à 1 m. 60 c. Grandes fleurs blanches, en juin et juillet. Terrain sec, au midi; couverture l'hiver, ou mieux orangerie. Multipl. de graines semées sur couche en avril, ou de boutures en été. — *C. pourpré* : très-grandes fleurs d'un beau rouge, marquées de pourpre brun à la base. — *C. à feuilles de Consoude* : de Ténériffe. Groupes de 8 ou 10 grandes fleurs d'un rouge pâle. — *C. de Portugal* : de 0 m. 70 c. à 1 m. 30 c. Nombreuses fleurs jaunes à onglet brun. Orangerie.

CITRONNELLE; voyez *Verveine citronnelle.*

CLAIE; cadre en bois, garni de tringles assez rapprochées pour ne donner passage ni aux mottes ni aux pierres lorsqu'on jette la terre à travers avec une pelle.

CLARKIE *gentille* (énothérées). De la Californie. Annuelle. Tige de 0 m. 35 c. à 0 m. 65 c., rameuse. Feuilles lancéolées linéaires. Fleurs roses à pétales en croix, se succédant tout l'été. Toute terre. Multipl. de graines semées en place au printemps ou à l'automne. Variétés à fleurs blanches. — *C. élégante* : plus grande. Fleurs axillaires, lilas, à pétales entiers. Variétés à fleurs roses, carnées, simples ou semi-doubles.

CLAUDINETTE; voyez *Narcisse*.

CLAVALIER *à feuilles de frêne; frêne épineux* (Xanthoxylées). Du Canada. Arbrisseau rustique, épineux, haut de 4 à 5 m. Fleurs peu apparentes. Capsule rouge en dedans, s'entr'ouvrant pour laisser voir une graine noire, ce qui produit un joli effet. Toute terre au soleil. Multipl. de graines, de rejetons et de racines.

CLÉMATITE (renonculacées). Genre composé de nombreuses espèces à tiges le plus souvent sarmenteuses, grimpantes, parmi lesquelles nous recommanderons : la *C. à grandes fleurs*, du Japon. Tige sarmenteuse. Feuilles à long pétiole s'entortillant autour des corps environnants. D'avril en novembre, grandes fleurs blanches, très-doubles, d'une longue durée. Terre légère, au midi. Multipl. de marcottes qu'on ne sépare que la deuxième année; — la *C. bicolore*, variété de la précédente, dont les fleurs, pour se développer dans leur beauté, demandent à être tenues en serre froide, à l'abri du soleil et du vent;—la *C. à fleurs bleues* : des Alpes; et ses variétés à fleurs roses, à fleurs doubles bleues et à fleurs doubles violettes; — la *C. de Virginie* : à panicules de fleurs blanches, odorantes;—la *C. des Alpes* : dont les fleurs, solitaires, ont un grand calice bleu; — la *C. à fleurs crépues* : dont les fleurs sont grandes, rougeâtres, à pétales crispés; — la *C. à feuilles entières*, d'Autriche; vivace; en touffe non sarmenteuse; à grandes fleurs d'un beau bleu; à fruits ayant un plumet soyeux et blanc; — la *C. droite*, à tige herbacée de 1 m., à fleurs blanches paniculées; — la *C. à grand calice*, qu'il faut couvrir l'hiver; — la *C. de montagne* : robuste, grimpante, à fleurs blanches, odorantes; — la *C. tubuleuse* : du Mongol; vivace; ample feuillage à 3 folioles; corymbes axillaires et terminaux de fleurs bleu pourpre, veloutées; multipl. de boutures ou d'éclats; — la *C. odeur forte* : de la Tartarie chinoise; grimpante, rustique, à fleurs terminales, solitaires, jaune tendre, ayant une odeur forte; — la *C. de Henderson* : grimpante; de 3 à 4 m.; bouquets axillaires et terminaux de 3 fleurs pendantes, campanulées, d'un beau bleu violet. — *C. étalée* : très-belles fleurs bleues.

CLÉTHRA *à feuilles d'Aune* (éricacées). De l'Amér. sept. Arbrisseau de 1 m. 50 à 2 m. Feuilles ovales. En été, épis de petites fleurs blanches, odorantes. Terre de bruyère fraîche et à l'ombre. Multipl. de graines, de rejetons, de marcottes séparées la deuxième année. — *C. cotonneux* : extrémités des rameaux et dessous des feuilles, blanchâtres et cotonneux. — *C. acuminé* : arbrisseau de 3 m.; épi de fleurs blanches, muni de longues bractées caduques. — *C. paniculé* : feuilles lisses, lancéolées; fleurs paniculées. — *C. de Madère* : feuilles lancéolées, persistantes; en automne, épi de petites fleurs blanc rose, à odeur suave. Terre légère; orangerie l'hiver. Multipl. de marcottes, ou de graines sur couche et sous châssis. Variété charmante à feuilles panachées de vert, de jaune et de rouge.

CLIANTHE *à fleurs pourpres* (papilionacées). De la Nouv.-Zélande. Arbrisseau de 1 m. 30 c. à 1 m. 60 c. Feuilles alternes, pennées. En mai-juin, grappes axillaires et pendantes de longues fleurs pourpres. Terre de bruyère, contre un mur au midi; couverture l'hiver. Multipl. de boutures et de marcottes. — *C. de Dampierre* : grandes fleurs d'un beau rouge orange.

CLINTONIE *charmante* (lobéliacées). De la Californie. Annuelle. Tige rameuse, couchée. Feuilles glabres, linéaires, sessiles. En été, fleurs bleues, à gorge blanche tachée de jaune. Multipl. de graines au printemps, en pleine terre de bruyère fraîche à mi-ombre, ou en pot sur couche.

CLOCHE : Vase de verre qu'on met sur les plantes délicates pour les garantir du froid et de la pluie. La cloche est d'une seule pièce ou composée de petits carreaux assemblés avec du plomb laminé; celle qui est d'une seule pièce coûte beaucoup moins cher, mais elle est beaucoup plus fragile; l'autre, nommée *verrine*, nous paraît préférable dans les jardins d'agrément où il n'en faut qu'un petit nombre. De petits morceaux de bois, façonnés en forme de crémaillère, servent à soulever la cloche pour donner

de l'air aux plantes. Si la chaleur est trop forte, on couvre avec
un peu de paille courte ; si l'on craint du froid pendant la nuit, on
couvre avec un paillasson. — On appelle *cloche obscure* un pot
qu'on met sur des boutures ou des plantes qu'on vient de transplanter, et qui a pour objet d'en faciliter la reprise en les garantissant du soleil et du froid.

CLOQUE : Maladie qui attaque spécialement le pêcher, dont
les feuilles se boursoufflent et les bourgeons tuméfiés cessent de
croître. Elle a pour cause un vent froid survenant tout à coup
après la chaleur. Le remède consiste à supprimer les parties malades.

COBÉE *grimpante; Cobœa* (polémoniacées). Du Mexique.
Vivace, en serre tempérée ; annuelle, en pleine terre. Tige volubile de 8 à 10 m. Feuilles munies de vrilles. Tout l'été, grandes
fleurs violettes, d'une nuance un peu éteinte. Toute terre au midi ;
beaucoup d'eau. Multipl. de boutures, de marcottes., de graines
semées en mars sur couche tiède. Propre à couvrir les tonnelles.

COCARDEAU, voyez *Giroflée.*

COIGNASSIER (rosacées). Arbre moyen du midi de l'Europe. Tronc tortueux, noueux. Au mois de mai, fleurs solitaires,
presque sessiles. Gros fruit en forme de poire ; peau cotonneuse,
d'un beau jaune ; chair odorante, âpre et acide. Les jardiniers
emploient le coignassier comme sujet pour greffer plusieurs espèces de poiriers qui durent ainsi moins longtemps, mais qui rap-
portent plus promptement que les poiriers greffés sur franc. La
taille de cet arbre consiste uniquement dans la suppression des
branches gourmandes et des bourgeons qui se croisent. Multipl.
de marcottes et de boutures.

COIGNASSIER *de la Chine* (rosacées). Arbre élégant. Feuilles
très-ovales, serrées. Fleurs rouges. Fruit très-gros, inférieur à
celui du C. commun. Multipl. de marcottes et de boutures. —
C. du Japon : encore plus beau que le précédent ; terre de bruyère,
à mi-ombre ; demande à être palissé.

COLCHIQUE *d'automne; Tue-Chien* (mélanthacées). Indigène. Vivace. Plante bulbeuse. En septembre, 4 à 12 jolies fleurs
rose pourpre. Variétés à fleurs doubles. — *C. panaché* : de la Grèce.
Fleurs panachées en forme de damier. Variété blanche à fleurs
doubles. Multipl. de caïeux et de graines.

COLLINSIE *bicolore* (scrophularinées). De la Californie. Annuelle. Tige de 0 m. 20 c. à 0 m. 30 c. Feuilles sessiles, opposées, ovales. En juin et juillet, nombreuses fleurs blanches à la lèvre supérieure, violacées à l'inférieure. Toute terre. Multipl. de graines semées en place au printemps et mieux à l'automne. — Variété à fleurs blanches. — *C. à grandes fleurs :* fleurs d'un bleu violacé. — *C. marbrée :* lèvre inférieure d'un bleu lilacé, lèvre supérieure d'un lilas clair, strié de carmin. — *C. multicolore :* très-florifère ; fleur variée de blanc, de violet et de lilas.

COLLOMIE *coccinée* (polémoniacées). Du Chili. Annuelle. Tige de 0 m. 20 c. à 0 m. 30 c. Feuilles étroites, pointues. Fleurs écarlates. Semer en place, en mars ou mieux à l'automne. — *C. à grandes fleurs :* tige de 0 m. 35 à 0 m. 70 c. Tout l'été, fleurs safranées.

COMMÉLINE *tubéreuse* (commelinées). Du Mexique. Vivace. Racines fusiformes. Tige de 0 m. 55 c. à 0 m. 65 c. Feuilles sessiles, lancéolées, velues. Pendant l'été, fleurs à 3 pétales arrondis, d'un beau bleu. Terre légère, un peu fraîche. Orangerie. Multipl. de graines sur couche ou par la conservation des racines.

COMPAGNON BLANC, voyez *Lychnide.*

COMPOSTS : mélange de diverses terres et de divers engrais, ayant pour objet de former une terre favorable à la plante qu'on veut y cultiver. Nous indiquons pour chaque plante, dans l'article qui lui est consacré, la terre ou le compost qu'exige sa culture.

COMPTONIE ; *Liquidambar à feuilles de Cétérach* (myricées). De l'Amérique du Nord. Arbuste de 1 m. Feuilles oblongues, linéaires, semées de points brillants. Au printemps, fleurs insignifiantes. Terre de bruyère humide, à mi-ombre. Multipl. de rejetons.

CONSOUDE *à feuilles rudes* (borraginées). Du Caucase. Vivace. Tige rameuse d'environ 1 m. Feuilles ovales. En mai et juin, nombreuses fleurs azurées. Terre ordinaire. Multipl. de graines et d'éclats.

CONTRE-ESPALIER : suite d'arbres taillés en éventail et plantés en ligne de façon à faire face à l'espalier.

CONVOLVULUS *tricolor; Belle de Jour ; Liset; Liseron tri-*

colore (convolvulacées). De Portugal. Annuel. Tiges diffuses de
0 m. 35 c. Tout l'été, grandes fleurs solitaires ayant les bords du
limbe bleus, le milieu blanc, la gorge jaune. Semer en place à la
fin d'avril. Variétés à fleurs blanches et panachées. — *C. satiné* :
d'Espagne. Arbuste toujours vert de 0 m. 70 c. Feuilles couvertes
d'un duvet argenté. Fleurs blanches, lavées de rose. Terre franche légère ; peu d'arrosements. Orangerie. — *C. à feuilles d'olivier* : feuilles moins argentées ; fleurs d'un rose pâle. — *C. tricolore à fleurs blanches* : centre jaune ; pourtour du limbe blanc. —
C. tricolore à grandes fleurs : cette variété ne se distingue de
l'espèce que par la dimension de sa fleur. — *C. tricolore à fleur
panachée* : fond blanc, panaché de bleu. — *C. tricolore à fleurs
doubles* : fleur bleue à centre blanc. — *C. changeant* : voyez
Ipomée.

COQUELICOT ; *Pavot coq; Ponceau* (papavéracées). Indigène.
Annuel. Feuilles découpées, velues. En été, fleurs ponceau vif,
rouge écarlate, roses, blanches, simples ou doubles, unicolores ou liserées d'une autre couleur. Toute terre. Semer en
place.

CORBEILLE D'ARGENT : voyez *Ibéride.*

CORBEILLE D'OR ; *Thlaspi jaune; Alysse saxatile* (crucifères). De la Transylvanie. Petite plante sous-ligneuse, touffue,
feuilles lancéolées, grisâtres. En mai, fleurs nombreuses d'un
jaune vif. Terre pierreuse, un peu sèche. Multipl. de marcottes,
d'éclats et de graines.

CORCHORUS ; *Kerria, Corète du Japon* (rosacées). Arbrisseau
à tiges vertes, rameuses, flexibles, propres à être palissées contre
un mur. Feuilles ovales, crénelées. En février, nombreuses fleurs
jaunes, doubles, se succédant jusque dans l'automne. Terre ordinaire, à l'ombre. Multipl. de boutures.

CORDEAU : Petite corde d'une certaine longueur, attachée
a deux piquets par ses extrémités, et que l'on tend pour aligner
une allée, un sillon, une plantation, etc.

CORÉOPSIDE *hétérophylle* (composées). De l'Amér. sept.
Annuelle. Tige rameuse. Feuilles à 3 ou 5 folioles obovales. Capitules terminaux ; disque pourpre ; rayons jaunes, marqués de
pourpre à l'onglet. Semer en place à l'automne ou au printemps.
— *C. précoce* : vivace ; capitules jaunes en panicule corymbi-

forme. Multipl. d'éclats et de graines. — *C. calliopside des tein-turiers* : Annuelle; plus élevée; pendant l'été et l'automne, fleurs terminales, jaunes; disque et onglets pourpre foncé. Semer à l'automne ou au printemps; repiquer en place. — *C. d'Atkin-son* : trisannuelle; fleurs plus larges; disque souvent jaune. — *C. calliopside à couronne* : du Texas; annuelle; en juillet, capi-tule terminal porté sur un long pédicule; rayons profondément dentés, irrégulièrement ponctués de blanc; fleurs du disque jaunes. Semer en septembre, repiquer en pots et mettre sous châs-sis froid pendant l'hiver. — *C. calliopside de Drummond* : du Texas; rayons maculés de brun à la base; fleurons du disque d'un brun rouge; même culture.

CORNARET (sésamées). Annuel. Tige rameuse de 0 m. 40 c. à 0 m. 50 c. Grandes feuilles visqueuses, en forme de cœur. Semer en place sur terreau. — *C. à trompe* : de la Louisiane; grandes fleurs blanches, à fond jaune et à gorge ponctuée; fruits à cornes très-longues. — *C. à petites cornes* : du Mexique; co-rolle à tube blanchâtre; limbe nuancé de pourpre; fruits à cornes très-courtes. — *C. jaune* : grands épis de fleurs jaunes; fruits très-grands.

CORNOUILLER *sanguin; C. femelle* (cornées). Indigène. Arbrisseau de plus de 5 m. Rameaux rouges. Feuilles ovales, glauques en dessous. En été, ombelles terminales de fleurs blan-ches. Baies d'un rouge tirant sur le noir. Variétés à feuilles pa-nachées. Terre ordinaire, ombragée. Multipl. de marcottes, de traces et de graines. On l'emploie pour greffer les autres espèces de cornouiller. — *C. blanc* : de l'Amér. sept.; bois rouge comme du corail pendant l'hiver; fleurs et baies blanches; variété à feuilles panachées. — *C. à feuilles alternes* : fleurs blanches; baies violettes. — *C. à fruit bleu* : fleurs blanches; baies bleu céleste. — *C. à feuilles rondes.* = Ces quatre dernières espèces, originaires de l'Amér. du Nord, se cultivent comme le *C. sanguin;* les deux suivantes demandent la terre de bruyère et l'humidité. — *C. du Canada* : tiges herbacées de 0 m. 10 c. à 0 m. 14 c.; feuilles verticillées; involucre d'un blanc rosé. — *C. pani-culé* : grappes de baies rouges restant sur l'arbre jusqu'au prin-temps.

COROLLE : On appelle ainsi la partie d'une fleur complète,

4

qui enveloppe immédiatement les organes de la fécondation, et qui est ordinairement colorée; elle est *monopétale,* si elle se compose d'une seule pièce; *polypétale* si elle se compose de plusieurs.

On dit que la corolle monopétale est *campanulée,* lorsqu'elle présente la forme d'une cloche; *infundibuliforme,* lorsqu'elle ressemble à un entonnoir; *en roue,* lorsqu'elle imite la forme d'une roue; *hypocratiforme,* lorsque, s'évasant supérieurement en forme de soucoupe, elle se termine en tube; *labiée,* lorsque son limbe forme deux lèvres, l'une supérieure, l'autre inférieure; *en grelot,* lorsqu'elle prend la forme d'un grelot. La corolle polypétale est *rosacée* lorsqu'elle est composée de plusieurs pétales égaux disposés en rose; *crucifère,* lorsqu'elle est composée de quatre pétales disposés en croix; *papilionacée,* lorsqu'elle est composée de quatre ou cinq pétales, et qu'elle représente à peu près la forme d'un papillon; *anomale,* lorsqu'elle ne présente qu'une forme irrégulière et indéterminée; *bi-pétale.* lorsqu'elle a deux pétales; *tri-pétale,* lorsqu'elle a trois pétales.

CORONILLE *des jardins* (papilionacées). Indigène. Arbrisseau de 1 m. 30 c. Feuilles à 7 ou 9 folioles presque cordiformes. Au printemps, fleurs jaunes, maculées de rouge; seconde floraison en automne, si on l'a tondu après la première. Terre franche légère, à bonne exposition. Multipl. de drageons, de marcottes, de boutures et de graines. Variété naine de 0 m. 30 c.— *C. Glauque :* tiges de 1 m. 60 c. à 2 m. Pendant une partie de l'année, couronnes de 10 à 12 fleurs jaunes, odorantes. Terre légère, au midi; couverture l'hiver ou orangerie. — *C. jonciforme :* plus petite que la précédente, dans toutes ses parties. — *C. couronnée :* plus petite encore; fleurs très-jolies et nombreuses.

CORRÉE *à fleurs blanches* (diosmées). De la Nouvelle-Hollande. Arbrisseau de 1 m. 30 c. Feuilles persistantes. Au printemps, bouquets terminaux de fleurs d'un blanc pur. Variété à fleurs rouges. — *C. élégante :* fleurs à limbe vert et à long tube rouge vif. Terre de bruyère; orangerie. Multipl. de greffe en fente ou en approche sur le précédent, de marcottes, de boutures ou de graines. — On cultive aussi la *C. à fleurs vertes;* la *C. à fleurs renflées,* dont les feuilles sont rouillées en dessous, et les fleurs d'un rouge pourpre; la *C. cardinale* à longues fleurs carmin vif ; la *C. brillante ;* la *C. soufrée ;* la *C. de Lindley,* etc.

CORTUSE *de Matthioli* (primulacées). Du Piémont. Vivace. Plante basse à ombelles de fleurs blanches ou rouges. Terre de bruyère, mi-ombre. Multipl. de graines ou par la séparation des touffes en mars.

CORYDALIS *bulbeuse ; fumeterre bulbeuse* (fumariacées). Indigène. Vivace. Tige de 0 m. 15 c. Feuilles profondément découpées. Au printemps, grappes de fleurs blanches, pourpres, ou gris de lin. Multipl. de bulbes ou de graines semées aussitôt qu'elles sont mûres. — *C. jaune* : indigène ; vivace ; tige une fois plus élevée ; vers la fin de l'été, fleurs blanches ou jaunes dans les deux tiers de leur longueur ; terre pierreuse. — *C. odorante* : de Sibérie ; vivace ; tige de 0 m. 40 c. ; au printemps, épi gros et court de fleurs jaune pâle, à ailes ayant le sommet pourpré ; terre de bruyère ; multipl. de racines bouturées.

CORYMBE : assemblage de fleurs ou de fruits dont les pédoncules naissent de différents points de la tige, et s'élèvent tous à peu près à la même hauteur.

COSMANTHE *visqueux* (hydrophyllées). De la Californie. Annuel. Touffe rameuse de 0 m. 35 c. Feuilles cordiformes, dentées. Épi unilatéral, roulé en crosse, de fleurs bleues. Semer en place au printemps.

COSMIDIE *à feuilles filiformes* (composées). Du Texas. Annuelle. Feuilles opposées, découpées, glabres. Capitules à involucre double ; rayons jaune d'or, larges et dentés. Semer en pleine terre au printemps.

COSMOS *bipenné* (composées). Du Mexique. Annuel. Tige de 1 m. 60. Grandes feuilles découpées. En automne, capitules rouge violâtre à disque jaune, sur une tige de 1 m. 30 c. à 1 m. 60 c. Terre légère, au midi. Semer sur couche et repiquer en pot avant de mettre en pleine terre. Rentrer quelques pieds en serre pour faire mûrir la graine. — *C. à fruits mutiques* : capitules rose violacé, longuement pédonculés ; semé en pleine terre au mois d'avril, il fleurit depuis juillet jusqu'aux gelées ; variété à fleur pourpre.

COTONÉASTER *commun ; Néflier cotonneux* (rosacées.) Des Alpes. Arbrisseau tortueux. Feuilles ovales, cotonneuses en dessous; au printemps, fleurs jaunâtres; en automne, fruits rouges. — Plusieurs espèces de *C*. sont cultivées dans les jardins d'agrément et y produisent de l'effet; greffées sur des épines, elles forment d'élégants parasols.

COTYLÉDON : *Cotylet orbiculaire* (crassulacées). Du Cap. Tige succulente de 0 m. 70 c. à 1 m. Feuilles épaisses, pointues, bordées de pourpre. En été, grandes fleurs tubuleuses, épaisses, à divisions rougeâtres et roulées en dehors, durant fort longtemps. Terre maigre. Orangerie; peu d'arrosements. — *C. écarlate; Echévérie écarlate;* tige ligneuse de 1 m., branches succulentes; feuilles réunies en rosette, épaisses, spatulées; vers janvier, fleurs d'un rouge safrané. Terre franche légère. Multipl. de boutures et par les rejets latéraux.

COUCHE : On appelle ainsi des planches relevées et formées de fumiers ou autres matières fermentescibles, dans le but d'activer la germination et le développement des plantes.—La place qui convient le mieux aux couches dans un jardin, est celle où elles peuvent être abritées par un mur exposé au midi.—On distingue trois espèces de couches; *couche chaude; couche tiède; couche sourde*. — La 1re se fait avec du fumier de cheval, dans son premier feu et doit être ranimée avec des *réchauds* (fumier neuf dont on entoure la couche); pour la 2e on emploie un mélange de fumier de cheval, de fumier de vache et de feuilles; on monte la 3e avec les matériaux provenant de la première ou de la seconde. — Si les plantes semées sur couche chaude ou sur couche tiède ne doivent pas y rester longtemps, on charge ces couches avec du terreau pur, mais on mêle de la terre au terreau si l'on veut que les plantes y séjournent longtemps et y acquièrent de la force. — Ce qui distingue particulièrement la couche sourde des deux autres, c'est qu'on l'établit dans une tranchée, et que sa surface, de forme bombée, est entièrement couverte d'un mélange de terre meuble et de terreau. — La meilleure manière de monter une couche est de l'élever par lits successifs étendus également sur toute la surface. Les dimensions (largeur et longueur) sont, pour les couches chaudes et tièdes, celles des caisses ou coffres qui doivent les entourer; quant à la hauteur, elle est ordinairement de 0 m. 65 c. à 1 m. Les couches sourdes, établies dans une tranchée de 0 m. 50 c. à 0 m. 60 c. de profondeur, dépassant de

0 m. 10 c. environ le niveau du sol, ont 0 m. 70 c. environ d'é-
paisseur, 1 m. 32 c. de largeur, et la longueur qu'on veut leur
donner; elles ne reçoivent ni coffres, ni panneaux.

COURGE ou **CALEBASSE** *commune; Gourde de Pèlerin*
(cucurbitacées). Des régions tropicales. On cultive par curiosité
cette espèce et quelques autres qui se distinguent par la bizarrerie de leurs formes et de leurs couleurs.

COURONNE IMPÉRIALE, voyez *Fritillaire.*

COURTILIÈRE, insecte carnivore et herbivore, qui exerce de
grands ravages dans les jardins, en soulevant, éventant, coupant
ou même mangeant les racines des jeunes plantes, lorsqu'il sil-
lonne la terre de ses nombreuses galeries. Les auteurs indiquent
pour détruire cet animal, plusieurs moyens que nous allons résu-
mer brièvement. — Verser, dans les trous de la courtilière, de
l'eau sur laquelle on jette un peu d'huile ; pour éviter d'être
inondé, l'animal remonte et rencontre la couche d'huile où il périt
immédiatement. Ce moyen est plus efficace dans les terres fortes
que dans les terres légères où l'eau et l'huile sont trop facilement
absorbées. — Enterrer de distance en distance de petits tas de fumier chaud ; les courtilières s'y réfugient aux approches du froid
et on les y trouve engourdies quand viennent les premières gelées. — Enterrer le long des murs, à 0 m. 03 c. au-dessous du
niveau du terrain auquel on donne une pente rapide, de grands
vases à moitié remplis d'eau; les courtilières y tombent en courant la nuit et ne peuvent en sortir. Ce moyen n'est pas moins
bon pour les rats, les mulots et les souris. — Arroser la terre avec
une eau dans laquelle on aura fait dissoudre du savon vert ou
noir.

CRAN : opération qui consiste à enlever un petit triangle
transversal d'écorce ou de bois, d'une épaisseur de 0 m. 003 mil.
à 0 m. 005 mil., immédiatement au-dessus d'un œil ou d'une
branche dont on veut favoriser le développement.

CRANIOLAIRE *odorante* (sésamées). Du Mexique. Annuelle.
Touffe large. Grandes feuilles trilobées, blanchâtres en dessous.
En automne, grappes terminales de grandes fleurs pourpre vio-
lacé, répandant une odeur de vanille. Terre légère, substantielle.
Semer sur couche en avril; mettre en place à la fin de mai.

CRASSULA; *Crassule* (crassulacées). Du cap. Plante grasse.

Genre comprenant un certain nombre d'espèces, dont les plus remarquables sont : *C. écarlate* : tige d'environ 1 m.; feuilles ovales, quaternées, épaisses ; en été, ombelles de grandes fleurs tubulées, d'un
beau rouge écarlate. — *C. bicolore* : corymbe terminal de fleurs
blanc purpurin. — *C. blanche* : longues tiges charnues, rougeâtres, montantes ou couchées ; feuilles connées, épaisses, ayant les
bords ponctués de blanc ; de novembre en janvier, panicules de
fleurs moyennes, blanc de lait, sentant la vanille. — *C. à feuilles
rondes* : tige d'environ 1 m.; feuilles bordées de pourpre et ponctuées ; en mai et juin, grandes fleurs roses, en cime. — *C. oblique; Rochéa à feuilles en faux* : tige de 1 m.; grandes feuilles
connées, courbées en faux ; en été, corymbes de fleurs écarlates ;
à odeur suave, et d'une longue durée. — *C.* ou *Rochéa perfolié* :
feuilles connées, opposées en croix, très-fragiles, ayant trois faces ;
fleurs blanches, odorantes, en ombelle. — *C. odorante; Rochéa
très-odorant* : tige un peu ligneuse d'environ 0 m. 70 c.; feuilles
lancéolées, finement dentées, succulentes ; en mai, ombelle de
fleurs jaune-verdâtre, à odeur très-agréable. ⸗ Toutes ces plantes
doivent être rentrées dans l'orangerie l'hiver, peu arrosées et
même pas du tout en hiver.

CRATÆGUS *oxyacantha; Aubépine; Épine blanche* (rosacées). Indigène. Arbre d'une croissance lente, vivant plusieurs
siècles. En mai, bouquets de fleurs blanches à odeur très-agréable. On cultive pour l'ornement des jardins plusieurs variétés remarquables de cette espèce, entre autres : l'*Épine écarlate*, à
fleurs simples, d'un beau rouge ; — l'*É. rose simple* ; — l'*E. rose
double*, dont les fleurs durent longtemps et sont d'un bel effet ;
— l'*É. à fleurs blanches doubles* ; — l'*É. à rameaux pleureurs*.
— *C. azarolus; Azérolier; Épine de Naples* : du levant ; bois
moins épineux que celui de l'aubépine ; feuilles plus grandes,
moins découpées. — *C. É. petit corail* : arbrisseau rustique, épineux, à fleurs plus grandes que dans les autres espèces, et dont
les fruits sont rouges comme du corail. — *C. buisson ardent* : du
midi ; buisson d'environ 2 m. Feuilles ovales, lancéolées ; fleurs
blanc rosé ; fruits rouge de feu. — *C. luisant; Photinia luisant* :
du Japon. Arbrisseau de 2 à 4 m. Longues et larges feuilles persistantes, très-luisantes. Larges corymbes terminaux de petites
fleurs blanches, lavées de rose ; se greffe sur l'aubépine et le

coignassier. — *C. rouge; Raphiolepis de la Chine* : arbrisseau à feuilles luisantes, oblongues, dentées, à 'fleurs en grappes, blanches ou rosées ; orangerie ; terre franche et terre de bruyère mélangées ; multipl. de greffe ou de boutures sur couche et sous cloche. — *C. à feuilles rondes; Amélanchier commun* : arbrisseau d'environ 3 m.; feuilles blanchâtres en dessous ; en avril, grandes fleurs d'un blanc soufré ; fruits d'un bleu noirâtre. — *C. racemosa; Amélanchier à grappes* : arbrisseau d'environ 4 m.; au printemps, fleurs blanches, à pétales linéaires ; fruits noirs. — *C. à épi ; Amélanchier à épi* : plus petit que le précédent; fruits rouges.

CRÊTE DE COQ, voyez *Célosie.*

CRIBLE : espèce de tamis en fil de laiton, dont on se sert pour passer la terre avant le rempotage.

CROCHET : petit instrument propre à biner les semis un peu drus et les plantes en pots.

CROCUS; *Safran officinal* (iridées). D'Orient, Petit ognon donnant en automne ses fleurs d'un violet pourpre, à stigmates odorants d'un beau jaune, et ses feuilles au printemps suivant. Relever tous les 3 ans les ognons en juillet, pour séparer les petits des gros, et replanter en octobre. — *Crocus printanier; C. des fleuristes* : des Alpes ; rustiques; dès le commencement du printemps, fleurs simples et doubles, variées de couleurs, unies ou rayées. Multipl. de graines et de caïeux. — *C. doré* : grandes fleurs jaune d'or, dont les divisions extérieures sont rayées de pourpre. — *C. de Suze ; C. soufré ; C. jaune* : presque semblables au précédent. — *C. à deux fleurs* : hampe terminée par deux grandes fleurs blanches, rayées de pourpre foncé. — *C. de Naples* : fleurs d'un violet pourpre, plus tardives que dans les espèces précédentes.

CROISETTE *à long style* (rubiacées). De la Perse. Vivace. Touffe devenant très-grosse en peu de temps. Tout l'été, bouquets de fleurs roses. Propre à orner les rochers. Multipl. de graines au printemps et par la séparation des touffes.

CROIX DE JÉRUSALEM, voyez *Lychnis.*

CROTATAIRE *en arbre* (papilionacées). De l'île Bourbon. Arbrisseau d'environ 2 m. Feuilles ternées, obovales. Tout l'été et une partie de l'automne, grappes terminales de grandes fleurs jaunes à étendard maculé de pourpre. Terre franche légère, au midi; orangerie. Multipl. de boutures, ou de graines semées au printemps sur couche chaude et sous châssis. Arrosements fréquents.

CROWÉE *à feuilles de saule* (diosmées). De la Nouv.-Hollande. Arbrisseau rameux, presque herbacé, d'environ 1 m. Feuilles linéaires. En automne, assez grandes fleurs solitaires, axillaires, d'un beau rose. Serre tempérée; terre de bruyère. Multipl. de boutures étouffées.

CUNONIE *du Cap* (cunoniacées). Arbuste de 0 m. 35 c. à 0 m. 70 c. Feuilles pennées, lancéolées, brillantes. Spathe diphylle, persistante. En automne, grappes allongées de fleurs blanches. Orangerie; terre légère; beaucoup d'eau, même en hiver. Multipl. de graines et de marcottes.

CUPHÉA *couleur- minium* (lythrariées). Arbuste rameux. Feuilles ovales, opposées. Fleurs durant une grande partie de l'année, formées d'un calice tubuleux violet et de deux pétales rouge-vermillon. Terre mélangée. Orangerie. Doit être pincé pour donner des fleurs en abondance. Multipl. de boutures et de graines. — *C. à feuilles en cœur* : du Pérou; panicules terminales de 2 à 4 fleurs rouge-vermillon, plus grandes que celles des autres espèces. — *C. à large éperon* : du Mexique; fleurs terminées par un éperon court, obtus; limbe violet foncé, bordé de blanc. — *C. à fleurs pourpres* : fleurs d'un beau rose nuancé de pourpre. — *C. verticillé* : fleurs violettes. — *C. faux siléné* : grappes de fleurs pourpre brun, nuancé de blanc; orangerie ou culture des plantes annuelles. — *C. à grandes fleurs* : du Mexique; épis de fleurs nuancées de rouge et de jaune; pleine terre; orangerie l'hiver.

CUPIDONE *bleue* (composées). Indigène. Vivace. Tiges nombreuses, fermes quoique grêles. En été et en automne, gros capitules d'un beau bleu de ciel. Terre légère au midi; peu d'eau; couverture l'hiver. Multipl. de graines sur couches ou d'éclats. — Variété à fleurs blanches et doubles.

CYCLAMEN *d'Europe; Pain de pourceau* (primulacées). Indigène. Vivace. Racine tubéreuse. Feuilles radicales, réniformes, rougeâtres en dessous, tachées de blanc en dessus. Au printemps, et quelquefois en automne, nombreuses fleurs renversées, blanches ou purpurines. Terre légère, ombragée ; couverture l'hiver ; ou en pots qu'on rentre dans l'orangerie. Multipl. de graines sur couche, ou par l'éclat des tubercules, en conservant un œil à chaque portion. — *C. à feuilles de lierre* : fleurs blanches, roses ou rouges, à odeur suave. — *C. de Perse* : fleurs rouges, odorantes. — *C. à larges feuilles* : fleurs roses et blanches. — *C. de Cos* : fleurs rouges, à larges pétales.

CYNOGLOSSE *à feuilles de lin* (borraginées). Du Portugal. Annuelle. Tiges rameuses de 0 m. 30 c. Feuilles lancéolées. En été, panicules de fleurs blanches. Semer en mars pour faire des touffes ou des bordures. — *C. printanière; petite consoude* : vivace ; tiges de 0 m. 15 c. à 0 m. 18 c.; feuilles persistantes, cordiformes ; au printemps, grappes de petites fleurs d'un joli bleu. Exposition ombragée ; multipl. de ses traces. — *C. argentée* : bisannuelle ; feuilles couvertes d'un duvet argenté ; en été, épis de fleurs rouges. Terre légère, sèche, au midi. Multipl. de graines semées en place à l'automne. — *C. pétiolée* ; du Népaul; vivace ; grappes axillaires de fleurs bleues; couverture l'hiver.

CYPRÈS *pendant* ou *glauque* (conifères). Arbrisseau de 5 m., à branches et rameaux pendants. Orangerie. Multipl. de graines et de boutures.

CYPRIPÈDE *sabot de Vénus* (orchidées). Du Dauphiné. Vivace. Feuilles engaînantes, lancéolées. En juin, fleurs odorantes, brun pourpre, à la belle jaune, enflée, creuse, ouverte par le haut, imitant la forme d'un sabot. Terre de bruyère ombragée. Multipl. de racines. — *C. pubescent* : de la Caroline ; au printemps, une ou deux fleurs jaune pâle, pointillées de rouge. — *C. remarquable* : une ou deux fleurs terminales d'un blanc veiné de rose. — *C. barbu* : très-belle plante de l'Inde. — *C. admirable* : fleur jaunâtre, maculée de pourpre; terre de bruyère, serre tempérée. — *C. de Low* : fleur d'un charmant effet par la disposition de ses nuances jaune, verte et violette.

CYTISE *Aubours; Faux ébénier* (papilionacées). Indigène. Arbre produisant beaucoup d'effet, au printemps, avec ses grappes pendantes de fleurs jaunes. Terrain sec à mi-ombre. Variétés : *à feuilles de chêne; à feuilles panachées; à fleurs odorantes; d'Adam*, dont les fleurs sont d'un rose chamois. — *C. à épis* : arbrisseau de 1 m. à 1 m. 30 c.; en été, longues grappes de fleurs jaunes, à odeur agréable. — *C. trifolium* : arbrisseau de 2 m.; épis de fleurs jaunes que l'on tond lorsqu'elles sont passées. — *C. à fleurs en tête* : arbuste touffu de 0 m. 70 c. à feuilles persistantes. — *C. pourpré* : d'Autriche; fleurs rouge violacé; terre humide, à l'ombre. — *C. d'Autriche* : bouquets de fleurs jaunes au printemps et en automne. — *C. biflore*. — *C. de volga* : grappes latérales de fleurs jaunes. — *C. à fleurs blanches*; Genêt blanc : arbrisseau de 2 m. 50 c. = Les cytises *tomenteux*, de 0 m. 70 c., du Cap, *feuillu*, de 0 m. 70 c. à 1 m. 30 c., des Canaries, *à tige filiforme*, de Ténériffe, demandent à être rentrés en orangerie.

D

DAHLIA (composées). Du Mexique. Vivace. Racine tuberculeuse, fusiforme. Tiges de 0 m. 55 c. à 2 m. 65 c. Feuilles décurrentes, pennées, irrégulières, à folioles ovales, dentées. De juin jusqu'au gelées, capitules de grandes fleurs radiées, simples, semi-doubles ou doubles, unicolores ou panachées, à pétales imbriqués, roulés en tuyaux, roulés en cornet, offrant toutes les nuances de blanc, de rouge et de jaune; le bleu seul est excepté. Bonne terre franche; beaucoup d'eau. Multipl. de semis, d'éclats, de racines et de boutures. = Lorsque les gelées ont détruit la tige, ce qui arrive ordinairement en novembre, on arrache les tubercules et on les rentre dans une cave qui ne soit ni trop sèche, ni trop humide. Vers le 15 mai, on les place dans l'orangerie ou sous un châssis, et vers le commencement de juin, lorsque les nouvelles pousses se développent, on les met en pleine terre. = On greffe quelquefois le dahlia sur un tubercule qu'on enterre jusqu'à la greffe dans une couche tiède, et qu'on recouvre d'une cloche.

Voici, par ordre de nuances, quelques-uns des dahlias les plus recherchés :

D. Multiflore : d'un blanc pur.

D. Miss Pressley : d'un blanc pur, bordé de lilas vif.

D. Madame Basseville : blanc pointillé de lilas.

D. Queen Mab : blanc rubané de rouge.

D. Comtesse de Flandre : blanc jaunâtre lavé et bordé de lilas.

D. Jean Coluche : jaune paille.

D. Adrien Cramail : jaune de chrome.

D. Harlequin : jonquille strié de rouge.

D. Arthur de Sansel : jaune doré, lavé d'amaranthe ; centre jonquille.

D. Montesquiou : chamois glacé de lilas rose, légèrement pointé or.

D. Traktir : nankin rosé, strié de carmin.

D. Comus : cannelle rosé, strié de marron, pointé blanc.

D. Sirène : carné rose, multiflore et d'une forme parfaite.

D. Madame Savigny : rose tendre, bordé et pointé rose vif carminé.

D. Chédeville de Saint-Projet : rose pourpré, glacé de rose tendre.

D. Coquette de Tournai : rose pointé blanc, bordé de carmin.

D. Élisabeth : rose vif.

D. Délices de Kain : rose cuivré, bordé de rose tendre.

D. Lord Stanley : rose carminé, strié de grenat marron.

D. Rosa Bonheur : lilas tendre, glacé de blanc.

D. Aspasie : mauve lilacé ; très-multiflore.

D. Chairmaun : orange doré.

D. Proserpine : vermillon vif, nuancé orange.

D. Ajax : rouge cocciné ombré.

D. Triomphe de Tournai : écarlate foncé brillant.

D. Van Dick : écarlate lavé de carmin vif.

D. Michel-Ange : grenat nuancé de carmin.

D. Madame de Saint-Laurent : cerise rosé, pointé blanc.

D. Triomphe de Peck : cramoisi marron velouté.

D. Diamant : améthyste rosé, pointé blanc pur.

D. Deutsche viole : violet pourpré, fleur parfaitement faite.

D. Henri Saison : violet pensée, pointé et granité argent.

DAÏS *à feuilles de Fustet* (thymelées). Du Cap. Arbrisseau de près de 4 m. En été, fleurs d'un pourpre clair. Terre franche légère ; orangerie. Multipl. par boutures de racines.

DALEA *à fleurs pourpres* (papilionacées). Du pays des Illinois. Annuelle. Tiges de 0 m. 50 c. Feuilles pennées. En été, épis de fleurs violettes. Terre légère. Semis sur couche au printemps.

DAPHNÉ *mézéréon; Bois gentil; Bois joli* (thymelées). Indigène. Arbuste de 0 m. 70 c. à 1 m. Feuilles lancéolées, caduques. En hiver, petites fleurs blanches ou violacées, d'une odeur agréable. Demi-ombre. Multipl. de graines. — *D. Lauréole* : indigène; arbuste de 1 m., toujours vert; en janvier-mars, petites grappes axillaires de fleurs verdâtres, odorantes; on s'en sert pour recevoir les greffes des autres espèces. — *D. des Alpes* : en mai-juin, fleurs blanches, odorantes. — *D. paniculé; Garou; Sainbois* : en été, panicules de fleurs odorantes, blanches en dehors, rougeâtres en dedans; orangerie. — *D. des Monts-Altaïs* : semblable au *D. des Alpes*, mais plus beau. Exposition ombragée.— *D. pontique* : de 0 m. 50 c. à 1 m., toujours vert; au printemps, nombreuses fleurs verdâtres, odorantes, en grappes; mi-ombre; couverture l'hiver, ou orangerie. — *D. cneorum; Thymelée des Alpes* : charmant arbuste rustique en buisson rampant; au printemps, fleurs roses, d'une odeur suave, reparaissant quelquefois en automne; terre de bruyère, au nord; multipl. de semis à l'ombre, de marcottes et de greffe; variété à fleurs blanches. — *D. de l'Inde; D. odorant* : arbuste toujours vert de 1 m. 50 c. à 2 m.; en février et mars, nombreuses fleurs sessiles, roses ou blanches, répandant une odeur très-suave. Orangerie. Multipl. de greffe sur le *D. Lauréole*. Variétés à feuilles bordées de blanc, et à fleurs sessiles. — *D. des collines* : de 1 m. à 1 m. 30 c.; feuilles persistantes, velues en dessous; au printemps, fleurs odorantes d'un rose tendre. Pleine terre de bruyère; orangerie. — *D. Dauphin* : hybride des deux derniers; très-bel arbrisseau; serre tempérée ou châssis.—*D. de Versailles* · fleurs roses et odorantes; pendant une partie de l'année. — *D. blanc* : du midi de la France; de 0 m. 30 c. à 0 m. 40 c.; feuilles blanches; fleurs latérales, dioïques, jaunâtres; fruits rouges. — *D. de fortune* : de la Chine; rameux, à feuilles caduques, à fleurs d'un lilas pourpre, paraissant avant les feuilles. Terre légère, fraîche, ombragée; orangerie ou couverture l'hiver; multipl. de greffes ou de boutures herbacées.

DATURA ; *Stramoine fastueuse; Pomme épineuse* (solanées). D'Égypte. Annuelle. Tiges branchues, violâtres, de 0 m. 65 c.

Fleurs présentant assez souvent 2 ou 3 corolles, l'une dans l'autre, d'un blanc violacé. Terre mélangée de terreau consommé. Semer en mars sur couche chaude et sous cloche; repiquer en pot ou en pleine terre au midi; beaucoup d'eau en été. Variété à fleurs blanches. — *D. stramoine cornue*: de Cuba; tige annuelle d'environ 1 m.; pendant l'été, grandes fleurs blanches en dedans, violettes en dehors, à odeur suave, s'ouvrant vers le soir et se refermant dans la matinée. Semer sur couche en mars, ou en place le mois suivant.

DATURA *en arbre; Brugmannsia odorant* (solanées). Du Pérou Arbrisseau de 1 m. 50 c. à 3 m. 50 c. Bois mou; tête arrondie. Grandes feuilles ovales lancéolées. En été, belles fleurs blanches, rayées de jaune pâle, en forme d'entonnoir plissé, à 5 angles, pendantes, odorantes et longues de 0 m. 32 c. Terre d'oranger, au midi; rempoter à la fin de l'automne et rentrer en orangerie; beaucoup d'eau l'été, peu l'hiver. Multipl. de boutures en été. — *D. sanguin; B. bicolore*: fleur moins longue, verte à la base, jaune au milieu, rouge orange sur le limbe.

DAUPHINELLE, voyez *Delphinium*.

DÉCUMAIRE *sarmenteux* (myrtacées). Tiges sarmenteuses. Feuilles ovales, luisantes, persistantes. En automne, panicules de fleurs odorantes. Terre ombragée. Cette plante prend racine aussitôt qu'elle touche le sol par ses articulations.

DÉDOSSER: diviser une grosse touffe de racines vivaces, pour en faire plusieurs petites touffes.

DÉRINGIE *d'Amherst* (amarantacées). De la Nouv.-Hollande. Arbuste rameux de plus de 1 m. Feuilles cordiformes. Grappes de petites fleurs. Fruits rouges. Multipl. de marcottes et de boutures.

DELPHINIUM *d'Ajax: Dauphinelle des jardins; Pied d'Alouette* (renonculacées). De Suisse. Annuel. Tiges d'environ 0 m. 65 c. Feuilles découpées. En juillet, long épi dressé de fleurs éperonnées, simples ou doubles, violettes, bleues, blanches, roses ou rouges. Terre franche. Récolter la graine des plus belles fleurs. — *D. Pied d'Alouette nain, Julienne* ou *pyramidal*: charmant en bordure. — *D. Pied d'Alouette nain bicolore*: variété portant sur la même tige des fleurs blanches et des fleurs roses. — *D. des champs*: Fleurs doubles de toutes les couleurs, excepté le jaune ét le rouge. — *D. à grandes fleurs* : de Sibérie ; vivace ; en été, grandes fleurs bleu d'azur ; multipl. de graines ou d'éclats. — *D. élevé ; Pied d'Alouette vivace* : de Sibérie ; en été, fleurs en épis, bleu d'azur, à pétale supérieur blanchâtre. Terre franche légère au midi. — *D. des Alpes* : vivace ; de 1 m. 30 c. à 2 m. Calice azuré ; pétales jaunâtres. — *D. azuré* : vivace ; tige de 0 m. 35 c. à 1 m. Fleurs d'un beau bleu d'azur. — *D. de Barlow* : vivace ; d'environ 1 m. 30 c. Belle pyramide de larges fleurs semi-doubles, d'un bleu d'azur chatoyant. Demi-ombre. — *D. à fleurs blanches* : d'Arménie ; vivace ; de 1 m. à 1 m. 60 c.; longues grappes de fleurs d'un blanc pur.

DEUTZIE *crénelée; Deutzia crenata* (philadelphées). Du Japon. Arbrisseau de 2 m. Feuilles opposées, lancéolées, crénelées, couvertes de poils rudes. En mai-juin, grappes terminales de fleurs blanches. Terre ordinaire ; toute exposition. Multipl. de marcottes, de boutures et d'éclats. — *D. à fleurs en corymbes ;* — *D. à grandes fleurs ;* — *D. blanchâtre* : rameaux et dessous des feuilles couverts d'un duvet blanchâtre.

DIANTHUS, voyez *Œillet.*

DICLYTRA, DICLYTRE ou **DIÉLYTRE** *à belles fleurs* (fumariacées). De l'Amér. sept. Vivace. Tige nue de 0 m. 32 c. environ. Feuilles tripennées. En été, grappes de fleurs roses, pendantes, dont la corolle a 2 éperons, et 4 pétales soudés. Terre franche légère. Multipl. de racines éclatées. — *D. remarquable* : de la Chine. Vivace. Tiges de 0 m. 50 c. En juin, grappes de fleurs d'un beau rose, entremêlé de jaune et de gris de lin. — *D. à capuchon* : de l'Amér. sept. Touffe de feuilles découpées ; longs épis de fleurs pendantes, blanches, ayant le limbe jaunâtre. Multipl. de graines ou de bulbilles. — *D. distinguée* : ressemblant à la *Diélytre à belles fleurs*, mais plus grande dans toutes ses parties.

DICTAME, voyez *Origan.*

DICTAME *blanc*, voyez *Fraxinelle.*

DIDISQUE *bleu* (ombellifères). De la Nouv.-Hollande. Annuel. Rameux. Ombelles de fleurs d'un bleu clair. Terre légère, substantielle ; bonne exposition ; peu d'eau. Semer en avril.

DIERVILLE *jaune* (caprifoliacées). Du Canada. Arbrisseau rustique. Tige odorante lorsqu'on la casse. Feuilles luisante, ovales, dentées. Pendant l'été et une partie de l'automne, petites fleurs jaunes, odorantes. Terre fraîche, ombragée. Multipl. de de graines, de rejetons, de marcottes et de boutures.

DIGITALE *pourprée, gantelée; Gant de Notre-Dame* (scrophularinées). Indigène. Bisannuelle. Tige de 1 m. à 1 m. 35 c. Grandes feuilles ovales, cotonneuses. Long épi unilatéral de fleurs purpurines, ponctuées de brun. Terre sèche, graveleuse, au midi. Semer les graines aussitôt qu'elles sont mûres et repiquer en automne. Variété à fleurs blanches. — *D. à grandes fleurs* : de la Suisse; grandes fleurs jaunes, tachées de pourpre; terre fraîche. — *D. des Canaries* : tige frutescente; épi terminal de grandes fleurs d'un beau jaune. Terre de bruyère au levant; orangerie l'hiver.— *D. de Madère* : en juin et juillet, épi de fleurs pendantes, rouges et jaunes. — *D. obscure* : d'Espagne; tige ligneuse de 0 m. 50 c. En été, petites fleurs roussâtres; terre franche légère et substantielle au midi; orangerie l'hiver. — *D. cotonneuse* : terre légère. — *D. dorée* : d'Orient; vivace, tige de 1 m.; grappe terminale de fleurs jaunes en dehors, blanches en dedans.

DIOCLÉE *glycinoïde* (papilionacées). De la Nouvelle-Espagne. Vivace. Tige volubile. Feuilles oblongues. En septembre, long épi de fleurs d'un rouge vif. Terre franche au midi; couverture l'hiver.

DIOIQUE : se dit des plantes dont les fleurs mâles sont sur un pied et les fleurs femelles sur un autre.

DIOSMA *uniflore* (diosmées). Feuilles ovales, épaisses, ponctuées en dessous. Au printemps, fleurs en étoile, blanches en dessus, roses en dessous, rayées de pourpre. Terre de bruyère; orangerie. Multipl. de marcottes de boutures étouffées, de graines semées en terrine, aussitôt qu'elles sont mûres. = On cultive de même le *D. à feuilles dentées;* le *D. à larges feuilles;* le *D. tétragone;* le *D. ombellé;* le *D. cilié;* le *D. à feuilles ovales;* le *D. hérissé;* le *D. imbriqué;* le *D. à fleurs en tête;* le *D. à feuilles de bruyère;* le *D. velu;* le *D. douteux.*

DIPHYLLE : se dit des calices à deux divisions.

DIPLACUS *visqueux* (scrophularinées). De la Californie. Arbuste de 1 m. Feuilles oblongues, dentées en scie, visqueuses; en été, grandes fleurs solitaires, visqueuses, odorantes, d'un jaune orange. Terre franche mêlée de terre de bruyère un peu humide; orangerié. Multipl. de graines sur couche chaude et sous châssis, ou de boutures. — *D. pourpre* : fleurs pourpres pendant une partie de l'année. — *D. à grandes fleurs* : fleurs couleur de chair. — *D. écarlate* : de la Californie; grandes fleurs tubuleuses d'un bel écarlate; variétés à fleurs écarlate velouté, et à fleurs rose vif, pointillées de pourpre à l'entrée du tube. Multipl. d'éclats, de boutures et de graines semées sur couche au printemps.

DIRCA *des marais ; Bois-cuir* (thymelées). Du Canada. Arbuste de 1 m. 50 c. à 2 m. Feuilles ovales. Au printemps, fleurs en cornet, d'un blanc jaunâtre, précédant les feuilles. Terre tourbeuse ou terre de bruyère humide, à l'ombre. Multipl. de graines en terrine toujours humide.

DISQUE : partie des fleurs radiées, qui en occupe le centre ; partie élargie et membraneuse d'une feuille.

DISTIQUE : on appelle ainsi les feuilles, les tiges, les rameaux, les épis, disposés sur deux rangées.

DIVARIQUÉ : Quand les rameaux sont écartés et ouverts à partir du point de leur divergence, on dit qu'ils sont divariqués.

DODÉCATHÉON ; *Gyroselle de Virginie; les Douze-Dieux* (primulacées). Vivace. Feuilles radicales, en rosette. Hampe de 0 m. 35 c. Au printemps, joli bouquet de douze petites fleurs pourpre clair, pendantes, à pétales redressés. Terre de bruyère à mi-ombre. Multipl. par la division des racines coupées au collet, en automne, ou de graines semées aussitôt qu'elles sont mûres.

DORELLE ; *linosyris commune* (corymbifères). Indigène. Vivace. Touffe de 0 m. 65 c. Feuilles linéaires. En été, petits capitules jaunes en corymbe. Terre légère substantielle, à mi-soleil. Multipl. de graines ou d'éclats.

DORONIC ; *herbe aux panthères* (composées). Des Alpes. Vivace. Rustique. Tige rameuse de 0 m. 60 c. Feuilles velues, les inférieures cordiformes et pétiolées, les supérieures ovales et sessiles. En mai et juin, grands capitules solitaires, jaunes. Toute terre, toute exposition. Multipl. d'éclats. — *D. du Caucase* : nombreux capitules d'un jaune vif.

DORYANTHÈS *élevée* (amaryllidées). De la Nouv.-Holl.

Feuilles d'un beau vert. Hampe supportant un long épi de fleurs pourpres, munies de bractées colorées. Orangerie.

DOUZE-DIEUX, voyez *Dodécathéon*.

DRACOCÉPHALE *d'Autriche; tête de dragon* (labiées). Indigène. Vivace. Rustique. Feuilles lancéolées, incisées. En août, grandes fleurs d'un bleu violacé. Terre légère, au midi; multipl. de rejetons ou de graines semées sur couche. Relever tous les trois ans. — *D. moldavique:* Annuel; en juillet, épi feuillé de fleurs purpurines. Semer en place au printemps.

DRAGEON : rejeton qui naît de la racine d'un arbre ou d'une plante, et que l'on peut en détacher pour le replanter ailleurs.

DRAINAGE : opération qui consiste à pratiquer dans la terre des saignées, des rigoles, etc., pour faire écouler l'eau surabondante. Pour les plantes en caisse ou en pot, on draine la terre en couvrant le fond du vase d'une couche de pierrailles ou de gravier.

DRAVE *des Pyrénées* (crucifères). Vivace. Feuilles épaisses à quatre ou cinq lobes, en rosette. En mai, fleurs blanches, lavées de pourpre. Terre humide, ombragée. Multipl. de graines et d'éclats.

DRYADE *à huit pétales* (rosacées). Des Alpes. Vivace. Plante basse. En juin, fleurs blanches. Terre de bruyère, au nord. Séparer les touffes en automne.

E

ÉBÉNIER *de Crète* (papilionacées). Arbuste à rameaux soyeux, de 1 m. 30 c. Feuilles pennées, persistantes, argentées. En été, épis denses de fleurs roses. Terre mélangée ; orangerie ; peu d'eau l'hiver. Multipl. de graines semées sur couche et sous châssis.

ÉBOURGEONNEMENT : opération par laquelle on supprime avant qu'ils ne soient développés, les bourgeons inutiles ou mal placés, des arbres soumis à la taille.

ECCRÉMOCARPE *rude* (bignoniacées). Du Chili. Tiges volubiles de 3 à 4 m. Feuilles pennées. En été, grappes latérales de fleurs tubuleuses, écarlates. Bonne exposition ; couverture l'hiver.

Multipl. de graines semées en terrine sous châssis; on met en place au printemps.

ÉCHÉANDIE *à fleurs ternées* (liliacées). De Cuba. Vivace. Racine en griffe. Feuilles radicales ensiformes. Hampe grêle de 1 m. 60 c. En août, fleurs jaunes, latérales. Terre douce. Orangerie.

ÉCHENILLOIR : Il y en a de plusieurs sortes; l'échenilloir Groulon, dans lequel la corde est remplacée par une tringle de fer, a le double avantage d'augmenter la force du travailleur et de ne point s'embarrasser dans les branches.

ÉCHÉVERIE *écarlate* (crassulacées). Tige ligneuse de 1 m. Feuilles spatulées, épaisses, en rosettes. En janvier, fleurs écarlates. Terre franche légère ; orangerie; arrosements très-modérés. Multipl. de rejets latéraux et de boutures. — *E. glauque :* feuilles couvertes d'une poussière glauque; hampe latérale; grappe de fleurs jaunes au sommet, écarlates à la base. — *E. farineuse :* grappes paniculées de fleurs jaune pâle. — *E. à fleurs lâches :* panicules lâches et rameuses de fleurs jaunes.

ÉCHINACÉE *pourpre* (composées). De la Virginie. Vivace. Feuilles lancéolées. En été, capitules solitaires, larges, à rayons pourpres et à disque plus foncé. Terre franche légère, fraîche. Multipl. de graines ou d'éclats. — *E. intermédiaire :* de juin jusqu'aux gelées, capitules de 0 m. 10 c. à 0 m. 12 c. Multipl. par séparation du pied au printemps, ou de graines semées en automne, sous châssis; on repique le plant, on le rentre en orangerie et on le met en place au mois de mai.

ÉCHINOCACTUS; ÉCHINOCACTE *œil vert* (cactées). Du Mexique. Petite plante en forme de globe, présentant 10 côtes vertes tuberculeuses et 10 sillons profonds; faisceaux d'épines rayonnantes, rouges à leur base. Fleurs en rosace, larges de 0 m. 08 c., pourpres au sommet, roses à la base des rayons. Terre substantielle mêlée de terre de bruyère; fréquents arrosements l'été. Bonne orangerie et point d'eau l'hiver. Voir pour la culture : cierge du Pérou. — *E. à cent dards :* du Brésil; côtes épaisses; épines fortes, très-aiguës; diamètre de 0. m. 12 c. à 0. m, 15 c., fleurs jaunâtres, nuancées de pourpre. — *E. d'Otto :* du Mexique ; épines grêles, molles; fleurs sessiles, jaune citron, à étamines pourpres. Multipl. d'œilletons naissant de la racine. — *E. à ma-*

melons : du Mexique ; devenant presque cylindrique en s'élevant ; diamètre de 0. m. 05 c. à 0 m. 06 c. ; côtes peu saillantes, formées de petits mamelons ; entre ceux-ci, rosettes de petites épines, au centre desquelles sont 2 ou 3 épines droites, plus fortes ; fleurs d'un jaune paille. — *E. balai* : du Brésil ; cylindrique ; nombreuses côtes longitudinales ; faisceaux rapprochés de soies blanches, dont le centre est occupé par des épines rougeâtres, fines et déliées .— *E. porte-cornes* : du Mexique ; globe à côtes tranchantes crénelées ; épines purpurines, aplaties, recourbées et striées transversalement comme des cornes de bouquetin. — *E. de cachet* : du Mexique ; 13 côtes tuberculeuses ; nombreuses fleurs d'un jaune brillant. — *E. dénudé* : 5 côtes obtuses d'un beau vert ; grande fleur blanche ; variété à fleur rose. — *E. agréable* : de Montévidéo ; 21 côtes arrondies ; en juin, nombreuses fleurs d'un jaune orangé. — *E. à mamelons hexaèdres* : fleurs d'un blanc métallique, durant plusieurs jours. — *E. Gibbeux* : 21 côtes ; fleurs blanches à bande rose. — *E. varié* : 34 côtes ; épines grandes et fortes ; fleurs d'un rose violacé, ligné de pourpre. — *E. de Monville* : 18 côtes ; 20 centimètres de diamètre ; épines d'un beau jaune d'ambre ; fleurs blanches à pétales réfléchis sur deux rangs. = Nous recommandons encore les Échinocactes suivants : *multiflore*, à fleurs blanches, lignées de rose ; — *à épines foliacées ; — à mille points ; — de William ; — robuste* ; etc.

ÉCHINOPE *Ritro ; Boulette azurée* (composées). Indigène. Vivace. Rustique. Tige de 0 m. 65 c. Feuilles découpées, épineuses, blanches en dessous. En été, fleurs tubuleuses en boule, d'un joli bleu azuré. Tout terrain, au midi. Multipl. d'éclats ou de graines semées en mars. — Variété à fleurs blanches. *E. de Russie* : vivace ; rameuse ; de 1 m. à 2 m. En été, boule épineuse de fleurs bleues.

ÉCHINOPSIDE *d'Eyriès* (cactées). De Buénos-Ayres. Globe charnu, d'un vert foncé ; cannelures profondes verticales ; 12 à 15 côtes saillantes ; mamelons cotonneux, blanchâtres ; épines courtes, divergentes, noirâtres. En été, fleur solitaire, odorante, à tube écailleux, velu, long de 0 m. 15 c. à 0 m. 20 c., et dont le limbe composé de nombreuses divisions ovales, aiguës, est d'un blanc pur. Terre légère substantielle ; culture indiquée dans l'art. *Cierge du Pérou*. Multipl. d'œilletons croissant autour de la plante. — *E. à côtes aiguës* : du Brésil; fleur rose. — *E. prolifère* du Brésil; bourgeons nombreux se développant sur les arêtes des côtes et prenant facilement racine.

ECHIUM, voyez *Vipérine*.

ÉCLATER : séparer les racines ou les pousses d'une plante, pour la multiplier.

ÉDOUARDSIE *à grandes fleurs* (papilionacées). De la Nouv. Zélande. Arbrisseau d'environ 4 m. Feuilles pennées. Au printemps, grappes longues et pendantes de grandes fleurs jaunes. Terre légère; orangerie; pleine terre au midi, lorsqu'il a acquis de la force, et couverture l'hiver. Multipl. de graines semées sur couche, ou de marcottes qui reprennent difficilement. — *E. à petites feuilles.*

ÉLÉOCARPE *bleu* (éléocarpées). De la Nouv.-Hollande. Arbrisseau de 1 m. Feuilles persistantes, alternes, oblongues, dentées. Grappes de fleurs blanches, pendantes, frangées. Fruits d'un beau bleu. Terre de bruyère; orangerie. Multipl. de marcottes.

ÉLICHRYSE *d'Orient; Immortelle jaune* (composées). De l'île de Crète. Vivace. Couverte d'un duvet blanc. Tige de 0 m. 30 c. à 0 m. 35 c. Feuilles persistantes, linéaires. Pendant une partie du printemps et de l'été, corymbe de capitules jaunes. Orangerie. Multipl. de boutures. — *E. à bractées* : de la Nouvelle-Hollande; bisannuelle; tige de 1 m.; panicule de capitules jaunes. Multipl. de graines semées sur couche, au printemps. Variété à fleurs blanches. — *E. éclatante* : Du Cap; feuilles amplexicaules; en juin, capitules de fleurs d'un beau jaune; orangerie; peu d'eau l'été, point d'arrosements sur la plante l'hiver; multipl. de graines et de boutures en pot, à l'ombre, après la fleur.— *E. macranthum*, fleurs blanches, lavées de rouge.

EMBOTHRION *magnifique* (protéacées). De la Nouv.-Hollande, arbrisseau de 2 m. 50 c. à 3 m. En été, corymbe de fleurs écarlates. Terre de bruyère; orangerie. Multipl. de boutures étouffées ou de graines.

EMBRYON : plante qui n'est pas encore développée, qui est en germe ou en bouton.

ÉMILIE, voyez *Cacalie*.

ENGRAIS : Matières animales ou végétales, décomposées, que l'on emploie pour l'amendement du sol. Tous les engrais ne conviennent pas à tous les terrains ; il faut savoir les adapter, soit purs, soit mélangés, à la nature de la terre qu'on veut amender. Le fumier de cheval, de mulet, d'âne, de poules, de lapins, est excellent dans les terres argileuses, froides, humides, dans les glaises. Les terres sèches, chaudes, légères, très-siliceuses, veulent au contraire le fumier de bœuf et de vache. Plus le terrain est froid et humide, moins le fumier doit être consommé. Le *terreau*, qui est d'une application si fréquente en jardinage, est un mélange de terre et de fumier très-pourri.

ÉNOTHÈRE, voyez *Onagre*.

ENTONNOIR *de verre blanc* : on s'en sert pour couvrir les boutures délicates qui sont sous châssis, l'orifice supérieur est bouché entièrement ou partiellement, selon la quantité de chaleur ou d'air qu'on veut donner à la plante.

ÉPACRIDE *élégante* (épacridées). De la Nouv.-Hollande. Arbuste de 1 m. à 1 m. 30. c. Petites feuilles cordiformes, imbriquées, recourbées. Guirlandes de fleurs blanches unilatérales. Terre de bruyère ; serre tempérée. Cette plante, de même que les bruyères qui ne sont pas de pleine terre, s'accommode peu de l'orangerie, celle-ci n'étant éclairée que par devant. Multipl. de marcottes et de graines. On compte une trentaine d'espèces non moins jolies que l'*É. élégante*.

ÉPERVIÈRE *orangée* (composées). Indigène. Vivace. Tige de 0 m. 35 c. En été, corymbe de capitules d'un rouge safrané. Terre légère substantielle ; beaucoup d'eau l'été ; couverture l'hiver ; relever tous les deux ans au mois de mars. Multipl. de graines et d'œilletons.

ÉPHÉMÈRE *de Virginie* (commélinées). Vivace. Rustique. Nombreuses tiges rameuses et articulées. Feuilles lancéolées. De mai en novembre, ombelles terminales de fleurs d'un beau bleu, à 3 pétales, ne durant qu'un jour, mais immédiatement remplacées. Terre fraîche légère. Multip. d'éclats. Variétés à fleurs blanches, à fleurs purpurines, à fleurs doubles. — *E. à fleurs roses* : couverture l'hiver ou orangerie. Multipl. de graines ou de boutures.

ÉPIGÉE *rampante* (éricacées). De l'Amér. sept. Petit arbuste à feuilles persistantes, cordiformes. Au printemps ou en été, bouquets de fleurs tubulées, odorantes, blanches ou légèrement rosées. Terre humide, tourbeuse.

ÉPILOBE à *épi; Osier fleuri; Laurier Saint-Antoine* (énothérées). Indigène. Vivace. Feuilles alternes, lancéolées. Tiges de 1 m. 30 c. à 1 m. 65 c. En été, épi de fleurs purpurines. Toute terre. Multipl. de rejetons et de graines. Variété à fleurs blanches. — *É. à feuilles étroites* : de la Suisse ; plus petit ; plus délicat. — *É. à feuilles de romarin* : d'un joli effet.

ÉPIMÈDE *des Alpes; Chapeau d'évêque* (berbéridées). Vivace. Au printemps, petites fleurs à calice brun et à pétales jaunes. Terre franche légère, à l'ombre. Multipl. d'éclats. — *É. à grandes fleurs* : du Japon ; fleurs plus grandes et blanches. — *É. à feuilles pennées* : rustique ; au printemps, épis de fleurs jaunes, surmontant une hampe radicale.

ÉPINE, voyez *Cratægus.*

ÉPINE-VINETTE *commune* (berbéridées). Arbrisseau de 2 m. à 2 m. 50 c. Au printemps, grappes de fleurs jaunes. En automne et pendant une partie de l'hiver, grappes de fruits rouges d'un bel effet. Toute terre. Multipl. de graines, de rejetons, de marcottes et de boutures. Propre à l'ornement des bosquets, ainsi que plusieurs autres espèces de ce genre, telles que : *É. à feuilles pourpres; É. à fruits violets; É. aristée; É. du Canada; É. de Crète, à fruits noirs; É. à feuilles de houx; É. à feuilles de buis,* etc.

ÉPIPHYLLE (cactées). Ce genre diffère du genre *Cierge* par ses tiges plates, ressemblant à des feuilles ; il demande les mêmes soins et la même culture. Il se multiplie de boutures dont on a laissé la plaie sécher. Les plus belles espèces sont : *É. toujours fleuri* : fleurissant quatre fois dans l'année ; — *É. à fleurs rouges,* ayant à la fois les tiges plates de son genre et les tiges triangulaires du *Cierge magnifique* dont les graines l'ont produit ; — *É. à fleurs jaunes;* — *É. de Quillardet* : tiges très-plates, atteignant en deux ou trois ans une hauteur de près de 1 m.; fleurs d'un très-beau rouge; — *É. à larges rameaux,* semblable au précédent; grandes fleurs odorantes, d'un blanc pur ; — *É. à fleurs roses;* — *É. tronqué,* dont les tiges, rameuses, articulées, très-minces, sont tronquées en formes de croissant, etc.

ÉRÉMOSTACHYS *lacinié* (labiées). D'Orient. Grosse tige

laineuse d'environ 2 m. Feuilles découpées, longues de 0 m. 30 c. En été, grandes fleurs pourprées. Pleine terre. Multipl. de graines et par la séparation des touffes.

ÉRINE *des Alpes* (scrophularinées). Vivace. Petite touffe à feuilles oblongues, en rosettes et à grappes de fleurs pourpre-clair. Rocailles humides ou terre fraîche à l'ombre. Multipl. de graines ou par la séparation des touffes.

ÉRIOSTÉMON *intermédiaire* (diosmées). Arbrisseau à feuilles de Buis. En été, fleurs en étoile, blanches et nombreuses. Terre de bruyère; orangerie Multipl. de bouture. — *É. agréable* : rameux, touffu, pubescent; au printemps, fleurs blanc carné. — *É. à feuilles de buis* : rameaux velus; au printemps, fleurs roses, axillaires et sessiles. — *É. à feuilles de laurier rose* : nombreux rameaux divariqués; épis de fleurs blanc rosé. — *É. à feuilles linéaires* : pédoncules axillaires portant chacun trois fleurs blanches. — *É. multiflore* : vivace; tiges herbacées, pubescentes; au printemps, ombelles de petites fleurs d'un blanc lilacé, veiné et maculé de violet. — *É. myopore* : pédoncules axillaires portant chacun trois fleurs blanches étoilées. — *É. scabre* : arbuste à rameaux cylindriques; fleurs solitaires, axillaires, blanches, rosées extérieurement.

ÉRODIUM *des Alpes* (géraniacées). Racine tubéreuse. Tige herbacée. Ombelles de fleurs violettes. Terre ordinaire. Multipl. d'éclats et de graines. — *É. incarnat* : du Cap; tiges grêles, rouges. Feuilles à lobes dentés. En été, fleurs incarnates, cerclées de blanc au centre. Orangerie. — *É. romain* : en été et en automne, ombelles de fleurs pourpres. Pleine terre.

ÉRYTHRINE *crête de coq* (papilionacées). De l'Amér. sept. Arbrisseau de 1 à près de 2 m. En été, longues grappes terminales de grandes fleurs rouges. Orangerie l'hiver; la racine, grosse et tuberculeuse, demande à y être tenue sèchement; pleine terre substantielle vers le 15 mai. Multipl. de graines et de boutures étouffées en juin. — *É. à feuilles de laurier* : floraison plus tardive; même culture. = Ces deux plantes sont du plus bel effet.

ÉRYTHRONE *dent de chien* (liliacées). Des Alpes. Vivace. Feuilles radicales, lancéolées, tachées de rouge et de vert. En avril, petite hampe surmontée d'une fleur penchée, pourpre extérieurement et blanche intérieurement. Terre sableuse ; relever tous les trois ans. Variété à fleurs lavées de rose. — *É. d'Amérique* : fleurs jaunes.

ESCALLONIE *à fleurs blanches* (saxifragées). De la Nouv.-Grenade. Arbrisseau de 1 m. à 1 m. 60 c. Feuilles glabres, obtuses, à glandes visqueuses. En automne, panicule terminale et compacte de fleurs blanches. Terre de bruyère; couverture l'hiver. Multipl. de graines et de boutures étouffées. — *E. à fleur rouges;* — *E. des montagnes des Orgues* : fleurs d'un rose vif. — *E. à grandes fleurs* : larges corymbes de fleurs d'une belle couleur écarlate.

ESCARGOT, voyez *Limace*.

ESCHOLTZIE, *Escholtzia de la Californie* (papavéracées). Vivace. Tiges de 0 m. 30 c. à 0 m. 65 c. Feuilles à divisions linéaires. Grandes fleurs terminales d'un jaune éclatant, marquées de jaune safrané à l'onglet. Terre ordinaire; semer en place au printemps. Variété *à fleurs blanches*. — *E. safranée;* fleurs safran; *E. à feuilles menues* : propre à faire des bordures.

ESPALIER : rangée d'arbres fruitiers dont les branches sont étendues, couchées, dressées contre un mur, et assujetties soit par un treillage, soit avec des clous.

ÉTAMINES : organe mâle des végétaux, composé de l'*anthère*, petit sac membraneux, formé le plus souvent de deux loges soudées ensemble; du *pollen* ordinairement formé de petits grains vésiculeux, contenant le fluide fécondant; et, souvent, du *filet*, appendice portant l'anthère. Quand le filet manque, l'étamine est appelée *sessile*. Le nombre des étamines est variable dans les différentes plantes d'où Linné a nommé les fleurs : *monandres* (à une seule étamine), *diandres, triandres*, etc., *dodécandres*, lorsqu'elles contiennent de 12 à 20 étamines, et *polyandres*, lorsqu'elles en contiennent plus de 20. Les étamines sont *égales* ou *inégales*; *incluses* si elle sont plus courtes que la corolle ou quele calice, ou *exertes* si elles les dépassent en hauteur; *hypogynes*, lorsqu'elles prennent naissance sous le pistil; *périgynes*, lorsqu'elles sont attachées au calice; *épigynes*, lorsqu'elles sont sur le pistil; *dressées, infléchies, réfléchies, étalées, pendantes, ascendantes, déclinées*, suivant leur direction. Les étamines se transforment très-souvent en pétales, et la fleur, de simple qu'elle était, devient alors semi-double ou double.

ÉTIOLEMENT : état d'altération et de décoloration dans lequel tombent les plantes privées de lumière.

EUCALYPTE *en corymbe* (myrtacées). Nouv.-Holl. Arbuste à feuilles lancéolées. Corymbe paniculé de fleurs blanches, assez grandes. Terre de bruyère mélangée; orangerie l'hiver. Multipl. de graines et de boutures étouffées.

EUCHARIDION *élégant* (énothérées). De la Californie. Annuel. Feuilles ovales. En été, nombreuses fleurs axillaires d'un rouge foncé. Terre ordinaire ; arrosements modérés. Semer en place, à l'automne, ou au premier printemps. — *E. à grandes fleurs* : fleurs d'un rose violacé, tachées et rayées de blanc; 4 pétales à trois lobes, dont trois rapprochés et un isolé.

EUCOMIS *couronné* (liliacées.) Du Cap. Vivace. Feuilles radicales, planes, ponctuées de noir. En automne, épi de fleurs verdâtres, surmonté d'un bouquet de feuilles, et porté par une hampe d'environ 0 m. 35 c. Terre franche et sable de bruyère mêlés; orangerie ; peu d'eau. Multipl. de caïeux et de graines. — *E. ponctué* : feuilles canaliculées: grappes très-longues de fleurs.

EUPATOIRE *pourpre* (composées). De l'Amér. sep. Vivace. Tiges marquées de tâches brunes, hautes d'environ 0 m. 70 c. Feuilles ovales, verticillées. Vers l'automne, fleurs purpurines. Toute exposition; terre ordinaire. Multipl. de graines semées sur couche ou par la division du pied. — *E. glechonophylle* : du Chili; arbrisseau à fleurs blanches; orangerie; — *E. agerotoïde* : de l'Amériq. sept. ; vivace; fleurs blanches.

EUPHORBE *mellifère* (euphorbiacées). De Madère. Arbrisseau dont les feuilles ressemblent à celles du Laurier-rose; thyrses de fleurs brunes. Orangerie, terre d'oranger. Multipl. de drageons, de boutures ou de graines. — *E. panachée* : de l'Amér. sept.; annuelle; fleurs verdâtres sur une tige de 0 m. 35 c.; semer de bonne heure sur couche et repiquer au midi; peu d'eau.

EURIBIA *musquée* (composées). De la Nouv.-Holl. Arbrisseau d'environ 3 m. Feuilles lancéolées, argentées en dessous, exhalant, lorsqu'on les froisse, une odeur de musc. Au printemps, petites capitules de fleurs à disque jaune et à rayons grisâtres.

Orangerie: Multipl. de boutures sur couche tiède et de marcottes.

EUTAXIE *à feuilles de Myrte* (papilionacées). De la Nouv.-Hollande. Arbuste d'environ 1 m. Feuilles lancéolées, opposées. Au printemps, fleurs axillaires, d'un jaune safrané, tachées de pourpre. Terre substantielle légère; serre tempérée. Multipl. de boutures et de graines.

EUTOQUE *de Menzies* (hydrophyllées). De la Californie. Annuelle. Touffe épaisse. Feuilles velues. En été, fleurs bleues; en cloches. Semer sur place. — *E. multiflore* : fleurs plus nombreuses.

EVONYMUS, voyez *Fusain*.

EXOTIQUE : qui n'est pas naturel au pays.

EXTIRPATEUR *Courval* : instrument dont on se sert pour arracher dans les gazons les plantes à racine pivotante.

F

FABAGELLE *commune* (zigophyllées). De Syrie. Vivace. Tige d'environ 0 m. 70 c. En été, fleurs d'un rouge safrané, blanches à la base. Terre sablonneuse, au midi; couverture l'hiver. Multipl. d'éclats ou de graines.

FABIENNE *imbriquée* (solanées). Du Chili. Arbrisseau fastigié d'environ 2 m. Feuilles charnues, imbriquées. Au printemps, fleurs blanches, tubuleuses, en grand nombre. Toute terre; couverture l'hiver ou orangerie. Multipl. de boutures.

FABRICIE *glabre* (myrtacées). De la Nouv.-Holl. Arbrisseau à feuilles ovales, cotonneuses lorsqu'elles sont jeunes. Au printemps, fleurs blanches, marquées de rouge à l'onglet. Terre de bruyère; orangerie. Multipl. de boutures étouffées, de marcottes ou de graines semées sur couche au printemps.

FASCICULE : se dit des parties rassemblées naturellement en faisceau, en paquet.

FASTIGIE : se dit des pédoncules ou des rameaux qui s'élèvent à une même hauteur, de manière que leurs sommités réunies forment un plan horizontal.

FAUX FUCHSIA; voyez *Génétyllis*.

FÉCONDATION *artificielle* : opération qui consiste à transporter le *pollen* d'une espèce ou d'une variété sur le *stigmate* d'une autre espèce ou variété, afin d'obtenir des métis ou *hybrides.*

FÉLICIE *délicate* (composées). Du Cap. Annuelle. Feuilles linéaires. Capitules bleu pâle, à disque jaune. Semer sur place.

FEUILLE : Un des principaux organes de la nutrition, ayant pour fonctions : de puiser dans l'atmosphère les substances propres à la nourriture de la plante ; de débarrasser celle-ci, par la transpiration, des matières devenues inutiles à la végétation. La feuille est un appendice de la tige ou du rameau ; elle se compose d'une queue ou *pétiole,* et d'une lame ou *limbe.* Elle présente quelquefois, à sa base, sous forme de petites feuilles ou d'écailles, des appendices qu'on nomme *stipules,* lesquels sont dits *caduques,* s'ils tombent avant les feuilles, et *persistants,* s'ils durent autant qu'elles. On distingue les feuilles : 1° suivant leur insertion et leur position en *bifoliées* ou *germinées,* portées deux à deux sur un même pétiole ; *trifoliées,* portées trois à trois, etc. ; *radicales,* partant du collet de la racine ; *alternes,* placées l'une après l'autre, aux deux côtés de la tige ; *sessiles,* sans pétiole et fixées sur la tige ; *axillaires,* naissant dans les aisselles des branches ; *imbriquées,* se recouvrant l'une l'autre comme les tuiles d'un toit ; *décurrentes,* lorsque les deux bords se prolongent, avec saillie sur la tige, au-dessous de leur point d'attache ; *engaînantes,* lorsque leur base enveloppe la tige en forme de gaîne ; *croisées,* disposées en croix sur la tige ; *verticillées,* placées sur la tige en forme d'étoile : *amplexicaules,* semblant se partager, à leur partie inférieure, pour embrasser la tige ; *fasciculées,* groupées en faisceau ; *articulées,* naissant successivement du sommet les unes des autres ; *pédiaires,* lorsque le pétiole se divise en deux, à son extrémité, et que plusieurs folioles naissent sur le côté intérieur de ses divisions ; *pennées,* à plusieurs folioles rangées en manière de barbes de plume, des deux côtés et le long d'un pétiole commun ; elles sont alors *bipennées, tripennées,* selon que le pétiole porte de chaque côté des folioles pennées, ou des folioles bipennées ; *triternées,* lorsque leur pétiole se divise et se subdivise trois fois en trois ; — 2° suivant leur forme, leur superficie, leurs découpures et leur grandeur, en *orbiculées,* parfaitement rondes ; *ovales,* arrondies à leur base et un peu plus étroites à leur sommet; *elliptiques*, arrondies à leurs deux extrémités, mais plus longues qne larges; *oblongues*, beaucoup plus longues que larges; *cunéiformes*, rétrécies de haut en bas en forme de coin; *linéaires*, étroites, presque parallèles dans leur longueur, pointues à leur sommet; *cordiformes*, en forme de cœur; *triangulaires*, en forme de triangle; *lancéolées*, en forme de fer de lance; *réniformes*, en forme de rein; *lunulées*, en forme de croissant; *sagittées*, en forme de fer de flèche; *hastées*, en forme de fer de pique; *ligulées*; en forme de langue; *subulées*, en forme d'alène; *peltées*, quand le pétiole est inséré dans leur disque; *échancrées*, ayant un petit sinus ou angle rentrant, à leur sommet; *mucronées*, terminées brusquement par une pointe étroite; *romboïdales*, offrant quatre angles, deux aigus, deux obtus; *spatulées*, en forme de spatule; *capillaires*, allongées et grêles; *panduriformes*, en forme de fût de violon; *connées*, réunies par la base de leur disque, en contournant la tige; *perfoliées*, traversées par la tige; *oreillées*, ayant deux oreillettes à leur base pétiolée; *lyrées*, en forme de lyre; *plissées*, plissées en éventail; *pinnatifides*, dont les découpures sont profondes, sans aller jusqu'à la côte principale; *palmées*, divisées profondément de manière à ressembler à une main ouverte; *laciniées*, découpées inégalement en lanières allongées; *lobées, bilobées, trilobées*, etc., divisées par des incisions obtuses, en deux lobes, trois lobes, etc.; *canaliculées*, creusées ou pliées longitudinalement en gouttières; *fistuleuses*, allongées, plus ou moins cylindriques et creusées intérieurement; *trinervées*. offrant trois nervures longitudinales : *partagées*, fendues ou découpées en plusieurs parties jusqu'à leur base; *sinueuses*, lorsque leur bord a des échancrures et des saillies également arrondies par une courbure continue; *crénelées*, ayant leur bord divisé par des dents arrondies ou obtuses; *bi-crénelées*, dont le bord a une double crénelure; *dentées*, dont le bord est divisé par des dents pointues qui ne regardent pas le sommet de la feuille; *rongées*, dont les échancrures ou sinuosités en ont d'autres plus petites et inégales entre elles; *ondées*, plissées à gros plis arrondis; *ensiformes*, ayant la forme d'une épée à deux tranchants.

FEUILLES, voyez *Paillasson*.

FICAIRE *commune*; *petite chélidoine*; *petite Éclaire* (renonculacées). Feuilles radicales, cordiformes. Au printemps,

FIG   89

nombreuses fleurs jaunes doubles. Terre ombragée et fraîche.

FICOIDE *annuelle* : *Mesembryanthemum* (Mésembryanthé-
mées). Du Cap. Feuilles amplexicaules, spatulées. Pendant l'été et
l'automne, grandes fleurs à pétales étroits, blancs à la base,
pourpres en dessus. Terre légère, au midi. Multipl. de graines.
— *F. cristalline glaciale* : de l'Attique; annuelle; tiges charnues;
feuilles succulentes; en été, petites fleurs blanches. Semer sur
couche; repiquer au midi. — *F. d'après-midi* : annuelle, grandes
fleurs jaunes. — *F. violette* : vivace; pendant le printemps et
l'été, fleurs violettes. — *F. brillante* : vivace; tige de 0 m. 65 c.;
en été, fleur d'un rouge safrané. — *F. bicolore* : vivace; tige de
1 m.; tout l'été, grandes fleurs d'un beau rouge safrané. — *F.
dorée* : tige arborescente d'environ 1 m. 60 c. Au printemps,
grandes fleurs solitaires, d'un jaune doré. — *F. nocturne* : vivace;
tige de 1 m. 80 c. En été, fleurs rougeâtres en dehors, blanches en
dedans, odorantes, s'ouvrant le soir. — *F. sabre* : vivace; tige de
3 m. environ; feuilles en forme de sabre; fleurs pourpres à disque
jaune. — *F. linguiforme;* vivace; sans tige. En été, fleurs jaunes
s'ouvrant l'après-midi. — *F. hispide* : vivace; tige de 0 m. 35 c.;
en été fleur d'un rose foncé. — *F. hérissée* : en été, fleurs solitaires, jaunes. — *F. en doloire* : vivace; feuilles blanches; au
printemps, fleurs d'un beau jaune. — *F. denticulée* : en été, fleurs
d'un rouge clair, à nombreux pétales linéaires, formant plusieurs
rangs. — *F. delitoïde* : vivace; en été, fleurs odorantes, d'un rose
pâle. — *F. à fleurs aurore* : buisson de 0 m. 35 c. — *F. à grandes fleurs* : tige ligneuse de 0 m. 20 c. Au printemps et en été,
grandes fleurs d'un rouge très-vif; terre légère sur un lit de gra-
vois; peu d'eau l'été, point d'arrosements l'hiver; orangerie. —
Les boutures des espèces vivaces doivent sécher deux ou trois jours
si la plante est charnue.

FIGUIER (urticées). Ce genre comprend plus de quatre-vingts
espèces dont la meilleure est sans contredit l'espèce commune,
cultivée dans la plus grande partie de l'Europe. — *Figuier commun* : arbre de moyenne taille; tronc souvent tortueux; écorce
d'un gris blanchâtre; bois tendre, spongieux, moelleux et blanc.
Belles feuilles palmées, découpées en cinq lobes sinueux dont les
trois supérieurs sont plus grands que les deux inférieurs, épaisses
et rudes au toucher, vertes en dessus, blanchâtres en dessous.

Fruit sessile ou presque sessile le long des rameaux. Cinq variétés de cette espèce, cultivées, pour ainsi dire sans aucun soin, dans le midi de la France, réussissent beaucoup plus difficilement dans la partie septentrionale; mais enfin on en obtient des fruits assez bons, et ceux-ci sont même l'objet d'un commerce assez considérable pour certaines communes des environs de Paris; nous citerons entre autres Argenteuil. Ces cinq variétés sont :

La *grosse figue blanche ronde* : fruit gros, renflé par la tête, pointu à sa base, d'un vert clair; suc doux, agréable. Récoltes, au printemps, et à l'automne quand la saison est favorable; les figues qui mûrissent en automne sont les meilleures.

La *figue blanche longue* : fruit un peu plus gros et plus allongé, moins abondant que le précédent.

La *violette* ou *pourpre commune* : fruit abondant en automne, et très-bon quand l'année est chaude; peau violette; chair rouge, plus foncée au centre.

La *jaune angélique* ou la *melette* : peau jaune, piquetée de vert clair; pulpe fauve tirant sur le rouge. Fruit plus abondant en automne qu'au printemps.

La *figue poire de Bordeaux* : peau rouge-brun maculé de vert clair; chair fauve. Fruit assez bon, mais ne mûrissant presque jamais dans le nord.

Les sols argileux, fangeux ou trop humides sont les seuls dont le figuier ne s'accommode pas; une terre substantielle le rend plus productif; l'exposition du midi lui est indispensable dans les pays tempérés ou froids. Il peut être dirigé à haute tige, en buisson ou en espalier. Quelquefois on le taille pour en obtenir un meilleur rapport et le rendre plus longtemps productif. Cette opération, qui doit se faire avant que la séve soit en mouvement, consiste à retrancher les rameaux inférieurs, mais peu chaque année, et en recouvrant tout de suite les plaies avec l'onguent de Saint-Fiacre. — Multipl. de greffe, de semis, de boutures, de marcottes et de rejetons enracinés.

FILARIA *à feuilles étroites* (oléinées). Arbrisseau de la région méditerranéenne, élevé de 2 à 3 m., à feuilles entières linéaires, lancéolées, toujours vert, très-rameux, fastigié; fleurs blanches, baies noires. Terre légère, sèche, à mi-ombre. Multipl. de graines semées en terrines aussitôt qu'elles sont récoltées. — *F. à larges* *feuilles* : 4 m. ; feuilles ovales, dentées. — *F. à fleurs moyennes :* le plus élevé des trois ; feuilles oblongues lancéolées.

FILIPENDULE, voyez *Spirée.*

FLAMBE, FLAMME, voyez *Iris.*

FLÉCHIÈRE *commune* (Alismacées). Indigène. Aquatique. Tige d'environ 0 m. 15 c. Feuilles sagittées. En été, épis de fleurs verticillées, d'un blanc teinté de pourpre. — *F. de la Chine :* feuilles spatulées ; fleurs plus grandes. — Propres à l'ornement des bassins.

FLEUR : production des végétaux, diversement colorée, qui porte les organes de la reproduction et précède le fruit. Elle est *complète* lorsqu'elle offre quatre rangs d'organes : le *calice,* la *corolle,* l'*étamine* ou *androcée,* le *pistil* ou *gynécée.* Elle est *incomplète* s'il lui manque l'un ou l'autre de ces organes. — Considérées relativement à leur insertion et à leur disposition, les fleurs sont : *pédonculées,* supportées par des pédoncules, soit communs à plusieurs fleurs, soit n'appartenant qu'à une seule ; *axillaires,* lorsqu'elles sont disposées dans les aisselles des feuilles ou des rameaux ; *sessiles,* lorsqu'elles sont dénuées de pédoncules ; *radicales,* lorsque le pédoncule qui les porte naît immédiatement de la racine ; *unilatérales,* lorsqu'elles naissent d'un seul côté ; *latérales,* lorsqu'elles ont leur point d'insertion sur les deux côtés de la tige ; *solitaires,* lorsqu'elles sont isolées dans le lieu de leur insertion ; *verticillées,* lorsqu'elles sont disposées autour de la tige comme sur un axe commun ; *en épi,* lorsque, étant presque sessiles, elles se trouvent rassemblées en forme d'épi sur un pédoncule commun ; *en corymbe,* lorsque les pédoncules qui les portent naissent de points différents et s'élèvent à peu près à la même hauteur ; *en ombelle,* lorsque les pédoncules partent d'un centre commun, et divergent comme les branches d'un parasol ; *paniculées,* lorsqu'elles sont rangées sur des pédoncules dont les divisions sont très-nombreuses et très-diversifiées ; *capitulées,* lorsqu'elles sont ramassées en tête ; *en thyrse,* lorsque leurs pédoncules partent graduellement d'un axe commun et arrivent à des hauteurs différentes ; *en grappe,* lorsque leur pédoncule commun est toujours dans une direction inclinée ou pendante. — On distingue encore les fleurs en : *simples, semi-doubles* et *doubles.*

FLEUR DU GRAND SEIGNEUR, voyez *Centaurée.*

FLEUR DE JUPITER, voyez *Lychnide*.

FLEUR DE LA PASSION, voyez *Passiflore*.

FLEUR DE VEUVE, voyez *Scabieuse*.

FOLLICULE, fruit sec à une seule valve, s'ouvrant dans sa longueur.

FONTANÉSIE *à feuilles de filaria* (oléinées). De Syrie. Arbrisseau d'environ 3 m. Feuilles oblongues, caduques en pleine terre, persistantes en orangerie. En mai, grappes de petites fleurs bipétales, blanches d'abord, puis rougeâtres. Terre légère, pierreuse, sèche, au midi. Multipl. de graines, d'éclats, de marcottes et de boutures.

FORCER : Obliger une plante à fleurir ou à fructifier plus tôt qu'elle ne le ferait naturellement.

FORSYTHIE *à feuillage sombre* (oléinées). De la Chine. Arbrisseau d'environ 4 m. dont les rameaux sont pendants. Au printemps, grand nombre de fleurs d'un jaune vif. Terre franche légère. Multipl. de boutures. — *F. flexible* : du Japon. Au printemps, fleurs campanulées, jaune vif, marquées intérieurement de 12 petites bandes jaune-orange. Cet arbrisseau a de nombreux rameaux, si flexibles, qu'on peut, en les contournant et en les entrelaçant, lui donner la forme d'un globe, d'un fauteuil, d'un vase, etc.

FOTHERGILLE *à feuilles d'aune* (hamamélidées). De la Caroline. Arbuste de 0 m. 65 c. Rameaux cotonneux. Feuilles ovales, blanchâtres en dessous. Au printemps, épis de fleurs, couverts de duvet, odorants. Fruit lançant au loin sa graine avec bruit. Terre de bruyère humide et ombragée. Multipl. de graines et de marcottes.

FOULOIR ; bâton arrondi d'un bout et aminci de l'autre, dont on se sert pour presser la terre dans les rempotages.

FOURCHE : trident à dents plus ou moins coudées, dont on se sert pour travailler les fumiers, faire les couches, etc.

FOURMIS. Les moyens de combattre les fourmis sont nombreux ; voici ceux qui sont le plus pratiqués : Inonder la fourmilière, si sa position le permet, d'eau avec un peu d'huile, d'eau bouillante ou d'eau fortement salée ; suspendre, dans le voisinage, de petites bouteilles d'eau miellée où les fourmis ne manquent pas de venir se noyer ; bouleverser la fourmilière et la couvrir d'un pot ; lorsque les fourmis y sont montées, on les noie ; introduire dans le jardin un grand nombre de scarabées dorés qui font une guerre à outrance aux fourmis et aux autres insectes, sans nuire aux végétaux. Pour empêcher les fourmis de monter sur un arbre, on entoure le tronc d'un flocon de laine bien cardée, ou d'un anneau de glu, ou d'un anneau de peinture à l'huile ; on renouvelle la peinture et la glu lorsqu'elles sont desséchées. Si l'on veut protéger une caisse contre les fourmis, il faut placer sous chacun des pieds un vase de terre cuite, rempli d'eau.

FRAGON *piquant*; *petit houx*; *houx-frelon* (asparagée). Indigène. Arbuste de 0 m. 65 c. Rameaux ovales, pointus et piquants, ressemblant à des feuilles, et portant à leur surface supérieure, en décembre et en juin, de petites fleurs blanches; gros fruits d'un rouge de corail. Terre légère, à l'ombre. Multipl. d'éclats et de graines. — *F. hypophylle* : d'Italie ; tiges anguleuses ; les rameaux ne sont pas piquants, et ils portent des fleurs en dessous comme en dessus. — *F. laurier Alexandrin* : d'Italie ; tiges d'un beau vert luisant, de 1 m. 30 c. environ. Fleurs et fruits du Fragon piquant.

FRAISIER (rosacées). Vivace. Tige sous-ligneuse. Fruit rond ou allongé ; rouge ou blanc. Terre douce, chaude ; engrais bien consommé; en planches ou en bordure, à 0 m. 30 c. ou 0 m. 40 c. l'un de l'autre. Multipl. par graines, par coulants ou par éclats. On cultive un grand nombre d'espèces , le *F. des bois*, presque abandonné aujourd'hui ; le *F. des bois sans filets,* dont le fruit est petit, mais ne donne qu'une saison; le *F. de Montreuil,* dont le fruit est gros et donne depuis la fin de juin jusque dans le mois d'août; le *F. des quatre saisons* ou *des Alpes,* le plus estimé de tous, à gros fruit allongé, qui donne depuis le printemps jusqu'aux gelées; le *F. de Gaillon* ou *des Alpes sans filets,* moins productif que le dernier, quoique donnant des fruits aussi longtemps, propre à faire d'agréables bordures ; le *F. Capron,* à fruit gros, arrondi, brun, d'une saveur quelquefois musquée; le *F. écarlate,* précoce, de qualité variable; le *F. ananas,* à gros fruit rouge, rose ou blanc; le *F. Chilien,* dont les fruits très-gros se redressent pour mûrir. Renouveler les fraisiers tous les trois ans.

FRAISIER *de l'Inde* (rosacées). Du Népaul. Jolie plante montrant tout l'été ses fleurs solitaires, jaunes, produisant de l'effet si on la palisse sur un treillage. Toute terre, toute exposition.

FRAMBOISIER *du Canada*, voyez *Ronce*.

FRAMBOISIER *commun* (rosacées). Indigène. Arbuste traçant, à tiges bisannuelles; on le cultive pour son fruit très-agréable à manger. Terre douce, substantielle, un peu humide; culture à part et changement de place au moins tous les trois ans, parce qu'il épuise promptement le sol qu'il occupe. Multipl. facile de rejetons. On coupe les vieilles tiges qui ont produit du fruit dans l'année, et on raccourcit en même temps à deux ou trois pieds les jeunes rejetons qui doivent fructifier l'année suivante. Le fruit du *F. commun* est *rouge* ou *blanc*. Nous recommanderons, parmi les autres espèces ou variétés, le *F. à gros fruit couleur de chair*; le *F. Gambon*; le *F. des Alpes*; le *F. à fruit jaune*; le *F. des quatre saisons*, à gros fruit rouge; le *F. Falstaff*, à très-gros fruit rouge; le *F. Belle de Fontenay*.

FRANC : se dit des arbres venus de semis.

FRANCOA *appendiculé* (francoacée.). Du Chili. Vivace. Feuilles pennatifides en rosette. En été, épi de fleurs roses striées surmontant une tige de 0 m. 50 c. Terre à oranger; châssis l'hiver. Multipl. d'éclats et de graines. — *F. à feuilles de laitron*: plus grand, plus fort que le précédent; épi de fleurs lilas. — Variété à petites fleurs blanches.

FRAXINELLE; *Dictame blanc* (diosmées). Du midi de la France. Vivace. Rustique. Tiges visqueuses d'environ 1 m. Feuilles pennées. En été, grappes de grandes fleurs rouges, rayées de pourpre ou de blanc. Terre franche, au midi. Multipl. d'éclats ou de graines aussitôt qu'elles sont mûres; repiquer en pépinière et mettre en place deux ans après.

FRELONS, GUÊPES : vers l'automne, on suspend aux arbres de petites bouteilles contenant un peu d'eau miellée dans laquelle ces insectes viennent se noyer.

FRÊNE : bel arbre qui n'est guère employé, ainsi que ses variétés, qu'à l'ornement des grands jardins paysagers.

FRITILLAIRE *couronne impériale; Impériale* (liliacées). De Thrace. Vivace. Gros oignon d'une odeur désagréable. Hampe droite de 1 m. Longues feuilles lancéolées. En avril, fleurs rouge safrané, renversées, disposées en couronne au sommet de la tige que termine un bouquet de feuilles. Terre légère. Multipl. de graines pour obtenir des variétés, ou de caïeux qu'on relève tous les 3 ou 4 ans. Variétés : *à double couronne* ; *à feuilles panachées* ; *rouge simple* ; *rouge double* ; *jaune simple* ; *jaune double* ; *à grosses cloches* dont les nombreuses fleurs sont d'une beauté et d'une grosseur remarquables. — *F. à damier* : fleurs marquées de carreaux de diverses couleurs. Terre de bruyère, à l'ombre ; couverture l'hiver. — *F. de Perse* : grappe terminale, formée de 20 ou 30 petites fleurs violettes, campanulées. Terre franche légère ; orangerie.

FRUIT : production des végétaux, qui succède à la fleur et qui sert à leur propagation. On distingue les fruits en : *Capsule*, espèce de fruit renfermant des graines dans une ou plusieurs loges; *follicule* ou *coque*, enveloppe presque ovale, à laquelle les semences ne sont point adhérentes ; *silique*, enveloppe sèche et allongée; formée de deux pièces unies par des sutures longitudinales où les semences sont attachées, et divisées en deux loges par une cloison membraneuse; *gousse* ou *légume*, enveloppe sèche, bivalve (formée de deux pièces), s'ouvrant par sa suture ventrale, ou, ce qui est plus rare, par sa suture dorsale ; *Drupe*, enveloppe charnue qui ne s'ouvre pas, et qui ne renferme le plus souvent qu'une seule graine ; *baie*, enveloppe charnue, molle, succulente, arrondie ou ovale, renfermant une ou plusieurs semences ; *cône*, assemblage d'écailles ligneuses, imbriquées autour d'un axe commun, auquel elles adhèrent par leur base, et sous chacune desquelles on trouve une ou deux semences.

FRUTESCENT : se dit d'une plante qui a le port d'un arbrisseau, et dont la tige persiste pendant quelques années, au moins par sa base.

FUCHSIA (énothérées). Ce genre, composé d'arbustes et d'arbrisseaux du Nouveau-Monde, renferme aujourd'hui, grâce à d'heureux croisements, un nombre considérable de variétés intéressantes auxquelles les amateurs empruntent pour leurs jardins de précieux ornements. Aussi devient-on de plus en plus difficile sur le choix qu'on doit faire ; il arrive même souvent qu'on réforme comme indigne de figurer dans une collection d'élite, une variété qu'on avait montrée avec orgueil deux ou trois années auparavant. Cependant M. le président Porcher, auteur d'une monographie du Fuchsia, a cru pouvoir déterminer les diverses qualités dont la réunion constitue, pour une plante de ce genre, le droit d'être placée au premier rang : « Sans proscrire les hybrides élevés, il faut accorder la préférence aux plantes buissonnantes ou d'une taille moyenne, qui généralement sont plus florifères. Le pédoncule doit être allongé de manière que la fleur ait un port gracieux ; le tube calicinal doit être bien proportionné dans toutes ses parties ; s'il est trop mince, c'est un défaut capital ; les segments du calice doivent être larges, réfléchis ou tout au moins assez écartés pour dégager la corolle ; lorsqu'ils sont longs et étroits, ils donnent à la fleur un aspect plus gracieux ; aux pétales de la corolle, il faut de l'ampleur et une bonne disposition ; quant au coloris, si des règles invariables ne peuvent être posées, cependant on ne doit admettre que des couleurs vives, éclatantes, et rejeter les nuances ternes, fausses et d'un effet médiocre. Ce que l'on recherche surtout, c'est que le coloris de la corolle soit en opposition avec celui du calice, de telle sorte que l'un et l'autre se fassent mutuellement ressortir. » Il faut aux Fuchsias une terre franche, légère ou un mélange par moitié de terre franche et de terre de bruyère ; on les rentre en orangerie pendant l'hiver ; on les rempote au plus tard dans la première quinzaine de mars ; on les sort du 1er au 15 mai, suivant la température ; ils demandent alors beaucoup d'air et de soleil ; mais dès que les boutons se montrent, il faut avoir soin de les garantir d'une chaleur trop vive, en les tenant à mi-ombre ; les arrosements doivent être fréquents ; les feuilles mêmes ont besoin d'être bassinées. Si l'on veut obtenir de belles fleurs et en abondance, on emploiera le procédé du pincement qu'il ne faudra pas craindre de réitérer deux fois et même trois. Il en résultera seulement un retard d'environ six semaines dans la floraison. Quelques Fuchsias vigoureux peuvent passer l'hiver en pleine terre ; on a soin, dans ce cas, d'entourer le pied de la plante d'une butte de sable sec, recouverte de feuilles ou de litière. Multipl. de boutures étouffées ou de semis ; dès que le fruit est mûr, en septembre ou octobre, on obtient la graine en malaxant les pulpes dans de l'eau ; le semis se fait au printemps, en terrines remplies de terre de bruyère très-sableuse, sur couche et sous cloche.

Nous citerons :

Parmi les espèces à longues fleurs : *F. élégant* : des Andes du

Pérou ; arbrisseau touffu, d'environ 1 m. ; rameaux et pétioles pourpre violet ; feuilles vertes en dessus, pourprées en dessous, et d'une longueur d'environ 0 m. 20 c. Pédoncules rouges, supportant une seule fleur dont les pétales sont d'un rouge foncé, et le calice d'un rouge éclatant.

F. en corymbe : du Pérou. Arbrisseau s'élevant à plus de 3 m. Grandes et larges feuilles de 0 m. 20 c. sur 0 m. 10 c. Longues grappes de fleurs d'un beau rouge violacé. Variété à fleur d'un blanc rosé.

F. éclatant : du Mexique. Arbrisseau de 1 m. 60 c. environ, à racine bulbeuse, à feuilles cordiformes, à longues fleurs terminales, pendantes et d'un rouge écarlate vif.

F. à feuilles dentées : du Pérou. Feuilles oblongues, lancéolées, verticillées, quelquefois opposées. Fleurs rose carminé, à corolle vermillon clair. Variétés : *Multiflore* et *à fleurs blanc rosé*.

Parmi les espèces à fleurs courtes : *F. à longues étamines* : du Chili. Rameaux grêles. Feuilles ovales. Fleurs écarlates.

F. écarlate : du Chili. Arbrisseau d'environ 1 m. 50 c., à rameaux rougeâtres, à feuilles lancéolées, à fleurs solitaires et pendantes, ayant le calice écarlate et la corolle violette et roulée.

F. en arbre à fleurs de lilas : grand arbrisseau à feuilles ovales, ondulées, à fleurs en thyrse, d'un rose tendre en dedans, foncé en dehors.

F. à petites feuilles : du Mexique ; le plus petit du genre.

Et enfin, parmi les plus belles variétés, ou du moins parmi les plus recherchées aujourd'hui : *Admirable*, à fleur rouge ; *Alboni*, à fleur blanche ; *Amédée Dassy*, à fleur rouge ; *Astre*, à fleur double, *Auguste Renoult*, à fleur double : *Blanc perfection*, à fleur blanche ; *Châteaubriand*, à fleur rose ; *Comte de Beaulieu*, à fleur rouge ; *Comtesse de Burlington* à corolle blanche ; *couronné à fleur double; Daniel Lambert; Don Juan*, à fleur rouge ; *Duchesse de Bordeaux*, à fleur blanche ; *Éclatant d'Arck*, à fleur écarlate vif ; *Élisabeth*, à fleur blanche ; *Flavescens superba* ; *Gloire de Néesse*, à corolle striée ; *Hébé*, à fleur blanche ; *Henderson*, à fleur double ; *Impératrice Eugénie*, à corolle striée ; *Impérial*, à fleur double; *Kitty Tyrrel ; Malakoff*, à fleur double ; *mistress Storey*, à corolle blanche ; *Napoléon; Nigricans*, à fleur noirâtre ; *Orion*, à fleur blanche ; *Président Porcher*, à fleur rouge ; *roi des blancs*, *rose saumon; ésurprise,* à corolle striée; *tricolore; variable,* à corolle striée; *Viala,* à fleur rose.

FUMAGINE : Plante parasite, noire, naissant sur les feuilles d'oranger, de pêcher et d'abricotier, plus rarement sur ces deux derniers, et nuisant à la végétation de l'arbre; il suffit, pour la faire disparaître, de laver les feuilles atteintes avec une éponge imbibée d'eau.

FUMIGATEUR : appareil destiné à détruire les insectes qui vivent sur les plantes.

FUSAIN *commun; Bonnet de prêtre* (célastrinées). Indigène. Arbrisseau de 3 à 5 m. Feuilles ovales. En mai, petites fleurs blanchâtres. Fruit rouge, triangulaire. Toute terre; toute exposition. Multipl. de rejetons et de graines aussitôt qu'elles sont mûres. Variétés panachées, à fruit blanc. — *F. nain;* du Caucase; arbuste touffu. — *F. à feuilles étroites :* arbuste à petites fleurs verdâtres et à feuilles linéaires. — *F. du Japon,* à feuilles épaisses, imbriquées, bordées de blanc; couverture l'hiver. — *F. à feuilles persistantes :* terre de bruyère, à mi-soleil.

G

GAILLARDE *vivace* (composées). De la Floride. Vivace; tige de 0 m. 35 c. à 0 m. 60 c. Feuilles lancéolées, entières ou découpées. Au printemps et à l'automne, grands capitules dont les rayons, d'un beau jaune, sont marqués de pourpre à l'onglet. Terre légère; orangerie ou couverture l'hiver. Multipl. d'éclats, de boutures étouffées, ou de graines semées sur couche. — *G. Aristée :* capitules plus grands; rayons jaune safrané. — *G. Bicolore :* Tout l'été, capitules à rayons larges, rouges et jaunes.—*G. à fleurs de bluet :* fleurs de la circonférence, tuyautées.

GAINIER *commun; arbre de Judée* (césalpiniées). Arbre du midi de la France. Feuilles cordiformes. Au printemps, nombreux bouquets de fleurs roses, précédant les feuilles, et poussant sur le vieux bois. Terre légère, au midi. Multipl. de graines. Variété à fleurs blanches. — *G. du Canada; Bouton rouge :* plus petit dans toutes ses parties.

GALANE *blanche* (scrophularinées). De l'Amér. septentrionale. Vivace. Tige de 1 m. Feuilles opposées, oblongues à l'automne, épis de fleurs blanches ou pourpres. Terre substantielle ; mi-ombre. Multipl. d'éclats, de drageons, de boutures et de graines. — *G. à grandes fleurs* : épi court de grosses fleurs violacées. — *G. des bois* : en été, corymbe terminal de fleurs pourpres ; jolie plante.

GALANTHINE, voyez *Perce-neige.*

GALAXIE *à fleurs d'Ixia* (iridées). Du Cap. Tige droite. 5 feuilles linéaires, engaînantes. Fleurs pourpres, lilas, ou violettes. En pot ; terre de bruyère sur un lit de gravier ; arrosements légers ; binages fréquents ; relever, quand les fleurs sont passées, les bulbes et les caïeux qu'on tient au sec jusqu'en octobre ; les replanter alors et placer les pots dans une bâche. — *G. à feuilles ovales* : fleurs en entonnoir, d'un beau jaune.

GALÉ, *Piment royal* (myricées). Indigène. Arbuste aromatique. Feuilles cunéiformes. Au printemps, fleurs insignifiantes. Terre humide, marécageuse. Multipl. de rejetons, de marcottes et de graines. — *G. Cirier ; arbre à la cire* : plus haut que le précédent ; feuilles lancéolées et luisantes ; terre franche légère et terre de bruyère mélangée ; couverture l'hiver.

GALÉGA *oriental* (papilionacées). Du Caucase. Vivace. Tiges de 1 m. à 1 m. 30 c. Feuilles pennées. En été, belles fleurs bleues. Terre fraîche. Multipl. de graines. — *G. commun* : épis de fleurs bleues ou blanches. — *G. élégant* : du Cap ; grappe terminale de grandes fleurs pourpres.

GARRYA (garryacées). De la Californie. Arbrisseau toujours vert. Dioïque. Feuilles elliptiques, opposées. Pendant l'hiver, fleurs en chatons. Pleine terre au nord.

GARULE *à feuilles pennatifides* (composées). Du Cap. Arbrisseau de 1 m. Capitules à disque jaune et à rayons bleus. Orangerie. Traitée comme annuelle, cette plante, semée sur couche au printemps, fleurit jusqu'aux gelées.

GASTROLOBIER *bilobé* (papilionacées). De la Nouv.-Holl. Arbrisseau d'environ 1 m. 30 c. Rameaux verticillés. Feuilles soyeuses en dessous, cunéiformes. En été, corymbes de fleurs jaunes, marquées de brun. Orangerie. Multipl. de marcottes et de graines. — *G. velu* : feuilles opposées, lancéolées ; au printemps, épis de fleurs à étendard orange et jaune, à ailes rouges ainsi que la carène. Terre de bruyère; orangerie. Multipl. de graines et de boutures.

GAULTHIÉRIE *écarlate* (éricacées). De Caracas. Arbuste en buisson, de 0 m. 30 c. environ. Feuilles ovales, ciliées. En janvier et février, grappes pendantes de jolies fleurs roses dont la corolle a la forme d'un grelot. Terre de bruyère, à mi-ombre; orangerie l'hiver, ou mieux serre froide bien éclairée. — *G. du Canada* : arbuste de 0 m. 15 c. à 0 m. 25 c.; fleurs purpurines; baies rouges. — *G. Shallon* : en été, fleurs blanches; pleine terre de bruyère. — *G. à feuilles en cœur* : fleurs blanches; joli petit buisson, remarquable par son feuillage.

GAURA *bisannuel* (énothérées). De Virginie. Tiges d'environ 1 m. 50 c. Feuilles d'un beau vert, lancéolées, à nervure blanche. En automne, épis de grandes fleurs rouges d'abord, blanches après l'épanouissement; calice rouge. Terre franche légère, un peu fraîche. Multipl. de graines qui se sèment d'elles-mêmes.

GAZANIA *pectinée* (composées). Du Cap. Vivace. Tige de 0 m. 15 c. Feuilles radicales, pennées. En été, très-grands capitules de fleurs ne s'ouvrant qu'au soleil, blanches en dessous, safranées en dessus. Terre franche, légère, substantielle au levant ou au midi; arrosements fréquents en été; orangerie. Multipl. par la division du pied, de graines semées sur couche, ou de boutures avec talon. — *G. à queue de paon* : feuilles spatulées; au printemps, capitules jaunes, à rayons très-nuancés de pourpre. — *G. uniflore* : capitules moins grands, moins nuancés, produisant moins d'effet.

GAZON : lorsqu'on veut établir une pelouse, il faut se laisser guider par la nature du terrain. Le *ray-grass* ou *Ivraie vivace* se plaît dans un sol de bonne qualité, un peu frais, et consistant. Pour une terre sèche, légère, exposée au soleil, il faut donner la préférence aux petits *trèfles*, au *Brome des prés*, qui a l'avantage de durer 15 à 18 ans, tandis que le ray-grass demande à être renouvelé au moins tous les 4 ans. Comme il ne s'agit, dans les jardins que nous avons en vue, que de pelouses d'une petite surface, et que l'augmentation de dépense devient, par conséquent, presque insensible, on fera bien d'employer à l'exemple des Anglais, un mélange de *Paturin des prés*, de *Cretelle* et de *fétuque traçante;* on obtiendra ainsi des gazons plus durables que le ray-

grass. Le gazon doit être semé dans une terre parfaitement net-
toyée de pierres et de racines, et recouvert d'une couche mince
de terreau. Lorsqu'il est bien établi, les soins se bornent à le faucher fréquemment, afin qu'il ne monte pas en graine, à y passer le
rouleau après cette opération, à l'arroser fréquemment pendant
les chaleurs, à le débarrasser des mauvaises plantes par le sarclage. On obtient un effet charmant en plaçant çà et là dans une
pelouse, de petits massifs de *Crocus* qui fleurissent au printemps,
et de Colchiques dont les fleurs se montrent en automne. S'il
s'agit de gazonner un talus, des bordures de plates-bandes, les
bords d'un bassin, nous conseillerons le *placage*, qui consiste à y
appliquer, en les ajustant et en les maintenant s'il est nécessaire
avec de petites chevilles de bois, des plaques de gazon de 0 m.
06 c., enlevées au bord des chemins ou dans les prairies.

GAZON D'OLYMPE, voyez *Statice*.

GAZON TURC, voyez *Saxifrage*.

GEISSOMÉRIE *à longues fleurs* (acanthacées). Du Brésil. Arbrisseau de 1 m. à 1 m. 30 c. Feuilles oblongues, ondulées. Épis de
fleurs tubuleuses, imbriquées, jaunes en dedans, écarlates en dehors, longues de 0 m. 03 c. En petits vases; terre à oranger;
orangerie; beaucoup d'eau l'été. Multipl. de marcottes et de boutures étouffées.

GÉLASINE *azurée* (iridées). De l'Amér. mérid. Bulbeuse.
Feuilles ensiformes, plissées. Fleurs d'un beau bleu, en ombelle, sortant d'une spathe bivalve, et formant une étoile. Terre
légère substantielle; châssis froid. Multipl. de graines, ou par la
séparation des bulbes.

GELSÉMIER *luisant; Jasmin de la Caroline* (bignoniacées).
Tige volubile. Feuilles lancéolées. En été, fleurs jaunes, en entonnoir, à odeur de girofle. Terre franche légère; orangerie; lorsque le pied à 3 ans, on peut le mettre en pleine terre, au pied d'un
mur, au midi. Multipl. de graines, de marcottes et de boutures.

GENÊT *blanchâtre* (papilionacées). Indigène. Feuilles à trois
folioles. En été, fleurs jaunes. — *G. des teinturiers* : petit arbrisseau touffu; feuilles simples; et le *G. Waldst*, qui lui ressemble.
—*G. à feuilles de lin* : de Barbarie.— *G. purgatif* : tige rameuse de
2 m. — *G. de l'Etna* ; arbrisseau s'élevant à près de 3 mètres;
rameaux jonciformes. — *G. à balais* : du même port que le pré-

6.

cédent; fleurs odorantes, d'un jaune vif. = Les genêts sont d'une culture facile; le G. blanchâtre et le G. à feuilles de lin demandent l'orangerie. Multipl. de greffe sur le cytise faux ébénier.

GENÊT D'ESPAGNE; *Spartianthus junceus* (papilionacées). Arbrisseau d'environ 3 m.; rameaux jonciformes. En été, grappes de grandes fleurs jaunes, exhalant un parfum agréable. Terre légère au midi. Multipl. de graines semées en pleine terre, avec couverture pour le premier hiver. Variété à fleurs doubles mais sans odeur, qui se multiplient par la greffe et demandent quelques précautions, étant plus délicates.

GÉNÉTYLLIS, *faux Fuchsia* (myrtacées). De l'Australie. Arbuste rameux de 0 m. 25 c. environ. Feuilles petites, aromatiques. Petites fleurs d'un rouge carminé, imitant les fleurs de fuchsias. Orangerie l'hiver. — G. *Tulipier* : arbuste de 0 m. 60 c. à 1 m. Feuilles opposées, persistantes. Capitules de fleurs blanches, maculées de pourpre imitant la tulipe. Orangerie l'hiver.

GENTIANE *jaune; grande Gentiane* (gentianées). Des Alpes. Vivace. Tige de 1 m. 50 c.; feuilles obovales. En été, grandes fleurs verticillées d'un jaune vif. Terre légère à mi-ombre. Multipl. de drageons et de graines aussitôt qu'elle sont mûres. — G. *à fleurs pourpres* : Tiges de 0 m. 65 c.; feuilles ovales, opposées; grandes fleurs jaunes ponctuées de pourpre. — G. *printanière* : tiges couchées, petites, pourprées, en mai, fleurs du plus beau bleu. — G. *sans tige* : feuilles persistantes; au printemps ou à l'automne, grande fleur campanulée, d'un bleu superbe, portée par une hampe de 0 m. 03 c. à 0 m. 10 c. — G. *Saponaire* : en été fleurs bleues en tête terminale. — G. *à feuilles d'Asclépiade* : tige de 0 m. 50 c.; feuilles amplexicaules; fleurs bleues campanulées; terre de bruyère. — G. *visqueuse; Ixanthe visqueux;* des Canaries; bisannuelle; en été, belles fleurs jaunes en forme d'entonnoir, terre de bruyère; peu d'eau; orangerie.

GÉRANIUM *strié* (géraniacées). D'Italie. Vivace. Feuilles à lobes dentées. Fleurs blanches, veinées de pourpre. Toute terre. Multipl. d'éclats et de graines, couverture dans les froids rigoureux. — G. *Sanguin* : Indigène; grande fleur d'un pourpre violacé. — G. *à grosses racines* : tiges de 0 m. 15 c.; fleurs pourpres à calice rouge. — G. *à grandes fleurs* : du Caucase; haut de 0 m. 50 c.; fleurs grandes, nombreuses, passant du violet au bleu d'azur; mi-ombre. — *G. des prés* : Indigène. Au printemps, buisson couvert de fleurs bleues tirant sur le rouge. Variété à fleurs doubles. ⇒ On appelle improprement Géranium un grand nombre de plantes pour lesquelles nous renvoyons au mot *Pélargonium*.

GERMANDRÉE *frutescente* (labiées). D'Espagne. Arbrisseau d'environ 2 m. Feuilles ovales, petites, persistantes; tout l'été, grandes fleurs solitaires, d'un violet clair. Terre franche légère, au midi; orangerie; peu d'arrosements l'hiver. Multipl. d'éclats, de boutures, ou de graines semées en pot, sur couche au printemps. — *G. à feuilles de Bétoine* : des Canaries. Arbuste d'environ 0 m. 60 c.; épis de fleurs violet-pourpre. — *G. maritime* ou *Marum* : D'Espagne; buisson de 0 m. 30 c., se couvrant, en été, d'épis de petites fleurs purpurines.

GERMINATION : premier développement des parties contenues dans le germe d'une semence.

GESSE *odorante; Pois de senteur* (papilionacées). De Sicile. Annuelle. Tout l'été, fleurs nuancées de rose, de blanc, de violet, exhalant le parfum le plus suave. Multipl. de graines semées en pots sur couche, pour hâter la floraison, ou en pleine terre et en place, dans les mois de mars et de juin. Variété à fleurs panachées. — *G. à larges feuilles; Pois vivace; Pois à bouquets; Pois de la Chine* : Vivace; tige de 1 m. 60 c.; fleurs pourpre clair, grandes et inodores. Variété à fleurs blanches. Repiquer le plant un an après qu'il est sorti de terre. — *G. à grandes fleurs* : au midi; couverture l'hiver; multipl. de graines et d'éclats.— *G. tubéreuse; Annette; Gland de terre; Marcasson* : indigène; grappes axillaires de fleurs roses tirant sur le rouge. Multipl. de graines ou de tubercules. — *G. du Magellan* : Vivace; toujours verte; grimpante; grandes fleurs violacées.— *G. d'Abyssinie* : Annuelle; fleurs à étendard bleu d'azur; semer en place au printemps ou à l'automne. — *G. de Tanger* : annuelle; grimpante; en été, grandes fleurs pourpres. Semer en place au printemps.

GILIE *à fleurs en tête* (polémoniacées). De la Californie. Annuelle. Tiges de 0 m. 65 c. feuilles pennatifides. De juin en octobre, nombreuses petites fleurs en têtes terminales, d'un beau bleu. Toute terre. Semer sur couche au printemps; repiquer en mottes. Variété à fleurs blanches. — *G. tricolore* : corymbes de fleurs à tube jaune, à gorge pourpre, à limbe bleuâtre. — *G. à feuilles d'Achillée* : fleurs bleues; semer en place, le plant reprenant difficilement. — *G. ponctuée*; *Ipomosis élégant* : de la Caroline; bisannuelle; feuilles pennatifides, en rosettes; tige s'élevant à 1 m. 60 c.; en été, longue grappe de fleurs écarlates, ponctuées de pourpre intérieurement; semer au printemps ou en juillet; mettre le plant en pot et le rentrer, pendant l'hiver, dans une orangerie bien sèche; mettre en place au printemps. Variété à fleurs jaunes, ponctuées de carmin. — *G. à fleurs denses* : de la Californie; formant une touffe de 0 m. 35 c.; fleurs terminales rose clair passant au bleu clair; variété à fleurs blanches. — *G. androsace* : de la Californie; plus petite que la précédente; fleurs lilas en tête, entre de grandes bractées bleues ou blanches. —*G. à fleurs jaune d'or* : touffe très-basse, couverte en été d'un nombre infini de petites fleurs d'un beau jaune. Propre à faire des bordures.

GILLÉNIE *trifoliée* (rosacées). de l'amér. sept. Tiges de 0 m. 65 c. En été, fleurs blanches dont les pétales sont linéaires et bordées de rose. Terre de bruyère humide. Multipl. d'éclats.

GIROFLÉE *jaune*; *violier*; *ravenelle* : *rameau d'or* (crucifères). Indigène. Bisannuelle. Feuilles lancéolées, glabres. Au printemps, fleurs odorantes, jaunes, brunes, pourpres, bleues, ardoisées, violacées, offrant le plus souvent un joli mélange de quelques-unes de ces nuances; le nom de giroflée vient de ce que ces plantes répandent une agréable odeur de girofle. Terre légère substantielle. Multipl. de graines, de marcottes, de boutures en pleine terre fraîche et ombragée. Les variétés de cette espèce sont nombreuses; nous indiquerons la *G. bâton d'or*, à fleurs jaunes et doubles; la *G. brune*, à fleurs doubles; la *G. pourpre*, à fleurs doubles; la *G. simple à grandes fleurs*, d'un beau rouge safrané; la *G. à fleurs jaunes semi-doubles*; la *G. à feuilles panachées*; la *G. jaune à fleurs très-doubles*, monstrueuse, mais dont les fleurs se développent mal. — *G. des jardins* : d'Espagne; bisannuelle; tige de 0 m. 36 à 0 m. 65. Feuilles lancéolées, blanchâtres; de juin en octobre, thyrses terminaux de fleurs très-variées : blanches, roses, couleur de chair, rouges, violettes, panachées. Multipl. de graines au printemps, sur couche; repiquer à bonne exposition; transplanter en planche, à la fin de juin; empoter à la fin de septembre ; tenir à l'ombre et arroser jusqu'à la reprise ; ranger ensuite les pots dans une fosse creusée de manière à pouvoir les couvrir d'un châssis, toutes les fois que l'exigeront les fortes gelées, et surtout les pluies ou la neige. *G. Cocardeau* : tige peu rameuse ; grandes fleurs blanches ou rouges. — *G. quarantaine* ; *Quarantain* : annuelle ; petite ; ses principales variétés sont : la *blanche,* la *couleur de chair,* la *rose,* la *rouge,* la *lilas,* la *violette,* la *brune* ; semer sur couche, en février ou mars ; repiquer à bonne exposition ; lever en motte et mettre en place quand les fleurs commencent à marquer. — *G. Grecque* ; *Kiris* ; annuelle ou bisannuelle ; feuilles glabres des deux côtés ; variétés : *blanche* ; *blanche naine* ; *rouge clair à grands rameaux* ; *rouge* ; *violette* ; *brune.* — *G. à fleurs changeantes* : plus bizarre que jolie.

GIROFLÉE DE MAHON ; *Mahonille* ; *Julienne de Mahon* (crucifères). De Minorque. Annuelle. En été, fleurs odorantes, lilas ou rouges, passant au violet ou au blanc. Semer en massif ou en bordure, à l'automne ou au printemps. Si l'on a soin de tondre la plante après la fleur, elle refleurit.

GLABRE : dépourvue de poils.

GLAIEUL *commun* (iridées) : Indigène. Vivace. Oignon rustique. Tige de 0 m. 50 c. Feuilles ensiformes. Au printemps, épi unilatéral de fleurs en entonnoir, blanches, carnées, roses ou rouges. Terre substantielle et légère, au soleil ; lever les oignons en juillet pour les replanter en octobre, et couvrir pendant les grands froids. Multipl. de graines et de caïeux. — *G. de Constantinople* : beaucoup plus grand ; fleurs plus belles. — *G. bigarré, triste* : fleurs jaune foncé, ponctuées de pourpre ; odeur agréable pendant la nuit. — *G. tricolore* : fleur jaune, pourpre foncé et écarlate ; châssis l'hiver. — *G. Cardinal* : en été, grandes fleurs d'un bel écarlate, à pétales marqués de taches blanches ; lever et séparer les bulbes en automne, pour les mettre en pot et les rentrer en orangerie ; les livrer en motte à la pleine terre, dans les premiers jours de mai. — *G. magnifique* : hampe de près de 1 m. ; 8 à 12 fleurs distiques, d'un rose lilacé, à pétales inférieurs marqués d'une tache blanche entourée de bleu ; culture du précédent. — *G. de Colville* : fleurs rouges à bande jaunâtre, même culture. — *G. rose* : hampe de 1 m. à 1 m. 50 c. En été, épi de 20 à 24 fleurs distiques, blanc carné, à tube lavé de rose, mar-

quées intérieurement d'une bande rouge sur les 3 divisions inférieures. Lever les oignons en novembre, les tenir à l'abri de la
gelée et les replanter en avril ; terre de bruyère, ou terre sableuse
bien fumée. — *G. perroquet* : en été, fleurs jaunes, marquées de
mordoré ; caïeux très-abondants ; graines fleurissant la 2ᵉ année.
Lever les oignons en novembre et les replanter en avril. — *G. de
Gand* : fleurs d'un rouge éclatant, nuancées de jaune, d'amarante
et de vert. Même culture. — *G. florifère* : du Cap ; en été, épi de
très-grandes fleurs mélangées de pourpre et de blanc. Terre légère, fumée ; relever les oignons en automne.

Les Glaïeuls *rose* et de *Gand* ont produit, par les semis, un
grand nombre de variétés ; nous citerons :

Parmi celles qui tirent leur origine du premier, les glaïeuls
*Général von Velden; Humboldt ; Lord Palmerston ; Mademoiselle
Sosthénie Desjardins; Oscar; Prince Albert; Reine Victoria ;
Von Siebold*, etc.

Et parmi celles provenant du Gl. de Gand, les *G. Aglaé: Archi-
mède; Aristote; Bérénice; Danaé ; Don Juan ; Endymion ; Galathée ;
Hébé; Impératrice; Janire ; Mademoiselle Fanny Rouget ; Monsieur Georgeon; Neptune; Osiris; Pégase; triomphe d'Enghien.*

GLAUQUE : vert bleuâtre farineux.

GLAUCIUM *de Perse* (papavéracées). Annuel. Tige rameuse
de 0 m. 50 c. Feuilles glauques, incisées, sessiles. Tout l'été,
fleurs ponceau. Semer en place au printemps.

GLOBULAIRE *à feuilles de saule* (globulariées). De Madère.
Arbrisseau d'environ 2 m. 50 c. En automne, fleur d'un bleu
clair. En pot ; terre substantielle, mêlée de cailloux ; orangerie ;
peu d'eau. Multipl. de boutures. — *G. Turbith* : feuilles persistantes ; fleurs bleuâtres ; même culture.

GLYCINE *de la Chine* (papilionacées). Tige sarmenteuse, rameuse. Feuilles pennées. Au printemps, longues grappes pendantes de fleurs bleu pâle, à odeur suave. Terre légère à bonne exposition. Multipl. de boutures et de marcottes. Variété à fleurs rouges. — *G. frutescente ; haricot en arbre :* de la Caroline ; tiges
volubiles ; en automne, épis de belles fleurs violettes ; fleurit abondamment le long d'un mur. Multipl. de drageons, de racines, de
marcottes qu'on fait avec les pousses d'un an.

GNIDIENNE *à tige simple* (thymelées). Du Cap. Arbrisseau à feuilles linéaires. De juin à novembre, tête terminale de 20 ou 30 fleurs jaunes à odeur suave. Terre de bruyère; orangerie; point d'humidité. Multipl. de graines, de boutures et de marcottes. — *G. à feuilles opposées* : fleurs blanches. — *G. à feuilles de pin* : fleurs blanches, inodores. — *G. à fleurs dorées* : presque toute l'année, fleurs d'un beau jaune.

GOBE-MOUCHE, voyez *Siléné*.

GODÉTIE *rubiconde* (énothérées). Annuelle. Tout l'été, larges fleurs violacées sur le limbe, safranées dans le fond. Semer en place au printemps. — *G. effilée* : fleurs rose-violacé moins grandes. — *G. de Lindley* : de l'Amériq. sept. Tout l'été fleurs terminales, d'un rose très-pâle, tachées de pourpre au milieu. — *G. élégante* : tige de 0 m. 30 c.; fleurs rose pur. — *G. de Schamin* : fleurs d'un blanc rose maculé de pourpre.

GOMPHOLOBE *velu* (papilionacées). De la Nouv.-Holl. Arbrisseau à feuilles pennées, couvertes de longues soies. Corymbes terminaux de fleurs d'un jaune éclatant. Terre de bruyère; serre tempérée. — *G. élégant* : feuilles non velues; fleurs violet pourpre, tachées de jaune à l'étendard.

GOMPHRÈNE ; *Amarantine globuleuse; Immortelle violette.* (amarantacées). De l'Inde. Annuelle. Tiges velues de 0 m. 50 c. feuilles lancéolées, cotonneuses. Tout l'été, fleurs durables, d'un beau rouge violet, rassemblées en boules. Terre franche légère à bonne exposition. Semer et repiquer sur couche; mettre en place en juillet. Variétés : *à fleurs blanches; à fleurs couleur de chair, à fleurs panachées.* — *G. gentille* : fleurs d'un rose brillant.

GONIOLIMON, voyez *Staticé*.

GOODIA *à feuilles de Lotus* (papilionacées). De la terre de Van-Diémen. Arbuste à feuilles trijoliées. Grappes de fleurs jaunes, marquées de deux points rouges à l'étendard, terre légère; serre tempérée. Multipl. de graines sur couche chaude et sous châssis. — *G. à feuilles rétuses* : fleurs pourpres, marquées de jaune à l'étendard.

GORTÉRIE, voyez *Gazania*.

GOUSSE, voyez *Fruit*.

GRAPPE : se dit des fleurs attachées par des pédicelles à un axe commun.

GREFFE : opération par laquelle un œil qu'on lève ou un scion qu'on coupe à une plante en séve, est enté dans une autre plante pour y vivre et reproduire la plante dont il faisait originairement partie. On appelle *sujet* la plante sur laquelle est enté l'œil ou le scion. Un temps un peu couvert, sans pluie ni vent est des plus favorables à cette opération pour laquelle on doit faire choix d'un sujet en pleine séve et beaucoup plus avancé que la greffe; il faut serrer modérément les ligatures et les visiter de temps à autre, afin d'éviter les nodosités ; les meilleures ligatures sont celles que l'on fait avec un fil de laine ; le jonc et l'osier ne s'emploient que pour les végétaux de grandes dimensions. Nous allons faire connaître succinctement les diverses espèces de greffes pratiquées le plus ordinairement dans les jardins :

1° *Greffe en approche* : elle consiste à faire au sujet et à la greffe deux plaies aussi semblables que possible, à les appliquer l'une contre l'autre, à les maintenir dans cette position, au moyen d'une ligature, et à empêcher le contact de l'air non-seulement avec les plaies, mais même avec les parties des végétaux qui en sont voisines, en les couvrant d'un emplâtre d'onguent de Saint-Fiacre (voir ce mot). Lorsqu'on a la certitude que la soudure est complète, on sépare graduellement la greffe de la plante qui l'a produite; ce genre de greffe est applicable à un grand nombre de végétaux cultivés en serre.

2° *Greffe en fente :* on taille en coin le bas d'un rameau de la dernière pousse, muni de 2 ou 3 yeux à 0 m. 03 c. ou 0 m. 5 c. de l'œil inférieur, et de manière à maintenir le côté qui doit être en dehors, plus épais que celui qui doit être en dedans. La tête du sujet a préalablement été retranchée, soit avec la serpette, soit avec la scie, de façon que la surface de la coupe soit horizontale ; on y pratique, avec une lame de couteau ou un coin très-aigu, une fente bien perpendiculaire de 0 m. 03 c. à 0 m. 04 c. On place la greffe dans cette fente en ayant soin de faire coïncider exactement le parenchyme cortical de la greffe avec celui du sujet. Enfin on pose la ligature et on recouvre avec de l'onguent de Saint-Fiacre. On comprend que le côté interne de la greffe doit être dépouillé de son écorce, et qu'il peut être placé une greffe à chaque extrémité de la fente si celle-ci occupe le diamètre entier du sujet. Ce genre de greffe s'exécute au printemps; il réussit assez bien sur la vigne, mais la fente doit être plus profonde et la greffe plus enfoncée pour obvier au desséchement des extrémités.

3° *Greffe en écusson* : cette greffe convient à tous les arbres et arbustes fruitiers ou d'agrément; c'est la plus employée; on se sert, pour la pratiquer, d'un instrument nommé greffoir; elle doit être exécutée sur des rameaux jeunes, à peau fine et souple, et en pleine sève. Après avoir fait choix d'un rameau où les boutons soient bien développés, on enlève de haut en bas un de ceux-ci, en glissant par dessous la lame du greffoir; on laisse autour de cet œil un peu de bois; mais on le supprime sur tout le reste de l'écusson qu'on coupe carrément à la partie supérieure et en pointe par le bas. L'écusson ainsi préparé, de manière que l'œil y soit vers le tiers supérieur, on incise en forme de T l'écorce du sujet, et, sous cette écorce incisée, on glisse l'écusson; puis on fait la ligature et on applique un peu d'onguent de Saint-Fiacre. — Cette greffe est dite *à œil poussant*, si elle se pratique au printemps, *à œil dormant*, si on l'exécute au mois d'août. La première exige qu'on abatte immédiatement tout ce qui, dans le sujet, dépasse la greffe, et qu'on détruise tous les bourgeons sortant de la tige; la seconde est plus sûre, et jusqu'au printemps suivant on ne retranche rien au sujet.

Les greffes que nous venons de décrire peuvent aussi se pratiquer sur les plantes non ligneuses; elles sont, dans ce cas, appelées *greffes herbacées*; leur exécution ne reçoit aucune modification, si ce n'est pour la greffe en fente. La différence consiste à pratiquer la fente sur le côté du sujet et à ne retrancher le sommet de celui-ci qu'après la reprise; on serre peu la ligature, et on ne fait point usage de l'onguent de Saint-Fiacre. Les plantes grasses sont soumises à la greffe herbacée; les racines et les tubercules peuvent être greffés par les mêmes procédés.

GREMILLET, voyez *Myosotis*.

GRENADIER (myrtacées). D'Afrique. Arbre fruitier et d'agrément. Tige droite, à écorce brune, gercée dans les vieux pieds; rameaux anguleux, terminés en pointes. Feuilles pétiolées, lancéolées entières, d'un vert foncé et luisant. Fleurs rouge-ponceau, grandes et belles, presque sessiles. Fruit mangeable. En pleine terre dans le midi, dans l'est et même dans l'ouest où on le palisse contre les murs; en caisse dans le nord; arrosements

7

fréquents ; orangerie l'hiver; la taille se fait au moment où les feuilles sont tombées ; on raccourcit les branches dégarnies, on retranche les branches mal placées, on pince les nouvelles pousses afin d'obtenir plus de fleurs. Multipl. de graines, de marcottes, de boutures et de drageons enracinés. Variétés à fleurs *semi-doubles, à fleurs très-doubles, à fleurs blanches, à fleurs doubles blanches, à fleurs jaunes, à fleurs doubles jaunes*. — *G. nain* : de l'Amér. mérid.; feuilles linéaires ; fleurs d'un très-beau rouge.

GRENADILLE, voyez *Passiflore*.

GREUVIER *occidental* (liliacées). Du Cap. Arbrisseau de 1 m. à 1 m. 30. Feuilles ovales, dentées. Tout l'été, fleurs rosées, en grand nombre. Terre franche légère ; arrosements fréquents en été, rares en hiver; orangerie. Multipl. de graines, de marcottes ou de boutures faites au printemps sous châssis.

GROSEILLIER ; *Ribes* (ribésiacées). Arbrisseaux épineux ou non épineux, à feuilles alternes et à fleurs latérales, soit solitaires, soit disposées en grappes. Baie sphérique, succulente, renfermant plusieurs semences. Trois espèces de groseilliers sont cultivées pour leurs fruits ; les autres plus connues sous leur nom latin de *ribes*, ne servent qu'à l'ornement des jardins.

ESPÈCES CULTIVÉES POUR LEURS FRUITS.

GROSEILLIER COMMUN : fruits en grappes, rouges, couleur de chair ou blanc de perle. Ses variétés les plus recommandables sont : le G. *rouge de Hollande* : grappe longue, serrée; très-gros et très-bon fruit rouge clair.

G. *de Versailles* : longues grappes réunies par paquets ; fruit rouge clair, très-gros et très-bon ;

G. *reine Victoria* : très-longues grappes lâches de fruits rouges, gros et bons ;

G. *hâtif de Berlin* : fruit précoce, rouge foncé, transparent, doux, en grappes bien fournies ;

G. *Gondouin à fruit rouge* : tardif; grappes très-longues;

G. *à fruit rose* : fruits couleur de chair ;

G. *cerise* : grappes lâches et courtes de gros fruits rouge clair

G. *blanc de Hollande* : fruits blancs, gros, transparents, délicieux.

GROSEILLIER NOIR; CASSIS; POIVRIER : tige droite,

rameuse, d'environ 2 m.; feuilles larges, lobées, parsemées de vésicules qui contiennent une liqueur jaunâtre, fortement odorante;
grappes de gros fruits noirs, succulents et d'une saveur forte. Variétés : *à feuilles d'érable ; à feuilles panachées ; à fruit brun.*

GROSEILLIER ÉPINEUX ; G. A MAQUEREAUX : tige
plus courte, très-rameuse, couverte de forts aiguillons ; fruits le
plus souvent solitaires, lisses ou hérissés, longs ou ronds, variés
de couleur et de grosseurs diverses, atteignant quelquefois celle
d'un œuf de pigeon.

G. *grosse verte blanche* : fruit blanc, hérissé ;

G. *à fruit couleur de chair* : formant deux variétés à fruit hérissé, mais longs dans l'une et ronds dans l'autre ;

G. *à fruit ambré* : fruit hérissé ;

G. *grosse ambrée* : fruit lisse et plus gros ;

G. *grosse jaune* : fruit hérissé ;

G. *très-grosse jaune* : fruit lisse et plus gros ;

G. *grosse verte longue* : fruit vert, lisse et long ;

G. *grosse verte ronde* : fruit vert, lisse et rond.

Les groseilliers ne sont point difficiles sur la nature du sol, et
tout le soin qu'ils exigent consiste à rabattre les branches en février et à supprimer le bois mort. Ils se multiplient de graines,
de boutures, de marcottes et d'éclats.

ESPÈCES CULTIVÉES POUR L'ORNEMENT DES JARDINS.

G. *doré* : de Californie. Tige de 2 m.; au printemps, fleurs tubulées, jaunes, maculées de rouge à odeur suave ;

G. *palmé* : plus grand que le précédent dans toutes ses parties.

G. *à fleurs rouges* : au printemps, grappes pendantes de fleurs
d'un rose vif ; variété à fleurs doubles ;

G. *à fleurs de fuchsia* : au printemps, fleurs rouges, pendantes ;

G. *de Gordon* : Hybride stérile, à fleurs nankin ; multipl. d'é-
clats et de boutures ;

G. *élégant. — des Alpes. — à feuilles de mauve. — à feuilles
de vigne. — triste. — à petites fleurs. — porte-cire. — des ri-
vages,* etc.

GUÊPES, voyez *Frelons.*

GUEULE DE LION, voyez *Muflier.*

GUIMAUVE ; *althœa* (malvacées). G. *à feuilles de chanvre* :

Vivace. Rustique. Tige de 2 m. 50 c. En automne, jolies fleurs roses. Toute terre. Multipl. d'éclats en automne, ou de graines au printemps. — *G. officinale* : En été, fleurs blanches, striées de pourpre. — *G. rose trémière, d'outremer, de mer, de Damas* : trisannuelle; tige de 2 à 3 m. En été et jusque dans l'automne, grandes fleurs simples, semi-doubles ou doubles, pleines ou offrant à leur centre une sorte de pompon très-élégant, et de couleurs diverses, depuis le blanc pur jusqu'au jaune foncé, au cramoisi et au noir. Terre légère substantielle. Multipl. de graines d'un an ou deux, semées en pleine terre légère et bien exposée, dans les mois de juillet et d'août; on transplante en septembre ou octobre. Cette espèce a produit de nombreuses variétés parmi lesquelles nous recommanderons, par ordre de nuances :

G. la Vestale : d'un blanc pur.

G. Corinne : jaune paille.

G. Mathilde : jaune d'or.

G. Rébecca : fond chamois; le reste blanc et jaune.

G. mademoiselle Charlotte : rose tendre chamoisé.

G. Voltaire : rose saumon.

G. Junon : rose bordé de jaune.

G. Diane : rose.

G. diadème : pourpre rose, festonné de blanc.

G. Brutus : pourpre nervé rouge, panaché de blanc.

G. grand monarque : pourpre bordé de blanc pur.

G. Pygmalion : rouge vineux, flammé carmin rose.

G. Bonaparte : carmin brillant.

G. Napoléon : violet brillant.

G. Octavie : violet très-foncé.

G. Pie IX : marron noir panaché de lilas.

G. Assuérus : marron noir liseré de violet.

G. Pluton : noir très-foncé.

GUIMAUVE ; *althœa, rose trémière de la Chine* : bisannuelle; espèce beaucoup moins élevée que la précédente ; tout l'été, fleurs panachées de blanc et de pourpre, simples ou doubles.

GUTIERREZIA *gymnospermoïde* (composées). De la Californie. Annuelle. Tiges de 1 m. 20 c. Feuilles lancéolées. En été, corymbes serrés de fleurs d'un beau jaune d'or. Semer sur couche vers la fin de mars, et repiquer en place.

GYNANDROPSIDE *à cinq feuilles* (capparidées). De l'Inde. Annuelle. Fleurs blanches, à étamines saillantes. Semer sur couche et en pots ; transplanter en motte en pleine terre.

GYNÉCÉE : réunion des organes femelles.

GYNÉRIE *argentée* (graminées). De l'Amér. mérid. Vivace, touffe de feuilles rudes sur les bords. Chaume de 2 m. supportant une longue panicule de fleurs argentées et soyeuses. Multipl. d'éclats.

GYPSOPHILE *paniculée* (caryophyllées). De Sibérie. Vivace. Touffe de 0 m. 70 c.; rameaux nombreux et menus, portant des fleurs blanches très-petites. Toute terre, toute exposition. Multipl. de graines et par la division des touffes.— *G. élégante* : annuelle; touffe de 0 m. 40 c.; tiges d'une extrême ténuité; fleurs blanches très-petites; semer en place au printemps. — *G. de Steven* : vivace; en été, grand nombre de petites fleurs blanches très-jolies. Semer en bordure ou en planche dans les mois de juin et de juillet. —*G. des murs* : annuelle ; feuillage vert tendre; petites fleurs rouges. Semer en bordure au printemps.

GYROSELLE, voyez *Dodécathéon.*

H

HALÉSIE *à quatre ailes* (styracées). De la Caroline. Arbrisseau de 4 à 5 m. Feuilles allongées. Au printemps, petites fleurs blanches, campanulées, pendantes. Fruit à quatre ailes. Terre légère ou terre de bruyère, à mi-ombre. Multipl. de marcottes qu'on fait avec du bois de deux ans et qu'on relève la troisième année, ou de graines en terrines, souvent arrosées. *H. à deux ailes* : fleurs plus grandes en grappes; fruit à deux ailes.

HAMAMÉLIDE *de Virginie* (hamamélidées). Arbrisseau de 1 m. 30 c. à 1 m. 65 c. En automne, fleurs en faisceau, d'un blanc jaunâtre, à quatre pétales longs, étroits et tortillés. Terre légère, fraîche. Multipl. de marcottes incisées en automne, ou de graines semées en terre de bruyère aussitôt qu'elles sont mûres.

HANNETONS. C'est surtout à l'état de larve que le hanneton, connu alors sous les noms de *ver blanc, man, taon* ou *turc,* cause de grands ravages par la destruction des racines d'un certain nombre de végétaux dont il fait sa nourriture. La présence du ver blanc est funeste surtout aux laitues, aux fraisiers et aux rosiers ; pour protéger ces derniers, on a imaginé de planter des laitues dans leur voisinage : dès qu'on les voit se faner, on fouille au pied et l'on y trouve le ver blanc. Plusieurs autres moyens ont été proposés et préconisés ; le meilleur, le seul qui ait une efficacité réelle, consiste à faire la chasse aux hannetons, chasse facile dans la saison où ils paraissent, et qui réussit principalement à midi ; on secoue les branches des arbres où ils ont coutume de se réfugier ; ils tombent et en quelques instants on peut les détruire par centaines. Ce procédé si simple, négligé peut-être à cause de sa simplicité même, que les administrations municipales devraient et pourraient propager à peu de frais, aurait en peu de temps délivré les jardiniers et les cultivateurs d'un de leurs plus redoutables ennemis.

HARICOT *d'Espagne* (papilionacées). Annuel. Tige volubile de 3 à 4 m. Tout l'été, grappes de fleurs d'un beau rouge. Graines comestibles. Toute terre. Semer en place. Variété à *fleurs blanches* et à *fleurs panachées.* — *H. caracolle ; limaçon ; à grandes fleurs* : grosses fleurs blanches, lavées de rose. Semer sur couche au premier printemps, repiquer en pot, mettre en mai au pied d'un mur, en pleine terre, à bonne exposition, et relever la plante pour la rentrer en lieu sec pendant l'hiver, si l'on tient à la conserver ; mais il est plus simple de la cultiver comme annuelle.

HARPALE *à feuilles rudes* (composées). De l'Amérique du Nord. Vivace. Tige de 1 m. 30 c. Feuilles lancéolées, couvertes de poils rudes ; en été, grands capitules de fleurs jaunes. Toute terre. Multipl. d'éclats.

HÉBÉCLADE *biflore* (solanées). Du Pérou. Arbrisseau à belles fleurs tubuleuses, pendantes, bleues et jaunes. Pleine terre, au soleil ; lever en motte pour rentrer en orangerie ; point d'arrosement l'hiver. Multipl. de boutures sur couche.

HÉBENSTRÈTE *dentée* (sélaginées). Du Cap. Trisannuel. Buisson de 0 m. 65 c. Feuilles linéaires, glabres ; les supérieures dentées. De juin à la fin de décembre, épis de petites fleurs blanches, tubulées, marquées d'un beau jaune à la lèvre, sans odeur le matin, d'une odeur fétide pendant la journée, exhalant le soir un parfum délicieux. Terre légère substantielle ; orangerie. Multipl. de graines et de boutures étouffées. —*H. à feuilles en cœur* : fleurs blanches en dehors, rougeâtres en dedans. — *H. à feuilles entières* : fleurs d'un blanc jaunâtre, avec une tache pourpre sur la lèvre. — Ces trois espèces peuvent être cultivées comme plantes annuelles.

HEIMIA *à feuilles de saule* (lythrariées). Du Mexique. Arbrisseau rameux de 2 à 3 m. Feuilles sessiles, lancéolées. Tout l'été, longs épis de fleurs jaunes, axillaires, sessiles. Terre légère; orangerie sous le climat de Paris; ou simplement couverture de litière : les gelées feront périr la tige; mais, au printemps, il poussera du pied de nouveaux rameaux qui fleuriront dans la même année. Multipl. de graines et de boutures. — *H. à feuilles de myrte* : tiges et fleurs plus petites.

HÉLÉNIE *d'automne* (composées). De l'Amér. sept. Vivace. Rustique. Tiges de 2 m. Feuilles lancéolées. Pendant une partie de l'été et de l'automne, corymbes de capitules d'un beau jaune, à rayons dentés. Toute terre. Multipl. d'éclats de racine. — *H. de la Californie* : feuilles lancéolées, décurrentes ; nombreux capitules jaunes en été.

HÉLIANTHE, voyez *Soleil.*

HÉLIANTHÈME (cistinées). Indigène. Rameux ; tiges couchées, feuilles oblongues. Grappes terminales de fleurs d'un beau jaune. Terre sèche, au midi. Variétés à fleurs doubles, jaunes, carnées, roses, etc. — *H. à feuilles d'halime* : d'Espagne; arbuste à fleurs jaunes, marquées de pourpre à la base des pétales; orangerie; peu d'eau.

HÉLIOPHILE *velue* (crucifères). Du Cap. Annuelle. Rameuse et traînante. Feuilles linéaires, velues. Petites grappes de fleurs terminales bleues. Terre légère ; arrosements modérés.

HÉLIOTROPE *du Pérou* (borraginées). Arbuste de 0 m. 70 c. à 1 m. 50 c. Feuilles persistantes, lancéolées, un peu rugueuses. De juin jusqu'en novembre, corymbes de petites fleurs bleuâtres, exhalant une odeur de vanille prononcée. Terre légère, substantielle, au midi ; arrosements fréquents en été. Orangerie ou couverture pendant hiver; les tiges gèleront, mais la plante repoussera sur les racines. Multipl. de graines ou de boutures sur couche. — *H. Voltaire* : feuilles d'un vert plus foncé; fleurs d'un bleu plus prononcé.—*H. Triomphe de Liége* : arbuste plus fort; fleurs plus grandes. Ces deux derniers sont des variétés du premier, auxquelles il faut joindre : le *Splendide;* la *Gloire des massifs;* la *Petite Négresse;* l'*Impératrice Eugénie;* etc. — *H. à grandes fleurs :* du Pérou; plus grand que le premier, dans toutes ses parties; même culture; variétés à fleurs violettes.

HÉLIOTROPE *d'hiver,* voyez *Tussilage.*

HÉLIPTÈRE *globuleuse* (composées). Du Cap. Tige de 0 m. 65 c. environ. Feuilles opposées, ovales, soyeuses. Capitules d'un beau jaune. En pot; terre de bruyère ; peu d'eau; difficile à conserver. Multipl. de graines sous châssis.—*H. à grandes fleurs :* tige ligneuse; feuilles lancéolées, persistantes; capitules jaunâtres à disque blanc; orangerie pendant l'hiver; multipl. de boutures sur couche. — *H. humble;* du Cap; plante basse et diffuse ; capitules à disque jaune, à rayons roses intérieurement, d'un rouge éclatant à l'extérieur, imbriquées en forme de rosace; variété à grandes fleurs de 0 m. 06 c. à 0 m. 08 c.; terre légère, substantielle, sèche; serre tempérée l'hiver; multipl. de boutures.

HELLÉBORE *noir; à fleurs roses; rose de Noël* (renonculacées). Indigène. Vivace. Tiges écailleuses de 0 m. 28 c. Feuilles digitées, assez grandes. Tout l'hiver, fleurs d'un rose tendre. Terre légère, substantielle, à mi-ombre. Multipl. d'éclats ou de graines aussitôt qu'elles sont mûres. Les plantes de semis ne fleurissent que la troisième année. — *H. d'hiver; helléborine :* en février et mars, fleurs jaunes, odorantes ; lever les racines après la floraison et les planter à l'automne.

HÉLONIAS *rose* (mélanthacées). De l'Amér. sept. Vivace. Feuilles persistantes, lancéolées, engaînantes, en rosette. Hampe d'environ 0 m. 30 c., portant au printemps, un épi court de fleurs roses. Terre de bruyère , à mi-ombre. Multipl. d'œilletons à l'automne ou de graines semées en avril.

HÉMÉROCALLE *jaune; lis jaune; lis asphodèle* (liliacées). Du Piémont. Vivace. Racines tubéreuses et fibreuses. Feuilles de 0 m. 65 c., oblongues, carénées. Tige de près de 1 m., ramifiée au sommet. En juin, 3 ou 4 fleurs odorantes, d'un beau jaune. Terre franche légère, à mi-ombre. Multipl. d'œilletons ou par la séparation des racines qu'on peut relever tous les trois ans, en ayant soin de les replanter sur-le-champ. — *H. graminée :* fleurs d'un jaune clair, moins odorantes.—*H. fauve :* fleurs d'un rouge fauve.

—*H. distique* : grandes fleurs jaunes en dehors, roussâtres à l'intérieur; terre de bruyère mélangée; orangerie ou couverture sèche l'hiver. — *H. du Japon* ; hampe de 0 m. 32 c. Tout l'été, épis de fleurs odorantes d'un blanc pur; terre franche légère, toute exposition, couverture sèche l'hiver; quelques pieds en pots dans l'orangerie: —*H. bleue* : de la Chine; hampe plus élevée; grappes de fleurs plus petites, bleues, paraissant un peu plus tôt ; même culture.

HÉPATIQUE *printanière ; anémone hépatique* (renonculacées). Indigène. Vivace. Feuilles trilobées, d'un vert luisant. Au commencement du printemps, fleurs nombreuses, simples ou doubles, roses, bleues ou blanches. Terre fraîche, ombragée; couverture l'hiver. Multipl. d'éclats ou de graines semées aussitôt qu'elles sont mûres.

HERBE AUX PANTHÈRES, voyez *Doronic.*

HIBBERTIE *grimpante* (dilléniacées). De la Nouv.-Holl. Tige sarmenteuse et volubile. Feuilles ovales, mucronées, soyeuses en dessous, luisantes en dessus. Tout l'été, grandes fleurs d'un beau jaune. Terre de bruyère, orangerie. Multipl. de marcottes ou de boutures étouffées au printemps. — *H. à feuilles crénelées :* fleurs plus petites, bordées de rouge. — *H. dentée* : larges fleurs jaunes. Serre tempérée. — *H. de Reid :* au printemps, grandes fleurs jaunes d'or.

HORTENSIA, voyez *Hydrangée.*

HOTEIA *du Japon* (saxifragées). Vivace. Tige de 0 m. 65 c. Feuilles triternées. En été, grande panicule de fleurs blanches. Pleine terre, à mi-ombre. Multipl. d'éclats.

HOUBLON *cultivé* (cannabinées). Vivace. Tiges annuelles, propres à couvrir les tonnelles.

HOULETTE : outil dont on se sert pour déplanter les pattes, les griffes, les oignons, les petites plantes, les marcottes, etc.

HOUTTUYNIE *à feuilles en cœur* (saururées). Du Japon. Vivace. Tige de 0 m. 40 c. Spadice court, avec involucre blanc pétaliforme. Toute terre, beaucoup d'eau.

HOUX (ilicinées). Arbres et arbrisseaux propres à orner les parcs et les grands jardins, et dont quelques-uns seulement, de petites dimensions, pourraient contribuer à l'ornement des massifs d'un jardin ordinaire. Tels sont le *Houx à feuilles de troène* et le *Houx opaque*, le premier de 2 m., le second de 3 m., et qui se cultivent en pleine terre, avec couverture pendant les grands froids.

HOUX, FRELON, voyez *Fragon*.

HUMEA *élégant* (composées). Bisannuel. Tige d'environ 2 m. 50 c. Feuilles sessiles, amplexicaules, alternes, crénelées. En été, petits capitules bruns, formant une énorme panicule terminale; odeur balsamique. Terre à orangers; orangerie. Multipl. de graines; mettre le plant en pleine terre, dans l'été qui suit le semis.

HYACINTHE, voyez *Jacinthe*.

HYBRIDE : plante provenant de deux espèces différentes, qu'elles appartiennent ou non à un même genre.

HYDRANGÉE *hortensia; Hortensia des jardins; Rose du Japon* (saxifragées). Arbuste de 1 m. à 1 m. 30 c. Grandes feuilles ovales. Tout l'été et une partie de l'automne, grosses fleurs en boule passant du rose au violâtre, au blanc sale et quelquefois au rouge vif. Terre de bruyère ombragée, au nord-est, avec couverture l'hiver; beaucoup d'eau, l'été. Multipl. de rejetons enracinés ou de boutures faites au printemps. — *H. du Japon* : fleurs en cime plane, d'un rose bleuâtre. Variété *à feuilles panachées*. — *H. involucre* : du Japon; variété double, à fleurs pleines, roses, jaunes ou lilas. — *H. pubescente* : grandes feuilles à pétioles et à nervures d'un beau rouge; larges cimes de fleurs verdâtres. — *H. de Virginie* : arbrisseau de 1 m. 30 c.; feuilles cordiformes; large cime de fleurs terminales, blanches; multipl. de marcottes ou de drageons. — *H. blanche* : feuilles blanches en dessous. — *H. à feuilles de chêne* : de la Floride; arbrisseau de 1 m. 60 c. Tout l'été, panicules de fleurs blanches.

HYDRASTIS *du Canada* (renonculacées). Vivace. Plante basse et jolie à fleurs blanches, très-doubles, paraissant au printemps. Terre de bruyère, au nord. Multipl. par la division des pieds, au mois de mars.

I

IBÉRIDE *vivace; toujours verte; Corbeille d'argent* (crucifères). Des Alpes. Tiges de 0 m. 15 c. à 0 m. 20 c. Feuilles linéaires. Au printemps, nombreux corymbes de fleurs blanches. Terre franche légère; tondre après la floraison. Multipl. de marcottes et de graines. —*I. de Perse; Thlaspi vivace* : touffes de 0 m. 50 c.; feuilles persistantes, épaisses, spatulées. D'octobre en mars, corymbes de fleurs blanches; orangerie; multipl. de boutures à l'ombre. — *I. de Tenore* : feuilles persistantes; ombelles d'un violet pâle. — *I. à ombelles; Thlaspi; Téraspic* : Annuelle. En juillet, fleurs violettes ou blanches; semer en place ou en pots pour planter avec la motte.

IMMORTELLE *annuelle; Xéranthème* (composées). Indigène. Tiges cotonneuses de 0 m. 65 c. Feuilles lancéolées. Tout l'été, capitules simples ou doubles, blancs, gris de lin ou violets. Terre légère, chaude. Semer en place, ou repiquer avec la motte. — *Immortelle jaune*, voyez *Élichryse*. — *Immortelle violette*, voyez *Gomphrène*. — *Immortelle de Virginie* : vivace; rustique; tout l'été, corymbes de fleurs jaunes à calice blanc; toute terre au soleil; multipl. de rejetons.

IMPATIENTE, voyez *Basalmine*.

IMPÉRIALE, voyez *Fritillaire*.

INCARVILLEA *de la Chine* (bignoniacées). Annuelle. Tige de 1 m. Feuilles linéaires, incisées. Fleurs axillaires, tubuleuses, courbes, d'un blanc lavé de rose. Multipl. de graines en automne; rentrer le plant, et le mettre en pleine terre au mois de mai.

INDIGÈNE ; venant naturellement dans le pays.

INDIGOTIER *austral* (papilionacées). De la Nouv.-Holl. Arbuste de 0 m. 40 c. Feuilles pennées. En été, grappes de fleurs roses, très-odorantes. Terre franche légère; orangerie. Multipl. de graines semées sur couche. —*I. à longs épis* : grappes allongées de grandes fleurs roses; multipl. de boutures. —*I. jonciforme* : en automne, grappes de fleurs purpurines. — *I. élégant* : longues grappes de fleurs roses, rayées de pourpre. — *I. Dosua* : du Népaul ; tiges de 1 m. à 4 m. 50 c. En mai, grappes axillaires de fleurs d'un rose pourpre; pleine terre fertile et fraîche; multipl. de graines ou d'éclats enracinés.

INULE *à feuilles gladiées* (composées). D'Autriche. Vivace. Tiges de 0 m. 50 c. Feuilles sessiles, linéaires. Pendant l'été, corymbes de capitules jaunes. Terre ordinaire. Multipl. de graines ou d'éclats.

INVOLUCRE : assemblage de bractées ou de feuilles florales qui entourent la base commune de plusieurs pédoncules, ou qui enveloppent plusieurs fleurs comme une sorte de calice.

IOCHROME *à fleurs tubuleuses* (solanées). De la Nouv.-Grenade.!Arbrisseau d'environ 3 mètres. Feuilles ovales, pubescentes en dessous. Grappes terminales de fleurs bleu violet. Pleine terre l'été; orangerie l'hiver. Multipl. de boutures étouffées. — *I. de Warsewicz* : du Pérou; tige et feuilles pubescentes; fleurs bleu clair, tubuleuses, tombantes.

IONOPSIDE *sans tige* (crucifères). D'Espagne et d'Afrique. Annuelle. Touffes basses. Feuilles cordiformes. Fleurs nombreuses, lilas pâle, portées chacune par une hampe radicale. Propre à faire de jolies bordures, si l'on sème au printemps.

IPOMÉE *écarlate* ; *Quamoclit écarlate; Jasmin rouge de l'Inde* (convolvulacées). De la Caroline. Annuelle. Tiges volubiles de 2 m. 50 c. Feuilles cordiformes. En été, petites fleurs écarlates, campanulées. Terre légère substantielle, au soleil. Multipl. de graines semées en place, au commencement de mai — *Ipomée à feuilles ailées; Quamoclit-cardinal :* tiges volubiles; feuilles pennatifides; fleurs d'un bel écarlate; semer sur couche au printemps et planter en avril, avec la motte, à exposition chaude — *I. à feuilles de lierre : Liseron de Michaux; Pharbitis nil :* annuelle ; grimpante ; en été, nombreuses fleurs d'un bleu satiné d'azur; semer en place, en mai. — *I. changeante; Pharbitis pourpre; Convolvulus changeant; Volubilis des jardiniers :* de l'Amér. mérid.; annuelle; tige de 2 à 3 m., volubile; feuilles cordiformes, trilobées; en été, nombreux bouquets de fleurs larges, d'un bleu nuancé de rose; variétés à fleurs pourpres, blanches, bleu violet ou panachées. Toute terre; semer en avril, au pied d'un mur ou d'un berceau.

IRIS (iridées). Genre dont les nombreuses espèces contribuent puissamment à l'ornement des jardins ; la plupart se cultivent en pleine terre, quelques-unes demandent l'orangerie. Ces plantes ont des racines tubéreuses, bulbeuses, de feuilles ensiformes, ou semblables à celles des graminées, des hampes simples ou rameuses, pleines ou creuses, et des fleurs de diverses grandeurs, d'une forme plus ou moins bizarre; elles se multiplient de graines ou par la séparation des bulbes ou des rhizomes. — *Iris d'Allemagne; Flombe; Flamme* : en mai et juin, grandes fleurs blanches, jaunes ou d'un bleu pâle. — *I. de Florence* : racine odorante; fleur blanche. — *I. panachée* : en mai, fleurs blanches, veinées de pourpre. — *I. de Swert* : fleurs blanches, rayées de pourpre, à barbe jaune; stigmate pourpre. — *I. de Suze; I. deuil; I. tigrée* : grande fleur d'un brun violet, marbré de pourpre. — *I. naine; petite Flambe* : d'Autriche; tige de 0 m. 15 c.; au printemps, fleurs d'un bleu violacé, purpurines, rougeâtres, jaunes ou blanches, produisant un effet très-agréable en bordure. — *I. de Hongrie* : un peu plus haute; fleurissant une dizaine de jours plus tard. — *I. à long style* : d'Algérie; fleurs bleues, en avril; couverture de feuilles sèches pendant l'hiver. — *I. des marais* : indigène; fleurs jaunes; propre à orner les bassins — *I. spatulée* : fleurs bleues; pleine terre. — *I. de Sibérie* : feuilles rubanées; fleurs bleues ou blanches, veinées à la base et roussâtres. — *I. soyeuse* : de Sibérie; fleurs d'un bleu clair lavé de jaune, et striées de brun, paraissant en mai et juin. — *I. de Pallas* : de Sibérie; fleurs bleu-faïence. — *I. à feuilles de gramen* : fleurs violacées. — *I. dichotome* : fleurs d'un rose violacé. — *I. de Perse* : racine bulbeuse; en mars, fleur unique, d'un blanc lavé de bleu, marquée, aux divisions intérieures, d'une large tache de pourpre velouté, et d'une ligne jaune, ponctuée de pourpre; se cultive de préférence en pot sous châssis. — *I. hermodacte* : fleurs vertes, marquées de lignes jaunes; tache pourpre velouté sur les trois divisions intérieures; orangerie. — *I. scorpion* : hampe très-courte; fleurs odorantes, d'un beau bleu; divisions extérieures marquées d'une ligne jaune, et de traits bleus imitant la forme d'un scorpion; orangerie. — *I. fauve* : de l'Amér. sept. Fleurs rouge-orange; propre à orner le voisinage des bassins. — *I. de Virginie* : fleurs violettes, striées de pourpre foncé; terre humide. — *I. bulbeuse,* et *I. xiphioïde* : la première de Portugal et la deuxième d'Espagne; toutes deux à racines bulbeuses; fleurs charmantes offrant toutes les couleurs; relever les bulbes, après la dessiccation des feuilles, séparer les caïeux, rentrer en lieu sec les caïeux et les bulbes pour les replanter à l'automne.

ISOTOME *à feuilles axillaires* (lobéliacées). De la Nouvelle-Hollande. Bisannuelle. Tige rameuse, feuilles pennatifides, fleurs bleu pâle, longuement pédonculées, se succédant l'été e l'automne. Pleine terre l'été; orangerie l'hiver. Multipl. de boutures et de graines semées sur couche en mars. — *I. Petrœa* : annuelle ; touffe de 0 m. 25 c.; tout l'été, grandes fleurs blanches en étoile ; semer sur couche à la fin de mars.

ITÊA *à grappes* (saxifragées). De la Caroline. Arbrisseau de 4 à 5 m. Feuilles lancéolées. En été, grappes nombreuses de fleurs blanches. Terre marécageuse. Multipl. de graines et de marcottes. — *I. de Virginie* : 1 m. 20 c. à 1 m. 50 c. Feuilles ovales d'un beau vert; en juin, grappes de fleurs blanches; terre de bruyère. Multipl. en automne, de marcottes étranglées, faites avec des rameaux d'un an.

IXIA (iridées). Nous dirons de ce genre, comme nous avons dit du genre Iris, qu'il renferme un grand nombre d'espèces charmantes ; toutes sont du Cap, à l'exception de l'*I. bulbocode* qui est indigène; leurs caractères communs sont ceux-ci : racines bulbeuses et visqueuses, feuilles ensiformes ou linéaires, tiges grêles; quant aux fleurs, elles varient de grandeur, de forme, de couleur; quelques-unes sont odorantes, toutes sont jolies. Leur culture demande quelques soins particuliers. A la fin de l'automne, on plante en pleine terre de bruyère, sous châssis, les bulbes à 0 m. 04 c. ou 0 m. 05 c. de profondeur, en laissant entre eux un intervalle de 0 m. 08 c. à 0 m. 12 c.; on donne de l'air chaque fois que le temps le permet ; le châssis est enlevé dès que les gelées ne sont plus à craindre; les arrosements doivent être très-modérés et donnés en pluie très-fine ; on relève les oignons tous les deux ans, on les met en lieu sec et on les replante en octobre. Les Ixias peuvent aussi se cultiver en pots dont on remplit le fond de pierrailles, et qu'on place dans la terre de bruyère, couverte également d'un châssis pendant l'hiver. La multipl. se fait de semis qui fleurissent la troisième année, ou de caïeux qui fleuriesrent la deuxième. Nous citerons parmi les espèces les plus intéressantes : *I. bulbocode* : grandes fleurs en entonnoir, de toutes les nuances blanches, jaunes, bleues, violettes, rouges ou pourpres; — *I. orangé* : épi de 8 à 10 fleurs jaunes ou ponceau ; — *I. ouvert* : épi de 6 à 7 grandes fleurs d'un beau rouge carmin ; — *I. jaune-citron* : fleurs jaunes, marquées d'un cercle brun au centre; — *I. maculé* : épi de fleurs de diverses nuances, suivant les variétés, quelques-unes rayées de blanc et de jaune, toutes à fond rembruni et tranchant; — *I. à longues fleurs;* — *I. à plusieurs épis* : petites fleurs odorantes, blanches, rosées, quelquefois à fond vert, jaunâtres, rayées de carmin, et formant le plus souvent trois épis; — *I. cinnamome* : fleurs blanches intérieurement, de couleur de cannelle extérieurement, odorantes, s'ouvrant le soir pour se refermer le matin; — *I. tricolore* : fleurs rouges, à fond jaune; un trait noir velouté sépare les deux couleurs; — *I. à grandes fleurs* : grandes fleurs violettes, marquées de blanc à la base de leurs divisions; — *I. hyalin* : fleurs rosées, etc., etc. = Les Ixias fleurissent en avril, mai et juin; pour en jouir longtemps, on les préservera d'un soleil trop ardent, en les couvrant d'une toile légère.

J

JACÉE, voyez *Lychnide.*

JACINTHE *d'Orient* (liliacées). D'Asie. Vivace. Plante bulbeuse. Feuilles larges, dressées. Hampes d'environ 0 m. 30 c. Au printemps, fleurons plus ou moins nombreux, très-odorants, disposés autour de la tige, infondibuliformes, renflés à leur base, partagés à leur sommet en six divisions. Les variétés de cette plante, dont la culture est générale, sont aussi intéressantes que nombreuses; les Hollandais en possèdent, dit-on, plus de deux mille. Il y en a de simples, de semi-doubles et de doubles. Leurs couleurs sont le blanc, le jaune pâle, le bleu dans toutes ses nuances, le rose plus ou moins foncé et même le rouge. On les distingue dans le commerce en Jacinthes de Hollande et Jacinthes de Paris; les premières sont supérieures, mais chez nous elles dégénèrent promptement; les secondes, moins délicates, supportent mieux la culture en pleine terre. La plantation des Jacinthes se fait en septembre ou en octobre. Pour en former une planche, on creuse une fosse profonde de 0 m. 25 c., large de 1 m. et dont la longueur est déterminée par le nombre d'oignons à planter. On remplit cette fosse, à la hauteur de 0 m. 20 c., avec une terre composée de terre de bruyère, de sable fin et de terreau de fumier de vache, par parties égales. La surface étant bien unie, on y trace au cordeau, dans le sens de la longueur, des lignes parallèles, distantes les unes des autres de 0 m. 16 c., qu'on croise par d'autres lignes tracées dans le sens de la largeur et présentant les mêmes intervalles. On plante alors les oignons aux points d'intersection, en ayant soin de varier les couleurs (ce qui peut se faire de manière à former divers dessins) ; puis on recouvre la plantation de 0 m. 11 c. de terre qu'on dispose de façon à donner à la planche une légère pente vers le midi. Pendant les grands froids, on recouvre de feuilles ou de litière sèche qu'on enlève dès que les fortes gelées ont cessé. Sarcler, faire la chasse aux limaces, mettre des tuteurs aux tiges grêles, tels sont les soins à donner jusqu'à la floraison qui a lieu de la fin de mars à la fin d'avril. Les amateurs, pour garantir leurs planches des intempéries de la saison, les abritent au moyen de toiles ou de paillassons étendus sur des traverses que soutiennent des pieux. On lève les oignons en juillet, lorsque les tiges sont desséchées, on les fait sécher à l'air, et on les range sur des tablettes, dans un lieu bien sec, où on les laisse jusqu'à l'automne suivant. C'est au moment de la plantation qu'on détache les caïeux ; ceux-ci, cultivés de la même manière, mais plantés moins profondément et à de moindres distances, peuvent donner de belles fleurs au bout de trois ou quatre ans. Les semis de Jacinthes, dont les résultats sont lents et répondent rarement aux espérances de l'amateur, ne peuvent guère être pratiqués qu'en grand ; aussi les horticulteurs spéciaux sont-ils à peu près les seuls à s'en occuper. Les Jacinthes, comme beaucoup d'autres plantes, sont susceptibles d'être forcées ; c'est un moyen de jouir plus sûrement de la beauté de leurs fleurs. On les force en pots ; ou en les plaçant sur une carafe pleine d'eau, de manière que la couronne de l'oignon affleure le liquide ; l'eau, dans laquelle on jette quelques grains de sel pour l'empêcher de se corrompre promptement, doit être renouvelée au moins tous les mois. Avec ce procédé, il est presque impossible de conserver les oignons. On comprendra facilement que nous ne cherchions pas à donner ici une nomenclature aussi volumineuse que celle des Jacinthes ; les catalogues des horticulteurs suppléeront à cette lacune ; mais nous indiquerons un choix de belles variétés hollandaises que nous classerons par nuances :

JACINTHES BLANCHES.

Simples : — Hercule, — Thémistocle, — Voltaire, — Grand-Vainqueur, — Molière.

Doubles : — Miss Ketty, — La Tour d'Auvergne, — Og, roi de Bazan, — Sultan Achmet, — Mathilda, — Montesquieu, — Vestale.

JACINTHES JAUNES.

Simples : — La Pluie d'or, — Roi des Pays-Bas, — Jupiter, — Le prince d'Orange, — Anne-Caroline.

Doubles : — Duc de Berry doré, — Ophir, — L'Or végétal, — Louis d'or, — Bouquet d'Orange, — Crésus.

JACINTHES BLEUES.

Simples : — Bolivar, — Æmilius, — Crépuscule. — Bleu mourant, — Lord Nelson, — L'Ami du cœur, — Nemrod, — La plus noire, — Baron Van Tuyll, — Robinson, — Vulcain, — Oscar.

Doubles : — Bouquet pourpre, — A la mode, — Bonaparte, — Globe céleste, — Globe terrestre, — Murillo, — Necker, — Pasquin, — Roi des Pays-Bas, — Noir véritable.

JACINTHES ROUGES

dont la nuance varie du rose au rouge.

Simples : — Amphion, — Sapho, — L'Amie du cœur, — Cochenille, — L'Éclair, — Talma, — La Dame du lac, — Mars, — Aimable Rosette, — Félicitas.

Doubles : — Honneur d'Amsterdam, — Comte de Nassau. — Boerhaave, — Comtesse de La Coste, — Bouquet tendre, — Bouquet royal, — Acteur, — Rex rubrorum, — Madame Zoutmann, — Hécla, — Joséphine, — Maria-Louisa, — Racine, — Rouge pourpre et noir.

JALOUSIE, voyez OEillet.

JARDIN. Cet article, pour nous, sera court. Nous n'avons point à exposer les principes d'après lesquels se dessinent les jardins français, italiens ou anglais. Les personnes auxquelles ce petit livre s'adresse n'ont point la prétention de couvrir de bosquets, de prairies, de temples, de fabriques, de ruines, de pièces d'eau, de serres immenses, une superficie de quelques centaines de mètres carrés. Un espalier bien exposé, des plates-bandes disposées avec goût, une petite pelouse, quelques allées aboutissant à une corbeille ou à un petit bassin, deux ou trois massifs, une couple de châssis, une pièce au rez-de-chaussée, suffisamment aérée, éclairée, cumulant les deux emplois, d'orangerie et de serre tempérée, voilà ce que renferme le plus luxueux des jardins que nous avons en vue. Mais si modeste qu'il soit, il n'en sera pas moins agréable s'il est bien cultivé, proprement tenu, décoré d'un joli choix de fleurs ; une simple corbeille bien entretenue a autant de mérite que le plus grand des parcs, et plaît mieux quelquefois.

JASMIN (jasminées). De l'Asie. Arbuste volubile de 4 à 5 m. Feuilles pennées. Tout l'été, fleurs blanches, infondibuliformes, exhalant la plus suave odeur. Terre franche légère, à bonne exposition ; tapisse agréablement un mur ; couvrir le pied en hiver ; arroser fréquemment en été. Multipl. de rejetons, de boutures et de marcottes. Variété à feuilles panachées de blanc et de jaune. — *J. triomphant* : tiges sarmenteuses de 3 m. à 3 m. 50 c. Fleurs jaunes, très-odorantes ; même culture. — *J. à feuilles de Cytise* : buisson de 1 m. 30 c. ; feuilles persistantes ; petites fleurs jaunes ; rustique. — *J. d'Italie* : fleurs jaune pâle, sans odeur ; couverture l'hiver. — *J. à fleurs jaune d'or* : du Népaul ; arbuste de 3 m. ; petites ombelles de fleurs jaunes, inodores. — *J. à grandes fleurs* ; *Jasmin d'Espagne* : de l'Inde ; pendant l'été et l'automne, grandes fleurs d'une odeur suave, blanches intérieurement, nuancées de rouge au dehors ; terre franche légère ; orangerie ; tailler sur 3 ou 4 yeux, au printemps. — *J. à feuilles de troène* : du Cap ; fleurs semblables à celles du précédent, et même culture. — *J. sarmenteux* : du Cap ; rameaux grêles, panicules de fleurs très-odorantes ; même culture. — *J. des Açores* : feuilles persistantes ; fleurs blanches, d'une odeur suave ; même culture. — *J. à feuilles variables* : arbrisseau de 1 m. 30 c. à 4 m. ; même culture. — *J. pubescent* : fleurs jaunes, odorantes ; même culture. — *J. Jonquille* : presque toute l'année, fleurs jaunes, ayant l'odeur de la Jonquille ; même culture.

JASMIN D'AFRIQUE, voyez *Lyciet*.

JASMIN DE LA CAROLINE, voyez *Gelsemier*.

JASMIN ROUGE DE L'INDE, voyez *Ipomée.*

JASMIN TROMPETTE, {
JASMIN DE VIRGINIE, } voyez *Técoma.*

JASMINOIDE, voyez *Lyciet.*

JAUGE : nom donné à la rigole que le jardinier ouvre devant lui en commençant le labour, et qu'il comble avec la terre d'une seconde rigole, continuant ainsi jusqu'à ce que la planche entière soit labourée, et qu'il ait fait servir à combler la dernière jauge, celle qu'il avait tirée de la première et mise de côté.

JAUGE (mettre en) : ouvrir une tranchée et y coucher en travers, pour les recouvrir ensuite de terre, les racines des végétaux dont on ne fait pas immédiatement la plantation.

JONQUILLE, voyez *Narcisse.*

JOUBARBE *des toits* (crassulacées). Indigène. Vivace. Feuilles en rosettes. Épis unilatéraux de fleurs rougeâtres. Terre légère; peu ou point d'eau. Multipl. de rejets. — *J. toile d'araignée* : tiges velues de 0 m. 15 c., feuilles couvertes de poils blancs; fleurs purpurines, en été. — *J. globifères* : grandes fleurs jaunes. — *J. tortueuse* : de Madère; grappes de petites fleurs jaunes. Multipl. de boutures sur couche, et en terre légère et fraîche, au printemps. — *J. en arbre* : du Levant; tige de 1 m. 30 c.; rosette de feuilles oblongues à l'extrémité des rameaux ; grande panicule dressée de fleurs d'un beau jaune.

JUJUBIER (rhamnées). Arbrisseau épineux de 3 à 5 m. Feuilles oblongues, luisantes. Petites fleurs jaunes en juillet. Terre légère ; orangerie dans le nord. Multipl. de semis sur couche et sous châssis.

JULIENNE (crucifères). De la Dalmatie. Bisannuelle. Tiges de près de 1 m. Feuilles lancéolées, dentées. Fleurs en été, ressemblant à celles des Giroflées pour la forme, blanches ou violettes, et répandant, surtout le soir, une odeur des plus suaves. Terre franche substantielle; arrosement très-modéré. On cultive de préférence dans les jardins les variétés vivaces à fleurs doubles, blanches ou violettes, qui se multiplient de boutures et d'éclats. — *Julienne de Mahon; Giroflée de Mahon; Mahonille* : de Minorque; annuelle; en été, fleurs rouges ou lilas, devenant ensuite blanches ou violettes, ayant une odeur douce et agréable ; propre à faire des massifs et des bordures; on obtient une seconde floraison en tondant la plante aussitôt qu'elle est défleurie. Semer en place à l'automne ou au printemps.

JURINEA *ailée* (composées). De Sibérie. Bisannuelle Tige de 1 m. Feuilles lyrées et lancéolées. Capitules d'un rose tirant sur le violet Culture ordinaire. — *J. remarquable* : du Caucase; plus petite; capitules pourpres, disposés en panicules; arrosements très-modérés.

K

KADSURA *du japon* (schizandrées). Arbrisseau s'élevant de 2 à 5 m.; feuillage vert foncé; fleurs blanches; pleine terre.

KALMIA ou **KALMIER**, *à larges feuilles* (éricacées). De l'Amér sept. Arbrisseau d'environ 2 m., très-rustique. Feuilles oblongues, coriaces, persistantes. En été, corymbes de fleurs d'un beau rose, sillonnées de côtes anguleuses. Terre de bruyère, au nord. Multipl. de graines, de marcottes incisées et de boutures. Variétés à fleurs blanches. — *K. à feuilles étroites* : plus petit; feuilles blanches en dessous; petites fleurs d'un rouge vif. Multipl. de graines, de marcottes et de rejetons. — *K. glauque* : buisson de 0 m. 50 c.; feuilles glauques; au printemps, fleurs roses, plus grandes que celle du précédent; même culture. = Les jeunes plants de Kalmia demandent à être abrités pendant les trois ou quatre premiers hivers.

KERMÈS, voyez *Puceron*.

KERRIA *du Japon; corète du Japon* (rosacées). Arbrisseau de 2 m., rameux, diffus. Feuilles ovales, crénelées. Depuis février jusqu'en octobre, nombreuses fleurs jaunes, fort belles dans la variété à fleurs doubles, qui est celle qu'on cultive de préférence. Terre légère un peu fraîche, à mi-ombre. Multipl. facile de boutures

KETMIE *des jardins* (malvacées). Du Levant. Arbrisseau de 1 m. 50 c. à 2 m. 50 c. Feuilles ovales, trilobées. En été, fleurs simples ou doubles, semblables à celles de la rose trémière, offrant, suivant les variétés, les couleurs blanche, blanche à onglet rouge, rouge, pourpre, violette, nankin, nankin double. Terre franche légère, au midi. Multipl. de graines en terrine, au printemps, de boutures, de marcottes par incision ou de greffe. On doit tenir en pots les jeunes sujets pour les rentrer dans l'orange-rie pendant les deux premiers hivers.— *K. à feuilles de manihot*: en août, grandes fleurs jaunes à fond pourpre ; plante de serre chaude, mais qui, semée en pot sur couche au printemps, puis mise en pleine terre et abondamment arrosée pendant l'été, peut fleurir en septembre. — *K. rose de la Chine* : arbrisseau d'envi-ron 1 m. 50 c.; tout l'été, fleurs rouges simples ou doubles, fleurs blanches, fleurs jaunes doubles, fleurs aurore double, selon les variétés; serre tempérée ; multipl. facile de boutures sur couche chaude et sous châssis. — *K. pourpre* : des Indes orientales; fleurs d'un rouge éclatant, larges de 0 m. 12 c. Serre tempérée. — *K. à feuilles variées* : de la Nouv.-Holl.; tige de 2 m.; en juin, grandes et belles fleurs blanches , bordées de carmin; culture du *K. à feuilles de manihot;* rentrer en orangerie pendant l'hiver.— *K. vésiculeuse* : de l'Italie; fleurs jaune soufre, axillaires, marquées de brun à l'onglet; semer en pleine terre au printemps. — *K. d'A-frique* : semblable à la précédente ; fleurs trois fois plus grandes. *Ketmie moscheutos* : de l'Amér. sept.; vivace; tiges d'environ 1 m. 30 c.; feuilles allongées, dentées, blanches en dessous; vers la fin de l'été, fleurs blanches, à onglets pourpres. — *K. des ma-rais* : de l'Amér. sept.; vivace ; fleurs rose pâle. — *K. militaire* : de l'Amér. sept.; vivace; fleurs rose foncé. — *K. rose* : indigène, vivace ; fleurs roses : ces trois dernières espèces fleurissent en septembre et sont remarquables par la largeur de leurs fleurs, qui n'est pas au-dessous de 0 m. 11 c.; elles demandent une bonne terre franche, beaucoup d'eau en été, et un peu de litière sur les racines en hiver. — *K. éclatante* : de la Nouv.-Holl.; ar-brisseau dont les fleurs rose pâle, veinées de blanc et maculées de trois taches pourpres au fond, offrent une largeur de 0 m. 13 c.; beaucoup d'eau, en été; serre chaude en hiver, sans quoi les ti-ges périssent; multipl. de boutures en terre mélangée, sous cloche. *K. coccinée* : de la Caroline; vivace; tige de 2 m.; en automne, fleurs d'un rouge magnifique et aussi larges que celles de la pré-cédente ; terre de bruyère et orangerie l'hiver.

RITAIBELIE *à feuilles de vigne* (malvacées). De Hongrie. Bisannuelle, souvent vivace. Tiges de 2 m. 60 c. environ. Pen-dant l'été et l'automne, grandes fleurs blanches. Tout terrain. Multipl. de graines semées en place ou sur couche.

KOELREUTÉRIE *paniculée; Savonnier paniculé* (sapindacées). De la Chine. Arbre de 3 à 4 m. Feuilles pennées. En été, larges panicules de fleurs d'un beau jaune. Terre franche, légère, fraîche. Multipl. de rejetons, de marcottes, de boutures étouffées et de graines.

L

LACHÉNALIE (liliacées). Du Cap. Petite plante bulbeuse, fleurissant au printemps. Culture des Ixias. Les plus remarquables de ce genre sont : *L. à fleurs jaunes* : grandes fleurs pendantes, dont les divisions extérieures sont jaunes, bordées de vert, tandis que les intérieures sont verdâtres, bordées de jaune ; — *L. tricolore* : feuilles pointillées de pourpre à leur extrémité ; hampe de 0 m. 35 c. tachetée de rouge ; en avril, 12 à 20 fleurs en grappe, différant de celles de la précédente en ce que les divisions intérieures sont bordées de pourpre ; — *L. à fleurs pendantes* : en décembre-janvier, fleurs tubulées, d'un beau rouge, et dont les divisions intérieures sont marquées de violet et de vert, etc., etc.

LAGERSTRÉMIE *des Indes* (lythrariées). De la Chine. Arbrisseau de 2 m. 50 c. à 3 m. Rameaux rougeâtres. Feuilles ovales. Pendant l'automne, panicules de fleurs assez grandes, à pétales frisés et d'un rose foncé. Terre franche légère et substantielle, au midi ; orangerie ou couverture l'hiver. Multipl. de rejetons. Tailler court. Variété à fleurs violettes. — *L. élégante* : des Indes orientales ; plus robuste ; fleurs d'un rose vif, plus tardives et plus abondantes.

LAITRON *à grosses fleurs* (composées). Des Canaries. Souche ligneuse ; rameaux herbacés ; feuilles sessiles, oblongues, dentées ; corymbes de larges capitules jaunes. Orangerie ; peu d'eau l'hiver. Multipl. de graines semées sur couche et de boutures. — *L. en arbre* : tige ligneuse d'environ 2 m., portant un corymbe de gros capitules jaunes.

LAMBERTIE *à feuilles de romarin* (protéacées). De Botany-Bay. Arbrisseau d'environ 2 m. Feuilles lancéolées-linéaires, blanches en dessous. Au printemps, capitules coniques de fleurs roses, entourées d'écailles rouges. Terre de bruyère; arrosements modérés; orangerie. Multipl. de boutures.

LAMIER *orvale* (labiées). D'Italie. Vivace. Tiges nombreuses, rougeâtres, quadrangulaires, de 0 m. 65 c. Feuilles cordiformes, rugueuses. Au printemps, grandes fleurs blanches, lavées et maculées d'un beau rouge orange. Terre franche; mi-ombre. Multipl. d'éclats ou de graines sur couche.

LANTANA *à feuilles de mélisse* (verbénacées). De l'Amér. sept. Arbrisseau de 1 m. à 1 m. 30 c. Feuilles ovales et rudes, persistantes. Tout l'été, corymbes de fleurs jaunes, puis rouges. Terre à oranger; on peut le conserver l'hiver dans une orangerie bien sèche; il faut le placer, l'été, à une exposition chaude, et lui donner beaucoup d'eau. Multipl. de boutures sur couche et sous châssis; semé au printemps, le plant fleurit dans la même année. Parmi les nombreuses variétés de ce bel arbrisseau, nous recommandons : *L. Comtesse de Morny*, — *L. l'abbé Bourgeois*, — *L. Léda*, — *L. écarlate*, — *L. Impératrice Eugénie*, — *L. Virgile*, — *L. d'Henderson*, — *L. Goliath*, - *L. pourpre*, — *L. Lucrecia*. — *L. du Mexique* : fleurs aurore. — *L. bicolor* : corymbes réunissant des fleurs blanches et des fleurs pourpres. — *L. odorant* ; feuilles blanchâtres en dessous ; fleurs d'un lilas pâle. — *L. de Sellow* : du Brésil; corymbes de fleurs d'un rouge violet, nuancé de blanc; odeur aromatique.

LAPEYROUSIE *joncée* (iridées). Du Cap. Tige de 0 m. 40 c. à 0 m. 60 c. Feuilles ensiformes. Épi de fleurs d'un beau rose, en mai et juin. Culture des Ixias. Multipl. de caïeux.

LAURÉOLE, voyez *Daphné.*

LAURIER *franc*; *L. d'Apollon*; *L. commun*; *L. à sauce* (laurinées). Du Levant. Arbrisseau de 5 à 6 m. Feuilles ovales, d'un vert foncé, persistantes, coriaces. Au printemps, fleurs dioïques, jaunâtres, auxquelles succèdent des baies violacées. Terre franche à bonne exposition un peu abritée; couverture l'hiver. Multipl. de rejetons, de boutures étouffées, de racines et de graines en terrines, sur couche chaude. Variétés : *à feuilles ondulées; à feuilles panachées; à larges feuilles; à feuilles de saule.* — *Laurier de Catesby* : de la Caroline et de la Floride ; en juin, panicules terminales de fleurs blanches; couverture l'hiver ou orangerie.

LAURIER *de Portugal*; *Azarero* (rosacées). Arbrisseau de

5 m. Feuilles persistantes. Au printemps, grappes de petites fleurs blanches, remplacées par des fruits noirs. Terre franche; couverture l'hiver, lorqu'il est jeune. Multipl. de marcottes, de boutures et de graines.

LAURIER-ROSE; *Nérion* (apocynées). De l'Inde et du midi de l'Europe. Arbrisseaux en touffes de 0 m. 65 c. à 2 m. 50 c. Feuilles lancéolées et coriaces. De juillet en octobre, bouquets terminaux de fleurs roses, blanches, jaunes, simples ou doubles, de longue durée. Terre à oranger; bonne exposition, l'été; orangerie l'hiver; arrosements fréquents à l'air libre; une mouillure ou deux en orangerie. Multipl. de graines, de marcottes, de boutures et de greffe. Les espèces de ce genre sont nombreuses; celles qu'on cultive le plus ordinairement sont : *L. r. ordinaire* : du Midi ; fleurs roses.— *L. r. pourpre* : fleurs d'un pourpre foncé.— *L. r. à-fleurs blanches*. — *L. r. carné double* : fleurs doubles et carnées. — *L. r. odorant de l'Inde* et ses variétés à fleurs blanches, roses, carnées ou jaune-orange. — *L. r. Ragonot* : fleurs panachées, semi-doubles. — *L. r. Jeanne d'Arc* : fleurs en pyramide, blanches et odorantes.

LAURIER SAINT-ANTOINE, voyez *Epilobe*.

LAURIER TIN, voyez *Viorne*.

LAVANDE (labiées). Indigène. Arbuste à feuilles linéaires, roulées en dessous. Épis interrompus de fleurs bleuâtres verticillées. Terre ordinaire. — Multipl. de graines et de boutures. — *L. Stéchade*; terre légère, au midi ; orangerie l'hiver.

LAVATÈRE *à grandes fleurs; Mauve fleurie* (malvacées). D'Espagne. Annuelle. Tige d'environ 1 m. Feuilles cordiformes; en été, grandes fleurs blanches ou roses. Toute terre. Semer en mars pour repiquer en place. — *L. de Thuringe* : tiges velues de 2 m.; grandes fleurs roses. — *L. en arbre* : du Midi ; tige rameuse de 2 m.; panicules de grandes fleurs violettes, de juin en novembre; multipl. de graines; rentrer les jeunes pieds en orangerie pendant l'hiver. — *L. d'Hyères* ; indigène ; tige de 1 m. 60 c.; feuilles persistantes, blanchâtres; pendant l'été, fleurs roses en grand nombre; orangerie. — *L. de Madère* : en août, grandes fleurs d'un rouge vermillon; orangerie. — *L. des Canaries* : tige de 1 m. 60 c.; grandes fleurs blanches, lavées de rose, marquées de pourpre à la base de chaque pétale; terre franche légère; orangerie; multipl. de graines sur couche.

LÉDON *à larges feuilles* (éricacées). Arbuste de 0 m. 60 c. Feuilles roulées sur les bords, persistantes. Au printemps, corymbes de petites fleurs blanches. Terre de bruyère ombragée. Multipl. de rejetons et de marcottes. — *L. des marais* : des Alpes ; au printemps, ombelles sessiles de petites fleurs blanches. — *L. à feuilles de thym; Léiophylle* : de la Caroline ; touffe arrondie ; feuilles ovales, très-petites ; au printemps, fleurs blanches, réunies à l'extrémité des rameaux.

LÉONOTIS *queue de lion* (labiées). Du Cap. Arbrisseau de 2 m. Feuilles longues, persistantes. En été, longues fleurs aurore, en verticilles formant un épi. Tailler et mettre en pleine terre au printemps ; rentrer en orangerie l'hiver.

LÉPACHIS *à colonnes* (composées). Du Texas. Vivace. Larges capitules jaunes, maculés de mordoré; pédoncules anguleux. Pleine terre ordinaire, au soleil. Multipl. d'éclats et de graines.

LEPTOSPERME *à trois loges* (myrtacées). De la Nouv.-Holl. Arbrisseau toujours vert. Feuilles linéaires, aromatiques, terminées par une épine. En été, fleurs blanches à style pourpre. Terre de bruyère, beaucoup d'eau l'été ; rempotement tous les ans, et orangerie l'hiver. Multiplication de marcottes, de boutures étouffées, ou de graines semées au printemps en terre de bruyère et en terrines placées sur couche et sous châssis ; le jeune plant doit être repiqué à l'automne. — *L. à feuilles de genévrier.* — *L. thé* : on peut faire infuser ses feuilles comme celles du thé. — *L. pubescent.* — *L. à feuilles de lin.* — *L. à petites feuilles*, etc.

LESSERTIE *vivace* (papilionacées). Du Cap. Sous-arbrisseau de 0 m. 40 c. à 0 m. 65 c. Feuilles persistantes, pennées, blanches en dessous. En été, grappes de fleurs roses, veinées d'un rose plus foncé. Terre légère, au midi. Multipl. de graines sur couche chaude, et sous châssis, en pots qu'on met en pleine terre au printemps. — *L. annuelle* : du Cap ; plus petite que la vivace et ayant des fleurs moins nombreuses.

LEYCESTÉRIE *élégante* (caprifoliacées). Du Népaul. Arbrisseau d'environ 2 m. Feuilles ovales. Tout l'été, épis terminaux, pendants, de petites fleurs d'un rose pâle, disposées en verticilles. Fruits violets. Terre fraîche. Multipl. de graines, de boutures et de marcottes.

LIATRIS *en épi* (composées). De la Caroline. Tige de 0 m. 65 c. Feuilles linéaires, ponctuées. En été, long épi de capitules pourpres. Orangerie ou chassi, l'hiver. Multipl. de racines éclatées ou de graines sur couche. — *L. élégante* : capitules lilas. — *L. écailleuse* : corymbes de gros capitules d'un beau rouge, à involucre dont les écailles sont bordées de pourpre. — *L. à écailles rudes. L. multiflore.*

LIBERTIE *élégante* (commelinées). De la Nouv.-Holl. Vivace. Feuilles linéaires, lancéolées. Au printemps, fleurs blanches qui se succèdent jusqu'en juin. Terre de bruyère; orangerie. Multipl. de graines ou d'éclats.

LICHEN, voyez *Mousse.*

LIERRE *grimpant* (araliacées). Indigène. Arbrisseau, dont les tiges, appuyées à un mur, s'élèvent jusqu'à 13 m. de hauteur. Feuilles lobées, persistantes, d'un vert foncé et luisant. Fleurs insignifiantes. Baies noires. Toute terre. Multipl. de graines, de boutures ou de marcottes. Variétés à feuilles panachées de blanc ou de jaune. — *L. d'Irlande* : feuilles plus grandes; poussant plus vite.

LIGULAIRE *à grandes feuilles* (composées). Vivace. Feuilles radicales, ovales, de 0 m. 50 c. à 0 m. 70 c. Tiges rameuses d'environ 1 m. Nombreux capitules jaunes. Terre fraîche, ombragée. Multipl. de graines et par la séparation des touffes.

LIGULE : demi-fleuron d'une fleur composée; petite corolle tubulée vers sa base, dont le limbe se prolonge en forme de languette. — Petite lame placée au bas des feuilles des plantes graminées.

LILAS *commun* (oléinées). Tige de 5 à 6 m. Feuilles cordiformes. Au printemps, thyrses de fleurs d'un rose violet, exhalant l'odeur la plus suave. Toute terre. Multipl. de graines, de rejetons, de marcottes et de boutures : Variétés : *à feuilles panachées; à fleurs blanches; à fleurs pourpres; L. de Marly; L. royal* : ces deux dernières sont les plus belles de toutes. *L. de Perse* : arbrisseau d'environ 2 m.; feuilles plus petites ; fleurs grêles. Variétés : *à fleurs blanches; à feuilles de persil : L. Saugé* : thyrses plus épais et fleurs plus rouges; multipl. de marcottes et de greffes. —*L. Varin* : de la Chine; thyrses magnifiques de grosses fleurs d'un beau pourpre; multipl. de marcottes et de greffe. — *L. Jo-*

sika : de Hongrie ; panicules de fleurs violâtres, paraissant quinze jours plus tard que les autres. — *L. Emodi* : des Indes orientales ; petites fleurs semblables à celles du L. Perse, mais plus nombreuses.

LILAS-DES INDES, voyez *Azédarach*.

LIMBE : on appelle ainsi le bord supérieur et plus ou moins évasé d'une corolle, d'un calice. C'est aussi le nom qu'on donne à la partie plane et plus ou moins large d'une feuille.

LIMACE, ESCARGOT. Ces deux animaux sont un fléau dans les jardins et l'on ne saurait trop prendre souci de s'en débarrasser. Un moyen indiqué par M. Vetillard consiste à placer de petits tas de son de distance en distance ; les limaces s'y rassemblent et on les fait périr en répandant sur elles de la chaux en poudre. Mais le procédé le plus simple est de leur donner la chasse le matin et le soir, surtout lorsqu'il a plu et que le temps est doux. Il est facile aussi de détruire un grand nombre d'escargots, en les cherchant derrière le treillage des espaliers, dans les crevasses des murs, sous les touffes épaisses dont les feuilles de certaines plantes couvrent la terre.

LIMMANTHÈS *à fleurs roses* (limmanthacées). De la Californie. Annuel. Tiges couchées, épaisses. Feuilles découpées. Fleurs d'un rose pâle, à longs pédoncules. Terre franche légère. Multipl. de graines semées au printemps.

LIN *vivace* (linées). Indigène. De 0 m. 30 c. à 0 m. 60 c. Feuilles petites, lancéolées. Jolies fleurs bleues, tout l'été et une partie de l'automne. Terre franche. Multipl. de graines et d'éclats.— *L. campanulé* : tiges de 0 m. 20 c. ; feuilles glauques ; en été, grandes fleurs jaunes ; orangerie. — *L. sous-arbrisseau* : d'Espagne ; tiges de 0 m. 15 c. ; feuilles linéaires ; au printemps, grandes fleurs blanches, à onglets violets ; orangerie ; peu d'eau ; multipl. de racines et de boutures sur couche. — *L. en arbre* : de Candie ; panicule terminale de fleurs jaunes ; couverture l'hiver ou orangerie. — *L. à trois styles* : de l'Inde ; arbrisseau glabre de 0 m. 50 c., à feuilles ovales et à grandes fleurs jaunes ; orangerie. — *L. à grandes fleurs* : de l'Algérie ; annuel ; touffes de 0 m. 20 c., à grandes fleurs d'un beau rouge, qui se succèdent tout l'été ; semer au printemps. — *L. visqueux* : de Hongrie ; vivace ; tiges rameuses ; grandes fleurs roses ; couverture l'hiver ou orangerie.

LINAIRE *des Alpes* (scrophularinées). Vivace. Feuilles quaternées, obovales, lancéolées. Au printemps, grappes terminales de fleurs bleu clair, à palais saillant d'un rouge vif. Terre de bruyère ombragée; châssis l'hiver. Multipl. de boutures et de graines. = *L. à grosses fleurs* : du Portugal; vivace; feuilles lancéolées, luisantes; grosses fleurs violettes à palais jaune ; très-peu d'eau; châssis l'hiver. — *L. à fleurs d'orchis* : du Maroc ; annuelle; grappes de fleurs, bleu violet, à palais blanchâtre, marqué de safran. — *L. à trois feuilles* : de Sicile; annuelle; grandes fleurs jaunes, marquées de violet. Semer en mars, ainsi que la précédente.

LINNÉE *boréale* (caprifoliacées). Des Alpes. Vivace. Tiges basses et couchées. Petites feuilles arrondies. En mai, fleurs en grelots, blanches en dehors, roses en dedans, exhalant une odeur suave. Terre de bruyère ombragée ; couverture l'hiver. Multipl. de boutures et de marcottes.

LIPARIA *sphérique* (papilionacées). Du Cap. Arbrisseau de 1 m. à 1 m. 30 c. Feuilles dressées, lancéolées, piquantes. En été, bouquets de fleurs d'un beau jaune. Terre franche légère. Multipl. de boutures.

LIS (liliacées). Ce genre comprend un grand nombre de plantes bulbeuses, dont la plupart font le plus bel ornement des jardins. Ces plantes, à l'exception du *L. commun* et du *L. orangé*, demandent la terre de bruyère pure ou mélangée d'un quart de terre franche et d'un quart de terreau de feuilles. Elles se multiplient de caïeux qu'on sépare tous les trois ans, en replantant immédiatement l'oignon (*L. commun*), si l'on veut avoir des fleurs l'année suivante, ou de graines, si l'on cherche à obtenir des variétés; quelques-unes se multiplient de bulbilles qui naissent à l'aisselle des feuilles. Les Lis ont pour ennemi un petit coléoptère à élytres rouges, nommé *Criocère du Lis*, qui souille et détruit successivement les feuilles, les tiges et les fleurs; on ne saurait trop prendre soin de lui donner la chasse. — Voici les espèces les plus recherchées : *L. blanc commun* : du Levant; une des plus belles parmi les plantes qui concourent à l'ornement de tous les jardins, grands ou petits ; variétés *à feuilles bordées, à feuilles panachées, ensanglanté, à fleurs en épi.* — *L. du Japon* : très-grandes fleurs, blanches en dedans, marquées de pourpre en dehors ; terre de bruyère mélangée. — *L. bulbifère* : des Alpes ; bulbilles à l'ais-selle des feuilles ; fleurs d'un rouge orange, pointillées de brun, variétés : *petit bulbifère ; à feuilles panachées ; à fleurs doubles.*— *L. orangé* : d'Autriche ; fleurs en ombelle, d'un rouge safrané, ponctuées de taches noires ; variété naine, plus délicate. — *L. de la Caroline* : fleurs jaune orange, tigrées en dedans à la gorge des pétales ; terre de bruyère. — *L. de Philadelphie* : fleurs rouges, ponctuées de noir à la base ; terre de bruyère. — *L. à longues fleurs* : fleurs d'un blanc pur ; terre de bruyère mélangée. — *L. turban* ou *de Pompone* : des Pyrénées et de Sibérie ; en juil-let, fleurs ponceau, imitant la forme d'un turban ; terre légère, ombragée ; beaucoup d'eau. — *L. de Chalcédoine* : fleurs écar-lates, roulées ; terre de bruyère mélangée. — *L. des Pyrénées* : fleurs jaune citron, ponctuées de rouge brun. — *L. martagon* : des Alpes et de l'Auvergne : tige luisante et ponctuée de noir ; feuilles verticillées ; en été, grappes de fleurs d'un rouge pourpré, à divisions renversées, ponctuées de noir à la base ; terre de bruyère mélangée : variétés nombreuses. — *L. du Canada* : à la fin de juillet, fleurs jaune orange, à divisions renversées, ponc-tuées de pourpre ; terre de bruyère. — *L. superbe* : de l'Amérique bor. ; tige atteignant la hauteur de 1 m. 70 c. à 2 m. 50 c. ; qua-rante fleurs terminales et plus, de moyenne grosseur, d'un beau rouge, ponctuées de brun ; terre de bruyère pure, à mi-om-bre ; couverture l'hiver. — *L. tigré* : de la Chine ; tige laineuse, violette ; en juillet, thyrse de douze à quarante fleurs rouge-orange, ponctuées de brun, à divisions roulées ; terre légère ; bul-billes à l'aisselle des feuilles. — *L. du Kamtschatka* : en juillet, ombelle de fleurs jaunes, ponctuées de pourpre, à divisions ren-versées ; terre de bruyère au levant. — *L. monadelphe* : en juin, fleurs jaunes, piquetées de rouge ; terre de bruyère. — *L. conco-lore* : en juin, fleurs terminales d'un rouge écarlate ; terre de bruyère à mi-ombre. — *L. à feuilles lancéolées* : du Japon ; fleurs blanches, odorantes, d'une largeur de 0 m. 13 c., à divisions ren-versées ; variétés : *à fleurs ponctuées, à fleurs rouges.* — *L. de Brown* : du Japon. Hampe de 0 m. 50 c. ; belle fleur blanche, lavée de pourpre violacé en dehors ; rustique. — *L. chamois ; Isabelle* : tige feuillée de 2 m. ; fleurs grandes et nombreuses à fond cha-mois. — *L. de Wallich* : du nord de l'Inde ; bulbes groupées ;

8.

tiges atteignant jusqu'à 2 m. de hauteur ; fleurs solitaires, d'un blanc lavé de vert à l'extérieur et de jaune à l'intérieur, larges et longues d'environ 0 m. 20 c. — *L. gigantesque* : du Népaul ; feuilles cordiformes, très-grandes ; immense grappe terminale de fleurs réfléchies, maculées ou lavées de pourpre à l'intérieur. Terre tourbeuse, légère, humide, à mi-ombre.

LIS ASPHODÈLE ou **LIS JAUNE**, voyez *Hémérocalle*.

LIS DE GUERNESEY, voyez *Amaryllis*.

LIS DES INCAS, voyez *Alstroémère*.

LIS JACINTHE, voyez *Scille*.

LIS JAUNE DORÉ, voyez *Amaryllis*.

LIS DE MAI, voyez *Muguet*.

LIS NARCISSE, voyez *Amaryllis* et *Pancratium*.

LIS SAINT-BRUNO, voyez *Phalangère*.

LIS SAINT-JACQUES, voyez *Amaryllis*.

LISERON, voyez *Convolvulus*.

LITIÈRE, voyez *Paillassons*.

LOBÉLIE *cardinale* (lobéliacées). De la Virginie. Vivace. Tige d'environ 1 m. Feuilles ovales, pointues. Tout l'été, longues grappes de grandes fleurs écarlates. Terre franche légère, fraîche, à mi-soleil ; orangerie ou couverture l'hiver. Multipl. d'éclats à l'automne, de boutures au printemps, de graines sur couche, aussitôt qu'elles sont mûres. Variété *à fleurs roses*. — *L. éclatante* : du Mexique ; plus haute ; fleurs plus larges et d'un rouge plus beau ; séparer les pieds tous les ans. — *L. brillante* : du Mexique ; fleurs pubescentes, d'un rouge magnifique ; orangerie. — *L. syphilitique* : de Virginie ; fleurs bleues ; semer en terre meuble et humide. — *L. couleur de feu* : du Brésil ; au milieu de l'été, grappe unilatérale de larges fleurs rouge-feu. — *L. céleste* : touffe basse, couverte d'épis terminaux d'un joli bleu ; terre substantielle. — *L. bicolore* : du Cap ; pendant une partie de l'année, fleurs axillaires, d'un bleu vif, marquées de blanc à la gorge. — *L. de Ghiesbreght* : hauteur de près de 2 m.; belles fleurs amarantes, nuancées de ponceau ; terre substantielle ; orangerie l'hiver. — *L. rameuse* : de la Nouv.-Holl.; annuelle ; tiges de 0 m. 35 c. En été, larges fleurs d'un beau bleu, nuancées de blanc à l'extérieur. Semer en automne, rentrer le plant l'hiver, mettre en place au printemps, dans une terre légère. — *L. à* *feuilles variables* : de la Nouv.-Holl.; annuelle; plus grande que la précédente. — *L. Erine* : du Cap ; annuelle; ressemblant à la *L. bicolore* ; fleurs plus petites ; propre à faire des bordures, ainsi que la *L. pubescente* à fleurs blanches.

LOIR, MULOT, RAT, SOURIS : quatre ennemis contre lesquels il faut employer tous les piéges possibles : pots enterrés, quatre-de-chiffres, ratière, souricières, mais dont on ne parviendra jamais mieux à se débarrasser qu'en ayant un bon chat.

LOPÉZIE *à grappes* (énothérées). Du Mexique. Annuelle. Feuilles ovales, pointues. Pendant toute la belle saison, grappes de petites fleurs roses. Terre légère, à bonne exposition. Semer en pots sur couche chaude au printemps, et repiquer en motte.

LOPHOSPERME *à fleurs roses* (scrophularinées). Du Mexique. Arbrisseau grimpant de 2 à 3 m. Racine tuberculeuse. Grandes feuilles cordiformes, cotonneuses. De juin à novembre, grandes fleurs roses, pubescentes à l'extérieur, tubuleuses, offrant à l'intérieur deux lignes de poils jaunes. Terre à oranger; lever et rentrer la racine pendant l'hiver, pour la replanter au printemps. Multiplication de boutures et de graines. — *L. grimpant* : du Mexique ; fleurs glabres, d'un plus beau rose. — *L. de Jackson* : fleurs jaspées de blanc.

LOTIER ODORANT, voyez *Baume du Pérou*.

LOTIER *rouge* (papilionacées). Annuel. Tige de 0 m. 35 c. Feuilles ternées. En été, fleurs d'un beau rouge cramoisi. Terre franche un peu abritée. Multipl. de graines sur couche. — *L. de Saint-Jacques* : d'Afrique; bisannuel ; fleurs brunes; terre légère; orangerie; peu d'eau l'hiver. Variété à fleurs mordorées.

LUNAIRE *annuelle*; *Monnayère*; *Monnaie du Pape* (crucifères). De la Suisse. Bisannuelle. Tiges de 1 m. Grandes feuilles cordiformes. Au printemps, grappes de fleurs blanches, rouges ou panachées. Toute terre, un peu fraîche. Multipl. de graines. — *L. vivace* : plus petite, fleurs plus pâles.

LUPIN (papilionacées). Genre de plantes qui renferment un grand nombre d'espèces, presque toutes d'un bel effet dans les jardins. Leur culture exige une terre siliceuse, légère et fertile, et mieux encore la terre de bruyère mélangée. Les Lupins annuels, vivaces ou frutescents peuvent être semés en place ; cependant il vaut mieux semer en pot et repiquer avec la motte les frutescents et les vivaces. Quelques-uns demandent l'orangerie ou le châssis. Leurs feuilles sont composées de 6 à 12 folioles rayonnantes ; elles sont entières dans quelques espèces. Tous ont les fleurs en grappes simples. — *L. blanc* : du Levant ; fleurs blanches.— *L. à bractées* : de Montevideo. Fleurs bleues.— *L. varié* : de l'Europe ; fleurs bleues et blanches. — *L. hérissé* : de l'Europe ; fleurs bleues. — *L. à feuilles étroites* : de l'Espagne; fleurs bleues. — *L. jaune* : de Sicile; fleurs jaunes. — *L. velu* : de l'Europe; fleurs roses.—*L. à feuilles de lin* : d'Espagne; fleurs bleues. —*L. à petit fruit* : du Chili; fleurs bleues.—*L. d'Égypte* : fleurs blanches. — *L. bicolore* : de l'Amér. sept.; fleurs d'un bleu pâle. — *L. nain* : de la Californie; petites fleurs bleues.—*L. succulent* : de l'Amér. sept.; fleurs d'un bleu foncé.=Toutes les espèces que nous venons d'indiquer sont annuelles.— *L. polyphylle* :de la Colombie; vivace; fleurs bleues. Variété à fleurs blanches. — *L. à fleurs larges* : de la Colombie ; vivace ; fleurs d'un bleu rosé.—*L. à fruit jaune* : vivace; fleurs roses.—*L. vivace* : de l'Amér. sept.; vivace; fleurs bleues. — *L. argenté* : de l'Amér. sept., vivace; fleurs blanches. *L. orné* : de la Colombie; vivace; fleurs d'un bleu rosé.— *L. aride* : de l'Amér. sept.; vivace; fleurs d'un bleu pourpré. — *L. à poil* : de la Caroline; vivace; fleurs rosées.— *L. de Nootka* : vivace; fleurs pourpres.—*L. soyeux* : de l'Amér. sept.; vivace; fleurs pourpres. — *L. sabinien* : de la Colombie ; vivace; fleurs jaunes. — *L. littoral* : de la Colombie ; vivace; fleurs d'un bleu rosé. — *L. triste* : de la Californie; vivace; fleurs brunes. — *L. d'Hartweg* : du Mexique; vivace ; fleurs d'un bleu clair, mêlé de blanc. = Toutes les espèces qui suivent sont frutescentes ; plusieurs d'entre elles se cultivent comme plantes annuelles. — *L. en arbre* : du Mexique; 2 m. de hauteur; petites fleurs d'un jaune pâle. — *L. de Marshall* : 1 m. 60 c. de hauteur; fleurs bleues; châssis l'hiver. — *L. joli* : du Mexique ; 1 m. de hauteur; toujours vert; fleurs d'un bleu pourpré ; châssis l'hiver. — *L. versicolore* : du Mexique; fleurs bleues et roses ; châssis l'hiver. — *L. tomenteux* : du Pérou; fleurs bleues et roses; châssis l'hiver. *L. multiflore* : de Montevideo; 1 m. 60 c. de hauteur; feuilles persistantes; fleurs bleues; châssis l'hiver. — *L. du Mexique* : de près de 2 m.; fleurs bleues. — *L. arbousier* : de la Californie; 0 m. 50 c. de hauteur; fleurs roses; châssis l'hiver. —

L. changeant : de Bogota; 1 m. 60 c. de hauteur ; fleurs odorantes, bleues et jaunes; cet arbrisseau doit être cultivé comme
plante annuelle par les amateurs qui n'ont point de serre chaude.
— *L. de Cruiksanck* : du Pérou; semblable au précédent; fleurs
plus belles ; même culture. — *L. canaliculé* : de Buénos-Ayres;
fleurs bleues, châssis l'hiver.

LUZERNE *en arbre* (papilionacées). Du levant. Arbrisseau
de 1 m. à 1 m. 30 c. Feuilles persistantes. Tout l'été, fleurs d'un
beau jaune. Terre légère; orangerie. Multipl. de graines, de boutures et de marcottes.

LYCHNIDE *de Chalcédoine*; *Croix de Jérusalem* (caryophyllées). Vivace, Tiges simples de 0 m. 65 c. à 1 m. Feuilles obovales. Pendant l'été, fleurs en cimes, d'un très-beau rouge.
Terre franche, légère, un peu fraîche, au midi. Multipl. de
graines, de boutures ou d'éclats. Variétés à fleurs roses, blanches, safranées, et à fleurs doubles de la même couleur que celles
du type; celle-ci doit être couverte l'hiver. — *L. laciniée; Véronique des jardiniers* : indigène; vivace; tige de 0 m. 35 c.; feuilles étroites; au printemps et en été, fleurs rouges ou blanches,
semblables à de petits œillets; plante délicate; variétés : naine; à
fleurs doubles. — *L. dioïque; Jacée; robinet; Compagnon blanc* :
indigène; vivace; tiges de 0 m. 40 c. à 0 m. 50 c.; feuilles ovales;
au printemps, fleurs doubles, rouges ou blanches. Multipl. par la
division des touffes en août. Variété ressemblant à la rose pompon, par ses fleurs. — *L. rose-du-ciel* : du levant; annuelle; en
juillet, nombreuses fleurs d'un joli rose. — *L. des jardins; Œillet de Dieu; Passe-fleur* : d'Italie; bisannuelle; tige de 0 m. 50 c.,
cotonneuse, ainsi que les feuilles; en été, nombreuses fleurs blanches, écarlates, pourpres, simples ou doubles, ayant la forme
d'œillet; multipl. de graines semées dès qu'elles sont mûres, et
repiquées en mars; il faut éclater les doubles en automne, pour
les replanter immédiatement. — *L. visqueuse; Bourbonnaise* : indigène; vivace; tiges visqueuses de 0 m. 35 c.; fleurs purpurines
au printemps; couverture pour garantir de la neige; variété à
fleurs doubles. — *L. des Alpes* : vivace; tiges de 0 m. 60 à 0 m.
80 c. Au printemps, nombreuses fleurs pourpres en tête terminale; terre de bruyère fraîche — *L. à grandes fleurs* : de la Chine;
vivace; tiges rameuses de 1 m.; en été, grandes fleurs axillaires

d'un beau rouge; terre de bruyère; couverture de litière sèche, en hiver; multipl. de boutures, ou de graines semées sur couche au printemps, repiquées en pot, rentrées en orangerie et mises en place l'année suivante. — *L. fleur de Jupiter* : vivace; en été, corymbes de fleurs purpurines; cette espèce craint l'humidité.—*L. de Bunge* : des monts Altaï; vivace; tiges de 0 m. 50 c.; fleurs terminales d'un rouge foncé; terre de bruyère un peu ombragée. — *L. éclatante* : de Sibérie; vivace; tige d'environ 0 m. 30 c.; fleurs d'un rouge magnifique; mi-ombre; multipl. de graines et d'éclats.

LYCIET *à feuilles lancéolées* (solanées). Indigène. Arbrisseau de 2 m. 30 c. à 2 m. 70 c. Feuilles ovales. Fleurs d'un blanc rosé; baies d'un rouge orangé. Tout terrain. Multipl. de rejetons et de boutures. — *L. Jasmin d'Afrique* : fleurs violettes; fruits noirs : orangerie. — *L. de la Chine* : fleurs violettes; baies rouges. — *L. à fleurs de Fuchsia* : de la Colombie : arbrisseau de 1 m. à 1 m. 30 c.; grappes de belles fleurs rouges, pendantes; serre tempérée; multipl. de boutures et de marcottes.

LYPÉRIE *violacée* (scrophularinées). Du Cap. Annuelle. Petite plante à feuilles oblongues et à fleurs lilas, axillaires. Terre légère.

LYSIMACHIE, LYSIMAQUE *à feuilles de saule* (primulacées). D'Espagne. Vivace. Tiges de 1 m. 50 c. à 1 m. 60 c. Feuilles lancéolées. En été, grappes de fleurs blanches. Terre franche, légère, humide, au midi. Multipl. d'éclats, ou de graines semées sur couche, qu'on arrose fréquemment. — *L. ponctuée* : d'Allemagne : en été, fleurs jaunes. — *L. verticillée* : du Caucase; la plus belle espèce du genre. — *L. hybride* : de l'Amér. sept.; fleurs jaunes tout l'été et tout l'automne jusqu'aux gelées. — *L. à fleurs en thyrse* : grappes serrées, axillaires de petites fleurs jaunes.

M

MACLEYA *à feuilles en cœur* (papavéracées). Vivace. De 1 m. 30 c. à 2 m. Grandes feuilles cordiformes, blanches en dessous. En été, panicule de petites fleurs blanches. Terre ordinaire. Couverture pendant les grands froids. Multipl. d'éclats et de graines.

MADAIRE *élégante* (composées). Du Chili. Annuelle. Tige de 1 m.; rameaux divergents. Feuilles sessiles, velues. En été et en automne, capitules jaunes, larges ; rayons rougeâtres à la base. Semer au printemps ou à l'automne.

MAGNOLIER (magnoliacées). Genre composé d'arbres et d'arbrisseaux d'une grande beauté. Nous ne parlerons ici que de ceux dont les dimensions permettent de les employer dans les jardins que nous avons en vue. — *M. à fleurs brunes* : de la Chine. Arbrisseau de 1 m. à 2 m. 50 c.; feuilles oblongues ; en automne, fleurs d'une odeur agréable, roussâtres, bordées de carmin : terre franche, profonde, substantielle, sèche, abritée ; orangerie. Multipl. de graines semées aussitôt qu'elles sont mûres, en terrine et dans la terre de bruyère, sur couche tiède et sous châssis. — *M. glauque ; arbre de castor* : de l'Amér. sept.; arbrisseau d'environ 5 m.; feuilles glauques en dessous ; en été, fleurs très-odorantes, blanches, larges de 0 m. 08 c. à 0 m. 10 c. Terre de bruyère, fraîche ; rustique. — *M. discolore* : du Japon; 1 à 4 m. de hauteur ; feuilles caduques en plein air, persistantes en orangerie ; au printemps, grandes fleurs campanulées, blanches en dedans, pourpres en dehors. — *M. grêle* : du Japon ; se rapprochant du précédent; fleurs pourpres. — *M. de Thompson* : pyramidal ; fleurs blanches, larges de 0 m. 14 c. à 0 m. 18 c.

MAHALEB, voyez *Cerisier odorant*.

MAHONIA, MAHONIE *rampante* (berbéridées). De l'Amérique sept. Sous-arbrisseau de 0 m. 30 c. à 0 m. 40 c. Feuilles épineuses, pennées, persistantes. Grappes de fleurs jaunes. Baies d'un bleu noirâtre. Terre de bruyère ombragée. Multipl. de graines et de rejetons. — *M. à feuilles de houx* : de l'Amér. sept.; 1 m. 50 c. de hauteur ; feuilles d'un vert brillant, persistantes ; au printemps, grappes de fleurs jaunes. — *M. à fleurs fasciculées* : de la Californie ; 2 m. de hauteur ; panicules de fleurs jaunes. — *M. à feuilles nervées* : de l'Amér. sept.; fleurissant de l'automne au printemps. — *M. intermédiaire* : buisson de 2 à 3 m. — *M. à grandes feuilles; M. glumacée, du Japon, de Fortune*, etc.

MAHONILLE, voyez *Julienne*.

MALADIES DES PLANTES, voyez *Blanc, Rouge, Rouille, Cloque, Chancre, Lichen, Mousse, Fumagine*.

MALOPE *à grandes fleurs* (malvacées). Annuelle. Tiges de 0 m. 65 c. à 1 m. Pendant l'été et l'automne, grandes fleurs d'un rose vif. Toute terre, toute exposition. Semer sur couche en mars; repiquer en place. Plante très-rustique. — *M. à trois lobes* : fleurs moins grandes et moins roses. Variété à fleurs blanches.

MAMILLAIRE (cactées). Plante grasse, ronde ou oblongue, mamelonnée en spirale, ayant chacun de ses mamelons hérissé de soies et d'épines, fleurissant entre les mamelons supérieurs, ayant le calice adhérent par le tube avec l'ovaire, et le fruit d'un rouge vif, en forme d'olive; terre légère substantielle; multiplication de graines et de boutures. (Voir, pour plus de détails, la culture des cactées en général au mot *Cierge*.) — *M. à longs mamelons* : fleurs jaunes, s'ouvrant au soleil, larges de 0 m. 05 c. — *M. à longues épines* : fleurs blanchâtres. — *M. simples* : fleurs blanches. — *M. discolore* : fleurs rouges en dehors, blanches en dedans. — *M. couronnée* : fleurs tubuleuses, d'un beau rouge carmin. — *M. à épines cuisantes ; M. à vrilles ; M. hérissée ; M. prolifère ; M. tête de Méduse*, etc.

MANDRAGORE *d'automne* (solanées). De la Grèce et de l'Italie. Vivace. Feuilles radicales, ondulées, velues, très-grandes. Hampes courtes. Fleurs solitaires, d'un violet bleuâtre, campanulées, puis s'ouvrant en étoiles. Couverture pendant l'hiver. — *Mandragore de printemps* : même culture.

MARCOTTE : opération par laquelle on provoque la production des racines sur une ou plusieurs des branches d'une plante, en les enterrant sans les détacher de la plante. — *Marcotte simple* : on couche en terre, à environ 0 m. 08 c. de profondeur, une ou plusieurs branches qu'on y fixe par des crochets en bois, et qu'on recouvre de terre. — *Marcotte par provin* : on redresse avec ménagement l'extrémité restée hors de terre. — *M. en serpenteaux* : le sommet demeuré hors de terre de la branche marcottée est recouché une ou plusieurs fois, afin de fournir deux, trois marcottes ou même un plus grand nombre. — *M. par strangulation* : *étranglée* : l'écorce de la branche marcottée est serrée, suivant sa nature, avec un fil de lin, de laiton ou de fer, près d'un œil et au-dessous. — *M. par torsion* : si l'on opère sur une plante sarmenteuse à écorce mince, on tord la branche marcottée à l'endroit où l'on veut que poussent les racines. — *M. par circonci-*

sion : on enlève un anneau de l'écorce au-dessous d'un œil, ce qui détermine au bord supérieur de la plaie un bourrelet d'où partent les racines. — *M. par incision en fente simple* : on fend dans son milieu la branche marcottée, et l'on introduit une petite pierre dans la fente, pour tenir les deux parties écartées. — *M. par incision à talon* : on incise horizontalement la branche jusqu'au milieu de son épaisseur, avec un canif ou un greffoir, un peu au-dessous d'un nœud, puis on détourne le tranchant de l'instrument et l'on fend la branche en deux, en remontant de 0 m. 025 mil. seulement; la branche est alors enterrée de manière que le talon soit dans une position à peu près perpendiculaire, et la branche relevée pour présenter son extrémité hors de terre. Ce genre de marcotte est applicable aux plantes herbacées et surtout aux œillets.

Quand les marcottes ne peuvent pas être couchées dans le sol, c'est-à-dire quand une branche est trop élevée, trop dure ou trop cassante, on entoure de terre la branche à marcotter, à l'aide de vases en plomb, en ferblanc, en terre cuite ou en verre. Ces vases, qui ont ordinairement la forme d'un cornet, s'ouvrent en deux parties qu'on rapproche pour y enfermer la partie marcottée; ils sont soutenus par de petits piquets, ou suspendus à la partie supérieure de la plante. = Les marcottes réussissent d'autant mieux qu'elles ont été faites dans une terre légère, dans le sable pur quelquefois, et qu'on les entretient dans une humidité très-modérée, mais constante. Pour obtenir ces deux conditions, on place à peu de distance de la marcotte un vase plein d'eau, avec lequel on la met en communication au moyen d'une mèche de coton, dont une extrémité plonge dans la terre de la marcotte, et l'autre dans l'eau du vase. Nous omettons quelques espèces de marcottes qui trouveraient difficilement leur application dans un jardin d'agrément de moyenne grandeur.

MARGUERITE; *Pâquerette; Fleur de Pâques* (composées). Indigène. Vivace. Trop connue pour être décrite. Terre franche légère, fraîche, à mi-ombre; relever la plante tous les ans, pour empêcher qu'elle ne dégénère. Multipl. d'éclats. Variétés. *Blanche; rouge; rose; à cœur vert; prolifère; à tuyaux rouges; à tuyaux blancs.*

MARJOLAINE, voyez *Origan.*

9

MARRONNIERS *d'Inde* (hippocastanées). Beaux arbres dont les dimensions ne permettent guère l'emploi dans un jardin ordinaire.

MARTAGON, voyez *Lis*.

MATRICAIRE *commune*, voyez *Pyréthre*.

MATRICAIRE *mandiane ; Anthémis faux Parthénium* (composées). Vivace. Tiges de 0 m. 65 c. Feuilles bi-pennées. Pendant l'été et l'automne, corymbes paniculés de fleurs blanches, très-doubles. Tout terrain ; couverture l'hiver. Multipl. de graines, d'éclats et de boutures.

MAURANDIE *de Barclay* (scrophularinées). Du Mexique. Arbrisseau volubile de 5 à 7 m. Feuilles hastées. Pendant l'été et l'automne, grandes fleurs d'un beau bleu violacé. Terre légère substantielle ou terre de bruyère ; orangerie ou couverture l'hiver. Multipl. de marcottes ou de graines sur couche. — *M. toujours fleurie* : de 1 m. 50 c. à 2 m.; fleurs roses. — *M. à fleurs de muflier* : fleurs lilas. — *M. scarlet* : fleurs lilas pourpre.

MAUVE *frisée* (malvacées). D'Autriche. Annuelle. Tige d'environ 2 m. Grandes feuilles lobées, frisées sur les bords ; en été, petites fleurs blanches. On dresse avec les feuilles les assiettes de dessert. Toute terre au soleil. Semer les graines aussitôt qu'elles sont mûres. — *M. divariquée* : du Cap ; arbrisseau couvert, pendant l'été et l'automne, de fleurs blanches, rayées de carmin. — *M. du Cap* : fleurs roses pendant tout l'été. — *M. effilée* : fleurs lilas tendre, à odeur de vanille ; orangerie ; on peut la cultiver comme plante annuelle, en la semant sur couche au printemps. — *M. de Mauritanie* : de l'Afrique boréale ; annuelle ; grandes fleurs blanches, striées de pourpre ou de violet. Semer sur couche au printemps et repiquer en place.

MAUVE *fleurie* ; voyez *Lavatère*.

MÉCONOPSIS *à fleurs jaunes* (papavéracées). Indigène. Vivace. Feuilles velues, d'un vert gai. Grandes fleurs jaunes, longuement pédonculées. Terre légère, humide. — *M. de Wallich* : de l'Himalaya ; panicule de grandes fleurs réfléchies, bleu d'azur.

MÉLALEUQUE *à feuilles de Millepertuis* (myrtacées). Des Indes. Arbrisseau de 3 à 4 m. Feuilles ovales, opposées. Pendant l'été et l'automne, épis de fleurs d'un beau rouge, ponctuées de jaune, rangées autour des rameaux ; nombreuses étamines rouges rès-longues. Terre de bruyère mélangée ; beaucoup d'eau l'été ; rempotage tous les ans ; rentrer l'hiver dans l'orangerie. Multipl. de marcottes, de boutures étouffées et de graines qui ne sont mûres qu'au bout de deux ans. — *M. à feuilles de thym* : tige de 0 m. 70 c ; feuilles petites, opposées ; fleurs violet pourpre, tout l'été ; craint l'humidité. — *M. à feuilles de myrte* : feuilles opposées ; en juin, fleurs jaunâtres en épi formé de verticilles.— *M. à feuilles en croix* : épis ovales de fleurs lilas. — *M. éclatant* : feuilles linéaires, opposées ; fleurs d'un rouge magnifique. — *M. gentil* : arbuste de 1 m.; feuilles glauques, alternes, très-petites ; fleurs lilas. — *M. à feuilles de Diosma* : feuilles alternes ; épis allongés de fleurs d'un jaune verdâtre. — *M. à feuilles de bruyère* : feuilles linéaires, alternes, recourbées, ponctuées ; fleurs blanches. —*M. à feuilles étroites* : feuilles ovales, alternes ; fleurs d'un blanc verdâtre. — *M. armillaire* : rameaux inclinés, blanchâtres ; feuilles alternes, pointillées de blanc ; en été, fleurs jaunâtres et roses. On peut greffer sur cette espèce toutes celles du genre.

MÉLIANTHE *à grandes feuilles ; l'imprenelle d'Afrique* (zygophyllées). Du Cap. Arbrisseau de 3 m. Grandes feuilles pennées, glauques, dentées. En été, petites fleurs rouges, contenant une liqueur sucrée qui leur a valu le nom de *fleurs de miel.* Terre légère, substantielle, au midi ; orangerie ou couverture l'hiver. Multipl. de rejetons, de marcottes étranglées, de boutures sur couche tiède et ombragée.

MÉLILOT, voyez *Baume du Pérou.*

MÉLITE *à feuilles de Mélisse* (labiées). Indigène. Vivace. Au printemps, grandes fleurs blanches ou roses, à lèvre pourpre. Terre fraîche et ombragée. Multipl. de graines et d'éclats.

MÉLOCACTUS (cactées). Genre de plantes grasses formant une masse charnue, sphérique, sillonnée de cannelures, surmontée d'une sorte de pompon laineux, composé de mamelons serrés, sur lesquels paraissent les fleurs ; les fruits sont rouges. Culture des *cierges.*

MENTHE COQ, voyez *Pyrèthre.*

MENZIÉZIE *à feuilles de Polium* (éricacées). Arbuste formant un buisson toujours vert. Feuilles obovales, dentées. En automne, fleurs pourpres latérales. Terre de bruyère à mi-soleil. Multipl. de graines, de marcottes et de boutures.

MERISIER *à grappes* (rosacées). Arbre d'un bel effet, avec ses grandes grappes pendantes de fleurs blanches, paraissant en mai, et ses fruits en grappes, rouges ou noirs. Multipl. de drageons. Variété à feuilles d'Aucuba.

MÉTROSIDÉROS, voyez *Callistémon*.

MEUBLE : se dit d'une terre douce et bien divisée.

MEUNIER, voyez *Blanc*.

MICHAUXIE, *fausse Campanule* (campanulacées). De la Perse. Trisannuelle. Grosse tige d'environ 1 m. Feuilles découpées, dentées, ciliées. Tout l'été, grandes fleurs roses. Terre légère et substantielle, bien exposée; arrosements modérés. Multipl. de boutures ou de graines semées sur couche; le plant doit être rentré à l'automne et mis en place au printemps; on le replante en pots l'automne suivant et on le met dans l'orangerie pour en obtenir de la graine.—*M. lisse.*: bisannuelle; rustique; 2 ou 3 m. de hauteur; nombreuses fleurs blanches, tirant sur le jaune.

MIGNARDISE, voyez *OEillet*.

MIGNONETTE, voyez *Saxifrage*.

MILLEPERTUIS *à grandes fleurs* (hypéricinées). Du Levant. Arbuste de 0 m. 35 c.; feuilles obovales, parsemées de points transparents. Tout l'été, larges fleurs terminales, solitaires, d'un jaune magnifique. Terre franche légère, à mi-ombre. Multipl.: au printemps, de graines semées sur couche, pour repiquer en place à l'automne; en été de marcottes et de boutures; en automne, par la division des racines. — *M. prolifère* : arbuste de 1 m.; fleurs jaunes en été ; terre de bruyère fraîche et ombragée ; multipl. de marcottes et de graines. — *M. à feuilles de Romarin,* arbuste. — *M. du Japon* : arbuste buissonnant, grandes fleurs du plus beau jaune; orangerie; beaucoup d'eau. — *M. du mont Olympe*: de l'Orient ; arbuste de 0 m. 70 c., terre douce, légère; orangerie.— *M. des monts Ourals*: du Népaul; arbuste d'environ 1 m.; fleurs jaunes abondantes; terre fraîche et meuble. — *M. pyramidal* : du Canada; vivace; rustique; tige de 0 m. 80 c.; tout l'été, fleurs d'un beau jaune. — *M. de la Chine* : fleurit en orangerie de septembre à décembre. — *M. de Mahon*: tiges de 1 m., fleurit tout l'été.

MIMULE *de Virginie; mimulus* (scrophularinées). Vivace. Tiges carrées et cannelées. Feuilles sessiles, opposées, lancéolées et dentées. En été, fleurs solitaires, d'un bleu pâle, à longs pédoncules. Terre de bruyère ou terre franche, légère et fraîche, à mi-ombre. Multipl. d'éclats ou de graines aussitôt qu'elles sont mûres. — *M. des ruisseaux*: grandes fleurs jaunes, ponctuées de rouge, marquées de pourpre sur le palais ; couverture l'hiver. — *M. varié*: du Chili; fleurs jaunes, pointillées de pourpre, ayant les cinq divisions de leur corolle marquées de la même couleur. — *M. ponctué*: fleurs axillaires, d'un beau jaune ponctué de rouge; couverture l'hiver. — *M. des Andes*: du Pérou; fleurs axillaires, opposées, d'un rose pourpre ; couverture l'hiver ; multipl. de graines et de boutures. — *M. musqué*: de l'Amér. sept.; tiges étalées, traçantes ; petites fleurs jaunes ayant une forte odeur de musc; terre de bruyère ombragée. — *M. écarlate*: tige de 1 m., couverte de poils visqueux ; grandes fleurs tubuleuses d'une vive couleur écarlate, se succédant pendant l'été et l'automne ; craint l'humidité en hiver; il est prudent d'en conserver quelques pieds en pots; multip. facile de graines, de boutures et d'éclats. Plusieurs variétés de différentes nuances variant du rose au violet.— *M. visqueux* et *M. pourpre*, voyez *Diplacus*.

MIROIR DE VÉNUS; *Campanule doucette* (campanulacées). Indigène. Annuelle. Tige étalée de 0 m. 30 c. Petites feuilles ovales. Au printemps et au commencement de l'été, nombreuses fleurs violettes, terminales, s'épanouissant au soleil. Semer en place à l'automne. Propre à faire des bordures. Variété à fleurs blanches.

MITCHELLE *rampante* (rubiacées). De Virginie. Tiges ligneuses, couchées. Feuilles petites, cordiformes, persistantes. Au printemps, fleurs infondibuliformes, blanches et odorantes. Fruits d'un très-beau rouge. Terre de bruyère humide, à mi-ombre. Multipl. de branches enracinées.

MOLÈNE *purpurine* (scrophularinées). Du midi de l'Europe. Vivace. Feuilles radicales, ovales, ridées. Tiges grêles de 1 m. En été, grappes de fleurs purpurines. Terre légère, substantielle. Multipl. de graines aussitôt qu'elles sont mûres. — Variétés à fleurs roses.

MONARDE *à fleurs rouges; monarda* (labiées). De la Pensylvanie. Vivace. Tiges de 0 m. 50 c. Feuilles glabres, ovales, pointues et dentées, ayant une odeur balsamique. En été, fleurs verticillées, d'un rouge vif. Terre légère, substantielle, à mi-ombre; couverture l'hiver, dans le nord; multipl. d'éclats. Renouveler la terre ou changer la plante de place tous les 3 ou 4 ans. — *M. fistuleuse*: fleurs roses, pourpres ou violettes.

MONNAIE *du Pape*, voyez *Lunaire*.

MONSONIE *élégante* (géraniacées). Du Cap. Vivace. Feuilles à cinq segments bipennés. Au printemps, grandes fleurs d'un rose pâle, rayées de pourpre et de carmin. Terre franche, légère, au soleil, pendant l'été, et peu d'arrosements; orangerie l'hiver. Multipl. d'éclats, de racines bouturées, ou de graines semées en pots sur couche tiède. — *M. à feuilles lobées :* du Cap; feuilles cordiformes; fleurs rouges, rayées de carmin.

MORÉE *engaînée* (iridées). Du Brésil, racines fibreuses, feuilles engaînantes, ensiformes. Tout l'été, fleurs à six divisions profondes; les trois extérieures d'un blanc de lait, jaunes à la base, maculées de pourpre; les trois intérieures bleues, maculées de jaune, ponctuées de pourpre à l'onglet. Culture des Ixias; plante très-délicate. Les espèces suivantes sont d'une culture plus facile et plus sûre. — *M. de la Chine; Iris tigrée :* tige de 0 m. 50 c.; fleurs safranées, tachées de rouge. Terre franche, légère, un peu sèche, au soleil; couverture l'hiver. Multipl. par la séparation des pieds au printemps, ou de graines semées en terrine sur couche. — *M. iridiforme ; fausse Iris :* de Constantinople; tige de 0 m. 30 c.; feuilles en éventail, persistantes; en été, fleurs blanches dont les trois divisions extérieures, plus grandes, sont pointillées et tachées de jaune. — *M. frangée :* de la Chine; tige d'environ 0 m. 70 c.; au printemps, 40 ou 50 fleurs d'un bleu clair.

MORELLE *de Buénos-Ayres* (solanées). Arbuste de 1 m. 30 c. à 1 m. 60 c. Feuilles ovales, persistantes. Ombelles de fleurs blanches, tout l'été; fruits jaunes. Terre franche, légère, au soleil; beaucoup d'eau, l'été; orangerie et peu d'arrosements, l'hiver. Multipl. de graines sur couche tiède. — *M. faux-piment,* voyez *Amomum.* — *M. recourbée :* de la Nouv.-Holl. Bisannuelle. Tige de 0 m. 70 c.; feuilles pennatifides et luisantes; au printemps, fleurs d'un bleu clair; fruit orangé; terre substantielle mêlée de terreau; beaucoup d'eau l'été; semer au printemps sur couche, et repiquer en juillet. — *M. à feuilles de chêne :* vivace; tige sarmenteuse de 1 m. 30 c.; feuilles lobées; en été, grappes de fleurs violettes; pleine terre; multipl. de graines et de racines. — *M. à feuilles glauques* : arbrisseau; tiges périssant dans les grands froids, mais repoussant au printemps; grandes feuilles glauques en automne, corymbes de fleurs bleues. Multipl. de racines. — *M. de l'Amazone* : arbrisseau de 1 m. 30 c.; feuilles drapées, oblongues; corymbes de grandes fleurs bleues polygames; pleine terre l'été; orangerie l'hiver; multipl. de boutures. — *M. grimpante ; douce-amère; vigne de Judée* : indigène; tiges sarmenteuses de 2 m. 50 c.; feuilles oblongues, cordiformes; en été, petites grappes de fleurs violettes; fruits rouges; toute terre; multipl. d'éclats, de marcottes et de graines.— Variété *à feuilles panachées* : orangerie. — *M. à grosses anthères* : arbrisseau du Mexique, semblable au précédent; fleurs odorantes.

MORINE *à longues feuilles* (dipsacées) Du Népaul. Vivace. Tige de 0 m. 80 c. Feuilles lobées, dentées, épineuses. Épi de 0 m. 35 c., portant une douzaine de verticilles de fleurs tubuleuses d'un blanc rosé ou carminé. Terrain frais, un peu abrité. Multipl. d'éclats, dont la reprise est difficile, ou de graines semées aussitôt qu'elles sont mûres.

MOURON *en arbre* (primulacées). De l'Algérie. Arbuste de 0 m. 50 c. Feuilles lancéolées, verticillées, persistantes. Fleurs d'un rouge écarlate. Terre légère substantielle; beaucoup d'eau l'été; serre tempérée. Multipl. de boutures étouffées. — *M. à feuilles étroites* : d'Espagne; trisannuel; tout l'été, fleurs bleues passant au rouge, tachées de carmin au milieu; multipl. de graines aussitôt qu'elles sont mûres, ou de boutures sur couche tiède, pouvant fleurir au bout de six semaines. — *M. à grandes fleurs roses*. — *M. Philips* : fleurs d'un beau bleu de cobalt.

MOUSSE, LICHEN : il faut débarrasser avec soin les plantes ligneuses de ces parasites nuisibles à la végétation; on emploie pour cela un instrument appelé émoussoir. On peut aussi étendre avec un pinceau, sur l'écorce, de l'eau dans laquelle on a fait éteindre de la chaux.

MUFLIER *des jardins; Gueule de lion; Mufle de veau* (scrophularinées). Indigène. Bisannuel ou vivace. Tiges de 0 m. 70 c. Feuilles lisses, lancéolées. Pendant le printemps et l'été, épis de fleurs ayant la forme de mufles, assez grandes, rouges, pourpres, feu, blanches, bicolores, panachées, doubles odorantes d'un rouge pâle ou jaunes. Terre substantielle. Multipl. de graines pour le type, de boutures pour les variétés.

MUGUET *de mai*; *Lis de mai ou des vallées* (liliacées). Indigène. Vivace. Épi unilatéral de fleurs blanches, ayant la forme d'un grelot; odeur suave. Toute terre ombragée. Multipl. de graines, de rejetons ou de racines. Variétés : *à fleurs rouges; à fleurs doubles.*

MULOT : voyez *Loir.*

MUSCARI *odorant*; *Jacinthe musquée* (liliacées). Du Levant. Au printemps, épi globuleux de fleurs violâtres, sentant le musc. Terre légère; relever tous les trois ans. Multipl. de graines et de caïeux. Propre à faire des bordures. — *M. monstrueux: faux Muscari; Lilas de terre; Jacinthe de Sienne* : tige de 0 m. 30 c.; en mai et juin, grosse grappe informe, d'un effet peu agréable. — *M. à grappes* : grappes de fleurs bleues, en grelot.

MUSCHIA *dorée* (campanulacées). De Madère. Arbuste de 0 m. 65 c. Feuilles glabres, oblongues, dentées. En été, panicule de grandes fleurs d'un beau jaune. Terre franche légère; arrosements modérés; orangerie. Multipl. de boutures difficiles à reprendre, ou de graines sur couche; il faut repiquer le plant isolément en pots.

MYOPORE *à fleurs ovales* (myoporinées). Arbuste de la Nouv.-Hollande. Feuilles longues et luisantes. Fleurs blanches, axillaires. Terre meuble; beaucoup d'eau; orangerie. Multipl. de boutures. — *M. à petites feuilles* : joli arbuste de 0 m. 70 à 1 m.

MYOSOTIS; *Gremillet; Souvenez-vous de moi* (borraginées). Vivace. Tige de 0 m. 35 c. Feuilles étroites. Pendant le printemps et l'été, épi unilatéral de petites fleurs d'un bleu charmant, pointillées de jaune. Terre humide. Multipl. de graines, d'éclats ou de boutures. — *M. des Alpes* : de 0 m. 20 c.; fleurs bleu clair. — *M. des Açores* : fleurs d'un bleu foncé.

MYRRHIS *odorant*; *cerfeuil musqué* (ombellifères). Des Alpes. Vivace. Grosse touffe de 1 m. Feuilles pubescentes. Fleurs blanches. Fruit aromatique, d'un goût agréable, si on le mâche étant vert. Multipl. de graines aussitôt qu'elles sont mûres.

MYRSINE *d'Afrique* (myrsinées). Du Cap. Arbrisseau d'environ 0 m. 70 c.; très-touffu. Feuilles ovales, dentées. Au printemps petits corymbes axillaires de fleurs pourpres, très-petites. Terre à oranger; orangerie. Multipl. de graines, de marcottes et de boutures. — *M. à feuilles émoussées* : variété dont les feuilles sont obtuses. — *M. à petites têtes* : du Népaul; feuilles entières, longues, ovales; bouquets serrés; baies rouges.

MYRTE *commun* (myrtacées). D'Asie et d'Afrique. Arbrisseau très-touffu d'environ 2 m. Feuilles obovales, entières, luisantes et persistantes. Pendant l'été, fleurs axillaires, blanches. Terre à oranger, en pots ou en caisses, au soleil; beaucoup d'eau pendant l'été; orangerie pendant l'hiver, et arrosements suffisants. Multipl. de graines, de rejetons, de marcottes et de boutures. Variétés : *Romain* ; *Moyen de Belgique; Moyen panaché; à fleurs doubles; à feuilles d'oranger* ou *d'Andalousie; d'Italie; de Tarente.* — *Myrte à petites feuilles* : branches s'élevant régulièrement du collet au sommet de la tige et donnant à la plante la forme d'un cyprès; orangerie ou couverture l'hiver.

N

NANDINE *domestique* (berbéridées). Du Japon. Arbrisseau d'environ 1 m. 40 c. Feuilles tripennées. En été, grande panicule de fleurs blanchâtres. Terre de bruyère; orangerie. Multipl. de marcottes et de dragons.

NAPÉE, voyez *Sida.*

NARCISSE *d'automne,* voyez *Amaryllis.*

NARCISSE *des poëtes; Porillon; Porion; Claudinette* (amaryllidées). Indigène. Vivace. Feuilles linéaires, ensiformes. Tige uniflore de 0 m. 30 c. Au printemps, grande fleur blanche, odorante, à couronne très-courte, bordée de pourpre. Terre franche, légère, fraîche; arrosements pendant la sécheresse. Multipl. de graines ou de caïeux séparés tous les deux ans en levant les oignons, et replantés en automne. Variété *à fleur double,* qu'il faut relever tous les ans pour l'empêcher de dégénérer. — *N. à bouquet* : indigène; grandes fleurs jaunes, odorantes, en bouquet. — *N. Phénix* : fleurs dont les grands lobes sont blancs, et les petits jaunes. — *N. de Constantinople* : fleurs très-odorantes, simples ou doubles, offrant les couleurs du Phénix; orangerie; peut être forcé en carafe. — *N. grand soleil d'or* : couverture

9.

l'hiver. — *N. odorant;* peut être forcé en carafe. — *Multiflore;
tout-blanc* des jardiniers: fleurs entièrement blanches, d'une
odeur très-suave; orangerie; peut être forcé en carafe. — *N.
grand primo :* grandes fleurs blanches, très-odorantes; couverture l'hiver. — *N. grand monarque :* fleurs plus grandes; couv.
l'hiver. — *N. rayonnant.* — *N. à fleurs pendantes :* orangerie. —
N. de Chypre : orangerie. — *N. Jonquille :* en avril, fleurs d'un
beau jaune, très-odorantes. Terre franche, sablonneuse; planter
l'oignon à 0 m. 08 c. et, pour l'empêcher de plonger, mettre dessous une petite pierre ou une coquille d'huître; quand les feuilles
sont desséchées, il faut le relever pour le replanter en septembre.
Variétés : *à fleurs doubles; nonpareil; bicolore; musqué; petit;
d'Orient; odorant; à grande couronne du Pérou :* orangerie; *à
fleurs vertes :* orangerie; *tardif :* orangerie ; etc.

NAVARRÉTIE *pubescente* (polémoniacées). De la Californie.
Annuelle. Nombreux petits capitules gris de lin. Semer en bordure au printemps.

NECTAIRE : partie de la corolle destinée à contenir le miel,
et qui a tantôt la forme d'un éperon, tantôt celle d'une écaille ou
celle d'un cornet.

NÉFLIER *du Japon; Bibacier* (rosacées). Arbrisseau toujours
vert de 2 m. 50 c.; rameaux tomenteux; feuilles grandes, cunéiformes, tomenteuses en dessous; panicule terminale de fleurs
blanches à odeur d'amande, se montrant en novembre, reparaissant quelquefois en mai. Exposition chaude; couverture l'hiver.

NEJA *grêle* (composées). Du Brésil. Vivace. Tige de 0 m. 50
c., feuilles linéaires, velues. Toute l'année, fleurs jaunes terminales. Terre de bruyère sableuse; orangerie l'hiver. Multipl. de
graines et de boutures.

NÉMÉSIE *à fleurs nombreuses* (scrophularinées). De l'Afrique
australe. Bisannuelle. Feuilles lancéolées, linéaires. Petites grappes de fleurs blanches et jaunes. Orangerie.

NÉMOPHILE *remarquable* (hydrophyllées). De la Californie.
Annuelle. Tige rameuse et diffuse. Feuilles pennatifides. En été,
fleurs axillaires, solitaires, bleues. Semer en automne. Propre à
faire des bordures. — Variétés : *à fleurs pourpres tirant sur le
violet; à fleurs blanches ponctuées de brun.* — *N. maculée :* pétales tachés de bleu ou de violet.

NÉRINE *ondulée* (amaryllidées). Du Cap. Oignon roux. Feuilles canaliculées, linéaires. En automne, ombelles de petites fleurs pourpre rose, à divisions ondulées, lavées de gris de lin. En pot; terre de bruyère; peu d'eau; châssis l'hiver. Multipl. de caïeux après le desséchement des feuilles.

NERPRUN *alaterne* (rhamnées). Indigène. Arbrisseau de 3 à 5 m. Feuilles persistantes, ovales, dentées, luisantes. Au printemps fleurs verdâtres. Terre légère, fraîche, au nord et ombragée. Multipl. de graines aussitôt qu'elles sont mûres, de boutures, de marcottes et de greffes. Variétés : *d'Espagne; à feuilles étroites; à feuilles panachées de jaune,* ou *de blanc; à feuilles maculées; à feuilles caduques; à feuilles laciniées.* — *N. purgatif.* — *N. nain.* — *N. à feuillles d'Aucuba.* — *N. Bourgène.* — *N. des Alpes,* etc.

NICOTIANE, voyez *Tabac.*

NIÉREMBERGIE *à tige filiforme* (solanées). De Buénos-Ayres. Vivace. Tiges grêles d'environ 1 m. Feuilles linéaires, lancéolées. Fleurs bleuâtres à disque jaune. Serre tempérée. Multipl. de graines et de boutures. — *N. grêle :* moins élevée, plus diffuse; fleurs plus pâles; terre légère, en pot et à mi-ombre; serre tempérée. — *N. à grand calice :* de la Plata. Fleurs blanches; le calice grandit en s'ouvrant après la chute de la corolle. Serre tempérée.

NIGELLE *de Damas; N. bleue; Cheveux de Vénus; Patte d'Araignée* (renonculacées). Indigène. Annuelle. Tige de 0 m. 40 c. Feuilles à folioles très-menues. Tout l'été, fleurs bleues ou blanches, avec collerette. Terre sèche et légère. Semer sur place. — *N. d'Espagne :* fleurs plus grandes : bleues ou blanches; variété *naine,* à fleurs d'un blanc violâtre. — *N. de Crète; Toute-Épice :* très-rustique; graine aromatique, employée dans la cuisine.

NOLANE *à feuilles d'Arroche* (nolanées). Annuelle. Tige rameuse, couchée. Feuilles ovales, charnues. Pendant l'été et l'automne, grandes fleurs axillaires, bleues et jaunes. Semer sur couche chaude, au printemps. Propre à décorer les rocailles.

NOMBRIL *de Vénus,* voyez *Omphalode.*

NOPAL, voyez *Opuntia.*

NYCTÈRE *de l'Amazone,* voyez *Morelle.*

O

OEILLET *des fleuristes* (cariophyllées). D'Afrique. Vivace. Tige verte, glauque, de 0 m. 50 c. à 0 m. 70 c. Feuilles subulées, longues, étroites, glauques. Tout l'été, fleurs simples ou doubles, odorantes, variées de formes et de couleurs. Dans les jardins on ne cultive que les doubles. Toutes les variétés de l'œillet ont été distribuées de manière à constituer quatre groupes : 1° le *Grenadin* ou *OE. à ratafia,* dont la destination est de parfumer les essences, les liqueurs, etc. ; — *l'OE. prolifère,* dit *à carte,* parce qu'on a imaginé de soutenir et d'arranger ses pétales sur des cartes découpées, et dont les fleurs à double bouton, d'un blanc pur pointillé de diverses couleurs, mesurent jusqu'à 0 m. 11 c. de diamètre ; — *l'OE. jaune,* à bords découpés, le plus souvent panaché ou piqueté de rose ou de cramoisi ; — *l'OE. flamand,* dont le nom indique le pays où il est le plus cultivé. Pour être admis dans une collection, il doit être large, plein, d'un blanc pur, panaché de différentes couleurs, à pétales arrondis, sans dentelures, offrant deux ou trois couleurs en bandes longitudinales ; son calice ne doit pas se fendre lors de la floraison. On appelle *bicolore,* l'OE. flamand, lorsqu'une seule couleur se détache sur son fond, *tricolore,* lorsqu'il y en a deux, *bizarre,* lorsqu'il y en a trois. = Les traités de jardinage donnent, sur les soins exigés par la culture de l'œillet, de longs et minutieux détails dont l'ensemble ferait reculer un amateur facile à effrayer. Nous croyons, nous, que nous aurons tout dit, pour un homme intelligent, quand nous l'aurons prévenu que l'œillet ne craint pas le froid, mais seulement l'humidité et la neige. Cultivée en pots, cette plante donne des fleurs plus belles ; on lui prépare, dans ce cas, une terre composée d'un tiers de terreau bien consommé, d'un tiers de terre franche et d'un tiers de terre de bruyère. Multipl. de graines, de boutures étouffées et de marcottes à talon. Les semis ont produit un grand nombre de variétés, entre autres : *OE. billebille,* blanc, rubané de rose ;

OE. Van Geert, blanc, rayé cramoisi brun ;

OE. Bellonie, jaune citron, strié rose vif ;

Œ. Capitaine Pailhou, abricot, lamé pourpre ;

Œ. Chaumerot, ardoise clair, rubané rose ;

Œ. Mançanarès, violet ardoisé, rubané vermillon.

— *Œ. Gardner* : vivace ; tout l'été, fleurs odorantes, à pétales frangés, simples ou semi-doubles, variant du blanc carné au rose vif. — *Œ. deltoïde* : formant un gazon couvert de fleurs pourpres, propre à faire des bordures. — *Œ. de poëte; Œ. barbu; Bouquet parfait; Jalousie* : d'Allemagne; trisannuel; tiges de 0 m. 30 c. à 0 m. 40 c. ; en été, fleurs nombreuses, petites, simples ou doubles, rouges, roses, blanches, pointillées, panachées. Multipl. de graines semées au printemps, de boutures, de marcottes ou d'éclats. — *Œ. d'Espagne* : feuilles étroites, en touffe; fleurs d'un beau rouge, odorantes, plus grandes que celles de l'Œ. de poëte. — *Œ. Napoléon* : presque semblable au précédent; fleurs plus belles, plus nombreuses, d'un rouge plus éclatant. — *Œ. de la Chine* : tout l'été, bouquets de fleurs doubles ou simples, veloutées, violettes, rouges, pourpres, ponctuées, maculées ou panachées de blanc, etc. ; variétés : *à grandes fleurs; blanche; à feuilles d'œillet de poëte; à fleurs laciniées; Œ. de la Chine géant.* Vivace en orangerie; culture des plantes annuelles, en pleine terre. — *Œ. superbe* : des Alpes; vivace; tige d'environ 0 m. 50 c. ; fleurs blanches ou couleur de chair, à pétales barbus, dont le limbe est découpé en filets. — *Œ. mignardise* : petites touffes rustiques, couvertes, en mai et juin, de fleurs blanches, rosées, rouges, simples ou doubles. La variété *Mignardise couronnée* a des fleurs plus grandes, dont la circonférence est d'un pourpre foncé. — Il faut rentrer l'hiver en orangerie et arroser très-peu pendant cette saison les trois espèces suivantes : *Œ. ligneux* : d'Orient; fleurissant presque toute l'année; fleurs blanches ou puces, ou panachées de blanc et de puce; il est d'un bel effet, palissé sur un treillage qu'on adapte à sa caisse. — *Œ. des bois* : très-beau et de couleurs éclatantes. — *Œ. à feuilles de pâquerette; Œ. très-joli de la Chine*; vivace; tiges très-basses; têtes formées de petites fleurs d'un rouge très-vif; en pleine terre de bruyère, cet œillet fait de charmantes bordures et peut, avec une couverture légère supporter jusqu'à 10 degrés de froid.

OEILLET *d'Inde* : voyez *Tagétès*.

OLÉAIRE *dentée* (composées). De la Nouv.-Holl. Arbuste.

Feuilles persistantes, ovales, cotonneuses en dessous. Fleurs blanches en capitules solitaires. Terre légère ; orangerie. Multipl. de boutures.

OLIVIER *odorant ; Osmanthe odorant* (oléinées). Du Japon. Arbrisseau d'environ 2 m. Feuilles persistantes, ovales, coriaces et luisantes. En été, fleurs blanches, très-petites, d'une odeur suave. Terre franche légère ; orangerie. Multipl. de graines sur couche, de boutures et de marcottes.

OMBELLE : réunion de pédoncules ou de petits rameaux sans feuilles, qui, partant de l'extrémité d'une tige, s'évasent comme les rayons d'un parasol, et portent les fleurs et les semences.

OMPHALODE *à feuilles de lin; Nombril de Vénus* (borraginées). Du Portugal. Annuelle. Tiges de 0 m. 32 c. Feuilles lancéolées. En été, panicules de fleurs blanches. Semer en touffes ou en bordures.

ONAGRE *odorante* (énothérées). De l'Amérique septentrionale. Bisannuelle. Tiges de 1 m. Feuilles lancéolées. En été et en automne, grandes fleurs jaunes odorantes, s'épanouissant le soir. Terre légère, un peu fraîche, à bonne exposition. Semer en place ou sur couche. — *O. glauque* : moitié moins élevée que la précédente ; grandes fleurs d'un jaune pâle. — *O. de Fraser* : de l'Amér. sept. ; vivace ; grandes fleurs jaunes terminales. — *O. tardive* : de l'Amér. sept. ; nombreuses fleurs jaunes, se succédant jusqu'aux gelées. — *O. à quatre ailes* : de la Nouvelle-Espagne ; vivace ; grandes fleurs blanches, devenant roses, puis pourprées ; fruit présentant quatre ailes saillantes. — *O. pompeuse* : de la Louisiane ; tiges sous-frutescentes d'environ 1 m. ; feuilles pubescentes en dessous ; du commencement de l'été jusqu'aux gelées, grappes de grandes fleurs blanches, odorantes. — *O. rose* : du Mexique ; vivace ; 0 m. 35 c. de hauteur ; pendant l'été et l'automne, fleurs roses en épi. — *O. à gros fruit* : des bords du Missouri ; vivace ; grosses tiges de 0 m. 65 c. environ ; feuilles lancéolées et luisantes ; tout l'été, belles fleurs jaunes, ayant une largeur de 0 m. 08 c. à 0 m. 11 c. Multipl. d'éclats, ou de boutures herbacées, vers la fin de juin. — *O. à feuilles de pissenlit* : du Chili ; vivace ; grandes fleurs blanches, lavées de rose. — *O. à longues feuilles* : de Buénos-Ayres ; tige simple ; en été, fleurs jaunes à long tube, ayant les pétales bilobés. — *O. pourpre* : de l'Amér. sept. ; annuelle ; fleurs pourpres. — *O. de Drummond* : du Texas; tiges sous-frutescentes de 1 m.; fleurs jaunes et larges. Multipl. de boutures en pots qu'on rentre en orangerie pendant l'hiver et qu'on met en pleine terre au printemps.

ONGUENT DE SAINT-FIACRE : mélange par moitié de bouse de vache et d'argile pilée, bien tamisée. Pour les autres greffes que celles en fente et en couronne, on préfère la *cire à greffer* qui peut être composée de trois manières : 1° 5/8 de poix noire, 1/8 de cire jaune, 1/8 de résine et 1/8 de suif; 2° 2/3 de cire et 1/3 de suif; 3° 1/2 colophane et 1/2 cire jaune.

ONOPORDE *d'Arabie* (composées). Bisannuelle. De 2 m. à 2 m. 30 c. Larges feuilles blanches, sinuées, dentées, mucronées. En été, gros capitules de fleurs pourpres. Semer au printemps pour obtenir des fleurs l'année suivante.

OPONTIA ; *Raquette; Nopal* (cactées). Tiges ou rameaux plats, ovales, articulés; feuilles ayant l'aspect de petites écailles; fleur non tubuleuse, rosacée. Culture du cierge. — *O. à Coche-nilles* : articulations presque dépourvues d'épines; fleurs rouges. — *O. figue d'Inde* : muni de soies et d'aiguillons de même longueur; fleurs jaunes; fruit violet, bon à manger. — *O. à tige grêle* : tige longue, cylindrique, verticale. — *O de Salm* : tige cylindrique, articulée; fleurs jaunes. — *O. très-épineux* : longs aiguillons jaunes, mêlés de soies blanches. — *O. hérissé* : articulations ovales ou cunéiformes; touffes de soies blanches, portées sur des tubercules, et du milieu desquelles sortent des faisceaux d'aiguillons jaunes, inégaux. — *O. féroce* : articulations oblongues; soies blanches plus courtes que les aiguillons. — *O. tuna* : tige verticale; articulations oblongues; longs aiguillons jaunes, subulés; fleurs d'un blanc cendré et d'un rouge sombre.

ORANGER (aurantiacées). Des Indes et de la Chine. Ce genre comprend un grand nombre de variétés, sinon d'espèces. Voici les caractères génériques qui conviennent à toutes : feuilles alternes, simples, comme perforées; fleurs blanches à cinq pétales, exhalant une odeur des plus suaves; fruit ou baie ferme, plus ou moins grosse, ronde ou ovale, revêtue de deux écorces, la première jaunâtre et parsemée de nombreuses vésicules, la seconde charnue, coriace et blanchâtre; sous celle-ci est une pellicule diaphane qui, pénétrant dans l'intérieur, y forme des doubles cloisons convergentes, lesquelles divisent ordinairement le fruit en neuf ou dix-huit tranches; chaque tranche est uniloculaire, remplie d'une pulpe aqueuse, et renferme deux semences cartilagineuses. La plupart des orangers sont épineux ou munis d'aiguillons. L'o-ranger proprement dit a les pétioles des feuilles ailés, les fruits sphériques, d'une saveur douce et agréable. Dans le citronnier, les pétioles sont nus, les fruits d'une forme ovale-oblongue et très-acides. Le limon porte des fruits presque ovoïdes, mamelon-nés à leur sommet; les pétioles de ses feuilles sont nus. — *O. doux* : arbre de grandeur médiocre; tige droite; écorce d'un brun verdâtre; rameaux étalés, communément garnis d'aiguillons; feuilles entières, ovales, lancéolées, aiguës, épaisses, luisantes, d'un beau vert; petits bouquets de fleurs garnissant l'extrémité des branches; fruits ronds, appelés *oranges*. Parmi les nombreu-ses variétés de cette espèce, il faut distinguer l'*O. de Portugal* dont le fruit est le meilleur de ceux qui se cultivent en Europe; l'*O. de Curaçao* dont le fruit sert à la composition d'une liqueur estimée; la *bigarade* dont les fleurs sont les plus nombreuses et les plus odorantes. — *O. acide; Citronnier :* de Médie et d'Assy-rie; racines branchues, couvertes d'une écorce jaune en dehors, blanche en dedans; feuilles à pétioles nus, plus pointues que celles de l'oranger, et d'une odeur forte; fruits allongés. Variété : le *Limon* dont l'écorce est plus mince, qui a des fleurs moins odo-rantes et dont les fruits, plus petits, sont moins allongés. — *O. pampelmouse* : rameaux étalés, munis d'aiguillons; feuilles épar-ses, dentées, ovales, quelquefois obtuses et échancrées à leur sommet; fleurs très-odorantes; fruit très-gros, sphéroïde, d'un jaune verdâtre, partagé en douze loges, rempli d'une pulpe rouge ou blanche, aigre ou douce. — *O. nain; O. muscade; O. de la Chine :* arbrisseau délicat; petites feuilles croissant par paquets; fleurs sessiles, très-rapprochées, exhalant le parfum le plus suave. == Les orangers, sous notre climat, se cultivent en caisses dont le fond est garni de graviers ou de plâtras, à la hauteur de 0 m. 03 c. à 0 m. 05 c., afin de faciliter l'écoulement de l'eau superflue des arrosements et de prévenir ainsi la pourriture des racines: la terre la plus convenable, suivant Thouin, est celle que l'on com-pose de la manière suivante : 1/3 de terre franche, 1/6 de terreau de couche, 1/6 de terreau de fumier de vache, 1/12 de terre de potager, 1/6 de terreau de bruyère, 1/12 de poudrette. D'autres proposent simplement la terre à potager, mêlée par moitié de bon terreau de fumier de vache et de cheval. Moins la terre a de consistance, plus il faut arroser souvent, surtout à l'époque de la floraison; on diminue les arrosements à mesure que la température se refroidit. Un oranger doit être décaissé tous les deux ans; on enlève alors et on coupe le chevelu qui tapisse la caisse et que les jardiniers nomment *perruque*, on retranche les racines à 0 m. 10 c. ou 0 m. 12 c., en ayant soin, s'il s'en trouve de grosses, de les couper, non en bec de flûte, mais en rond et le plus nettement possible, afin de faciliter la cicatrisation de la plaie. On fera bien, l'année où l'oranger n'est point décaissé, d'enlever, avec le tranchant d'une bêche, la terre et le chevelu dans le pourtour intérieur de la caisse, sur une longueur de 0 m. 10 c., et d'y substituer de la nouvelle terre. Une bonne mouillure est indispensable après l'encaissement. « La méthode de ceux qui taillent les orangers au sortir de la serre est celle que j'adopte, a dit un savant praticien. Deux sortes de branches s'offrent d'abord, savoir : des bois de la pousse précédente et des bourgeons nés durant le séjour des orangers dans la serre. Les premiers se sont allongés, ou, n'ayant pas eu le temps de se former en entier, sont fluets ou ont péri pendant l'hiver; la peau des seconds est flasque ou trop tendre et ils ne résistent point au grand air. Il faut donc les recéper ou rabattre à un bon œil, et la vraie saison est le printemps. En taillant ou supprimant alors quelques branches de vieux bois, mortes ou mourantes, l'arbre n'en poussera que mieux. On taille encore toutes celles qui s'emportent, qui excèdent ou qui s'abaissent trop, celles dont l'extrémité est fluette, celles qui, ayant poussé doubles ou triples, n'ont pas été éclaircies lors de l'ébourgeonnement, ou qui sont nées postérieurement à cette époque; on les taille, dis-je, partout où se trouvent de bons yeux, et on les arrête au-dessus. Ces branches, ainsi rapprochées, font éclore par la suite des bourgeons dont on se sert pour renouveler l'arbre. On taille court toutes les branches longuettes ou fortes qui se rabattent horizontalement sur celles du dessous et on les met sur un œil du dehors, pour faire éclore des bourgeons montant perpendiculairement. » L'ébourgeonnement se fait en août; il faut conserver le plus droit, le mieux nourri, le mieux

placé des trois ou quatre bourgeons que l'oranger fait ordinairement éclore ensemble. C'est habituellement vers le milieu du mois
de mai qu'on sort les orangers de la serre; on les y rentre par un
beau temps, avant les premières gelées, c'est-à-dire dans le courant d'octobre; les arrosements, en hiver, doivent être rares et
légers. — Multipl. de semis, de boutures, de marcottes ou de
greffes sur citronnier et sur bigarade.

ORANGERIE : local dans lequel on rentre pendant l'hiver
les plantes que le froid pourrait faire périr, et dont la végétation
s'arrête ou est à peu près arrêtée dans cette saison. Tous les jardins ne sont pas pourvus d'une orangerie, il s'en faut de beaucoup;
c'est un luxe qu'on rencontre très-rarement dans ceux des amateurs auxquels est destiné notre dictionnaire. Mais il est rare
aussi qu'il ne se trouve point, dans l'appartement qu'on occupe,
lorsqu'il est situé au rez-de-chaussée et attenant au jardin qu'on
cultive, une pièce dont il soit possible de tirer parti pour atteindre
le but que nous avons indiqué. Nous irons plus loin, et d'après
nos propres expériences, nous n'hésiterons pas à affirmer que ce
même local, dirigé, approprié, surveillé par un amateur soigneux
et intelligent, lui procurera non-seulement tous les avantages de
l'orangerie, mais encore une grande partie des jouissances que
promet une serre tempérée. Les seules conditions indispensables
sont que la pièce soit sèche, suffisamment éclairée, facile à aérer,
et qu'elle ne soit pas exposée au nord. Ce qui constitue principalement la différence qui, dans les grands jardins ou dans les
établissements d'horticulture, existe entre l'orangerie, la serre
tempérée, la serre flamande, etc., c'est le degré de température
auquel on veut atteindre, suivant les exigences des plantes qu'on
y abrite, et aussi la quantité d'air et de lumière qu'on y fait arri-
ver. Il s'agit donc de ranger, dans l'unique local dont on dispose,
les plantes de manière qu'elles soient le plus possible dans les
conditions nécessaires à leur repos ou à leur végétation. Ainsi les
Lauriers pourront être relégués dans les coins les plus éloignés de
la lumière et du poêle : les *Orangers* viendront ensuite; nous avons
vu des lauriers et des orangers passer l'hiver dans une cave et
n'en pas être endommagés. Les *Camélias* demandent peu de chaleur, mais beaucoup de lumière; il sera inutile de les placer dans
le voisinage du poêle; il faudra seulement les tenir près du jour,

en ayant soin, lorsqu'ils se mettent à végéter, de les préserver de
l'action directe du soleil, au moyen d'un enduit de blanc d'Espagne étendu intérieurement sur les vitres. Les *Pélargonium* doivent être éloignés de la chaleur et même de la lumière jusque
vers la fin du mois de février, époque où a lieu pour eux la reprise de la végétation ; on les rapproche alors des vitres, que l'on
couvre de toiles chaque fois que le soleil devient trop ardent. Ces
exemples suffiront pour faire comprendre la distribution, dans un
seul local, d'un certain nombre de plantes auxquelles on consacre
d'ordinaire trois ou quatre locaux établis dans des conditions différentes. Les soins généraux que réclame le bon entretien de cette
sorte de serre à plusieurs fins, consistent à empêcher la gelée d'y
pénétrer, à y laisser entrer l'air toutes les fois que le permet
l'état de la température, à ne jamais pousser, pendant les gelées,
la chaleur du poêle au point de provoquer une reprise intempes-
tive de la végétation, à étendre des paillassons devant les fenêtres
pendant les nuits froides, à modérer ou à suspendre tout à fait,
suivant la nature des plantes, les arrosements lorsque la température est basse, à maintenir le plafond et les murs dans un état
constant de propreté, tout en évitant de soulever des nuages de
poussière, ce qui serait nuisible surtout aux végétaux à feuilles
persistantes.

OREILLE D'OURS, voyez *Primevère*.

ORIGAN *dictame; Dictame de Crète* (labiées). Arbuste odorant de 0 m. 35 c. Feuilles arrondies et laineuses. En été, épis
de fleurs purpurines, garnies de bractées colorées. Terre légère ;
arrosements très-modérés ; orangerie. Multipl. de graines, d'éclats
et de boutures étouffées. — *O. d'Égypte; Marjolaine à coquille :*
arbuste très-odorant; feuilles en coquilles; en été, faisceaux de
fleurs roses et blanches, sans bractées ; même culture. — *O. marjolaine :* d'Orient; propre à faire des bordures, de même que
l'*O. nain* qui est plus petit, mais moins odorant. — *O. sipyloïde :*
d'Orient; arbuste de 0 m. 70 c. ; feuilles ovales en cœur; panicule de fleurs d'un beau violet pourpre; terre légère ; orangerie.

ORME A TROIS FEUILLES: voyez *Ptéléa.*

ORME DE SAMARIE, voyez *Ptéléa.*

ORNITHOGALE *à ombelle; Dame, Belle d'onze heures* (liliacées). Indigène. Vivace. Feuilles canaliculées, étroites. Hampe de

0 m. 18 c. 'Au printemps, ombelles de fleurs blanches, odorantes, ayant la forme d'une étoile, s'ouvrant vers 11 heures, se refermant à 3, lorsqu'il fait du soleil. Terre ordinaire ombragée. Multipl. de caïeux plantés immédiatement après la séparation. — *O. pyramidal; Épi de lait; Épi de la Vierge* : indigène; tige de 0 m. 50 c.; feuilles longues et qui se dessèchent vers la fin de juin, au moment où paraissent les fleurs, disposées en épi, blanches et en forme d'étoile; relever l'oignon en juillet, au moins tous les trois ans pour le replanter en octobre. — *O. frangé* : de Crimée; feuilles blanchâtres, ciliées; hampe très-courte; fleurs blanches, striées de vert; relever l'oignon tous les trois ans. — On cultive, comme les Ixias (voyez ce mot), plusieurs ornithogales du Cap, entre autres l'*O. à fleurs en thyrse* qui se multiplie de graines et dont le plant fleurit la 3ᵉ année; l'*O. d'Arabie;* l'*O. roulé*, à fleurs d'un blanc lavé de jaune; l'*O. vermillon*, à grandes fleurs d'un très-beau rouge; l'*O. doré*, formant un bouquet de fleurs grandes et nombreuses, d'un beau jaune jonquille; l'*O. de Buénos-Ayres; l'O. à larges feuilles*, etc.

OROBE *printanier* (papilionacées). Indigène. Vivace. Tiges nombreuses de 0 m. 35 c. Feuilles pennées, à folioles oblongues. Au printemps, grappes de fleurs purpurines; nouvelle floraison en automne si on a soin de couper les tiges après les premières fleurs. Terre ordinaire. Multipl. d'éclats en automne ou de graines aussitôt qu'elles sont mûres. Variété à fleurs azurées. — *O. bigarré* : d'Italie; vivace; en mai, grappes unilatérales de fleurs à étendard rose, ayant la carène et les ailes jaunes; même culture. — *O. à fleurs veinées* : de l'Italie mérid.; vivace; grappes unilatérales de fleurs violettes à étendard strié. — *O. à feuilles de Gesse* : de Sibérie; vivace; en juin, épis terminaux de nombreuses fleurs bleues. — *O. doré* : de Crimée; grappes axillaires de fleurs jaunes, à étendard bilobé; terre fraîche, profonde; multipl. de graines en automne ou au printemps. — *O. noir pourpré* : de Barbarie; vivace; en été, grappes unilatérales de fleurs pourpres; terre de bruyère, orangerie; multipl. d'éclats et de graines. — *O. à feuilles molles* : de la Croatie; vivace; au printemps, grandes fleurs d'un beau bleu violacé, supportées, trois par trois, par des pédoncules; terre légère, fraîche, un peu ombragée.

ORPIN, voyez *Sedum*.

OSMANTHE, voyez *Olivier odorant.*

OSTÉOSPERME *porte-collier* (composées). Du Cap. Arbrisseau d'environ 1 m. 60 c. Feuilles persistantes, ovales. En juillet, petits capitules jaunes. Fruits colorés, propres à faire des colliers. Terre franche légère, au soleil; peu d'eau; orangerie près des jours. Multipl. de graines, ou de boutures sur couche et sous châssis.

OVAIRE : partie inférieure du pistil, où sont attachées les semences.

OVULE : rudiment d'une graine, contenu dans l'ovaire.

OXALIDE (oxalidées). Ce genre renferme un grand nombre d'espèces; quelques-unes méritent d'être cultivées comme plantes d'agrément. Elles demandent généralement la terre de bruyère pure ou mélangée, une exposition à l'abri du soleil. Elles se multiplient, les unes de bulbilles ou tubercules dont elles sont pourvues, les autres de boutures ou d'éclats. Nous indiquerons comme pouvant contribuer à l'ornement des jardins : *O. violette* : de l'Amér. sept.; vivace; feuilles à trois folioles cordiformes; ombelle pendante de fleurs violettes; pleine terre. — *O. pompeuse* : du Cap; vivace; feuilles à trois folioles cunéiformes; grandes fleurs solitaires, à limbe pourpre, à tube jaune et à pédoncules rouges; culture des Ixias (voir ce mot). — *O. traçante* : du Cap; vivace; feuilles à 3 folioles ovales; fleurs roses, solitaires, longuement pédonculées; orangerie. — *O. pied de chèvre* : du Cap; feuilles à 3 folioles en cœur renversé; ombelle de fleurs jaunes, simples ou doubles, supportée par un long pédoncule; orangerie. — *O. bicolore* : du Cap; feuilles à 3 folioles étroites, cunéiformes; fleurs solitaires, blanches, bordées de rouge; même culture.

OXYCOCCUS, *airelle canneberge* (vacciniées). Indigène. Arbuste à tiges et branches rampantes, à feuilles ovales, persistantes, glauques en dessous. Au printemps, fleurs rouges auxquelles succèdent des fruits de même couleur. Pleine terre de bruyère humide. Variété à feuilles panachées. — *O. du Canada* : feuilles luisantes, oblongues; fruits plus gros; même culture.

OXYPÉTALE *bleu* (asclépiadées). Du Brésil. Tige ligneuse, volubile. Feuilles cordiformes. En été, grappes de fleurs bleues étoilées. Cette plante, qui peut être cultivée comme annuelle, demande une terre douce et bien fumée ; il lui faut peu d'eau. Semer à l'automne sur couche et repiquer au printemps.

OXYURE *à feuilles de Chrysanthème* (composées). De la Californie. Annuelle. Tiges rameuses. Feuilles sessiles, dentées, ciliées. Au printemps, capitules solitaires, ayant le disque jaune, les rayons blancs sur le bord et dentés au sommet. Semer en automne, soit en place, soit pour repiquer.

P

PACHYSANDRE *couché* (euphorbiacées). De l'Amér. sept. Vivace. Tiges couchées, de 0 m. 16 c. Feuilles lobées. Épis de petites fleurs carnées, sessiles et odorantes. Terre meuble. Multipl. de rejetons.

PAILLASSONS, LITIÈRE, FEUILLES : abris ou couvertures destinés à garantir des gelées les plantes herbacées ou ligneuses de pleine terre que l'hiver ferait périr, et les arbres en espalier dont on veut s'assurer la récolte. Ces abris, pour certains végétaux, entre autres ceux à feuilles persistantes, auxquels nuirait une longue privation de la lumière, doivent être enlevés lorsqu'il ne gèle point, mais toujours replacés le soir par prudence. Si une plante ne doit recevoir les rayons du soleil qu'à de certaines heures de la journée, on l'en garantit, pendant les autres heures, avec un paillasson attaché à des pieux qui le maintiennent dans une position verticale. Les paillassons servent encore à couvrir les châssis et les serres, soit pour protéger contre les froids rigoureux les plantes qu'ils renferment, soit pour soustraire celles-ci aux dangers d'un soleil trop ardent. Mais, dans ce dernier cas, il est préférable d'appliquer sur les vitres un enduit de blanc d'Espagne, qui remplit le même office sans intercepter la lumière.

PAILLIS : couche de fumier non consommé ou de litière courte, dont on couvre la terre, à la hauteur de 0 m. 02 c. à 0 m. 03 c., et qui a pour effet : de prolonger la fraîcheur du sol, produite par la pluie ou par les arrosements ; de garantir des gelées tardives le jeune plant ; d'empêcher le sol de durcir et de se fendre ; d'étouffer en grande partie les graines des mauvaises herbes.

PAIN DE POURCEAU, voyez *Cyclamen*.

PALISSAGE : opération qui consiste à étendre et fixer avec des attaches contre une muraille ou un treillage les branches et les rameaux d'un arbre dont on veut faire un espalier. Pour attacher ces branches à un treillage, on se sert de jonc ou d'osier. Si l'on palisse contre une muraille on emploie des chiffons coupés en petites lanières dont on entoure la branche ou le rameau, et dont les deux extrémités jointes sont ensuite clouées ensemble à la muraille ; c'est ce qu'on appelle *palisser à la loque.* Le palissage n'a pas seulement pour but la disposition plus ou moins agréable d'un arbre et le dégagement des fruits; il sert encore, et c'est là son plus précieux avantage, à favoriser ou à ralentir le développement des branches ou des rameaux de manière à maintenir dans l'arbre un équilibre constant; ainsi, pendant qu'on palisse, pour la modérer, une branche trop vigoureuse, on laisse en liberté une branche faible qui ne tarde pas à acquérir le développement nécessaire; celle-ci pourtant qui pourrait s'endurcir dans une direction vicieuse, doit être palissée comme les autres à l'époque où se produit sérieusement l'abaissement de la séve et de la température.

PALIURE *épineux; Argaloup; Épine du Christ; Porte-Chapeau* (rhamnées). Du midi de la France. Arbrisseau de 2 m. à 2 m. 50 c. Tiges et rameaux très-épineux. Feuilles petites, ovales. En été, grappes de petites fleurs jaunes. Fruits en forme de chapeau. Terre légère, sableuse, un peu fraîche, au midi; couverture l'hiver. Multipl. de rejetons ou de graines en pots et sur couche aussitôt qu'elles sont mûres; rentrer le plant, avant les gelées, pour le mettre en pleine terre au printemps.

PANCRATIUM *marine; Lis de Mathiole; Lis-Narcisse* (amarryllidées). De la région méditerranéenne. Vivace. Feuilles longues, plates, glauques, lancéolées-linéaires. Hampe de 0 m. 35 c. En été, quatre ou cinq fleurs blanches, grandes et odorantes. Pleine terre sablonneuse ; couverture l'hiver ; pour que l'oignon fleurisse, il faut le relever seulement tous les quatre ou cinq ans en septembre, pour le replanter en octobre. Multipl. de graines et de caïeux. — *P. d'Illyric* : au commencement de l'été, grandes fleurs blanches, plus nombreuses et très-odorantes.

PANICAUT *améthyste* (ombellifère). Indigène. Vivace. Tige de 0 m. 65 c. Feuilles découpées, épineuses. En été, grand nombre de fleurs d'un beau bleu, ainsi que la collerette. Terre légère, au soleil. Multipl. de rejetons ou de graines en terrine, aussitôt qu'elles sont mûres; repiquer en place dès que le plant a quelques feuilles; le plus sûr est de semer en pleine terre au mois de mars. — *P. des Alpes* : feuilles cordiformes; espèce beaucoup plus belle que la précédente.

PANNEAU : on appelle ainsi le châssis vitré qu'on adapte sur le coffre dont une couche est entourée.

PAQUERETTE, voyez *Marguerite.*

PARTERRE : jardin ou partie de jardin qu'on orne de compartiments de gazon ou de buis, de plates-bandes garnies de fleurs, etc: « Les jardins paysagers, avec leurs dépendances, orangerie, serres chaudes et tempérées, dit le savant professeur Decaisne (gravures de l'Almanach du bon jardinier), ne sont accessibles qu'à un bien petit nombre de propriétaires, tandis qu'un parterre s'improvise sur une surface de quelques mètres de terrain; c'est qu'en effet le parterre peut se composer d'une ou de plusieurs plates-bandes garnies de fleurs suivant chaque saison. » Mais le propriétaire d'un *terrain de quelques mètres* doit borner son ambition au tracé d'un simple parterre, s'il est véritablement ami de ce qui est beau et convenable. Rien ne témoigne plus de l'étroitesse de l'esprit que la singerie du grand sur une petite échelle. « ... Il devait en être de cela comme de toute chose, dit M. Mauny de Mornay en parlant de l'introduction en France du jardin paysager, les bornes furent dépassées, et l'on arriva promptement au ridicule; chacun voulut avoir son jardin anglais bien complet, dans vingt toises de terrain. Nous avons vu, dans moins d'un demi-arpent, une chaumière, un pont sur une rivière sans eau, un temple sans dieu, des allées tourmentées, des jeux, des prairies, des fleurs et une forêt composée de quatre acacias et de six troènes. On ne peut nier que, réduit à ces proportions, le jardin qui n'est ni naturel, ni potager, ni anglais, ne soit quelque chose de bien ridicule. » Nous supposons donc un homme de goût et de sens, propriétaire ou locataire d'un terrain de petite étendue, ayant tout à créer pour la disposition de son parterre, et nous lui donnerons avec M. Decaisne quelques indications générales dont il devra d'abord profiter. « En général, on place le parterre mieux au nord qu'au midi des bâtiments habités; la raison en est simple. Les fleurs ont presque toutes une disposition naturelle à incliner leur corolle vers le soleil, dont plusieurs suivent très-exactement la marche sur l'horizon. Supposez le parterre au sud de la maison à la décoration de laquelle il doit concourir, on ne verra jamais des fenêtres de la maison que l'*envers* des fleurs, tandis que, s'il est au nord, elle tourneront vers les fenêtres toute leur parure. Si cette condition ne peut être remplie, le parterre doit être mis à l'est ou à l'ouest de la maison, afin que les fleurs montrent leur corolle, sinon *de face*, au moins *de trois quarts*. Toutes les formes peuvent être données aux planches du parterre, selon son étendue et le goût de celui qui le dessine; néanmoins quelques plates-bandes rectangulaires, dirigées autant que possible de l'est à l'ouest, seront réservées pour les plantes qui présentent, dans le même genre, un grand nombre d'espèces, ou dans la même espèce un grand nombre de variétés, se cultivent par séries, et portent spécialement le nom de *fleurs de collection*.

« En général, la forme à donner aux plates-bandes du parterre est subordonnée au point de vue sous lequel ces plates-bandes doivent être vues le plus habituellement ; elles ne doivent jamais, quelle que soit cette forme, avoir une largeur telle que les plantes y fassent confusion.

» La plus grande dépense pour la création d'un parterre, comme pour celle de toutes les autres parties du jardin, consiste dans l'amélioration du sol. Très-souvent la qualité de la terre n'est pas prise en assez grande considération... On reconnaît que le terrain ne se prête pas au jardinage : alors viennent les défoncements, les remblais, les terres rapportées ; nul ne sait où de telles dépenses le conduiront lorsqu'il entre dans cette voie, même pour un terrain de peu d'étendue. Une faute que nous avons vue se renouveler presque toujours, augmente encore des frais déjà très-considérables; on répand la terre rapportée sur toute la surface du parterre, puis on dessine les allées ; il en résulte que le sol des allées dont la qualité est évidemment indifférente, reçoit autant de bonne terre que tout le reste. Il faut marquer avec des piquets la place des plates-bandes, en extraire, pour consolider le sol des allées, les pierres ou la terre trop compacte, et reporter sur la place que doivent occuper les fleurs, toute la terre de bonne qualité dont on peut disposer...

10

» Lorsque le parterre peut être orné d'un bassin alimenté par un filet d'eau vive, cet embellissement facilite beaucoup la culture ; pour les parterres qui n'ont pas cet avantage, quelques tonneaux enterrés sont indispensables. En les tenant constamment remplis bord à bord, loin de nuire au coup d'œil, ils font, au contraire, un effet très-agréable lorsqu'on a soin de les entourer d'un gazon toujours vert mêlé d'iris, de glaïeuls et d'autres plantes amies de l'humidité, munies de larges feuilles qui dissimulent les bords des tonneaux.

» Une couche sourde est nécessaire pour fournir toute l'année au parterre le plant de fleurs dont il a besoin... il faut la placer dans le lieu le moins apparent...

» Lorsque la plate-bande est accessible des deux côtés, les plantes les plus élevées doivent en occuper le milieu, et, si l'étendue de la plate-bande admet plusieurs rangées parallèles, on dispose les fleurs par rang de taille, en plaçant les moins élevées vers les bords. Si la plate-bande n'est accessible que d'un seul côté, les fleurs seront en amphithéâtre, les plus hautes occupant le bord le plus éloigné de l'allée. Lorsque les plates-bandes ne sont pas rectangulaires, la raideur des lignes droites, et la symétrie des espacements égaux ne sont pas nécessaires à la beauté du coup d'œil ; on ne doit avoir égard qu'à la végétation présumée des plantes pour leur accorder à chacune un espace tel qu'il n'y ait dans le parterre ni vide, ni confusion...

» La floraison de printemps et celle d'été laissent toute latitude au jardinier pour assortir et marier les couleurs des fleurs dont la variété double l'effet dans le parterre ; à la floraison d'automne, les fleurs jaunes sont en telle majorité qu'on doit ménager avec le plus grand soin celles qui présentent d'autres couleurs. Les plus communes, telles que les liserons et même les haricots à grappes, d'un rouge vif, ne sont point à dédaigner ; des semis tardifs qui ne sont point destinés à porter graine, remplissent cet objet jusqu'aux premières gelées. On peut aussi employer dans le même but, quand la largeur des plates-bandes le permet, quelques arbustes qui, comme certains chevrefeuilles, refleurissent à l'arrière-saison. »

Une dernière indication adressée à l'amateur qui possède une orangerie, (et c'est M. Mauny de Mornay qui la donnera en parlant

des végétaux de serres propres à orner le parterre pendant l'été) :
« On devra les mettre dans les angles des carrés, près de la maison d'habitation, sur le bord des bassins, le long des charmilles.
On sait quel parti on peut tirer d'une ligne double ou simple de
beaux orangers, grenadiers ou lauriers-roses. Des fleurs en vases
peuvent encore être plantées dans les pièces coupées (en massifs
dans les corbeilles). Voici ce qui, dans ce cas, nous a le mieux
réussi : nous creusions l'espace que nous voulions remplir de
fleurs de serre ou d'orangerie. Nous donnions à l'excavation 15
pouces (environ 0 m. 40 c.) de profondeur et nous remplissions
de pierrailles, assez haut pour que les vases placés au-dessus
eussent leurs bords au niveau du sentier voisin; les pots du milieu doivent être un peu plus élevés que les autres ; tous les pots
se touchaient et s'appuyaient réciproquement. Alors sur toute la
surface du massif ou de la plate-bande, je faisais placer une couche de belle mousse verte, du milieu de laquelle sortaient les
tiges. On arrosait fréquemment cette mousse et on la renouvelait
lorsqu'elle était fanée. » Nous n'ajouterons rien aux enseigne-
ments contenus dans ces diverses citations de maîtres habiles ;
le reste est affaire d'imagination, de goût et d'intelligence, et notre jardinier amateur, selon la mesure de ce qu'il en possède,
réussira plus ou moins dans la disposition de son parterre, de
même que dans l'arrangement des fleurs destinées à le décorer.

PASSE-FLEUR, voyez *Lychnide*.

PASSE-ROSE, voyez *Guimauve*.

PASSE-VELOURS, voyez *Célosie*.

PASSERINE *à grandes fleurs* (thymelées). Du Cap. Arbrisseau de 1 m. à 2 m. Feuilles linéaires, appliquées sur les rameaux. Au printemps, grandes fleurs solitaires, campanulées,
blanchâtres, soyeuses extérieurement. Terre de bruyère; orangerie ; point d'humidité. Multipl. de rejetons, de marcottes ou
de boutures étouffées.—*P. filiforme* : en juin, petites fleurs rouges
axillaires.

PASSIFLORE ; *Grenadille* (passiflorées). Presque toutes les
espèces qui composent ce genre, et qu'on cultive comme plantes
d'ornement, demandent la serre chaude ou tempérée ; deux seulement supportent la pleine terre, pourvu qu'on ait soin de les
couvrir l'hiver. Ce sont des plantes à tiges sarmenteuses, grim-

pantes, s'attachant au moyen de vrilles, et dont les fleurs, aussi singulières que belles, renferment des organes sexuels bizarrement disposés, qu'on a comparés aux instruments de la Passion ; de là est venu le nom de *Fleurs de la Passion* qu'on leur donne. Les deux espèces qui peuvent être cultivées en pleine terre sont : *P. incarnate* : du Brésil ; feuilles lobées ; fleurs d'un beau bleu ; corolle moins longue que la *couronne*, qui est commune à toutes les espèces et que composent plusieurs rangs de filaments de diverses couleurs. Les tiges peuvent être frappées par la gelée sans que la plante périsse, si on a eu soin d'en couvrir le pied ; d'autres tiges pousseront au printemps et fleuriront en juillet. Terre légère, douce et fréquemment arrosée pendant la végétation.—*P. bleue* ; *Fleur de la Passion* : du Brésil ; de 3 à 5 m.; feuilles lobées ; fleurs moyennes, solitaires, axillaires, à corolle blanche, plus longue que la couronne qui est d'un bleu pâle au milieu, d'un bleu plus vif aux extrémités, et purpurine à la base. Exposition au midi, le long d'un mur ; couverture l'hiver.

PATERSONIE *à hampe longue* (iridées). De la Nouv.-Holl. Vivace. Feuilles longues de 0 m. 35 c., radicales et linéaires. Hampes rameuses, portant, au mois de mai, de longues fleurs d'un bleu clair. Culture des Ixias (voir ce mot).

PATTE D'ARAIGNÉE, voyez *Nigelle.*

PAVIER *rouge* (hippocastanées). De l'Amér. sept. Arbre de 4 m. à 6 m. 50 c. Feuilles digitées. Au printemps, grappes de fleurs d'un beau rouge, ressemblant aux fleurs du marronnier rubicond. Terre franche légère et profonde, au midi. Multipl. de greffe sur le marronnier d'Inde, ou de semis en terrine ; le plant doit être rentré les deux premiers hivers. — *P. bicolore* : de la Géorgie d'Am.; arbrisseau de 1 à 3 m.; feuilles pubescentes en dessous ; fleurs mélangées de blanc jaunâtre et de pourpre. — *P. à longs épis* ; *P. nain* : arbuste d'un joli effet ; feuilles cotonneuses en dessous ; en été, longues grappes de fleurs blanches, odorantes ; fruit comestible, semblable à un petit marron. Terre douce, fraîche ; demi-ombre ; cet arbuste, très-rustique, aime surtout le bord des eaux. Multipl. de drageons, ou de graines semées aussitôt qu'elles sont mûres ; on doit abriter le plant la première année.

PAVOT *des jardins ; Pavot somnifère* (papavéracées). Annuel.

Tige de 0 m. 70 c. à 1 m. 30 c. Feuilles amplexicaules, incisées, glauques. Grandes fleurs variées, doubles ou semi-doubles, de toutes les couleurs, excepté le bleu, paraissant en juin et juillet si on a semé en automne, un peu plus tard si on a semé au printemps. Toute terre. — *P. d'Orient, P. de Tournefort* : d'Arménie ; vivace ; grandes fleurs du plus beau rouge, tachées de noir à l'onglet ; terre franche, substantielle ; multipl. de rejetons en automne ou en février, et de semis faits en terrine aussitôt que les graines sont mûres ; rentrer le jeune plant pendant l'hiver et repiquer au printemps. — *P. à bractées* : tige plus grosse ; fleur plus grande ; bractée au-dessous du calice ; même culture. — *P. jaune ;* des Pyrénées ; vivace ; terre légère, à l'ombre ou sur les rocailles. — *P. coq,* voyez *Coquelicot.*

PÊCHER (rosacées). Arbre fruitier de petites dimensions, originaire de Perse, acclimaté en Europe, cultivé dans les jardins, en espalier ou en plein vent. Feuilles alternes, simples, entières, longues, pointues, dentelées à leurs bords, et portées sur de courts pétioles. En mars, fleurs solitaires, presque sessiles, distribuées le long des jeunes tiges, et d'une couleur qui tient du rose et du violet. Fruit à noyau, ordinairement obrond, velu, marqué d'un sillon longitudinal, présentant de 0 m. 026 à 0 m. 120 de diamètre : peau fine ou épaisse, lisse ou velue, blanche, jaune, violette, rouge ou marbrée, souvent de deux couleurs dont la plus foncée est du côté frappé par le soleil ; chair succulente, fondante, blanche, rouge ou jaune, adhérant au noyau ou s'en séparant aisément. On a fait quatre divisions des variétés de ce fruit : 1° les *pêches communes à fruit velu,* quittant le noyau ; 2° les *pavies à fruit velu,* tenant au noyau ; 3° les *pêches violettes à fruit lisse,* quittant le noyau ; 4° les *brugnons* à fruit lisse tenant au noyau. Les *pavies* et les *brugnons* ont la chair plus ferme et moins succulente que les pêches proprement dites.

Le pêcher demande une terre douce, substantielle, plus légère que forte ; on le cultive en plein vent, en espalier, à la Montreuil ou en éventail, à haute tige ou à demi-tige ; labour tous les ans au printemps ; paillis sur la terre de la plate-bande (si l'arbre est en espalier), laquelle plate-bande doit avoir au moins une largeur de 1 m. 30 c. ; fumure tous les 3 ou 4 ans, avec la précaution d'allonger la taille, cette année-là, afin d'éviter la gomme que

10.

produirait une séve trop abondante; arrosements pendant les sécheresses, sur les feuilles aussi bien que sur les racines; cesser les arrosements quelques jours avant la maturité du fruit. Les pêchers précoces et tardifs doivent être plantés au midi; toutes les autres expositions, excepté celles du nord, sont bonnes pour les autres espèces. Au-dessus des pêchers en espalier, des barres de bois ou de fer, d'une longueur de 0 m. 55 c. à 0 m. 70 c., doivent être fixées à la muraille, de manière à recevoir des paillassons qu'on y pose vers le 15 février pour les y laisser jusqu'au 15 mai. On protégera les fleurs contre les gelées en couvrant l'arbre de paillassons ou d'un rideau de toile, et l'on placera au pied du tronc une planche ou une tuile destinée à le garantir de l'action desséchante des rayons solaires. Lorsque, en hiver, le givre ou la neige couvre les rameaux, c'est une sage précaution de les en débarrasser à l'aide d'un balai de sorgho, en ayant soin de ne point blesser les yeux ou les boutons. On découvrira le fruit quinze jours avant sa maturité, et au plus tard à la mi-septembre pour les pêchers tardifs; cet effeuillement doit se faire avec la serpette ou avec les ciseaux; procéder par arrachement, ce serait exposer l'arbre à des accidents graves. Il ne faut pas non plus arracher les pêches en les cueillant, mais placer la main au-dessous du fruit en le soulevant légèrement, ce qui suffira pour le faire tomber s'il est mûr.

Nous ne parlerons point de la taille du pêcher en quenouille qui se maintient difficilement, parce qu'il est difficile d'obtenir du jeune bois sur du vieux et qu'on n'y obtient jamais de boutons à fruit. Nous exposerons brièvement, mais le plus clairement possible, les principes de la taille du pêcher en espalier sous la forme carrée d'après MM. Malot et Lepère, de Montreuil, de la taille du pêcher en palmette Verrier, de la taille du pêcher en cordon oblique simple, d'après M. Du Breuil. Avant d'entrer dans les détails spéciaux de chacune de ces tailles, posons quelques principes généraux : retenir la séve dans les branches inférieures, sinon elle les abandonnera pour se porter dans les branches supérieures, et les premières ne tarderont pas à périr. Pour maintenir l'équilibre entre deux branches, palisser la plus forte, laisser libre la plus faible; palisser en trois fois : les branches supérieures d'abord; quinze jours après, les branches intermédiaires, et les inférieures à la dernière saison, ce qui maintient l'équilibre dans toutes les parties de l'arbre; pour obtenir des branches de remplacement, pincer la branche à fruit qu'on veut supprimer, ainsi que ses ramifications, pour favoriser le développement du bouton à bois qui se trouve presque toujours au bas de cette branche; détruire, dès le printemps, les boutons à bois superflus ou mal placés, et ne pas attendre le premier palissage pour cette opération; ébourgeonner à œil poussant; visiter l'arbre tous les huit jours au moins, pendant tout le temps de la végétation, afin d'arrêter, en les pinçant, les branches qui s'emportent, et de favoriser le développement de celles qui sont trop faibles en les ramenant en avant; tailler autant que possible en février, après les fortes gelées d'hiver, et avant que le bourgeonnement commence à se manifester. M. Du Breuil énumère et classe dans l'ordre suivant les diverses opérations dont se compose la taille ou plutôt la conduite du pêcher : en hiver (février), le *dépalissage*, la *coupe des rameaux*, le *cassement*, l'*éborgnage*, le *rapprochement*, le *ravalement*, le *recépage*, les *incisions*, les *entailles*, l'*arcure*, le *palissage d'hiver*; en été, l'*ébourgeonnement*, le *pincement*, la *torsion*, la *taille en vert*, le *palissage d'été*, la *suppression des fruits trop nombreux* et l'*effeuillement*. == TAILLE DU PÊCHER SOUS LA FORME CARRÉE : 1ʳᵉ *année* : le pêcher, contrairement à ce qui se fait pour le poirier, etc., doit être taillé l'année même de sa plantation, autrement les boutons de la base seraient anéantis. On le rabat au-dessus de la greffe, de 0 m. 16 à 0 m. 22 c. Parmi les yeux de cette partie, qui se développeront en avril, on en choisit deux, un de chaque côté, et l'on supprime les autres. Deux branches naissent de ces boutons; on les nomme *branches mères*; on les dirige verticalement pour qu'elles se fortifient et présentent à la fin de l'année une longueur de 1 m. à 1 m. 30 c. 2ᵉ *année* : les deux branches sont dépalissées, brossées et débarrassées par ce moyen des gale-insectes et œufs qui peuvent s'y trouver : opérations indispensables qui doivent être renouvelées chaque année, au moment de la taille. Elles sont ensuite taillées à une longueur de 0 m. 30 à 0 m. 40 c., de manière à laisser en dedans l'œil terminal qui doit prolonger la branche mère, et en dehors l'œil immédiatement au-dessous, destiné à former le premier membre extérieur. Quant aux autres yeux, au moment du développement, on avril, on supprime ceux de devant et de derrière ; ceux des côtés sont palissés de bonne heure; on laisse plus longtemps libre la prolongation de la branche mère et le premier membre extérieur. Avant la fin de la séve, les deux branches mères sont attachées de manière à présenter la forme d'un V, on commence à donner aux deux membres extérieurs une direction plus oblique et l'on empêche par le palissage et le pincement, le trop grand développement des branches à fruit. 3º *année* : on taille les deux branches mères à la longueur de 0 m. 40 c. à 0 m. 50 c., suivant leur force, les deux membres extérieurs à celle de 0 m. 30 c. à 0 m. 40 c., et les branches à fruit en courson sur un des yeux les plus bas ; on ouvre un peu l'angle des branches mères et on attache le tout. En avril, on abat les bourgeons mal placés ou nuisibles à l'harmonie de l'arbre. En mai et dans le courant de l'été on palisse partiellement les branches trop vigoureuses d'abord, les branches faibles plus tard, lorsqu'elles ont acquis de la force. On opère sur les deux membres extérieurs comme on a opéré la 2ª année sur les branches mères, afin d'obtenir deux autres membres extérieurs, un de chaque côté. Dans cette 3ª année, les branches à fruit placées sur les branches mères ont donné quelques fruits ; celles qui partent des membres extérieurs en donneront l'année suivante ; c'est donc ici le lieu d'exposer la manière de remplacer ces branches à fruit qui doivent être supprimées chaque année : si l'un des boutons à bois placés ordinairement à la base de la branche à fruit se développe de lui-même en branche de remplacement, on se borne à rabattre sur elle la branche à fruit, soit après la maturité du fruit, soit à la taille suivante, et la branche de remplacement est attachée à la place de la branche supprimée ; si la branche de remplacement ne se développe pas seule, on emploie pour la faire développer le cran et le pincement qui manquent rarement leur effet, pratiqués simultanément; le cran se fait au-dessus de l'un des yeux à bois placés à la base de la branche à fruit, à 0 m. 005 m. au-dessus de cet œil et dans le moment où le fruit commence à grossir; on pince en même temps à 3 ou 4 nœuds les pousses qui se développent à l'extrémité et le long de la branche à fruit, en ne lui laissant que des rosettes de feuilles, et ce pincement est répété chaque fois que s'allongent les jeunes pousses de la branche à remplacer. 4º *année* : la taille, après qu'on a donné à l'arbre les premiers soins déjà indiqués, doit être commencée par les branches à fruit nouvelles auxquelles on laisse, suivant leur force et la place des boutons à fleurs, une longueur de 0 m. 10 à 0 m. c. 35 ; puis on taille, à une longueur d'environ 0 m. 50 c., les deux branches mères sur un bon œil destiné à les prolonger, et de manière qu'un autre œil situé au-dessous et en dehors donne naissance au troisième membre extérieur ; on taille ensuite les deux membres extérieurs déjà formés à environ 0 m. 35 c. ; enfin on rattache l'arbre au mur en ouvrant encore un peu l'angle des deux branches mères. 5ᵉ année : l'arbre a six membres extérieurs, trois de chaque côté ; les branches mères sont garnies de branches à fruit dans toute la longueur de leur côté interne ; il s'agit de transformer en membres intérieurs une branche à fruit de chaque branche mère, choisie le plus près possible de l'enfourchement ; on procède à la taille du reste avec les soins et précautions déjà indiquées. 6ᵉ année : formation de deux autres membres intérieurs. 7ᵉ année : formation des deux derniers membres intérieurs ; l'arbre est alors complet ; il présente 14 membres, 7 de chaque côté, en comptant comme membre l'extrémité de chaque branche mère. = TAILLE DU PÊCHER EN PALMETTE VERRIER. 1ʳᵉ année : on choisit à environ 0 m. 30 c. du sol deux boutons latéraux au-dessus desquels se trouve un autre bouton placé en avant ; on coupe la tige immédiatement au-dessus de ce dernier qui est destiné à former le prolongement de la tige : les deux premières branches sous-mères naissent des boutons latéraux. Si, dans l'été, il se développe d'autres boutons, on les pince lorsqu'ils ont une longueur de 0 m. 15 c., et on les supprime lorsque la prolongation de la tige et les deux branches sous-mères ont atteint une longueur de 0 m. 40 c. 2 année : on coupe la tige immédiatement au-dessus d'un bouton de devant à 0 m. 30 c. environ au-dessus de la naissance des sous-mères. Les soins à donner aux sous-mères pendant l'été qui suit, consistent à favoriser le développement du bourgeon terminal et à transformer les autres bourgeons en rameaux à fruit. 3ᵉ année : la tige ou branche mère est coupée à environ 0 m. 60 c. de la naissance des deux sous-mères, au-dessus d'un bouton placé en avant, destiné à former son prolongement, et de deux boutons latéraux qui doivent produire deux nouvelles branches sous-mères ; c'est, comme on voit, une reproduction de la 1ʳᵉ taille. 4ᵉ *année* : on supprime un tiers de la longueur des secondes sous-mères, et le tiers de la longueur du nouveau prolongement des premières ; puis on taille le nouveau prolongement de la tige à 0 m. 60 de la naissance des secondes sous-mères de manière à obtenir, comme l'année précédente, un nouvel étage de sous-mères et un nouveau prolongement de la tige. 5ᵉ *année* : comme l'année précédente. — TAILLE DU PÊCHER EN CORDON OBLIQUE SIMPLE. Nous laissons M. Du Breuil expliquer lui-même son procédé : « On choisit, pour la plantation, de jeunes pêchers d'un an de greffe et ne portant qu'une seule tige. On les plante tous les 0 m. 75 c., en les inclinant d'abord les uns sur les autres sous un angle de 60° seulement. Lors de la première taille, on les coupe à 0 m. 20 ou 0 m. c. 30 de leur base, au-dessus d'un bouton à bois placé en avant. S'il existe quelques rameaux anticipés au-dessous de ce point, on supprime complétement tous ceux de devant et de derrière ; tous les autres sont taillés au-dessus des deux boutons à bois les plus rapprochés de la base.

» Pendant l'été, on favorise le développement vigoureux du bourgeon terminal, et l'on applique aux autres bourgeons les soins nécessaires pour les transformer en rameaux à fruit. L'ébourgeonnement, la taille en vert, le pincement, le palissage d'été, etc., sont d'ailleurs pratiqués comme pour les autres formes.

» Lors de la seconde taille, on supprime sur le rameau terminal le tiers environ de sa longueur totale, en coupant toujours au-dessus d'un bouton placé en avant. Quant aux rameaux à fruit, on les taille et on leur applique le palissage d'hiver. On continue d'allonger ainsi la tige de chaque arbre en la faisant se garnir latéralement de rameaux à fruit seulement et en lui faisant suivre le degré d'inclinaison indiqué d'abord. Lorsqu'elle a parcouru les deux tiers de l'espace qui sépare sa base du sommet du mur, on la couche sous un angle de 45 degrés. Les arbres étant placés à 0 m. 75 c. les uns des autres, il en résulte un intervalle de 0 m. 55 c. mesurés perpendiculairement d'une tige à l'autre. Si l'on plaçait ces tiges tout d'abord suivant ce degré d'inclinaison, on ferait développer trop vigoureusement les bourgeons de la base au détriment du bourgeon terminal. Lorsque ces tiges sont arrivées au haut du mur, l'espalier est terminé, et l'on applique à l'extrémité de chacune d'elle le mode de taille indiqué pour le sommet des branches de la charpente des autres pêchers complétement formés. »

Le pêcher se multiplie de semis ou de greffe; l'amandier à coque dure, à amande douce, est le meilleur sujet à choisir pour fixer toutes les espèces. Si le terrain est humide ou peu profond, il faut greffer en écusson sur prunier, depuis la mi-juillet jusqu'à la mi-septembre et l'on choisit de préférence pour sujets les pruniers de Damas noir, le myrobolan, le Saint-Julien.

Liste par ordre alphabétique des espèces et variétés le plus généralement cultivées et considérées comme les meilleures.

Abricotée; admirable jaune; grosse pêche jaune tardive : bon fruit, excellent dans le midi, meilleur mais beaucoup moins gros en plein vent qu'en espalier; gros, rond, aplati; chair jaune, ferme, pâteuse quand les automnes sont froids; eau assez agréable, ayant un peu du parfum de l'abricot; noyau petit, rouge, adhérant légèrement à la chair. Mûrissant vers la mi-octobre.

Admirable : excellent fruit, très-gros, rond, jaune clair et rouge vif; chair ferme, fine, douce, sucrée, vineuse. Mi-septembre.

Alberge jaune; pêche jaune : bon fruit; chair fine et fondante, d'un jaune vif, rouge près du noyau; eau sucrée et vineuse; petit noyau d'un rouge foncé, terminé par une très-petite pointe. Fin d'août.

Avant-pêche blanche : très-petit fruit blanc, peu succulent, sucré, musqué; noyau presque blanc, adhérant ordinairement à la chair. Mi-juillet.

Avant-pêche jaune : fruit moins petit, couvert d'un duvet fauve; chair fine, fondante, d'un jaune doré, teinte de rouge près du noyau qui est rouge et terminé en pointe obtuse. Fin d'août.

Avant-pêche rouge : fruit de même grosseur que le précédent, rouge vif, sucré; petit noyau. Fin de juillet.

Belle Beausse : très-bon fruit, plus gros que la grosse mignonne avec laquelle il a beaucoup de rapport. Septembre.

Belle de Vitry; admirable tardive : très-bon fruit, gros, ayant son grand diamètre du côté de la tête; peau assez ferme, adhérant à la chair, d'une couleur verdâtre d'un côté, d'un rouge clair de l'autre; chair ferme, succulente, fine, blanche, tirant un peu sur le vert, et devenant jaune en mûrissant; noyau long, large, plat, grossièrement rustiqué. Fin de septembre.

Bellegarde ou *Galande* : très-bon fruit, gros, rond; peau d'un rouge pourpre, tirant sur le noir du côté du soleil, dure, adhérant à la chair, couverte d'un duvet très-fin; chair rose près du noyau, ferme, cassante, fine; eau sucrée; noyau moyen, aplati, terminé en pointe assez longue. Fin d'août.

Bourdine; Narbonne : beau et bon fruit, ressemblant à la *grosse mignonne* par la couleur, la forme et le goût. Mi-septembre.

Brugnon violet musqué : bon fruit moyen, violet; chair adhérant au noyau, vineuse, musquée, sucrée; pour le manger bon, ne cueillir ce fruit que lorsqu'il commence à se faner, et même lui laisser perdre son eau dans la fruiterie. Fin de septembre,

Cardinale : fruit bon à cuire en compote, moyen, aplati en dessous, rouge terne en dehors, marbré en dedans comme une betterave rouge. 15 octobre.

Cerise : petit fruit, rond, ayant les couleurs de la pomme d'api; chair blanche, un peu citrine, assez fine et fondante; eau sans saveur; propre à orner un dessert. Commencement de septembre.

Chancelière à grande fleur : très-bon fruit, gros, un peu moins allongé que la *Chevreuse hâtive*; peau très-fine; eau sucrée. Septembre.

Chevreuse (belle) : peau jaune, presque partout couverte de duvet; chair ordinairement jaunâtre, peu fondante, tenant à la peau; eau sucrée, assez agréable; gros noyau brun, profondément rustiqué, terminé par une pointe très-aiguë. Commencement de septembre.

Chevreuse hâtive : bon fruit, gros, un peu allongé, jaune et rouge vif; chair blanche, fine, très-fondante; eau douce, sucrée. Fin d'août.

Chevreuse tardive; pourprée : bon fruit; peau verdâtre et d'un très-beau rouge; chair jaunâtre; eau excellente; noyau médiocrement gros, adhérant à la chair. Mi-septembre,

Després : fruit moyen, d'un blanc jaunâtre, très-légèrement marbré de rouge. Mi-août.

Desse : très-bon fruit, gros, rond, aplati en dessus, rouge foncé du côté du soleil, marqué d'un large sillon blanchâtre dans le fond; chair d'un blanc verdâtre, légèrement rouge près du noyau;

eau abondante, relevée, sucrée, vineuse. De la fin de juillet au
15 août.

Ispahan (d') : fruit petit ; peu coloré, savoureux. Mûrit en plein
vent à la mi-septembre.

Jaune-lisse : bon fruit, petit, jaune et un peu rouge, sans duvet ; chair jaune, goût d'abricot. Mi-octobre ; il peut être conservé
quinze jours dans la fruiterie où il achève de mûrir.

Madeleine à moyenne fleur ; *Madeleine rouge tardive* ou *à petite
fleur* : excellent fruit, plus petit, moins rond que la *Madeleine de
Courson*, très-rouge, vineux, ne manquant presque jamais. Fin
de septembre.

Madeleine blanche : très-bon fruit d'une belle grosseur ; peau
fine, d'un blanc jaune, quittant aisément la chair qui est délicate,
fine, fondante, succulente, blanche, mêlée de quelques traits jaunâtres ; eau abondante, sucrée, musquée ; petit noyau rond, d'un
gris clair. Mi-août.

Madeleine de Courson ; *Madeleine rouge* : excellent fruit, rond,
d'un beau rouge du côté du soleil ; chair blanche, excepté près du
noyau ; eau sucrée et d'un goût relevé ; noyau rouge, assez petit.
Mi-septembre.

Malte ; *Belle de Paris* : bon fruit, assez rond, un peu aplati de
la tête à la queue ; peau rouge d'un côté, d'un vert clair de l'autre, facile à enlever ; chair blanche et fine ; eau un peu musquée,
très-agréable ; noyau très-renflé du côté de la pointe. Mi-septembre.

Mignonne frisée : variété à fleurs frisées et contournées. Fin
d'août.

Mignonne (grosse) ; *Mignonne veloutée* : très-bon fruit, gros,
jaune et rouge très-foncé ; chair fine, fondante, délicate, sucrée, vineuse. Fin d'août.

Mignonne hâtive : variété de la précédente ; fruit plus petit,
souvent mamelonné au sommet. Commencement d'août.

Mignonne (petite) ; *Double de Troyes* : bon fruit, moyen, restant longtemps sur l'arbre, blanc et rouge foncé ; chair fine, blanche, vineuse, agréable ; très-petit noyau, adhérant fortement à la
chair. Fin d'août.

Nivette ; *Veloutée tardive* : bon fruit, gros, vert et rouge foncé,
velu, ferme, sucré, d'un goût relevé, quelquefois un peu âcre ;

11

il faut lui faire passer quelques jours dans le fruitier. Fin de septembre.

Pavie Alberge; Pavie jaune; Persèque jaune : très-bon fruit, d'un rouge très-foncé du côté du soleil; chair très-fondante, un peu jaune, rouge auprès du noyau. Fin de septembre.

Pavie Madeleine : très-bon fruit, surtout lorsqu'il est confit au sucre; peau toute blanche, excepté du côté du soleil; chair ferme, blanche, succulente, adhérant au noyau qui est petit; eau abondante, très-vineuse. Fin de septembre.

Pavie de Pomponne ; Pavie monstrueuse ; gros Persèque rouge; gros mirlicoton : très-gros et bon fruit à cuire, blanc et d'un beau rouge musqué, sucré, vineux. Fin d'octobre.

Persèque; gros Persèque; Persèque allongé : excellent fruit, allongé, anguleux, semé de petites bosses, d'un beau rouge. Arbre très-fécond, même en plein vent. Octobre et novembre.

Pourprée hâtive : très-bon fruit, gros, rouge, foncé, fin, fondant; noyau rouge, profondément sillonné, se détachant de la chair. Commencement d'août.

Pourprée hâtive vineuse : bon et gros fruit, rouge foncé; peau fine, quittant facilement la chair, couverte d'un duvet fauve; chair fine, succulente, blanche; eau abondante, vineuse, quelquefois aigrelette. Mi-août.

Pourprée tardive : bon et gros fruit, bien arrondi, jaune et rouge pourpre; eau très-relevée. Commencement d'octobre.

Princesse Marie : très-bon fruit, gros, d'un beau blanc jaunâtre, couvert d'un duvet carné, pourpre du côté du soleil : peau se détachant aisément de la chair qui est de couleur paille, rayonnée de rouge pourpre autour du noyau, fine, fondante, vineuse, sucrée, relevée; noyau se détachant de la chair. Première quinzaine de septembre.

Pucelle de Malines : bon fruit, rouge, plus foncé du côté du soleil. Commencement de septembre.

Royale : variété de l'*admirable*; fruit moins arrondi, de grosseur, de couleur et de qualité moindres. Fin de septembre.

Sieulle : bon fruit, gros, bien fait, ayant au sommet une petite pointe sans mamelon, rouge foncé du côté du soleil; chair jaunâtre, légèrement rouge auprès du noyau; eau abondante, sucrée, très-agréable. Mi-septembre.

Tein-doux; teindou : bon fruit, gros, rond, un peu aplati du sommet à la base; peau fine, d'un rouge tendre; chair fine et blanche; eau sucrée d'un gout délicat. Fin de septembre.

Téton de Vénus : très-bon fruit, quelquefois plus gros que *l'admirable*, terminé par un gros mamelon ; chair fine, fondante, blanche, rose près du noyau, qui est d'une grosseur médiocre et un peu adhérent à la chair ; eau d'un parfum très-agréable. Fin de septembre.

Vineuse de Fromentin : grosse variété de la *mignonne;* très-bon fruit d'une couleur plus accusée et d'une chair plus vineuse. Commencement de septembre.

Violette hâtive (grosse) : bon fruit, d'autant meilleur qu'il est plus gros, moins vineux que le suivant. Commencement de septembre.

Violette hâtive (petite) : très-bon fruit, lisse, violet clair et jaune pâle, sucré, vineux. Commencement de septembre. Il faut laisser cette pêche sur l'arbre, jusqu'à ce qu'elle se fane auprès de la queue.

Pêchers classés par ordre de maturité des fruits :

Avant-pêche blanche. — Avant-pêche rouge. — Desse. — Petite mignonne. — Mignonne hâtive. — Pourprée hâtive. — Després. — Pourprée hâtive vineuse. — Grosse mignonne. — Vineuse de Fromentin. — Belle Beauce. — Mignonne frisée. — Avant-pêche jaune. — Bellegarde. — Madeleine blanche. — Malte. — Alberge jaune. — Cerise. — Grosse et Petite violette hâtive. — Chevreuse hâtive. — Belle Chevreuse. — Chancelière. — Pucelle de Malines. — Madeleine de Courson. — Bourdine. — Princesse Marie. — Grosse violette. — Admirable. — Belle de Vitry. — Sieulle. — Ispahan. — Chevreuse tardive. — Nivette. — Pavie Madeleine. — Madeleine à moyenne fleur. — Pavie alberge. — Téton de Vénus. — Brugnon musqué. — Tein-doux. — Royale. — Persèque. — Abricotée. — Pourprée tardive. — Cardinale. — Pavie de Pompoune. — Jaune lisse.

PÊCHERS D'ORNEMENT : *P. à fleurs semi-doubles* : d'un coup-d'œil ravissant lorsqu'il est en pleine fleur; il donne de bonnes pêches en septembre et se reproduit de noyau. — *P. nain* :

de la taille d'un pommier greffé sur Paradis ; joli arbrisseau se couvrant de fleurs au premier printemps ; fruit rond, coloré, succulent, souvent sur et amer. — *P. nain à fleurs doubles* : charmant buisson de 0 m. 50 c.; fleurs roses, très-doubles.

PÉDICELLE : petite queue supportant immédiatement la fleur.

PÉDONCULE : partie d'une inflorescence, portant les pédicelles.

PÉLARGONIUM (géraniacées). Les plantes de ce genre, improprement appelées Géraniums, ne sauraient pourtant être confondues avec ces derniers. Les pétales des Pélargoniums sont en effet inégaux et irréguliers, tandis que la fleur des Géraniums est d'une régularité parfaite. On compte par centaines les espèces de cette belle plante, un des plus riches ornements de la serre tempérée. Nous la considérerons, nous, au simple point de vue de la décoration des jardins où elle fleurira un peu plus tard, mais jusqu'à la fin de l'été. Il suffit alors de la rentrer, en automne, après le rempotage, dans une orangerie bien sèche; peu d'eau pendant le repos ; arrosements plus fréquents lorsqu'elle recommence à végéter ; les feuilles sèches ou gâtées, les moisissures doivent être soigneusement enlevées. Il faut aux Pélargoniums une terre légère substantielle, des pots assez grands pour ne point gêner les racines. Mis en pleine terre, lorsqu'on les sort de l'orangerie, ils se développent rapidement et fleurissent avec abondance. On les multiplie de graines pour obtenir des variétés, ou de boutures pour conserver les espèces. Le semis se fait en terre de bruyère humide et en terrine, sous châssis ; le plant, repiqué dans de petits pots, est ensuite enterré dans la couche ; le meilleur moment pour semer est celui de la maturité des graines. On bouture de juillet en septembre ; au bout de trois semaines, on repique en pots les boutures qui doivent alors être suffisamment enracinées. Les Pélargoniums sont dans toute leur beauté, de 2 à 4 ans ; au delà de cet âge, ils dégénèrent de forme et de fleurs. Le rempotage se fait en septembre; quinze jours plus tard on taille, c'est-à-dire on supprime les branches mal placées ou trop faibles, et l'on coupe les fortes, de 0 m. 20 c. à 0 m. 30 c. de longueur, de manière à former une tête ronde avec 4 ou 8 branches. — *P. à feuilles zonées* : tiges sous-ligneuses. Feuilles irrégulièrement lobées, zonées de brun suivant le contour du limbe. Ombelles pédonculées de fleurs à pétales étroits, écarlates, roses ou d'un blanc pur. Variété à feuilles panachées de blanc, et à larges pétales d'un rose vif. — *P. à feuilles tachantes* : de Sainte-Hélène; tige un peu charnue; feuilles entières, orbiculaires; ombelles de fleurs écarlates; produisant beaucoup d'effet en massifs.— *P. tricolore* : petit arbrisseau à feuilles blanchâtres, velues, lancéolées, incisées; fleurs à pétales supérieurs rouge sanguin, pourpre noir et blancs à la base. — *P. triste* : petites ombelles de fleurs jaune pâle taché de brun, à odeur suave pendant la nuit. — *P. à feuilles de lierre* : ombelles de fleurs rosées; plante d'un effet charmant lorsqu'elle est mise en corbeille suspendue dans un salon. — *P. à fleurs en têtes; Géranium rosat des jardiniers* : feuilles cordiformes, lobées, velues, à odeur de rose ; ombelles serrées de fleurs pourpres.— *P. d'Endlicher; P. de Turquie* : de l'Asie Mineure; haut. d'environ 0 m. 40 c.; feuilles réniformes, incisées, glauques; ombelles de fleurs roses, longuement pédonculées.

Nous citerons, parmi les plus belles variétés de Pélargoniums écarlates à mettre en pleine terre : *l'Albane; Beauté du parterre; Tintoret; Antony Lamotte; Amy Robsart; Zélie; Madame Vaucher;* et parmi les Pélargoniums à grandes fleurs: *Belle Milanaise ; Comtesse de Morny ; Coquette de Bellevue ; Géant des batailles; Jeanne d'Arc; la candeur; le cygne; Léviathan; Luther; Madame Auguste Odier; Madame Leroy; Madame de Wendel; Montaigne; Napoléon III; Salvator Rosa; Vénus de Médicis,* etc. Enfin nous recommanderons comme étant de beaux Pélargoniums de fantaisie : *Adèle ; Captivation; Clara Novello; Eulalie; le Roi des roses; Madame Sainton Dolby; Marionnette; Mistress Turner; Rachel; Reine du bal; Rosabella; Sarah,* etc.

PENSÉE, voyez *Violette*.

PENTAPÉTÈS *pourpre* (buttnériacées). De l'Inde. Annuelle. Tige de 1 m. à 1 m. 50 c. En été, fleur moyenne, solitaire, d'un rouge vif. Terre franche légère. Multipl. de graines semées en pots sur couche chaude et sous châssis; repiquer en pleine terre bien abritée.

PENTSTEMON *campanulé* (scrophularinées). Du Mexique. Vivace. Tiges de 0 m. 70 c. à 1 m. Feuillées dentées, linéaires, lancéolées. Pendant l'été, épis de fleurs campanulées, blanches intérieurement, rouges extérieurement. Orangerie l'hiver. Multipl. de graines, d'éclats ou de boutures. — *P. à fleurs bleues* : des Montagnes rocheuses; pleine terre; multipl. d'éclats et de boutures. — *P. à fleurs de digitale* : du Texas; tige de 0 m. 65 c.; feuilles ovales; panicules terminales de fleurs blanches; pleine terre; belles variétés. — *P. à feuilles lisses* : de l'Amérique septentrionale; touffe de 0 m. 30 c.; au commencement de l'été, panicules de fleurs blanches, roses ou violettes; pleine terre meuble; multipl. de graines, d'éclats et de boutures. — *P. Cobée* : du Texas; tiges de 0 m. 65 c.; en été, panicule terminale de grosses fleurs carnées, striées de carmin; pleine terre. — *P. à feuilles de gentiane* : du Mexique; même hauteur; en été, longues grappes unilatérales de fleurs d'un pourpre tirant sur l'écarlate. — *P. de Hartweg* : du Mexique; touffe magnifique, de même que la précédente; fleurs moins longues et plus foncées; pleine terre; quelques pieds sous châssis ou en orangerie. — *P. glanduleux*. de l'Amérique septentrionale; tige de 0 m. 50 c.; grandes fleurs velues, d'un violet clair; pleine terre. — *P. barbu* : du Mexique; pendant tout l'été, grappes de fleurs écarlates, à deux lèvres, ayant l'inférieure garnie de poils dorés; terre franche légère, au soleil; couverture l'hiver; variété à fleurs blanches. — *P. à feuilles en cœur* : des Montagnes rocheuses; arbuste à rameaux diffus, à fleurs écarlates; terre meuble au soleil; peu d'eau. — *P. de Murray* : du Texas; grappes terminales de fleurs d'un très-beau rouge; terre de bruyère; orangerie; plante délicate ainsi que le *P. de Scouler* dont les fleurs sont d'un violet pâle. — *P. de Jaffray* : panicules de fleurs bleues; couverture l'hiver; multipl. de graines ou de boutures. Très-belle plante.

PERCE-NEIGE ; *Galanthine Perce-neige* (amaryllidées). Indigène. Vivace. Petit oignon allongé; 2 feuilles étroites; hampe de 0 m. 15 c. En février, 1 ou 2 petites fleurs blanches à 6 divisions, dont les trois intérieures sont échancrées et maculées de vert. Terre légère, ombragée, un peu humide. Multipl. de caïeux. Variété à fleurs doubles. — *P. nivéole du printemps* : en mars, fleur solitaire, blanche, tachée de vert à l'extrémité de chaque pétale. — *P. nivéole d'été* ou *à bouquet* : 5 à 6 fleurs blanches, tachées de vert à l'extrémité des divisions intérieures. Relever les oignons tous les 3 ans en juillet, pour séparer les caïeux; replanter en octobre.

PERCE-OREILLE : insecte nuisible aux fruits qu'il entame, aux fleurs dont il coupe les pétales, aux feuilles et aux plantules qu'il ronge; il attaque surtout les œillets et les dahlias. Pour s'en emparer et le détruire, il faut mettre au pied de la plante attaquée, des tuyaux en terre ou en roseau, des feuilles de choux qui lui servent de retraites dès que le jour paraît; on emploie encore à cet usage des petits bâtons sur lesquels on place des sabots de veau ou de cochon, ou des pots renversés dans lesquels on met un peu de foin.

PÉRIANTHE : calice coloré; enveloppe des fleurs qui n'ont point de corolle.

PÉRILLE *de Nankin* (labiées). De la Chine. Annuelle. Haute de 0 m. 60 à 0 m. 80 c. Feuilles gaufrées, dentées, acuminées aux deux extrémités, d'un noir pourpre brillant. En automne, fleurs rose violacé. Semer sur couche en mars, et replanter au midi.

PERNETTIE *mucronée* (éricacées). Du détroit de Magellan. Arbrisseau à feuilles luisantes et persistantes. Fleurs en grelots, d'un blanc rosé. Pleine terre de bruyère. — *P. furibonde*: arbuste à feuilles persistantes; fleurs d'un blanc pur; terre de bruyère; orangerie.

PERSICAIRE, voyez *Renouée.*

PERVENCHE ; *grande Pervenche* (apocynées). Indigène. Vivace. Tiges de 0 m. 65 c. à 1 m., nombreuses et rampantes. Feuilles persistantes, coriaces, lisses, ovales. Au printemps et en automne, grandes fleurs infundibuliformes, bleues ou blanches. Terre ombragée. Multipl. de graines et de rejetons. Variété à feuilles panachées. — *Petite P.* : fleurs blanches, bleues, violâtres, rouges, pourpres, simples ou doubles. Variétés à feuilles panachées de blanc ou de jaune. — *P. herbacée* : fleurs d'un bleu foncé; variétés à fleurs doubles, bleues ou rougeâtres. — *P. rose* : du Cap; vivace en serre chaude, mais pouvant être cultivée comme annuelle; tout l'été, jolies fleurs roses. Semer sur couche et sous châssis, dès le mois de février, et repiquer en motte. Variétés à fleurs blanches, à cœur rouge et à cœur vert.

PÉTALE : espèce de lame mince, colorée, qui compose la corolle d'un grand nombre de fleurs ; il est quelquefois en forme de cœur, et quelquefois remarquable par un grand rétrécissement à sa base, que l'on appelle onglet.

PÉTIOLE : on appelle ainsi la queue d'une feuille, la partie qui lui sert de support.

PETITE-CONSOUDE, voyez *Omphalode*.

PÉTROPHILE *à feuilles linéaires* (protéacées). Arbrisseau d'environ 1 m. Au printemps, capitules de fleurs lilas. Terre de bruyère ; orangerie. Multipl. de boutures et de marcottes. — *Pétrophile trifide* : de la Nouv.-Holl. ; au printemps, capitules terminaux de fleurs jaunes ; même culture.

PÉTUNIA ; PÉTUNIE *odorante* (solanées). De la Plata. Plante sous-ligneuse à la base, de 0 m. 70 c. à 1 m. Feuilles ovales, trinervées. Pendant l'été et l'automne, grandes fleurs pédonculées, infundibuliformes, blanches, ayant une odeur suave. Terre douce, meuble. Multipl. de graines, d'éclats et de boutures. Rentrer l'hiver en orangerie. On pourrait essayer d'en couvrir en pleine terre quelques pieds pendant les gelées ; nous avons vu de très-beaux pétunias qui avaient supporté ainsi plusieurs hivers, contre un mur exposé au soleil. — *P. pourpre :* de Buénos-Ayres ; fleurs moins grandes que celles du précédent. Ces deux espèces ont produit un grand nombre d'hybrides et de variétés remarquables.

PHACÉLIE *bipennée* (hydrophyllées). De la Caroline sept. Annuelle. Touffe large et haute d'environ 0 m. 35 c. Pendant l'été corymbes de petites fleurs bleues. Semer en place au printemps ou même dès l'automne. — *P. à feuilles de tanaisie* : en mai, épis unilatéraux et roulés en crosses, de fleurs d'un bleu clair. — *P. à fleurs frangées* : fleurs d'un blanc teinté de violet, bordées de cils blanc ; peu d'eau.

PHOENOCOME *prolifère* (composées). De l'Afrique austr. Plante ligneuse de 0 m. 35 c. à 1 m. Feuilles inférieures spatulées ; feuilles supérieures, arrondies, imbriquées. Capitules de fleurs blanches, ligulées, involucre à écailles pourpres. Terre de bruyère ; orangerie ; peu ou point d'arrosements, l'hiver. Multipl. de boutures.

PHALANGÈRE, *fleur de Lis* (liliacées). Indigène. Vivace.

Racine charnue. Faisceaux de feuilles planes, entourés d'écailles
aiguës et brunes. En juin, épis de fleurs blanches, ayant quelque ressemblance avec la fleur de Lis. Terre meuble substantielle,
à bonne exposition ; multipl. de graines et par la séparation des
racines. — *P. rameuse*; *herbe à l'araignée* : feuilles ressemblant
à celles du gazon ; fin de juin, fleurs blanches, nombreuses, à six
divisions, disposées en épis ; même culture. — *P. Lis de Saint-
Bruno* : du Dauphiné ; racine en griffe ; feuilles radicales, linéaires ; tige de 0 m. 30 c.; en juin, épis de grandes et belles fleurs
blanches. Terre substantielle, meuble, à mi-ombre; couverture
l'hiver, lorsqu'il gèle ; multipl. d'éclats en automne.

PHARBITIS *à fleurs bordées* (convolvulacées). De Java.
Annuel. Tiges velues. Feuilles cordiformes, entières ou trilobées.
Fleurs larges, violet foncé, bordées de blanc, divisées par une
étoile carmin à 5 branches. Toute terre et toute exposition ; semer
en avril. — *P. de Lear* : du Mexique ; vivace ; volubile ; feuilles
cordiformes, bilobées ou trilobées ; nombreuses et belles fleurs
d'un bleu violet, se succédant durant l'été et l'automne ; rentrer
en serre pendant l'hiver et remettre en pleine terre l'été. —
Pharbitis pourpre, voyez *Ipomée.*

PHÉNIX, voyez *Narcisse.*

PHLOMIS, **PHLOMIDE** *tubéreuse* (labiées). De Sibérie.
Vivace. Tiges carrées de 1 m. 30 c.. Feuilles cordiformes, supportées par de longs pétioles. En été, fleurs violâtres, moyennes,
verticillées. Terre meuble, au soleil; beaucoup d'eau en mai et
juin. Multipl. de graines semées en pot, ou de tubercules séparés
tous les trois ans. — *P. lychnite* : tige de 0 m. 35 c.; feuilles lan-
céoles, drapées en dessous ; fleurs jaunes ; couverture ou orangerie l'hiver: multipl. de graines, d'éclats et de boutures. —
P. de Samos : tige de 0 m. 70 c. à 1 m., feuilles grandes, cordiformes ; grosses fleurs d'un jaune de cire ; multipl. de graines et
d'éclats. — *P. frutescente* : du Levant ; buisson d'environ 1 m.;
en été, grandes fleurs d'un jaune vif ; terre franche meuble ; exposition chaude et abritée; couverture l'hiver ; multipl. de graines ou de boutures en mai. Variétés *à feuilles rouillées , à feuilles
larges, à feuilles étroites.*

PHLOX *paniculé* (polémoniacées). Des prairies de la Caroline. Vivace. Tiges droites d'environ 1 m. Feuilles ovales lan-

11.

céolées. En été, panicules pyramydales de fleurs lilas. Terre franche, meuble, un peu fraîche. Multipl. d'éclats, de boutures. qu'on abrite le premier hiver dans l'orangerie, ou de graines si l'on veut obtenir des variétés. Variétés *à fleurs blanches* et *à feuilles panachées* : cette dernière demande une couverture pendant les gelées. — *Phlox subulé* : de l'Amér. sept.; tiges diffuses et couchées ; au printemps, fleurs rose pourpre, ayant au centre une étoile d'une nuance plus prononcée ; terre de bruyère à mi-ombre ; multipl. de boutures et d'éclats ; variétés *à fleurs blanches*. — *P. acuminé* : tige d'environ 1 m., pubescente, ainsi que les feuilles ; en automne, fleurs lilas, rouges au centre ; variété à grandes fleurs roses. — *P. maculé* : tiges maculées de brun ; en été, grappes pyramidales de fleurs odorantes, d'une belle nuance lilas pourpré. Variété délicate à fleurs d'un blanc pur. — *P. de la Caroline* : en été, corymbe paniculé de fleurs pourpres ; variété à feuilles panachées. — *P. rose à trois fleurs* : grandes fleurs carnées, supportées ordinairement au nombre de trois par le même pédoncule. — *P. divariqué* : tiges diffuses; au printemps, grappes de grandes fleurs bleues ; terre de bruyère ombragée. — *P. à feuilles ovales* : en été, large panicule de grandes fleurs d'un rouge vif. — *P. agréable, P. velu* : tiges traînantes; feuilles velues ; corymbes de fleurs d'un rose pourpre; terre de bruyère ombragée. —*P. rampant* : en mai et septembre, large corymbe de grandes fleurs bleuâtres odorantes. — *P. à feuilles réfléchies* : tige ponctuée de pourpre, de 1 m. 30 c.; en automne, panicule de grandes fleurs d'un pourpre violet très-vif. — *P. sous-ligneux* : corymbe de fleurs odorantes, d'un beau rouge violacé. — *P. glabre* : tiges grêles de 0 m. 50 c.; en été, corymbe de fleurs d'un pourpre clair. — *P. de Drummond* : du Texas; tige diffuse de 0 m. 35 à 0 m. 70 c.; pendant tout l'été, fleurs roses, d'une nuance pourprée au centre; terre de bruyère, à mi-ombre; multipl. de boutures ou de graines ; cette espèce étant difficile à conserver, et le plant obtenu de semis fleurissant la même année, on fera bien de la cultiver comme annuelle ; variété à fleurs pourpres ayant au centre une étoile blanche.

Le mélange des Phlox *acuminé, maculé* et *paniculé* a produit un nombre trop considérable de variétés pour qu'elles puissent être utilement énumérées ici. Nous renvoyons les amateurs aux catalogues des fleuristes. Toutefois, pour guider nos lecteurs dans leur choix, nous leur signalerons parmi les Phlox les plus estimés quelques variétés déjà anciennes, qui n'en sont pas moins belles, telles que :

P. *omniflore* ;
P. *de Van Houtte* ;
P. *Alphonse Karr* ;
P. *Reine Blanche*;
P. *Princesse Marianne* ;
P. *Diane de Poitiers* ;
P. *Atala*;
P. *Boileau* ;
P. *Mme de Courcelles* ;

et quelques variétés plus nouvelles :

P. *Danaé* : blanc, à centre rose.
P. *Latone* : blanc, à centre rose carminé.
P. *La Candeur* : blanc, à centre rouge.
P. *Mme Decaen* : blanc, à centre rouge pourpre.
P. *Lady Hulse* : blanc à centre violet.
P. *Mme Houlet* : blanc, à centre saumoné.
P. *F. Desbois* : très-large, rose saumoné.
P. *Docteur Lacroix* : rose saumoné, à centre pourpre.
P. *Eurus* : large, saumoné.
P. *Belle Normande* : saumoné.
P. *Éclair* : saumoné, à centre pourpre.
P. *Chloris* : rouge vif.
P. *Parmentier* : rouge vif cocciné saumoné.
P. *Comte de Quélen* : amarante.
P. *Le Vésuve* : amarante, à centre écarlate.
P. *Euryale* : rouge violacé, à centre pourpre.
P. *Mars* : rouge violacé, à centre pourpre.
P. *Andromède* : pourpre foncé.
P. *Ferdinand II* : lie de vin, à centre pourpre.
P. *Jacquitta* : violet cendré, à centre pourpre.

PHORMIUM, *Lin de la Nouvelle-Zélande* (liliacées). Feuilles nombreuses, radicales, engaînantes, persistantes, de 1 m. 30 à 1 m. 70 c. Hampe de 2 m. à 2 m. 50 c. En août, grande panicule de fleurs jaunâtres. Terre franche, légère ; arrosements fréquents en été; orangerie; on peut essayer de le mettre en pleine terre, avec couverture l'hiver. Multipl. de rejetons sur couche.

PHOTINIA *luisant* (rosacées). Du Japon. Arbrisseau de 2 à 4 m. Feuilles persistantes, larges et longues, luisantes, ovales-lancéolées. Larges corymbes de petites fleurs blanches, lavées de rose. Multipl. de greffe sur aubépine ou sur coignassier.

PHYGELIUS DU CAP (scrophularinées). De l'Afrique aus-trale. Vivace. Tige simple. Longue panicule de fleurs pendantes, tubuleuses, rouge carmin à l'extérieur, jaune rougeâtre à l'inté-rieur. Couverture ou orangerie l'hiver. Multip. de boutures.

PHYLIQUE *à feuilles de bruyère; Bruyère du Cap* (rhamnées). Arbuste de 0 m. 70 c. à 1 m. Feuilles petites, linéaires, glauques en dessous. Pendant l'automne et l'hiver, petites fleurs blanches en têtes, au sommet des rameaux, ayant une odeur d'amande. Terre légère; orangerie, en lieu sec. Multipl. de boutures.

PHYTOLAQUE *commune, Raisin d'Amérique* (phytolacées). De la Virginie. Vivace. Grosse racine. Tiges rouges, rameuses, de 1 m. 60 c. à 2 m. Grandes feuilles ovales, vertes et rouges. En été, grappes de petites fleurs rougeâtres, remplacées par des baies d'un rouge violâtre. Terre sableuse, à bonne exposition. Multipl. de graines en terrine sur couche, ou d'éclats.

PICRIDIE, ou **PICRIDION** *de Tanger* (composées). An-nuelle. Tiges de 0 m. 70 c. à 1 m. Feuilles étroites, longues. Capi-tules de fleurs jaunes dont le fond est d'un pourpre noir. Terre franche légère. Semer sur couche et en place.

PIED D'ALOUETTE, voyez *Dauphinelle.*

PIGAMON *noir pourpre; Pigamon à feuilles d'Ancolie; Colombine plumeuse* (renonculacées). Des Alpes. Vivace. Tige de 0 m. 70 c. à 1 m. Feuilles rougeâtres. Au commencement de l'été, grandes panicules de fleurs à aigrette persistante de longues étamines blanches, terminées par des anthères jaunes. Terre légère substantielle, à mi-ombre. Multipl. de graines et par ra-cines. Belle variété à étamines rose vif et lilas. — *P. glauque* : feuilles glauques; grandes panicules de fleurs jaunes.

PIMÉLÉE *à feuilles de lin* (thymelés). De la Nouv.-Holl. Arbuste de 0 m. 55 c. Feuilles lancéolées-linéaires, opposées. Au printemps et en été, fleurs blanches, réunies dans un involucre. Terre de bruyère; serre tempérée. Multipl. de marcottes et

de boutures. Variété à fleurs roses. — *P. à feuilles en croix* :
pendant l'automne, fleurs roses ou rouges. — *P. Sylvestre* : rameaux grêles; feuilles glabres; fleurs roses. — *P. à feuilles de
millepertuis* : fleurs d'un blanc rosé. — *P. élégante* : au printemps, fleurs blanches soyeuses; terre de bruyère et terre franche mélangée. — *P. d'Henderson* ; ombelles de fleurs blanches.

PIN (conifère). Ce genre où se trouvent comprises un grand
nombre d'espèces utiles et agréables, renferme des arbres de 40 à
60 m. dont nous n'avons pas à nous occuper. Quelques-uns
d'une hauteur plus modeste peuvent contribuer à l'ornement des
petits jardins par leur feuillage persistant, d'un vert agréable,
affectant des formes variées, et par leur tronc droit finissant en
flèche ou couronné par une cime. Nous indiquerons le *P. de montagne*, des régions alpines, formant un buisson touffu de 4 à
6 m.; le *P. cembro*, des Alpes, arbre pyramidal de 5 à 6 m., qui
demande l'exposition du nord; le *P. Mugho*, de 3 à 4 m.

PINCEMENT : opération qui consiste à couper avec les
ongles l'extrémité des jeunes rameaux, pour favoriser, en les
arrêtant, le développement des autres branches ou des fruits.

PINCKNEYA *pubescent* (rubiacées). De la Géorgie. Arbrisseau de 1 m. 30 c. Feuilles grandes, ovales, cotonneuses en dessous. En été, faisceaux de fleurs blanches, rayées de pourpre.
Terre de bruyère, fraîche. Multipl. de graines, de boutures étouffées, de marcottes; rentrer le plant en orangerie, les premiers
hivers.

PIOCHE : on se sert de cet instrument pour faire des trous
et pour déplanter les arbres. Dans les terrains durs et pierreux,
on emploie la pioche à deux taillants.

PISTIL : organe femelle des végétaux; il est ordinairement
composé de trois parties principales : la supérieure appelée *stigmate*; la moyenne appelée *style*; l'inférieure, qui est le réceptacle
des graines, et qu'on désigne sous le nom d'*ovaire*.

PITTOSPORUM, PITTOSPORE, *ondulé* (pittosporées). Des
Canaries. Arbrisseau de 1 m. 30 c. à 1 m. 60 c. Feuilles obovales, ondulées, persistantes, d'une odeur aromatique lorsqu'elles
sont froissées. En mai, fleurs blanches et odorantes. Terre franche
légère; orangerie. Multipl. de boutures, ou de graines semées dès
qu'elles sont mûres. — *P. à feuilles épaisses* : de Madère; om-

belles de fleurs blanches; multipl. de boutures et de marcottes; les graines ne viennent point à maturité. — *P. à feuilles réfléchies* : de la Nouvelle-Galles du Sud; remarquable par ses fruits, semblables à de petits citrons, et s'ouvrant en deux valves pour laisser voir des graines pisiformes d'un rouge de corail. — *P. à fleurs vertes* ; formant un petit buisson; corymbes de petites fleurs verdâtres. — *P. de la Chine* : tige de 1 m. 50 c. à plus de 3 m.; feuilles mucronées, luisantes; pendant l'été, ombelles de fleurs blanches ayant le parfum des fleurs d'oranger. — *P. ferrugineux* : de Guinée; feuilles couvertes en dessous d'un duvet couleur de rouille; ombelles terminales de fleurs blanches. = Les Pittospores ne doivent être rencaissés ou rempotés que lorsque les caisses ou les pots sont tapissés par les racines.

PIVOINE *en arbre* (renonculacées). De la Chine. Buisson rameux de 1 m. à 1 m. 50 c. Grandes feuilles bipennées, rougeâtres, glauques en dessous. Au commencement de l'été, belles fleurs semi-doubles ou doubles, d'un pourpre vif au centre, d'un rose tendre sur les bords; étamines blanches à anthères dorées. Terre franche substantielle; couvrir par précaution le pied de litière sèche pendant les gelées. Multipl. de graines, d'éclats, de marcottes qui reprennent au bout de deux ans, de boutures étouffées, et de greffes en fente sur la Pivoine herbacée. — *P. à fleurs de Pavot* : fleurs simples, terminales, blanches, marquées de pourpre au centre. — *P. rose, odorante* : fleurs doubles, d'un rose vif, répandant le parfum de la rose. — *P. triomphe de Vander-Malen* : grosses fleurs d'un pourpre vif. — *P. triomphe de Malines* : fleurs amarantes. Ces trois dernières pivoines aiment une exposition à demi-ombragée; beaucoup d'eau avant et pendant la floraison, très-peu pendant le repos. Les plantes provenant de semis ne fleurissent guère avant 7 ou 8 années.

Nous recommanderons, parmi les plus belles variétés obtenues de Pivoines à tige ligneuse :

P. blanche de Noisette : blanc pur.

P. ville Saint-Denis : blanc glacé rose tendre.

P. Caroline : très-belle fleur couleur de chair.

P. Madame de Vatry : plante vigoureuse; fleur magnifique, rose satiné très-vif.

P. comte de Rambuteau : belle fleur rose saumoné.

P. Léopold : très-belle fleur rouge carminé.

P. Élisabeth : fleur belle et forte, carmin ponceau.

P. Joséphine impératrice : rouge violacé.

P. officinale : vivace ; tige herbacée ; très-rustique ; on cultive de préférence les variétés à fleurs doubles : *blanche ; rose ; rouge cramoisi ; écarlate à feuilles d'anémone.* — *P. de la Chine :* en juin, belles et larges fleurs très-doubles. — *P. à fleur frangée :* de Sibérie ; en mai, jolies fleurs doubles de couleur pourpre. — *P. mâle ; P. corail :* de la Suisse, larges fleurs simples, fort belles, de couleur rouge, pourpre ou violacée.— *P. à feuilles menues :* en avril, fleur simple, d'un pourpre foncé ; variété à fleurs doubles. — *P. anomale :* de Sibérie ; fleur simple ou semi-double, d'un pourpre violet — *P. de Sibérie :* tige de 0 m. 70 c., terminée, au printemps, par une large fleur odorante, rose d'abord, puis blanche. — *P. à odeur de rose :* de la Chine ; tige de 1 m.; en juin, fleurs larges et très-doubles, d'un rose pourpré, ayant une odeur de rose très-prononcée ; pleine terre de bruyère. — *P. stérile :* fleurs plus belle encore, mais sans odeur. — *P. de Witmann :* du Caucase ; espèce rustique, à fleurs jaunes.

On a obtenu, des semis de pivoines à tige herbacée, des variétés vigoureuses, rustiques, parmi lesquelles nous signalerons :

P. carnée élégante : carné tendre, très-frais.

P. madame Bréon : carné, à centre chamois.

P. prolifère tricolore : carné clair, à centre jaunâtre ; stigmates pourpres.

P. Reine des Français : rose vif, à centre rose nuancé de jaune.

P. Duc de Cazes : rose vif.

P. Remarquable : rose, bord des pétales argenté.

P. Madame Furtado : rouge foncé.

P. Decaisne : pourpre foncé à reflets bruns.

PLAGIUS *à grandes fleurs* (composées). De l'Algérie. Vivace. Feuilles radicales. Tige de 1 m. Large corymbe de fleurons jaunes, sans rayons. Pleine terre ; orangerie, et peu d'eau l'hiver. Multipl. de graines et d'éclats.

PLANTATION *des arbres.* Le moment le plus favorable pour la plantation des arbres fruitiers et des arbres d'agrément à feuilles caduques est, surtout pour les premiers, celui qui suit la

chute des feuilles. Pour les arbres à feuilles persistantes, il faut
au contraire attendre l'époque où la séve est près d'entrer en
mouvement, c'est-à-dire le mois de mars et même les premiers
jours du mois d'avril. Le trou que doivent occuper les racines
sera creusé plusieurs jours à l'avance, afin de laisser la terre exposée tout ce temps aux influences atmosphériques; il n'aura pas
plus d'un mètre de profondeur, l'expérience ayant démontré que,
si les racines s'étendent horizontalement au lieu de plonger,
l'arbre n'en acquiert que plus de vigueur; dans un sous-sol stérile ou très-humide, la profondeur du trou ne dépassera pas 0 m.
80 c. et même 0 m. 60 c.; il vaudra mieux augmenter sa largeur, surtout si on a l'intention de le remplir de bonne terre
rapportée. Quelques personnes se font un scrupule de retirer
toutes les pierres qu'elles rencontrent en creusant; c'est un tort:
il faut laisser au moins une partie de celles qui ne dépassent pas
la grosseur du poing, et, s'il se peut, y mêler au fond du trou
quelques plâtras de manière à former un lit dont la destination
est d'assurer l'égouttement des eaux surabondantes. Avant de
planter, on procède à ce qu'on appelle l'habillage des racines :
on doit se servir, pour cette opération, d'une lame bien affilée,
afin de couper net les parties qu'on retranche: toutes les racines
ou parties de racines malades sont d'abord supprimées; puis on
taille les autres, ni trop longues ni trop courtes, ce qui est également
ment contraire à la bonne végétation de l'arbre, mais de manière
que celui-ci, dressé sur le sol, puisse s'y tenir debout. Les racines étant habillées, l'arbre est placé dans le trou, qu'on remplit
de bonne terre où l'on a mêlé une brouettée de fumier très-consommé; le collet des racines doit se trouver à 0 m. 08 c. ou
0 m. 10 c. au-dessous du niveau du sol, et l'on a soin de faire
pénétrer la terre entre les racines de manière à n'y laisser aucun
vide. On tasse ensuite modérément la terre avec le talon, en ménageant autour du tronc une dépression circulaire qui facilitera
l'arrossement en cas de sécheresse. L'opération terminée, la
partie du sol où l'arbre est planté présentera un léger exhausse-
ment qui ne tardera pas à s'affaisser par le tassement naturel de
la terre.

PLANTOIR : le nom de cet instrument indique son usage;
les plantoirs garnis de cuivre ont cet avantage que la terre hu-

mide s'y attache moins et qu'on les nettoie avec la plus grande facilité.

PLATYCODON *à grandes fleurs* (campanulacées). De Sibérie. Vivace. Tige de 0 m. 65 c. Feuilles ovales, inégalement dentées. Larges fleurs d'un beau bleu, paraissant en juillet. Pleine terre de bruyère mélangée, à mi-ombre. Multipl. de boutures, d'éclats et de graines semées au printemps, dont le plant fleurit l'année suivante. — *P. d'automne* : de la Chine ; tiges plus basses et plus touffues ; floraison plus tardive.

PLATYLOBIUM *élégant* (papilionacées). De la Nouvelle-Hollande. Arbrisseau de 1 m. à 1 m. 30 c. Feuilles cordiformes, persistantes. En été, grandes fleurs jaune orange, marquées de carmin à l'étendard. Terre de bruyère dans des vases étroits ; orangerie ; point d'humidité. Multipl. de marcottes et de graines sur couche et sous châssis. — *P. à feuilles lancéolées* : arbuste de 0 m. 70 c. à 1 m. En juin, fleurs à grand étendard jaune et à carène d'un rouge vif. — *P. scolopendre* : en mai, fleurs jaunes à large étendard maculé de rouge.

PLECTRANTHE *à feuilles d'orties* (labiées). Du Cap. Arbuste de 0 m. 70 c. Grandes feuilles cordiformes. Vers la fin de l'été, grappes de petites fleurs bleu clair, éperonnées et odorantes. Terre franche légère, au midi ; peu d'eau, orangerie. Multipl. de boutures, ou de graines semées sur couche et sous châssis.

PODALYRE *biflore* ; *P. argentée* (papilionacées). Arbrisseau de 1 m. 30 c. à 1 m. 60 c. Feuilles ovales, argentées. En hiver, grandes fleurs blanches ; calice couleur de rouille. Terre de bruyère ; orangerie. Multipl. de boutures et de graines. — *P. soyeuse*: du Cap; arbuste de 0 m. 70 c. à 1 m.; rameaux et feuilles couverts de soies argentées ; en été, fleurs roses ; même culture.

PODOCARPE *effilé* (conifères). Du Cap. Arbrisseau à rameaux grêles et à feuilles linéaires lancéolées. — *P. nucifère* ; *If nucifère* : du Japon. = Terre de bruyère mélangée ; orangerie

PODOLÉPIS *à fleurs jaune d'or* (composées). De la Nouvelle-Hollande. Annuelle. Tige de 0 m. 35 c. Feuilles lancéolées. En été, capitules terminaux d'un beau jaune. Semer en mars sur couche, ou en place dans les premiers jours d'avril.— *P. à fleurs roses* : larges capitules de nuances variées du rose au blanc. —

P. à fleurs jaunes : arbuste de 0 m. 70 c. à 1 m.; en été, larges capitules jaunes, radiés; orangerie.

PODOPHYLLE *à feuilles peltées* (berbéridées). De l'Amérique septentrionale. Vivace. Deux grandes feuilles lobées, supportées par de longs pétioles. Au printemps, fleurs blanches, en forme de soucoupe. Terre douce, ombragée. Multipl. de rejetons ou de graines. — *P. palmé* : fleurs à odeur d'ananas.

POIRIER (rosacées). Indigène. Arbre de 7 à 13 m. Racines pivotantes. Tige droite à écorce raboteuse. Feuilles alternes, pétiolées, ovales, dentées. Corymbes de fleurs au sommet des rameaux. Pour les plein-vents et dans les terrains qui ont de la profondeur, il faut choisir les poiriers greffés sur sauvageon ou sur *franc*; les poiriers greffés sur coignassiers sont préférables pour les espaliers et pour les terrains qui ont peu de profondeur. Suivant Rozier, un seul pied sur franc occupe l'espace que quatre ou même 6 poiriers sur coignassier occuperaient et, lorsqu'il est bien conduit, produit à lui seul plus de fruit qu'eux tous ensemble; il est, en outre, beaucoup plus vigoureux. La taille des poiriers n'a rien de spécial. La meilleure consiste à conserver sagement les bourgeons dans toute leur force et à ne pas épuiser l'arbre, en lui abattant beaucoup de bois chaque année, pour lui en faire repousser autant l'année suivante. Ce genre d'arbres se plie du reste à toutes les formes qu'on veut leur donner; on les dirige en *buisson*, en *palmette*, en *quenouille*, en *gobelet* (voir le mot *taille*). Les terres peu profondes, glaiseuses, compactes et froides ne conviennent pas au poirier; il se plaît dans les terrains de sable gras et frais. On distingue les poires en *cassantes* et *fondantes*, en *poires à couteau* et *poires à cuire*, en *poires d'été*, *poires d'automne* et *poires d'hiver*. Les plus précoces mûrissent à la fin de juin; on cueille en octobre et en novembre les plus tardives qui mûrissent successivement jusque dans le printemps de l'année suivante.

Liste par ordre alphabétique des espèces et variétés le plus généralement cultivées et considérées comme les meilleures.

Ambert vrai : très-bonne; couleur fauve tirant sur le rouge; chair d'un blanc jaunâtre, ferme, fondante; eau abondante, sucrée, parfumée. — Mûrit en février et mars.

Ambrette : fruit moyen, ovale, blanchâtre, fin, fondant, sucré, relevé dans les terrains chauds. Novembre, décembre, janvier, février.

Ananas : très-bon fruit, gros, presque rond, un peu bossué ; peau jaune, ponctuée ; chair fine, fondante ; eau abondante, sucrée, relevée. Septembre.

Ange (*poire d'*) : fruit petit, vert jaunâtre, demi-cassant, très-musqué. Commencement d'août.

Angélique de Bordeaux, Saint-Marcel, gros Franc-Réal : bon fruit, gros, aplati suivant sa longueur, pâle, cassant ou tendre, doux et sucré. Janvier et février.

Angélique de Rome : bon fruit, moyen, oblong, rude, jaune citron pâle, tendre, demi-fondant, sucré et assez relevé. Décembre, janvier et février.

Angleterre (*poire d'*) ; Beurré d'Angleterre. Bon fruit, moyen, ovoïde, allongé, gris, demi-beurré, fondant, succulent. Fin de septembre.

Angleterre de Noisette (*grosse*) : fruit plus gros et mûrissant en octobre.

Angleterre d'hiver : fruit moyen, jaune citron, très-beurré, doux, un peu sec. Décembre, janvier, février.

Aurate : petit fruit en bouquets, turbiné, jaune et rouge clair, demi-beurré. Fin de juin.

Belle de Bruxelles : bon fruit, gros, allongé, d'un blanc jaunâtre ; chair fondante, parfumée. Milieu d'août.

Bellissime d'automne, Vermillon, Suprême, petit Certeau : fruit moyen, rouge foncé, cassant, doux, relevé. Fin d'octobre.

Bellissime d'été, Suprême : bon fruit, jaune pâle, demi-beurré, parfumé quand l'été est chaud. Fin de juillet.

Bellissime d'hiver : gros fruit, presque rond, jaune et rouge, tendre, moelleux, bon à cuire. Décembre, janvier, février.

Bergamotte d'Angleterre : bon fruit ayant la forme et la couleur de la Crassane, la queue courte et grosse du doyenné ; chair blanche, fine, fondante, sucrée, relevée, parfumée. Fin de septembre.

Bergamotte d'automne : gros fruit turbiné, jaune et rouge brun, beurré, sucré, doux, parfumé. Octobre, novembre, décembre.

Bergamotte d'été, Milan de la Beuvrière : gros fruit turbiné, vert gai et roux, demi-beurré, peu relevé. Commencement de septembre.

Bergamotte d'hiver ou *de Pâques* : fruit gros, court, turbiné, gris et roux, demi-beurré, peu relevé. Janvier, février, mars.

Bergamotte de Hollande, d'Alençon, Amoselle : très-gros fruit turbiné, arrondi, jaune clair, demi-cassant, relevé, agréable. Très-tardif ; peut être gardé jusqu'en juin.

Bergamotte de Soulers, Bonne de Soulers : gros fruit jaune et rouge-brun, beurré, fondant, sucré. Février et mars.

Beurré d'Amanlis : très-bon fruit, gros, en forme de calebasse, rougissant au soleil, ponctué de roux, fondant, sucré. Septembre.

Beurré d'Arenberg : excellent fruit, gros, verdâtre. Novembre et décembre.

Beurré Capiaumont : très-bon fruit. Octobre.

Beurré de Coloma : bon fruit, de grosseur moyenne. Commencement de septembre.

Beurré d'Hardenpont : bon et beau fruit, allongé, ventru, jaune clair, fondant, sucré, parfumé. Septembre.

Beurré gris : excellent fruit, gros, fondant, très-beurré, fin, relevé, varié de couleur, meilleur sur franc que sur coignassier. Fin de septembre ; cueillir une quinzaine de jours avant la maturité, quand l'arbre est surchargé.

Beurré gris d'hiver : bon fruit, presque rond, roux, légèrement ponctué, fin, fondant, un peu parfumé. Janvier.

Beurré Mérod : très-bon fruit, gros, allongé, ventru, jaune marbré de roux, fin, fondant, sucré, acidulé. Octobre.

Beurré de Rans : très-bon fruit, gros, allongé, obtus, bossué, d'un jaune verdâtre ponctué, demi-fondant, un peu âpre, mais sucré et relevé. Octobre, novembre et décembre.

Beurré royal : aussi bon que le beurré gris, plus gros et plus coloré. Septembre et octobre.

Beurré Saint-Quentin : bon et joli fruit, haut de 0 m. 06 à 0 m. 08 c. turbiné, jaune, lavé de rouge du côté du soleil, fin, fondant, sucré. Septembre.

Beurré Spin : très-bon fruit ayant la forme et la grosseur du doyenné, roux, rude, demi-fin, beurré, fondant, sucré. Février.

Beurré Starckmann : excellent fruit, moyen, presque rond,

jaune, moucheté de roux, fondant, un peu grenu, sucré, relevé. Janvier et février.

Beurré superfin : très-bon fruit de grosseur moyenne. Octobre.

Beurré de Vanfleury : gros fruit. Novembre.

Bezy de Caissoy, Roussette d'Anjou : très-bon fruit, petit, presque rond, jaune brun, tendre, beurré, sucré. Novembre, décembre et janvier.

Bezy d'Esperen : fruit moyen. Décembre et janvier.

Bezy d'Héry : bon fruit, moyen, presque rond, lisse, jaune et vert blanchâtre. Octobre, novembre, décembre, suivant le sol et le climat.

Bezy de Montigny : fruit moyen, ayant la forme du doyenné, jaune, très-fondant, musqué. Commencement d'octobre.

Bezy de la Motte : bon fruit, gros, vert foncé, piqueté de gris, fondant, sucré. Octobre et novembre.

Bezy des Vétérans : fruit moyen. Novembre.

Bezy de Vindré : gros fruit. Septembre et octobre.

Blanquet, Gros Blanquet, Roi-Louis : bon fruit, moyen, blanc et rouge clair, cassant, sucré, relevé. Fin de juillet.

Blanquet petit, poire à perle : petit fruit, ressemblant à une perle pyriforme, jaune très-pâle, demi-cassant, musqué. Fin de juillet.

Blanquette à longue queue; très-petit fruit, blanc, demi-cassant, sucré, parfumé. Commencement d'août.

Bon-Chrétien à bois jaspé : bon fruit, curieux. Mars.

Bon-Chrétien de Bruxelles : bon et beau fruit. Mars.

Bon-Chrétien d'Espagne : fruit bon à cuire, très-gros, pyramidal, jaune et beau rouge, cassant, doux. Novembre et décembre.

Bon-Chrétien d'été, Gracioli : gros fruit pyramidal, tronqué, bossu, jaune, demi-cassant, sucré, très-succulent. Commencement de septembre.

Bon-Chrétien d'été musqué : fruit moyen, en forme de coing, jaune et rouge léger, cassant. Fin d'août.

Bon-Chrétien d'hiver : très-bon fruit, très-gros, de forme variée, jaune clair et rouge incarnat, fin, cassant, doux, sucré, parfumé. Janvier, jusqu'au printemps.

Bon-Chrétien Spina : fruit semblable au précédent, plus ramassé.

Bon-Chrétien turc : le plus beau et le plus gros fruit de l'espèce, parfumé.

Bon-Chrétien de Vernois : très-bon fruit, semblable au Bon-Chrétien d'hiver pour la forme et la grosseur, plus fondant, sans pierres.

Bonne ente : très-bon fruit moyen; l'arbre doit être exposé au midi, le long d'un mur. Décembre.

Bourdon musqué, orange d'été : petit fruit, rond, vert clair, cassant, musqué. Juillet.

Caillot rosat : fruit presque semblable au précédent, meilleur, prompt à mollir. Fin de septembre.

Calebasse : bon fruit, gros, allongé, roux doré, fondant. Septembre et octobre.

Cassante de Brest, Cheneau : fruit moyen, turbiné, allongé, vert gai et rouge clair, cassant, sucré, relevé. Commencement de septembre.

Cassolette, Friolet, Muscat vert, Lèche-Friand : petit fruit vert clair et rouge pâle, tendre, sucré, musqué. Fin d'août.

Catillac : très-gros fruit, obtus, jaune et rouge-brun, âcre, très-bon lorsqu'il est cuit. Depuis novembre jusqu'à la fin d'avril.

Chair-à-dame, Chère-à-dame : fruit moyen, gris, isabelle, demi-cassant, peu fin, doux, relevé, d'un parfum agréable. Mi-août.

Champ riche d'Italie : gros fruit piqueté et tacheté de gris, vert clair, demi-cassant. Décembre et janvier.

Chaptal : gros fruit pyramidal, vert jaunâtre, bon lorsqu'il est cuit. Il se garde jusqu'en avril.

Chaumontel, Bezy de Chaumontel, Beurré d'hiver : excellent fruit, varié de forme et de couleur, demi-beurré, fondant, sucré, relevé. Novembre, décembre, janvier.

Colmar, poire manne : excellent fruit, très-gros, pyramidal tronqué, vert et rouge léger, beurré, fondant, sucré, relevé. Janvier, février, mars.

Colmar d'Arenberg : fruit moyen. Novembre.

Colmar doré : très-bon fruit, pyramidal, fondant. Mars.

Colmar d'été : très-bon fruit, moyen, turbiné. Septembre et octobre.

Colmar du Lot, Belle-Épine Dumas : fruit moyen. Novembre.

Colmar de Nélis, Beurré de Malines : très-gros fruit. Décembre et janvier.

Colmar Passe-Colmar : très-bon fruit, gros, un peu allongé, jaune citron, piqueté, fondant, beurré, succulent, très-sucré. Décembre à janvier.

Crassane : excellent fruit, gros ou moyen, arrondi, gris-vert, très-fondant, sucré, relevé. On le cueille vers le 15 octobre, et il se conserve jusqu'en janvier.

Cuisse-Madame : fruit très-allongé, moyen, vert et roux, demi-beurré, un peu musqué. Fin de juillet.

Curtet : bon fruit, turbiné, court, jaune pâle, piqueté de roux, demi-fin, fondant, parfumé. Octobre.

Double-Fleur : gros fruit rond, jaune, bon à cuire en février, mars et avril.

Doyenné blanc, Beurré blanc, Saint-Michel : excellent fruit, gros, oblong, jaune, très-beurré, très-sucré, quelquefois relevé. Octobre.

Doyenné d'été : bon fruit, moyen, jaune clair, fondant, acidulé. Fin de juillet et commencement d'août.

Doyenné d'hiver, Bergamotte de la Pentecôte : très-bon fruit, plus gros que le D. blanc auquel il ressemble, tacheté de brun, fondant. De novembre en mai.

Doyenné musqué : semblable au D. blanc, mais d'un goût musqué. Mûrissant un peu plus tard.

Doyenné roux : bon fruit, moyen, roux, beurré, fondant. Octobre ; se garde jusqu'en novembre.

Duchesse d'Angoulême : excellent fruit, gros, ventru, bossué, lavé de rouge-brun du côté du soleil, fondant, vineux. Octobre et novembre.

Echassery, Bezy de Chassery : bon fruit, moyen, ovale, blanchâtre, fondant, sucré, musqué. Novembre, décembre, janvier.

Épargne, Beau présent, grosse Cuisse-Madame, Saint-Samson : bon fruit, moyen, très-allongé, vert; bossué à la tête, fondant. Fin de juillet.

Épine d'été, fondante, musquée, satin vert : fruit moyen, allongé, vert pré, fondant, très-musqué. Commencement de septembre.

Épine d'hiver : très-bon fruit, gros, allongé, vert pâle, fondant, doux. Novembre, décembre, janvier.

Épine rose, Poire de Rose : gros fruit sphérique, jaune et rouge clair, demi-fondant, musqué, sucré. Août.

Espérène : très-bon fruit, moyen, oblong, obtus, jaunâtre, tacheté de roux grisâtre, fin, sucré, parfumé, relevé. Seconde quinzaine de septembre.

Figue : bon fruit, moyen, très-allongé, vert-brun, fondant, doux et sucré. Commencement de septembre.

Fin-Or d'été : fruit moyen turbiné, très-uni, rouge foncé brillant et vert jaunâtre, piqueté de rouge, fin, demi-beurré. Mi-août.

Fin-Or de Septembre : fruit agréable, gros, lisse, uni, vert gai et marbré, beurré, fin, aigrelet. Fin d'août et commencement de septembre.

Fortunée : fruit moyen, arrondi, gris, beurré, fondant, se conservant jusqu'en juillet.

Franc-Réal : gros fruit renflé par le milieu, vert et roux, bon à cuire en octobre, novembre et décembre.

Frangipane : bon fruit, moyen, long, renflé par le milieu, d'un beau jaune, demi-fondant, doux, sucré, ayant le goût de la frangipane. Fin d'octobre.

Frédéric de Wurtemberg : fruit agréable, gros, pyriforme, obtus, luisant, jaune et rouge, demi-fondant, sucré, parfumé, acidulé. Septembre.

Gobert (à) : gros fruit turbiné, jaune, demi-cassant, musqué ; se garde jusqu'en juin.

Impériale à feuilles de chêne : fruit moyen, bon à cuire en mars et avril.

Jalousie : très-bon fruit, gros, allongé, renflé, boutonné, roux, très-beurré, sucré, relevé. Fin d'octobre.

Jardin (de) : bon fruit, gros, rond, boutonné, jaune et beau rouge, cassant, sucré. Décembre.

Jargonelle : fruit turbiné, moyen, luisant, jaune et rouge vif, demi-cassant, musqué. Commencement de septembre.

Jean-Baptiste : bon fruit, ayant la forme du Saint-Germain, jaune taché de roux, fin, fondant, sucré. Janvier et février.

Joséphine de Malines, excellent fruit, turbiné, jaune taché de roux clair, très-fin, fondant. Mars.

Lansac, Dauphiné, Satin : petit fruit, presque rond, jaune, fondant, sucré, relevé. Depuis octobre jusqu'en janvier.

Léon-Leclerc : très--bon fruit, gros, allongé, fondant. En hiver.

Louise-Bonne : bon fruit, ressemblant au Saint-Germain, gros, blanc, demi-beurré. Décembre et janvier.

Louise-Bonne d'Avranches : très-bon fruit, gros, allongé, ventru, ponctué, fin, très-fondant, sucré, acidulé. Commencement d'octobre.

Madeleine, Citron des Carmes : fruit moyen, turbiné, vert clair, fondant, parfumé. Juillet.

Mansuette solitaire : gros fruit pyramidal, irrégulier, vert et jaune, demi-fondant. Commencement de septembre.

Marquise : bon fruit, gros, pyramidal, allongé, jaune, beurré, fondant, doux, sucré. Novembre et décembre.

Martin-Sec, Rousselet d'hiver : bon fruit, moyen, allongé, isabelle et rouge, cassant, sucré. Novembre, décembre, janvier.

Martin-Sire, Rouville : bon et beau fruit, gros, vert clair, cassant, doux et sucré. Janvier.

Merveille d'hiver, Petit-Oin : fruit très-agréable, moyen, varié de forme, rude, vert et jaune, beurré, fondant, très-fin, sucré et musqué. Novembre.

Messire-Jean, Chaulis : très-bon fruit, gros, presque rond, varié de couleur, cassant, sucré, relevé. Octobre.

Muscat Lallemand : fruit très-gros, ventru, gris et rouge, beurré fondant, musqué, relevé. Mars, avril et mai.

Muscat petit, Sept-en-Gueule : fruit très-petit, rouge-brun, demi-beurré, musqué. Fin de juin.

Muscat-Robert, Gros Saint-Jean musqué, Poire à la Reine, Poire d'Ambre : fruit moyen, vert clair, tendre, sucré, relevé. Mi-juillet.

Naples (de) : fruit moyen, en forme de calebasse, jaune, lavé de rouge-brun, demi-cassant, doux. Février et mars.

Napoléon, Poire Médaille : excellent fruit, gros, ayant la forme du bon-chrétien d'hiver, fondant. De septembre à novembre.

Noisette : très-bon fruit, ventru, obtus du côté de la queue, haut de 0 m. 055, jaune clair piqueté de roux, beurré, sucré, relevé. Fin d'octobre.

Œuf (d') : petit fruit agréable, vert jaunâtre et rougeâtre,

12

tacheté de roux, fin, demi-fondant, sucré, doux, un peu musqué. Fin d'août et commencement de septembre.

Ognonet, Archiduc d'été, Amiré roux, Poire-Oignon : fruit moyen, turbiné, jaune et rouge vif, demi-cassant, goût rosat et relevé. Commencement d'août.

Oken d'hiver : fruit ayant la forme de doyenné allongé, jaune couvert de roux, demi-cassant, sucré. Janvier.

Olive : très-bon fruit, moyen, ayant la forme d'une olive, fondant. Septembre.

Orange d'hiver : fruit moyen, rond, boutonné, vert brun, cassant, musqué. Février et mars.

Orange musquée, O. d'été : fruit moyen, rond, boutonné, jaune et rouge clair, cassant, musqué. Août.

Orange rouge, O. d'automne : fruit un peu plus gros, gris et rouge vif, cassant, sucré et musqué. Août.

Orange tulipée, Poire aux mouches : gros fruit vert et brun, rayé de rouge clair et marbré de gris, demi-cassant. Commencement de septembre.

Parfum d'août : petit fruit jaune-citron et rouge foncé, très-musqué. Mi-août.

Pastorale, Musette d'automne, petit Râteau : bon fruit, gros, très-allongé, jaune semé de roux, demi-fondant, un peu musqué. Octobre, novembre, décembre.

Pêche : excellent fruit, très-fondant, ayant le goût de la pêche : poire d'automne.

Râteau (de) : bon fruit, meilleur lorsqu'il est cuit, très-gros, turbiné, blanc-verdâtre et rougeâtre, semé de points roux, ferme, cassant, un peu sucré, parfumé. Fin de décembre.

Râteau gris (gros), P. de Livre : bon fruit lorsqu'il est cuit, très-gros, aplati suivant sa longueur, vert, tacheté de rouge. Décembre, janvier, février.

Robine, Royale d'été : petit fruit turbiné, court, jaune, demi-cassant, sucré, musqué. Août.

Rousselet gros, Roi d'été : fruit moyen, vert foncé et rouge brun, demi-cassant, parfumé, peu fin. Septembre.

Rousselet hâtif, P. de Chypre, perdreau : bon fruit, petit, jaune et rouge vif, taché de gris, demi-cassant, sucré, très-parfumé. Mi-juillet.

Rousselet d'hiver : bon fruit à cuire, petit, vert foncé et rouge brun, demi-cassant. Février et mars.

Rousselet de Reims, petit Rousselet : bon fruit, petit, rouge brun, demi-beurré, fin, très-parfumé, bon à mettre à l'eau-de-vie et à sécher. Fin d'août.

Rousseline : fruit agréable, petit, turbiné, isabelle et rouge, demi-beurré, sucré, musqué. Novembre.

Royale d'hiver : fruit gros, jaune clair et beau rouge, demi-beurré, sucré dans les terres chaudes. Décembre, janvier, février.

Sabine, Jaminette : bon fruit, moyen, renflé vers la base, verdâtre, ponctué de gris, fondant, parfumé. De décembre en février.

Sageret : bon fruit, très-gros, turbiné, vert, ponctué de brun, fondant, doux, sucré, légèrement parfumé. De décembre en mars.

Saint-Germain, La Fare : excellent fruit, gros, pyramidal, allongé, vert, fondant, succulent. De novembre jusqu'en avril.

Saint-Germain à fruit rayé de jaune : variété de Saint-Germain, et possédant les mêmes qualités.

Saint-Lezin, P. de curé : gros fruit conique, lisse, blanc jaunâtre, pâteux, peu savoureux. Novembre.

Saint-Michel-Archange : très-bon fruit, gros, en forme de carafe, jaune, très-légèrement ponctué, fin, fondant, sucré, acidulé. Commencement d'octobre.

Saint-Père : fruit excellent en compotes, moyen, rude, jaune cannelle, tendre. De mars jusqu'en juin.

Sans peau, Fleur de guignes : fruit moyen, vert et jaune, tacheté de rouge, fondant, parfumé. Commencement d'août.

Sarrazin : excellent fruit à cuire, moyen, allongé, rouge brun, piqueté de gris et de jaune pâle, presque beurré, sucré, relevé, un peu parfumé. Il se garde d'une année à l'autre.

Sicker : très-bon fruit, ayant la forme d'un petit doyenné et la couleur d'un rousselet, fin, fondant, parfumé. Fin de septembre.

Sieulle : bon fruit, moyen, plus renflé à la base que la crassane à laquelle il ressemble, bossué autour de la queue, jaune-citron légèrement lavé de rouge, demi-fondant, sucré, relevé. D'octobre en novembre.

Sucré-Vert : bon fruit, moyen, allongé, vert, beurré, sucré. Fin d'octobre.

Tonneau : bon fruit à cuire, très-gros, jaune et rouge vif. Février et mars.

Tougard : très-bon fruit, gros, ovale, jaune, lavé et fouetté de rouge safrané, fin, très-fondant, sucré. Septembre.

Trésor d'amour : très-bon fruit à cuire, très-gros, renflé, jaune citron, tendre, doux. De décembre en mars.

Trouvé : très-bon fruit à cuire, moyen, jaune-citron et rouge vif, lavé de rouge clair, piqueté de rouge et de gris clair, cassant, sucré. De février en avril.

Van Mons Léon-Leclerc : bon fruit, allongé, mi-fondant. Fin d'octobre et novembre.

Verte-longue, mouille-bouche, Muscat fleuri : bon fruit, gros, allongé, vert, fondant, doux, sucré. Commencement d'octobre.

Verte-longue panachée, culotte de Suisse : variété de la précédente, rayée de vert et de jaune.

Virgouleuse, Poire-Glace : excellent fruit, gros, allongé, jaune tendre, beurré, relevé. De novembre à février.

Wilhelmine : bon fruit, ayant la forme du doyenné, ponctué de gris d'un côté, lavé de rouge de l'autre, beurré, sucré, parfumé. Février et Mars.

Liste des meilleurs poiriers divisés par mois et par ordre de maturité.

Juillet : Muscat-Robert; Rousselet hâtif; Cuisse-Madame; Épargne, Blanquet, Bellissime d'été.

Août : Blanquette à longue queue, Ognonet, Doyenné d'été, Épine-Rose, orange musquée, Belle de Bruxelles, Rousselet de Reims, Bon-Chrétien d'été musqué.

Septembre : Figue, Bon-Chrétien d'été, Beurré de Coloma, Frédéric de Wurtemberg, Tougard, Beurré d'Hardenpont, Olive, Ananas, Fin-Or de septembre, Beurré d'Amaulis, Espérène, Napoléon, Beurré Saint-Quentin, Sicker, Colmar d'été, Calebasse, Beurré royal, Beurré gris, Bergamote d'Angleterre, Poire d'Angleterre.

Octobre : Saint-Michel-Archange, Louise-Bonne d'Avranches, Grosse Angleterre de Noisette, Verte-Longue, Beurré Capiaumont, Beurré Mérod, Beurré de Rans, Beurré superfin, Bezy de la Motte, Curtet, Doyenné blanc, Doyenné roux, Duchesse d'Angoulême, Frangipane, Jalousie, Messire-Jean, Noisette, Pastorale, Pêche, Sieulle, Sucré vert.

Novembre : Van Mons Léon-Leclerc, Beurré d'Arenberg, Beurré de Vanfleury, Bezy de Caissoy, Bezy d'Héry, Colmar d'Arenberg, Marquise, Martin-Sec, Merveille d'hiver, Rousseline, Saint-Germain, Virgouleuse.

Décembre : Chaumontel, Bonne ente, Colmar de Nélis, Colmar Passe-Colmar, Crassane, Echassery, Doyenné d'hiver, de jardin, de Râteau, Sageret, Louise-Bonne.

Janvier : Royale d'hiver, Oken d'hiver, Jean-Baptiste, Martin-Sire, Colmar, Angélique de Rome, Angélique de Bordeaux, Bon-Chrétien d'hiver, Beurré Starckmann, Beurré gris d'hiver,

Février : Poire de Naples, Wilhelmine, orange d'hiver, Ambert vrai, Bergamote de Soulers, Beurré Spin.

Mars : Bon-Chrétien à bois jaspé, Bon-Chrétien de Bruxelles, Muscat Lallemand, Colmar doré,

Rien de plus facile à un amateur que de combiner ses plantations de poiriers, de manière à se faire servir sans interruption des poires sur sa table, depuis le commencement de juillet jusqu'à la fin de mars.

POIS DE SENTEUR, voyez *Gesse.*

POIS VIVACE, voyez *Gesse.*

POLÉMOINE *bleue; Valériane grecque* (polémoniacées). De la Grèce. Vivace. Tiges de 0 m. 65 c. Feuilles sessiles, pennées. Au commencement de l'été, fleurs bleues. Tout terrain. Multipl. d'éclats et de graines. — *P. rampante* : de l'Amér. sept.; vivace; petites fleurs d'un bleu pâle ; jolie en bordure à l'ombre.

POLLEN, poussière fécondante, renfermée dans la partie de l'étamine des fleurs, qui est appelée anthère.

POLYGALA *à feuilles de buis* (polygalées). Indigène. Arbuste de 0 m. 40 c. Tout l'été, grandes fleurs jaunes, tachées de jaune plus foncé. Terre de bruyère ombragée. multipl. de rejetons. — *P. à feuilles de myrte* : du Cap ; 2 m. ; tout l'été, fleurs d'un beau violet, en forme de papillon. Terre franche mêlée de terre de bruyère et de terreau. Multipl. de marcottes, de boutures, de graines sur couche chaude et sous châssis. Serre tempérée, ainsi que pour les espèces suivantes : *P. à feuilles opposées*, grandes fleurs rouges en épis ; *P. à feuilles de bruyère*, peti-

12.

tes fleurs en épi, pétales supérieurs blancs, pétale inférieur rouge ; *P. à feuilles lancéolées :* fleurs en épis, violettes en dedans, pourpre clair en dehors ; *P. de Virginie,* épis de petites fleurs blanchâtres ; *P. de Dalmais,* grappes de très-grandes fleurs violettes ; *P. à bractées,* grappes de fleurs pourpre éclatant en dedans, vert rougeâtre en dehors; *P. à feuilles en cœur,* fleurs violet-pourpre ; *P. à belles fleurs,* épis de fleurs violet-pourpre, qui sont les plus grandes du genre.

POMME ÉPINEUSE, voyez *Datura.*

POMMIER (rosacées). Racine ligneuse et rameuse. Tronc droit, écorce raboteuse. Feuilles alternes, pétiolées, elliptiques, dentées en scie. Fleurs blanchâtres, colorées de rose, rassemblées en bouquet au sommet des bourgeons. Fruit glabre, aplati à ses deux extrémités, varié de forme, de couleur et de goût. On distingue la pomme en *pomme à cidre* et *pomme à couteau;* nous ne nous occuperons que de celle-ci. On peut appliquer au pommier tout ce que nous avons dit sur la taille et la conduite du *poirier* (Voir ce mot). On multiplie les variétés précieuses du pommier par les greffes en écusson, en fente, en couronne, sur *sauvageon* et *franc* pour le *plein vent,* sur *doucin* pour *l'espalier,* sur *paradis* pour les arbres *nains* destinés à former des massifs, des quinconces, des bordures ou des espaliers très-bas. On doit palisser plusieurs fois dans l'année le pommier en espalier, et supprimer tous les bourgeons qui poussent entre le mur et la branche, ainsi que ceux qui poussent sur le devant, à moins que ces derniers ne puissent être contournés adroitement sans faire un coude à leur base, et qu'on n'ait besoin des premiers pour garnir quelques places vides.

Liste par ordre alphabétique des espèces et variétés le plus généralement cultivées et considérées comme les meilleures.

Api, long-bois : très-petit fruit jaune pâle et beau rouge vif, ferme, croquant, frais, ayant peu d'odeur et de saveur, perdant son parfum si on le pèle avant de le manger. Mûrit en décembre, se conserve jusqu'en mai.

Api (gros), pomme rose; ce fruit ne se distingue du précédent que par sa grosseur et son odeur de rose.

Api noir : ce fruit se distingue des deux premiers par sa couleur brun foncé tirant sur le noir.

Astracan (d'), transparente de Moscovie : fruit d'une transparence extraordinaire et mûrissant tard.

Calville blanc d'hiver, Bonnet carré : très-bon fruit, très-gros, jaune pâle et rouge vif, fin, tendre, grenu, léger, relevé. Mûrit en décembre, se conserve jusqu'en mars.

Calville d'été, Passe-Pomme : petit fruit conique, à côtes, blanc et rouge, ayant peu de saveur, mais bon en compotes. Commencement de juillet.

Calville rouge d'automne : bon fruit, moyen, conique, rouge foncé, sucré, parfumé. Se conserve jusqu'en mai.

Calville rouge d'hiver : très-bon fruit, très-gros, à côtes, rouge très-foncé, fin, léger, grenu, vineux; chair presque rose. Novembre et décembre.

Capendu, Court-Pendu : bon petit fruit, conique, rouge pourpre et rouge brun, piqueté de fauve, aigrelet. Se conserve jusqu'à la fin de mars.

Châtaignier : gros fruit allongé, d'un rouge vif, meilleur cuit que cru. Se cueille en octobre, mûrit en décembre.

Cœur de bœuf : beau fruit rouge, bon en compote. Mûr en décembre.

Culotte suisse : fruit moyen, rayé vert et jaune. Décembre.

Doux d'Angers : fruit moyen, d'un vert roussâtre, d'un acide très-doux. Se conserve longtemps.

Ève (d') : bon fruit, très-gros, jaune, tendre, sucré. De février en mai.

Fenouillet gris, anis : bon petit fruit, bien fait, ventre de biche, tendre, sucré, parfumé d'anis. Depuis décembre jusqu'en février.

Fenouillet jaune, Drap d'or : très-bon fruit, moyen, beau jaune et gris, ferme, délicat, doux, relevé. Depuis octobre, époque où on le cueille, jusqu'en janvier. Les traits fins ressemblant à des lettres, dont sa peau est marquée, lui ont fait donner aussi le nom de *Pomme de caractère.*

Fenouillet rouge, Bardin, Azerolly, Court-Pendu de la Quintynie : bon fruit, moyen, gris foncé et rouge brun, plus ferme, plus sucré, plus relevé que l'*anis*. Se conserve jusqu'à la fin de février.

Feuilles d'Aucuba (*à*) : bon fruit, allongé, rouge. Mars.

Figue : fruit moyen, de forme irrégulière, vert jaunâtre et rouge léger, un peu acide. Mars.

Joséphine : bon fruit, très-gros, un peu allongé, jaune clair, tendre, acidulé. Novembre et décembre.

Non-Pareille : bon fruit, gros, aplati, lisse, vert un peu jaune, piqueté de brun, souvent marqué de grandes taches grises, tendre, agréable. Janvier, février et mars.

Passe-Pomme rouge : petit fruit, aplati ou raccourci, rouge léger et rouge vif, peu relevé, bon en compote. Commencement de juillet.

Pigeonnet, museau de lièvre : bon fruit, moyen, allongé, rouge, rayé de rouge foncé, fin, doux, agréable. De la fin d'octobre en décembre.

Pigeon Jérusalem, cœur de pigeon : très-bon fruit, petit, conique, rose changeant, fin, délicat, grenu, léger. Décembre, janvier et février.

Postophe d'été : fruit moyen, plus large que haut, rouge clair, chair grenue un peu rouge. Fin d'août.

Postophe d'hiver : très-bon fruit, gros, jaune et rouge cerise, d'un goût agréable et relevé. Il se conserve jusqu'en mai.

Rambour franc : très-bon fruit à cuire, gros, très-aplati, à côtes, jaune pâle rayé de rouge, léger, aigrelet. Commencement de septembre; il se conserve jusqu'à la fin d'octobre.

Rambour d'hiver : bon fruit à cuire ; de même forme et de même couleur que le précédent, plus acide. Il se conserve jusqu'à la fin de mars.

Reinette d'Angleterre, pomme d'or : très-bon fruit, moyen, de forme variée, ayant la couleur du fenouillet jaune, rayé de rouge, ferme, sucré, très-relevé. Il se conserve jusqu'en mars.

Reinette blanche : très-bon fruit, moyen, abondant, jaune pâle, très-odorant, agréable. De décembre jusqu'en mars.

Reinette de Bretagne : très-bon fruit, moyen, rouge foncé et rouge vif, piqueté de jaune, ferme, sucré, peu acide. Finit en décembre.

Reinette de Canada : très-bon et très-gros fruit, à côtes, jaune lavé de rouge, caverneux, sans acide. Il se conserve jusqu'en février et mars.

Reinette des Carmes, reinette rousse : bon fruit moyen. Fin d'octobre.

Reinette de Caux : fruit agréable, très-gros, comprimé, de forme irrégulière, vert-jaunâtre, acide très-doux. De décembre en février.

Reinette dorée, jaune tardive : très-bon fruit moyen, raccourci, gris clair, sur un fond jaune, ferme, sucré, relevé, peu acide. Décembre.

Reinette d'Espagne : très-bon fruit, gros, allongé, à côtes relevées. Il se conserve jusqu'en mars.

Reinette franche : excellent fruit, gros, aplati, jaune, ferme, sucré, relevé. De février aux nouvelles pommes.

Reinette grise : excellent fruit, gros, aplati, gris, ferme, sucré, fin. Il se conserve presque aussi longtemps que le précédent.

Reinette grise de Champagne : fruit très-agréable, moyen, ventre de biche, fouetté de rouge, cassant, sucré. Il se conserve longtemps.

Reinette grise de Grandville : excellent fruit, résistant aux plus fortes gelées.

Reinette (grosse) d'Angleterre : très-bon fruit, très-gros, aplati, jaune clair, piqueté de points bruns placés au milieu d'une petite tache ronde et blanche. Décembre, janvier, février.

Reinette de Hollande : très-bon et très-gros fruit. Octobre et novembre.

Reinette jaune hâtive : bon fruit moyen, jaune clair piqueté de brun tendre. Septembre, octobre.

Reinette princesse noble : excellent fruit, gros, aplati.

Reinette rouge : très-bon fruit, gros, raccourci, jaune très-clair et beau rouge, ferme, aigrelet, tardif.

Reinette Saint-Laurent : bon et beau fruit trouvé à Saint-Laurent-du-Mont, en Normandie.

Sucrin : bon fruit, aplati, vert clair, fin, parfumé.

POMMIER *odorant* (rosacées). De Virginie. Arbre d'agrément. Corymbes de fleurs roses odorantes. Petits fruits couronnés. Terre ordinaire. Multipl. de graines ou de greffes sur franc et sur paradis. — *P. à bouquet; P. de la Chine* : arbrisseau ; en mai, grandes fleurs blanches, lavées de rose, ayant duré longtemps à l'état de boutons du plus beau carmin. Très-petits fruits, mangeables si on les fait mûrir sur la paille. Même culture. — *P. porte-baies* : de Sibérie ; même culture.

PONTÉDÉRIE *à feuilles en cœur* (pontédériacées). De la Virginie. Plante aquatique, vivace. Feuilles cordiformes, épaisses, d'un beau vert ; pétioles très-longs ; au printemps, épi droit serré de fleurs d'un très-beau bleu. En pots plongés dans un baquet, qu'on rentre l'hiver en orangerie. Multipl. de graines et d'éclats.

POPULAGE *de marais* ; *souci d'eau* (renonculacées). Indigène. Vivace. Tige de 0 m. 33 c. Feuilles cordiformes. Au printemps et en automne, fleurs d'un jaune éclatant. Terre franche, humide. Multipl. d'éclats et de boutures. Variété à fleurs doubles

PORION, PORILLON, voyez *Narcisse*.

PORTE CHAPEAU : voyez *Paliure*.

PORTE-COLLIER : voyez *Ostéosperme*.

POTENTILLE *frutescente* (rosacées. Du nord de l'Europe. Arbrisseau de 1 m. Feuilles digitées, à cinq ou sept divisions. Tout l'été, corymbes de fleurs d'un beau jaune. Tout terrain au soleil. Multipl. de drageons. — *P. noir-pourpré* : du Népaul ; vivace ; tiges diffuses de 0 m. 65 c. ; feuilles radicales ternées, argentées en dessous ; belles fleurs d'un pourpre noir ; mi-ombre ; multipl. de graines et d'éclats. — *P. du Népaul* : vivace, tout l'été et l'automne, fleurs d'un rouge incarnat ; même culture. — *P. rampante* : indigène ; fleurs imitant des boutons d'or ; jolie en bordure. — *P. de Smout* : tiges vigoureuses et droites ; feuilles veloutées ; larges fleurs d'un jaune d'or réticulé de cramoisi. Terre substantielle.

POURPIER *à grandes fleurs* (portulacées). De l'Amérique méridionale. Annuel. Tiges de 0 m. 35 c., divergentes, couchées. Feuilles charnues, subulées. En automne, larges fleurs terminales d'un très-beau pourpre violet, ne s'épanouissant bien qu'au soleil. Terre de bruyère sableuse. Multipl. de graines ; repiquer le plant en été au pied d'un mur exposé au midi. Variétés à fleurs jaunes tachées de rouge ; à fleurs d'un rouge cocciné ; à fleurs blanches, rayées et striées de lignes et de taches d'un rose carmin ; à fleurs blanc pur ; à fleurs rose pâle ; à fleurs panachées jaune et blanc ; à fleurs blanc jaunâtre, striées de rouge. — *P. de Gillies* : vivace ; tige de 0 m. 16 c. à 0 m. 22 c., couleur lie de vin, ainsi que les feuilles ; fleurs d'un beau pourpre violet.

PRÉFLORAISON : état des diverses parties d'une fleur avant son épanouissement ; la préfloraison est *valvaire* comme dans la vigne, *contournée* ou *tordue* comme dans le laurier-rose, *imbriquée* comme dans la primevère.

PRENANTHE *à fleurs blanches* (composées). De l'Amér. Sept. Vivace. Tiges de 1 m. 30 à 1 m. 70 c. Grandes feuilles cordiformes. En automne, fleurs blanches nuancées de rose. Terre franche légère, ombragée. Multipl. de graines et d'éclats.

PRIMEVÈRE *élevée* (primulacées). Indigène. Vivace. Feuilles radicales, dentées, ovales-oblongues. Au printemps, hampe de 0 m. 10 à 0 m. 16 c., supportant une ombelle de fleurs pédicellées, simples ou doubles, d'un grand nombre de nuances. Les plantes admises par les amateurs doivent présenter une tige forte, une corolle nuancée de deux ou trois couleurs tranchantes, l'*œil* (on appelle ainsi la gorge de la corolle) bien arrondi, les anthères ne dépassant pas l'ouverture de l'œil, le pistil apparent, le limbe bordé de blanc, de rose ou de feu. Terre franche légère, fraîche, ombragée. Multipl. d'éclats à l'automne ; pour obtenir des variétés, on sème les graines, dès qu'elles sont mûres, ou en mars, en terre légère, au levant, ou en terrine, et l'on repique l'année suivante, à la même époque. — On cultive de même : *P. officinale*, à fleurs plus petites, n'offrant guère que les nuances jaune foncé, jaune orange ou rouge ; — *P. à grandes fleurs* : fleurs solitaires ou naissant par 2 ou 3 sur des pédoncules radicaux, et dont les nuances les plus ordinaires sont le blanc, le rose et le lilas ; — *P. à feuilles entières*; *P. farineuse*; *P. bordée*; *P. visqueuse*; *P. des neiges*, etc. — *P. auricule*; *Oreille d'ours des Alpes*; vivace ; feuilles ovales, épaisses, dentées ; au printemps et souvent en automne, hampe supportant une ombelle de fleurs tubulées, à limbe étalé. Cette plante, pour répondre aux exigences de l'amateur, doit offrir les qualités suivantes : une tige droite et se tenant bien ; l'œil bien arrondi, s'étendant sur une partie du limbe ; les anthères ou *paillettes* entourant le pistil ou *clou* à la hauteur du plant ; le limbe d'une couleur tranchante, veloutée, plus foncée vers le centre ; le pourtour de la fleur bordé d'un cercle blanc ou jaune ; des fleurs nombreuses ; et une ombelle régulière. Les couleurs les plus recherchées sont le bleu pourpre avec liseré blanc, le brun foncé, le brun olive, le feu velouté noir, le jaune orange. On divise les primevères auricules en 4 catégories : les *pures*, qui n'ont qu'une couleur, les *liégeoises* ou *ombrées*, ayant deux couleurs, les *anglaises* ou *poudrées*, les *doubles*. Terre franche à laquelle on ne mêle que des engrais végétaux; exposition du levant ou du nord; il ne faut pas arroser, même dans les sécheresses, avant que les feuilles, par leur mollesse, indiquent le besoin d'eau; les parties pourries doivent être retranchées avec soin, sous peine de voir se gâter toute la plante; en les cultivant en pots, on a l'avantage de pouvoir les soustraire en temps utile à l'influence des brusques changements de température et des pluies prolongées. Multipl. par la séparation des pieds, ou de semis faits en terrines au levant, dans de la terre de bruyère, et en couvrant à peine la graine qui est très-fine; le plant doit être repiqué lorsqu'il a 5 ou 6 feuilles, en bordures ou, s'il est faible, en terrines. Si on cultive l'oreille d'ours en pleine terre, il faut, pendant les gelées, les couvrir légèrement avec des feuilles; si on les cultive en pots, on les rentrera en orangerie, pendant les gelées seulement. — *P. de Palinure* : de l'Italie; tige ligneuse d'environ 0 m. 16 c.; feuilles spatulées; ombelles de fleurs jaunes; calice, collerette et pédicelles farineux; multipl. de boutures et d'œilletons; fleurit en mars et février dans la serre tempérée. — *P. à feuilles de cortuse* : de Sibérie; feuilles radicales, pétiolées, cordiformes; au printemps et en été, ombelle de fleurs pourpres; propre à faire des bordures en terre légère, à mi-ombre; multipl. d'éclats et de graines. — *P. de la Chine*; *P. candélabre* : tige charnue; feuilles cordiformes, pétiolées, sinuées, dentées ou incisées; toute l'année, verticilles de fleurs roses ou blanches, simples ou doubles; terre de bruyère avec un quart de vieux terreau; serre tempérée, ou orangerie l'hiver; multipl. de graines, d'éclats et de boutures; variété à pétales découpés et frangés.

PROSTANTHÈRE *à fleurs velues* (labiées). De Van-Diémen. Arbrisseau de 0 m. 70 c. à 2 m. Feuilles lancéolées. En été, grappes rameuses de fleurs velues, à fond blanc lavé et ponctué de rose violacé. Terre franche légère, mêlée de terre de bruyère; serre tempérée. Multipl. de boutures étouffées et de marcottes. — *P. à fleurs violettes* : petit arbuste de la Nouvelle-Hollande, fleurissant au printemps; même culture. — *P. à feuilles incisées* :

de la Nouvelle-Holl.; feuilles petites et nombreuses, fleurs bleues; même culture.

PROTÉE (protéacées). Ce genre comprend des arbrisseaux et arbustes du Cap, d'une culture assez difficile : terre de bruyère mélangée de terreau de feuilles très-consommé; placer la plante dans un vase que les racines puissent remplir dans l'année; ne rien retrancher des racines au moment du rempotage; arroser souvent, très-peu à la fois, sans mouiller les feuilles; rentrer dans une orangerie sèche, bien éclairée. Multipl. de marcottes très-longues à reprendre, ou de semis : les graines, tirées du Cap même, doivent être mises isolément dans de petits pots placés sur couche tiède; elles sont aussi très-longues à lever. Les plus belles espèces sont : *P. argenté* : magnifique arbrisseau de 3 à 4 m., feuilles lancéolées, soyeuses, argentées; fleurs munies d'écailles. — *P. cynaroïde* : arbuste de 0 m. 35 c.; feuilles pétiolées, glabres, arrondies; fleurs terminales, de la grosseur d'un artichaut, à calice blanc ou rouge tomenteux. — *P. à grandes feuilles* : en automne, houppe de fleurs panachées pourpre, jaune et blanc; variétés : *P. ferrugineux* et *P. à fleurs en sabot*. — *P. Lagopède* : en juin, épis de fleurs blanches au dehors, rouges en dedans. — *P. à fleurs en peloton* : fleurs roussâtres, velues extérieurement, blanches en dedans. — *P. à fleurs en épi* : au printemps, épis de fleurs blanches; écailles roses au sommet. — *P. élégant* : en été, fleurs entourées d'écailles nuancées de jaune, de brun et de noir. — *P. à feuilles cordiformes* : grandes feuilles glauques, bordées de rouge, à pétiole carmin. — Nous citerons encore : *P. à feuilles d'anémones*, *P. à fleurs noires*, *P. à feuilles de pin*, *P. à larges feuilles*, *P. canaliculé*, *P. rampant*, *P. joli*, etc.

PROVIGNER : multiplier par *provins* ou *marcottes*.

PRUNIER (rosacées). Originaire de la Syrie et de la Dalmatie, naturalisé dans toute l'Europe. Arbre de troisième grandeur ; tige moyenne, pied souvent garni de drageons enracinés; écorce remplie de gerçures. Racine ligneuse, traçante et rameuse. Rameaux différant de ceux du prunier sauvage, en ce qu'ils n'ont point de piquants. Feuilles pétiolées, alternes, simples, lancéolées, ovales, dentées. Fleurs pédonculées. Fruit varié de forme, de grosseur, de couleur et de goût. Sa culture est la même que celle des pêchers et des abricotiers (voyez ces mots). Multipl. de semences, de plants enracinés ou par la greffe. Par le semis on obtient des variétés nouvelles; certaines espèces, propagées de cette façon, reparaissent les mêmes, sans avoir besoin d'être greffées : ce sont la *Reine-Claude*, la *Catherine*, la *Couetsch*, le *Damas rouge*, le *Perdrigon blanc*. Les pruniers qui demandent à être greffés, se greffent indistinctement sur toutes sortes de sauvageons de prunier. Cet arbre se plaît surtout dans les terres légères, au levant ou au couchant. On cueille les prunes depuis le commencement de juillet jusqu'à la fin d'octobre.

Liste par ordre alphabétique des espèces et variétés les plus généralement cultivées et considérées comme les meilleures.

Abricotée : excellent fruit, gros, rond, vert, un peu lavé de rouge, ferme, musqué. Mûrit au commencement de septembre.

Bavay : très-bon fruit, plus gros que la Reine-Claude dont elle réunit presque toutes les qualités. Fin de septembre.

Bifère : fruit agréable, allongé, d'un vert tirant sur le jaune; donnant deux récoltes, la première au 15 juillet, et la seconde au 15 septembre.

Damas Drouet : très-bon fruit, petit, allongé, vert clair, transparent, ferme, fin, très-sucré. Fin d'août.

Damas d'Espagne : fruit ovale, fleuri, violet taché de rouge, sucré, parfumé, se séparant du noyau. Commencement de septembre.

Damas d'Italie : très-bon fruit, moyen, presque rond; peau coriace d'un violet clair; chair tirant sur le jaune et le vert, très-sucrée. Fin d'août.

Damas de Maugeron : excellent fruit, gros, presque rond, violet clair, piqueté de fauve; chair ferme, tirant un peu sur le vert, sucré. Fin d'août.

Damas musqué, Prune de Malte, de Chypre : petit fruit violet foncé, ferme, musqué. Mi-août.

Damas rouge; bon fruit, moyen, ovale, rouge foncé et rouge pâle; chair jaunâtre, fine, fondante sans être mollasse, très-sucrée. Cette prune est souvent véreuse. Mi-août. — Variété plus petite, moins allongée, plus tardive. Mi-septembre.

Damas de septembre; Prune de vacance : bon fruit, petit, oblong, violet foncé, relevé. Fin de septembre.

Damas de Tours (gros) : fruit moyen, allongé, violet foncé; chair presque blanche, ferme, fine et sucrée; peau très-adhérente à la chair, et communiquant à l'eau malheureusement une odeur désagréable, sans laquelle ce fruit serait parfait. Mi-juillet.

Damas violet : bon fruit, moyen, allongé, violet, ferme, sucré, aigrelet. Fin d'août.

Diaprée blanche : petit fruit ovale, allongé, vert presque blanc, ferme, très-sucré, relevé et très-fin. Seconde quinzaine d'août. Commencement de septembre si l'arbre n'est pas en espalier.

Diaprée noire : excellent fruit, petit, ovale, devenant presque noir et se ridant sur l'arbre avant de tomber.

Diaprée rouge, Roche-Corbon : fruit moyen, allongé, rouge-cerise, ferme, succulent, sucré, relevé. Commencement de septembre.

Diaprée violette : bon fruit, moyen, allongé, violet, ferme, sucré, délicat. Commencement d'août.

Ile-Verte : gros fruit, très-allongé, bon en confiture. Commencement de septembre.

Impératrice blanche : fruit moyen, oblong, jaune clair, ferme, sucré, agréable. Fin d'août.

Impératrice violette : fruit moyen, allongé, d'un beau violet; chair ferme, délicate, tirant sur le jaune et le vert. Octobre.

Impériale de Milan : gros fruit un peu allongé, noir, piqueté de points grisâtres; chair fine.

Impériale violette : gros fruit ovale, violet clair, ferme, sucré, relevé. Fin d'août.

Jacinthe : gros fruit allongé, presque en forme de cœur, violet clair; chair jaune, ferme, assez relevée, un peu aigre. Fin d'août.

Kerk's-Plum : bon fruit moyen, arrondi, violet bleu. Septembre.

Mirabelle : très-bon fruit, surtout en confiture, petit, un peu oblong, jaune ambré, ferme, très-sucré. Mi-août.

Mirabelle double, Drap d'or, grosse Mirabelle : fruit délicat, très-bon, petit, presque rond, jaune, piqueté de rouge, transparent, fondant, sucré. Mi-août.

Monsieur : gros fruit rond, d'un beau violet, fondant, peu relevé. Fin de juillet.

Monsieur jaune : bon fruit assez gros, jaune, piqueté et lavé de pourpre. Commencement d'août.

Monsieur hâtif : gros fruit rond, violet foncé. Mi-juillet.

Monsieur tardif, Altesse : fruit semblable au *Monsieur*, mais plus gros et plus sucré. De septembre en novembre.

Montfort : bon fruit, gros, ovale, violet noir ; chair fine, sucrée, se détachant du noyau. Fin de juillet.

Noire de Montreuil ; grosse noire hâtive : bon fruit moyen, allongé, brun-violet ; chair ferme, d'un vert clair tirant sur le blanc, jaune dans sa parfaite maturité, relevée ; prune souvent véreuse. Mi-juillet.

Perdrigon blanc : excellent fruit, petit, longuet, blanc, fondant, très-sucré, parfumé. Commencement de septembre.

Perdrigon normand : bon fruit, gros, un peu allongé, violet foncé, clair et jaunâtre, ferme, fin, délicat, doux, relevé. Fin d'août.

Perdrigon rouge : de même forme, de même grosseur, de même qualité que le blanc, d'un beau rouge presque violet. Septembre.

Perdrigon violet : un peu plus gros, d'un violet plus foncé. Fin d'août.

Reine-Claude ; Dauphine ; Abricot vert ; Verte bonne : excellent fruit, gros, sphérique ; peau fine, verte, tachée de gris et de rouge ; chair d'un vert jaunâtre, très-fine, délicate, fondante sans être mollasse, sucrée. Août.

Reine-Claude (petite) : très-bon fruit, moins gros que le précédent, un peu plus tardif.

Reine-Claude rouge de Van Mons : bon fruit, très-gros, ovale, rouge. Septembre.

Reine-Claude violette : beau et bon fruit, mais ne ressemblant à la Reine-Claude que par la forme et par la grosseur.

Royale : fruit presque rond, violet clair, piqueté de fauve ; chair d'un vert clair et transparente, ferme et assez fine. Mi-août.

Royale hâtive ; bon et beau fruit, ayant la couleur et le goût de la Reine-Claude violette. Commencement de juillet.

Royale de Tours : bon fruit, gros, presque rond, violet clair et rouge clair, fin, succulent, sucré, relevé. Fin de juillet.

Rouge et blanche : espèce jardinière d'Amérique, très-sucrée et tardive.

Saint-Martin : bon fruit, ayant la grosseur et la couleur de la Reine-Claude violette; la plus tardive des prunes.

Sainte-Catherine : très-bon fruit, moyen, allongé, jaune, sucré. Septembre et octobre.

Surpasse-Monsieur : bon fruit, plus beau et plus parfumé que la prune de Monsieur. Fin d'août.

Washington : bon fruit, gros, ovale, d'un jaune verdâtre lavé de rouge; chair verte, fondante, tenant au noyau. Septembre.

PRUNIER *à fleurs doubles* : arbre cultivé pour l'ornement, ainsi que le **PRUNIER** *à feuilles panachées.* — *P. à fleurs de cerisier* : arbrisseau de 0 m. 70 à 1 m. 30 c. ; feuilles oblongues, luisantes; au printemps, ombelles de fleurs blanches, — *P. couché* : de Syrie; arbrisseau d'environ 1 m.; rameaux souvent couchés; feuilles très-petites; au printemps, jolies fleurs roses; propre à orner les rochers. — *P. glanduleux* : arbuste de 0 m. 70 c.; feuilles lancéolées; au printemps, charmantes fleurs roses, très-doubles. — *P. prunellier à fleurs doubles* : jolies petites fleurs blanches, doubles, couvrant les rameaux et rappelant les fleurs du myrte. Les quatre dernières espèces produisent plus d'effet lorsqu'elles sont greffées en tête; c'est ordinairement sur le *P. myrobolan* qu'on les greffe.

PSORALÉE épineuse (papilionacées). Du Cap. Arbrisseau d'environ 1 m. Feuilles à trois folioles cunéiformes, terminées par une pointe épineuse. En été, fleurs terminales d'un joli bleu violacé et en partie blanches. Terre franche légère; orangerie; beaucoup d'eau l'été, peu l'hiver, multipl. de boutures. — *P. glanduleuse* : du Chili, 0 m. 70 c. à 1 m.; en mai-août, grappes de fleurs d'un bleu pâle; même culture. — *P. à gros épis* : de l'Amér. sept.; en été, longs épis axillaires de fleurs d'un violet foncé; même culture. — *P. très-odorante* : 2 m. 30 à 2 m. 60 c.; feuilles ayant de 13 à 17 folioles; au printemps, fleurs gris de lin et blanches, d'une odeur agréable; même culture; multipl. de graines sur couche chaude et sous châssis.

PTÉLÉA, *à trois feuilles ; Orme de Samarie ; Orme à trois feuilles* (xanthoxylées). De la Caroline. Petit arbre à feuilles moyennes, trifoliolées. Au commencement de l'été, corymbes de fleurs verdâtres. Terre franche légère, à mi-ombre. Multipl. de marcottes et de semis faits aussitôt que les graines sont mûres.

PUCERONS, PUNAISES, KERMÈS : il est aussi difficile de détruire ces insectes qu'ils sont nuisibles aux plantes qu'ils attaquent. Le meilleur moyen à employer est de les asphyxier avec la fumée de tabac, en distribuant cette fumée sur toutes les branches attaquées ; on adapte à cet effet, au tuyau d'un soufflet, un des deux tuyaux d'une boîte qui contient du charbon allumé et du tabac. Pour détruire les kermès qui sont fortement attachés aux branches, on frotte celles-ci avec une brosse rude ou avec le dos d'une serpette, puis on lave.

PULMONAIRE *à feuilles molles* (borraginées). Indigène. Vivace. Feuilles velues et blanchâtres. Au printemps, belles grappes de fleurs roses et bleues. Terre légère, à toute exposition. Multipl. de graines et de racines. — *P. de Virginie* : feuilles obtuses, assez longues, glauques ; au printemps, bouquets pendants de petites fleurs passant du bleu au rouge pourpre. — *P. de Sibérie* : feuilles cordiformes, glauques ; au printemps grappes de jolies petites fleurs bleues.

PULPE : substance charnue ou molle de certains fruits et légumes.

PUNAISES : voyez *Pucerons*.

PYRÈTHRE *officinal* (composées). Vivace. Tiges courtes et couchées. Feuilles pennées. En été, grands capitules à disque jaune, formés de 20 rayons blancs en dessus, roses en dessous. Terre franche, au soleil ; orangerie l'hiver. Multipl. de graines et d'éclats. — *P. à feuilles d'achillée* : du Levant ; vivace ; tiges de 0 m. 50 c. ; feuilles tomenteuses ; tout l'été, grandes fleurs d'un beau jaune ; pleine terre franche, légère et sèche ; multipl. d'éclats tous les deux ou trois ans, ou de semis dont le plant fleurit la seconde année. — *P. rose* : du Caucase ; vivace ; feuilles finement découpées ; fleurs roses. — *P. carné* : du Caucase ; vivace ; feuilles découpées ; fleurs d'un rose pâle. — *P. tardif* : de l'Amér. sept., vivace ; grosses touffes d'environ 1 m. 60 c. ; en automne, grand nombre de capitules blancs. — *P. inodore* : vivace ; tiges de 0 m. 04 c., en touffe arrondie ; en été, capitules de fleurs doubles et blanchâtres. Multipl. d'éclats et de boutures. —

P. des Indes; Chrysanthème des Indes; Chrysanthème pompon : vivace; tiges en touffe de 0 m. 70 c. à 1 m. 30 c.; feuilles ovales, incisées ; en automne, nombreux capitules de fleurs variant de largeur, de forme et de couleur. Cette plante est à cette époque tardive, le plus bel ornement de nos jardins ; cultivée ou relevée en pots et rentrée dans l'orangerie, elle y prodiguera ses belles fleurs jusqu'à la fin de l'année. Si l'on veut avoir des touffes moins élevées, on pincera les tiges dans le courant de juin. Terre franche substantielle, arrosements fréquents ; transplanter et même renouveler les touffes tous les trois ans, parce qu'elles épuisent promptement la terre ; multipl. facile de boutures et d'éclats. — Mêmes soins et même culture pour le *P. de la Chine* ou *Chrysanthème de la Chine à grandes fleurs,* qui ne diffère du précédent que par la largeur de ses capitules. Ces deux espèces ont donné naissance à une foule de variétés charmantes dont le nombre s'accroît encore tous les ans. On peut, en bouturant à l'étouffée des rameaux de ces chrysanthèmes, aussitôt que paraissent les boutons à fleurs, obtenir de petites plantes qui font en hiver l'ornement des cheminées. — *P. parthénium; Matricaire commune* : on cultive de préférence, dans les jardins, la variété à feuilles frisées, à fleurs blanches, doubles et bombées. — *P. à feuilles de tanaisie; Baume-coq; Menthe-coq* : de la France mér., vivace; tiges d'environ 1 m., feuilles ovales ; en été, large corymbe de petits capitules jaunes ; plante aromatique dans toutes ses parties ; terre franche, au soleil ; multipl. de drageons.

PYROLE *à feuilles rondes* (pyrolacées). Indigène. Vivace Rosette de feuilles arrondies, hampe d'environ 0 m. 25 c.; grappe de fleurs blanches, odorantes. Terre tourbeuse, ombragée. Multipl. de graines et d'éclats. — *P. maculée :* jolie plante qui demande la terre de bruyère fraîche et l'orangerie.

Q

QUARANTAINE, voyez *Giroflée.*

QUEUE DE LION (labiées). Du Cap. Arbrisseau de 2 m. Feuilles longues, persistantes. En été, épi verticillé de longues et nombreuses fleurs aurore. Orangerie, en lieu sec; tailler et mettre en pleine terre au printemps.

QUEUE DE PAON, voyez *Tigridie*.

QUEUE DE RENARD, voyez *Amarante*.

R

RABATTRE : opération qui consiste à couper une plante jusqu'à la naissance des branches, et qui a pour but de la rajeunir en la forçant à pousser des branches nouvelles.

RACINE : on appelle ainsi l'organe situé à l'extrémité inférieure de la plante, ordinairement enfoncé dans la terre et destiné à pomper les sucs nécessaires à la nutrition des végétaux. On divise les racines en trois espèces principales : les *bulbeuses,* les *tubéreuses* et les *fibreuses*.

La racine BULBEUSE est d'une forme arrondie ou ovale; on remarque à sa partie inférieure un corps charnu d'où partent de petites racines fibreuses. Il y a plusieurs sortes de bulbes. On les nomme : *écailleuses*, lorsqu'elles sont composées ou recouvertes de plusieurs pièces en forme d'écailles; — *solides*, lorsqu'elles sont d'une substance charnue et solide ; — *tuniquées*, lorsqu'elles sont composées de tuniques s'enveloppant les unes dans les autres.

La racine TUBÉREUSE est un corps épais et charnu d'où partent latéralement et inférieurement de petites racines fibreuses. On la nomme : *fasciculée*, lorsqu'un grand nombre de ses portions partent d'un centre commun ; — *grumeleuse*, lorsqu'elle est disposée par petites portions adhérentes ; — *globuleuse*, lorsqu'elle est d'une forme un peu sphérique ; — *noueuse,* quand les portions noueuses qui la composent sont suspendues par des filets; — *palmée,* lorsque les parties dont elle est formée partent d'un centre commun, et ressemblent à une main ouverte.

La racine FIBREUSE est composée de filaments fibreux; on l'appelle, relativement à sa forme et à sa direction : *chevelue,* quand les fibres qui la composent ressemblent à des cheveux par leur finesse; — *rameuse,* lorsqu'elle se divise en branches latérales; — *fusiforme,* lorsqu'elle est en forme de fuseau ; — *pivotante,* lorsque, étant en forme de fuseau, elle s'enfonce perpendiculairement; — *articulée*, lorsqu'elle forme différends nœuds e plusieurs articulations; — *traçante*, lorsqu'elle s'étend horizontalement, sans pénétrer profondément la terre; *rampante*, lorsque, s'étendant horizontalement, elle pousse çà et là des rejets qui portent aussi racine.

On distingue encore les racines par leur durée; on dit qu'une racine est *ligneuse*, lorsque ses fibres sont dures, difficiles à rompre, et qu'elle subsiste avec la tige plus de trois ans: — *vivace*, lorsque, pendant plusieurs années, la tige périt et se reproduit tous les ans; — *annuelle*, lorsqu'elle dure avec sa tige un an seulement; — enfin, *bisannuelle*, lorsqu'elle ne dure que deux ans.

RADIAIRE; *sanicle femelle* (ombellifères). Indigène. Vivace. Tiges de 0 m. 65 c. Feuilles palmées. Pendant l'été, fleurs d'un blanc rougeâtre; collerette blanchâtre, dont les folioles imitent une fleur radiée. Tout terrain au soleil. Multipl. d'éclats et de graines. Variété à feuilles panachées de jaune. — *Petite R.*: des Alpes. — *R. hétérophylle*: du Caucase; fleurs roses, plus grandes et d'un plus bel effet.

RAGOUMINIER, voyez *Cerisier nain*.

RAIPONCE *orbiculaire* (campanulacées). Indigène. Vivace. Tige de 0 m. 20 c. Feuilles inférieures cordiformes et pétiolées; feuilles supérieures étroites, aiguës et sessiles. Fleurs bleues. Multipl. de graines semées en terre sableuse, au printemps ou à l'automne.

RAISIN D'AMÉRIQUE, voyez *Phytolaque*.

RAISIN D'OURS; *Busserole* (éricacées). Des Alpes. Touffes couchées. Feuilles luisantes et petites. En mai, fleurs blanches. Petit fruit en grappe d'un beau rouge et mangeable. Terre de bruyère au levant. Multipl. de marcottes et de graines.

RAMEAU: production de la tige; petite branche qui est une division des plus grandes. Les rameaux sont appelés: *alternes*, lorsqu'ils sont disposés, l'un après l'autre, à des distances à peu près égales autour de la tige; — *opposés*, lorsqu'ils naissent de deux points situés vis-à-vis l'un de l'autre; — *verticillés*, lorsqu'ils sont rangés autour de la tige, comme sur un axe commun; — *serrés*, lorsqu'ils sont rapprochés le long de la tige, quelle que soit sa direction; — *penchés*, lorsque, par leur faiblesse, ils s'in-

13.

clinent presque perpendiculairement; — *croisés*, lorsqu'ils sont rangés par quatre en forme de croix.

RAMEAU D'OR : voyez *Giroflée.*

RAPPROCHER : couper très-près du tronc les branches d'un arbre, en ne laissant à chacune qu'un petit nombre d'yeux; cette opération a pour but de renouveler pour ainsi dire l'arbre, en l'excitant à faire des branches nouvelles.

RAQUETTE, voyez *Opontia.*

RAT, voyez *Loir.*

RATEAU : instrument de jardinage, qui a des dents de fer ou de bois, et qui est ajusté au bout d'un long manche; il sert à briser les mottes sur les terres labourées et à nettoyer les allées.

RATISSOIRE : instrument qui sert à ratisser les allées et à biner. Il y en a de deux espèces : la ratissoire à *pousser* et la ratissoire à *tirer.* La première se compose d'un manche ayant à l'une de ses extrémités une douille droite à laquelle est soudée en travers une lame de fer acérée; elle est commode et expéditive dans les allées tendres ou sablonneuses et permet au jardinier d'aller en avant ou en arrière. La seconde se distingue de la première par une douille recourbée; elle doit être employée dans les allées dures; avec elle le jardinier ne peut aller qu'en avant.

RAVALER : couper les branches d'une plante, tout près de la tige.

RAVENELLE, voyez *Giroflée.*

RÉCEPTACLE : base sur laquelle reposent immédiatement la fleur et le fruit; c'est ordinairement le centre de la cavité du calice.

RÉCHAUD : fumier dont on entoure une couche pour la réchauffer.

RECHAUSSER : rapprocher autour du pied d'une plante la terre que les arrosements ou les pluies en ont écartée.

REINE DES PRÉS, voyez *Spirée.*

REINE DES PRÉS du *Canada*, voyez *Spirée.*

REINE-MARGUERITE; *Astère de la Chine* (composées). Annuelle. Tiges de 0 m. 30 c. à 0 m. 60 c. Feuilles ovales, dentées. Pendant tout l'automne, grandes fleurs terminales offrant presque toutes les nuances, à l'exception du jaune. Variétés nombreuses dont on a fait quatre divisions : 1° la *naine hâtive*, précoce, basse, propre à faire des bordures; — 2° la *double*, dont les ligules sont plans et forment plusieurs rangs; — 3° l'*Anémone* ou *à tuyaux* dont le disque est rempli de fleurons tubuleux de la même couleur que les rayons; — 4° la *Pyramidale*, dont les rameaux sont dressés et disposés en forme de pyramide. Terre franche. Multipl. de graines semées au printemps sur couche ou sur plate-bande terreautée, au midi; repiquer avec la motte, par un temps couvert, et arroser souvent.

REJETON: jeune pousse produite loin de la tige par une racine.

REMPOTAGE: une des opérations les plus importantes dont le jardinier amateur ait à s'occuper. Les bornes de cet ouvrage ne nous permettent pas de reproduire *in extenso* un article remarquable de M. Verdier, inséré dans les *Annales de la Société d'horticulture*, et qui est un des travaux les plus complets publiés sur cette matière; mais nous en extrairons tout ce que nous croyons utile aux personnes pour lesquelles nous écrivons. « Le rempotage des plantes n'exige pas rigoureusement d'époque fixe pour son exécution; il est nécessité par l'état des plantes et par la considération de l'époque de leur végétation. Dans quelques jardins on a l'habitude de commencer ce travail vers les premiers jours de septembre, et de le continuer pendant tout ce mois et même jusqu'en octobre, et là on rempote toutes les plantes sans exception, et sans considération pour celles auxquelles, à cette époque, ce travail peut être dangereux et même mortel, ce qui n'est pas difficile à concevoir pour tout homme qui observe tant soit peu la végétation. On peut rempoter depuis février jusque et pendant toute la belle saison... Il y a de grands inconvénients à rempoter en saison trop avancée; il vaudrait beaucoup mieux attendre le printemps suivant, si on ne pouvait finir ce travail avant les premiers jours de septembre; car, après cette époque, les plantes, n'ayant plus assez de temps pour former une assez grande quantité de nouvelles racines avant leur rentrée en serre, seront par conséquent beaucoup plus difficiles à passer l'hiver; et il est certain que les plus délicates ne résisteront pas, surtout si on n'a pas le soin de ménager scrupuleusement les arrosements.

La principale époque du rempotage est quelque temps avant que les plantes entrent en végétation. Elle est d'abord de rigueur pour toutes celles à feuilles caduques; car celles-ci sont pourvues, pour la plupart, de radicelles qui se renouvellent chaque année, au moment de leur rentrée en végétation, et qui périssent au moment de la chute de leurs feuilles. Une grande partie des plantes bulbeuses et tubéreuses sont à feuillage caduc et à racines annuelles, et elles nous indiquent assez que c'est au moment où ces radicelles sont pour se développer, qu'on doit leur donner de la nouvelle terre. Si l'on rempotait une plante en végétation, ou qui eût assez poussé pour faire craindre que le rempotage ne la fît souffrir, il faudrait en même temps *rapprocher* (Voyez ce mot) sa tête et ne blesser ses racines que le moins possible.

Ce rapprochement doit se faire avec beaucoup de ménagement; il est des plantes dont les rameaux sont plusieurs années à se disposer à fleurir; il en est aussi d'autres qui fleurissent au sommet des jeunes rameaux. Pour les premières, on s'exposerait à reculer leur floraison de plusieurs années, et à la reculer d'un an pour les secondes, si l'on opérait ce rapprochement avant de voir les fleurs. Le rempotage des *camélias* devra s'effectuer aussitôt leur floraison passée.

On devra éviter, autant que possible, l'introduction des vers rouges dans les pots. C'est toujours un tort quand on enfonce les pots en terre par-dessus leurs bords... Les plates-bandes en sable de rivière ou en cendre de charbon de terre sont de bon effet. Si l'on est obligé de placer les pots en terre, on fera bien de laisser un vide sous chaque pot, ce qui empêche l'introduction des vers par le trou du fond et facilite l'écoulement de l'eau dans les temps de pluie (il est entendu que je parle ici du placement d'été dans le jardin); on aura aussi grand soin de tourner et soulever les pots de temps en temps, afin que les racines ne pénètrent pas dans le sol, ce qui les ferait beaucoup souffrir quand on les enlèverait de cette place ou qu'on voudrait les rempoter...

La terre de bruyère est la principale pour les plantes délicates et celles qui, généralement, poussent peu en racines; la meilleure est celle qui est grisâtre, sableuse, fine et douce au toucher; celle qui est noire et un peu tourbeuse est cependant préférable pour quelques plantes, d'abord pour les plantes marécageuses : les différentes variétés des *Nerium oleander* et *indicum* (lauriers roses *ordinaire* et de *l'Inde*) ainsi que les *hortensias* s'y plaisent beaucoup. La terre de bruyère que l'on emploiera pour les rempotages devra être brisée aussi fine que possible; mais on se gardera bien de la passer au crible; on retirera seulement avec la fourche et le râteau la plus forte partie des racines non consommées et tous les chiendents qui s'y trouvent très-communément. Pour les plantes moins délicates, on ajoutera à la terre de bruyère moitié terre franche ou terre normale avec un quart de bon terreau de couche; ces deux dernières seront passées à la claie fine. Enfin, pour les plantes rustiques et voraces, on se contentera d'une bonne terre à potager, dans laquelle on fera entrer un peu plus ou moins, en raison de ce qu'elle sera plus ou moins forte, environ un cinquième de terre de bruyère et un quart de bon terreau de couche. Si l'on se trouvait à portée de se procurer de bon sable fin et sans gravier, on pourrait en ajouter environ un douzième à ces deux préparations de terre, en diminuant d'une égale quantité la terre de bruyère. On aura soin de tenir en tas, à l'exposition du nord, les terres ainsi préparées, et assez éloignées des arbres pour que les racines ne pénètrent pas dans les tas. On réunira aussi en tas toutes les terres et racines extraites des plantes que l'on soumet au rempotage, et, au bout de deux ans, cette terre pourra entrer pour partie principale dans les terres mélangées ci-dessus : je dois dire ici que plus les plantes sont jeunes, moins elles paraissent disposées à pousser en racines, et plus on doit chercher à les mettre en terre légère.

Le rempotage exige quelques différences dans la manière de le pratiquer : 1° selon l'âge des plantes; 2° selon leur plus ou moins de délicatesse; 3° selon leur genre de racines.

1° *Selon l'âge des plantes.* Les jeunes plantes, soit de semis, soit de boutures, soit de marcottes, seront empotées séparément, chacune dans un petit pot proportionné à la force des plantes, en observant que, plus leurs pots seront petits, plus leur reprise sera facile et prompte... (Ici M. Verdier donne les règles à suivre pour les plantes intertropicales dont nous n'avons pas à nous occuper; puis il passe aux jeunes plantes de la Nouvelle-Hollande, du Cap, etc., dites plantes d'orangerie ou de serre tempérée, qui doivent être mises, aussitôt qu'empotées, sous cloche ou sous châssis bien clos, placés à l'avance sur une couche chaude à 19 ou 23 degrés centigrades.) Ensuite on les bassinera légèrement et on les ombrera, pendant le jour, d'un paillasson plus ou moins épais, selon l'ardeur du soleil ; au bout de deux ou trois jours, les plantes commenceront déjà à s'attacher, c'est-à-dire à faire quelques nouvelles racines ; alors, on commencera à leur donner tant soit peu d'air, et à diminuer aussi un peu l'ombre pendant le jour. Si les jeunes plantes n'étaient pas assez attachées, on verrait leur feuillage s'incliner et se faner ; il faudrait alors bassiner bien légèrement, leur retirer l'air, et leur rendre leur premier ombrage ; deux jours après, étant bien assuré de leur reprise, on augmentera l'air de jour en jour, et on diminuera de même l'ombrage, jusqu'à ce qu'elles soient assez bien attachées...

Les jeunes plantes destinées à rester en plein air peuvent être mises sous châssis froid, et même les plus faciles à la reprise pourront rester en plein air à l'ombre.

Ces jeunes plantes ainsi traitées ne seront pas longtemps sans avoir besoin de passer dans des pots plus grands ; on devra, dans ce travail, ménager autant que possible les jeunes racines. Si elles tapissaient déjà la circonférence de leur motte, il faudrait, avec un petit bâton pointu, soulever légèrement les racines tout autour, avec la précaution de n'en casser que le moins possible ; car si on rempotait une motte ainsi tapissée, sans avoir donné un peu de liberté aux racines, l'humidité que produirait la terre qui doit se trouver après le rempotage, entre ce tapissage et les parois du pot, entraînerait la pourriture des racines ; et il pourrait en résulter la perte de beaucoup de plantes... Il serait également dangereux de retrancher ce tapissage, car la suppression des extrémités des racines entraînerait la perte d'une grande partie des jeunes plantes. Les plantes dont les racines ne feraient qu'atteindre le tour de la motte, et que l'on voudrait cependant passer en pots plus grands, exigeraient que l'on picotât leur motte avec la pointe d'un petit bâton, afin que la nouvelle terre pût se lier avec l'ancienne ; sans ce picotage, la nouvelle terre s'unirait difficilement avec celle de la motte, et la plante n'aurait aucune solidité. La motte étant ainsi picotée, on prendra un pot assez grand pour qu'il puisse passer entre la motte et ses parois environ 8 à 12 lignes (2 à 3 centimètres) d'épaisseur de nouvelle terre ; il faudra, avant d'y placer la plante, couvrir le

trou qui se trouve au fond du pot avec un tesson de pot cassé,
et, si la plante paraît délicate, ou que ce soit une plante grasse,
le couvrir d'un lit de 6 à 8 lignes (de 1 centim. et demi
à 2 centim.) d'épaisseur, avec d'autres tessons de même sorte,
mais cassés très-petits, afin de faciliter l'écoulement de l'eau dans
les temps de pluie ou lors des arrosages... Après ce lit placé, on
mettra par-dessus un lit de terre d'une épaisseur convenable,
afin que, quand la motte sera placée dessus, la superficie de
cette motte se trouve de quelques lignes au-dessous du bord du
pot. La plante ainsi placée, on passera de la terre entre les parois
du pot et la motte, en ayant soin de faire entrer autant de terre
que possible entre les racines qui sont soulevées ; ensuite on
frappe le fond du pot deux ou trois fois sur la table, on presse
modérément la terre avec les doigts ou avec un bâton arrondi
d'un bout et aminci de l'autre, appelé *fouloir*, et l'on remplit de
terre, toujours en la pressant, et en ayant soin de ne pas laisser
d'intervalle entre la motte et le pot ; on continue ainsi jusqu'à
quelques lignes au-dessous du bord du pot, afin qu'il reste un
peu de creux pour les arrosements ; la nouvelle terre devra être
assez pressée pour qu'on ne puisse y enfoncer les doigts.

Avant de rempoter, on aura soin d'arroser la motte des plantes
dont la terre serait trop sèche, et aussi de les laisser quelque temps
pour les ressuyer ; car si la terre était trop sèche ou trop humide,
il pourrait s'en détacher plus qu'on ne voudrait en préparant les
racines. Il faut aussi que la terre que l'on emploie soit fraîche
sans être humide ; étant trop sèche, il serait difficile, après
le rempotage, de la mouiller jusqu'au fond, et, étant trop humide,
on ne pourrait la faire passer entre les racines. Dans tous les cas,
il faut que la terre d'une plante nouvellement empotée, soit
humide, mais non delayée... Les nouveaux rempotages auront
aussi besoin d'être *seringués* (voyez ce mot) souvent, dans les
temps de chaleur et de sécheresse.

2° *Selon leur plus ou moins de délicatesse.* Une chose bien
contraire à la santé des plantes est le peu d'attention qu'on
apporte à la grandeur des pots relativement à leur force et à leur
variété ; il faut bien considérer si la plante que l'on veut rempoter est douée par la nature d'une végétation active et vigoureuse, et aussi si elle est disposée à faire beaucoup en racines et

en chevelu ; si elle a ces dispositions, le pot le plus grand qu'on devra lui donner sera moins restreint, et on lui donnera aussi une terre plus substantielle, sans cependant exagérer, car il vaudrait mieux rempoter la même plante plusieurs fois dans la même année, que de lui donner subitement trop de nourriture, ce qui pourrait peut-être occasionner sa perte, surtout si elle se trouve exposée à la pluie, ou si on n'a pas grand soin de la ménager aux arrosements ; car les racines n'étant pas en quantité suffisante pour aspirer toute l'humidité que contiendrait cette terre, elles chanciraient bientôt et finiraient par pourrir. Si au contraire la plante, quoique bien portante, n'est pas douée d'une végétation active, il faut la tenir serrée dans son pot, c'est-à-dire lui en donner un seulement un peu plus grand que celui qu'on lui retire, et une terre légère, car les effets fâcheux que je viens de signaler pour l'autre n'échapperaient pas à celle-ci.

S'il arrivait qu'en dépotant une plante pour la rempoter, on trouvât sa terre décomposée et comme changée de nature, ce qui est occasionné ordinairement par les vers rouges, il faudrait retirer autant que l'on pourrait de cette terre, sans cependant trop dégarnir les racines, ôter les vers et les nids d'insectes s'il y en avait, couper les racines mortes et celles attaquées de chancres et de pourriture, lui donner un pot neuf de même grandeur que celui qu'elle avait, ou, à défaut, nettoyer le sien soigneusement et le lui rendre ; et, si elle était très-souffrante, on la mettrait dans un pot plus petit jusqu'à ce qu'elle fût bien rétablie... Les plantes cultivées en pot sont sujettes à avoir quelquefois leurs racines attaquées du *blanc*... Quand ce *blanc* se multiplie beaucoup, il peut faire périr la plante. Pour éviter ce fâcheux accident, il faut dépoter la plante, faire tomber toute la motte, laver et brosser toutes les racines, couper toutes celles qui sont endommagées et rempoter en terre neuve ; comme cette opération est violente, on devra rapprocher ou diminuer de volume la tête de la plante, la placer à l'étouffée ou à l'ombre sous un châssis, et ne lui rendre l'air et la lumière qu'au fur et à mesure qu'on la verra repercer...

Quand j'ai conseillé de ménager le tapissage des racines dans le rempotage et de se borner à picoter la motte, je n'entendais parler que de jeunes plantes ; mais, quand elles sont âgées, plusieurs n'exigent plus un tel ménagement. Il en est un assez grand nombre auxquelles on retranche impunément 1, 2 et 3 lignes (3, 6 et 8 centim.) de terre sur toute la circonférence de leur motte, ainsi que toutes les extrémités des racines qui se trouvent dans la terre à supprimer, sans que les plantes en souffrent aucunement, surtout quand on décharge leur tête en raison du raccourcissement de leurs racines; mais aussi il en est que ce retranchement de racines ferait périr sur-le-champ. Ce sont particulièrement celles dont les racines sont capillaires; il faut se contenter de picoter leur motte lorsqu'elles ont besoin d'être rempotées. Elles exigent d'ailleurs la terre de bruyère pure ou presque pure pour bien végéter dans nos cultures.

3° *Selon leur genre de racines.* Les plantes bulbeuses à feuillage caduc demandent aussi quelques soins particuliers pour leur rempotage. Aussitôt que la hampe et les feuilles de ces plantes commencent à jaunir pour se dessécher et tomber ensuite, il faut suspendre entièrement les arrosements, et les abriter contre les pluies jusqu'à ce que leurs bulbes aient atteint leur parfait degré de maturité; ensuite on les dépotera, on secouera toute la terre pour mettre les bulbes entièrement à nu, et on les nettoiera de leurs vieilles racines. Il est une espèce de ver ou larve de quelque insecte, qui se met quelquefois dans les ognons de ces plantes; on les en purge toutes les fois qu'on s'en aperçoit, et on conserve les bulbes en lieu sec jusqu'au moment plus ou moins éloigné de les remettre en terre, soit de bruyère pure, soit mélangée, soit de toute autre sorte, en raison de la nature ou du besoin des tubercules. Les bulbes sont de trois différentes manières : la première comprend les bulbes d'une seule pièce ou tubercules; exemple : les *Cyclamens, Colchiques, Glaïeuls, Orchis,* etc. La deuxième comprend les bulbes écailleuses; exemple : les *Lis,* etc. La troisième comprend les bulbes tuniquées; exemple : les *Jacinthes, Tulipes, Amaryllis,* etc.

Les tubercules se renouvellent plus ou moins promptement au moyen de nouveaux tubercules qu'ils produisent sur divers points de leur surface, souvent en dessus, tels que les *Glaïeuls,* quelques *Arums,* etc.; quelquefois sur le côté, tels que les *Alstroémères,* etc., et aussi en dessous, tels que la *Tigridie,* les *Colchiques,* etc. Tous les tubercules doivent nécessairement être enfoncés entièrement en terre, et plus ou moins recouverts, en raison du plus ou moins de grosseur, en ayant soin de recouvrir un peu plus ceux qui doivent développer leurs nouveaux tubercules en dessous, afin que ces nouveaux tubercules ne soient point gênés dans leur formation ; sans cette précaution, on les trouve toujours aplatis au fond du pot où ils n'ont pas le volume qu'ils devraient avoir. Les *Cyclamens* font exception ; leurs tubercules ne se renouvellent pas, grossissent longtemps, en produisent rarement d'autres et demandent que leur surface ne soit recouverte que d'une à deux lignes de terre dont ils se débarrassent bientôt.

Les bulbes écailleuses se recouvrent de 2 à 4 pouces (5 à 10 c.) de terre selon leur force et le poids de la tige et des fleurs qu'elles auront à soutenir. Mais parmi les bulbes tuniquées, il y a de grandes différences dans la profondeur que les unes réclament avec celle exigée par d'autres ; ainsi les tulipes et les jacinthes peuvent être recouvertes de 2, 3 et 4 pouces (5, 7 et 10 centim.) de terre, tandis que beaucoup d'*Amaryllis*, de *Pancratium*, veulent n'avoir d'enterré que leur plateau...

L'arrosement des ognons nouvellement rempotés doit être modéré ; on doit se borner à empêcher la terre de se trop dessécher jusqu'à ce que les feuilles commencent à pousser ; alors on augmentera peu à peu les arrosements qui plus tard ne devront pas être plus ménagés que ceux des autres plantes vigoureuses ; car quant aux plantes délicates ou mal portantes, les arrosements doivent leur être administrés avec ménagement et beaucoup de circonspection.

Les plantes bulbeuses à feuillage persistant ont aussi les racines persistantes par la même raison, et conséquemment ne peuvent pas être traitées dans le rempotage comme les plantes bulbeuses à feuilles caduques ; elles appartiennent toutes à la classe des monocotylédones et l'on sait que les racines de la plupart des plantes de cette classe ne s'allongent plus lorsqu'elles sont coupées, qu'elles n'envoient plus de nourriture à la plante, qu'elles sont devenues inutiles et même nuisibles, en ce que souvent elles pourrissent. Il est donc important de ne pas les raccourcir, ni les blesser dans ce rempotage...

J'ai recommandé plus haut d'apporter le plus grand soin dans la grandeur des pots, proportionnellement au plus ou moins de voracité ou de délicatesse des plantes, mais les plantes bulbeuses, surtout celles à feuillage persistant, s'accommodent très-bien de pots un peu grands, proportionnellement à leur force.

Nous ajouterons quelques lignes seulement à ces prescriptions si sages et si complètes de M. Verdier.

Les grandes plantes en caisse, les orangers, par exemple, ne demandent à être rencaissés que tous les six, sept, huit et même dix ans.

Pour d'autres plantes, le rempotage ne doit avoir lieu que tous les deux ou trois ans.

Le plus grand nombre doit être rempoté tous les ans.

Enfin quelques plantes sont d'une végétation si puissante que, pour les conserver dans leur beauté, il est indispensable de les rempoter deux fois dans l'année, et même plus souvent.

Si l'on voit diminuer l'ampleur des feuilles d'une plante, et que sa végétation ne se fasse plus convenablement, c'est un signe qu'elle doit être rempotée.

RENONCULE ; *Rouma* ; *Renoncule asiatique* ; *Renoncule des jardins* (renonculacées). Vivace. Racine tubéreuse, nommée *Griffe*. Tige inférieurement branchue, velue et ronde, ainsi que les pédoncules. Feuilles inférieures simples, ou à lobes incisés, aiguës, pubescentes en dessous ; les supérieures divisées en trois parties et deux fois ternées. Pétioles pubescents. Calice de la fleur non réfléchi. Grande fleur à cinq pétales jaunes ou rouges. Pistils et étamines très-nombreux. Variétés simples, semi-doubles et doubles. Certains amateurs donnent la préférence aux semi-doubles qui doivent réunir les qualités suivantes : une tige forte et droite ; des pétales nombreux et bien ronds ; le petit bouton noir qui est dans le milieu, peu apparent. C'est ordinairement dans le mois de mai que la renoncule présente sa fleur dans toute sa beauté. Il faut à cette plante une terre légère, substantielle, douce, fraîche, par exemple une terre franche sablonneuse, mêlée de terreau de feuilles ; plus elle sera retournée et passée à la claie, mieux la plantation réussira. L'époque de celle-ci varie avec le climat ; dans le midi de la France, on peut planter en octobre ; dans la région du centre, il convient d'attendre le milieu ou la fin de février ; dans le nord, ce n'est qu'en mars qu'on doit se hasarder à planter. Le moment venu, on passe une dernière fois la terre par un crible à mailles serrées, afin qu'il n'y reste ni gravier, ni grumeaux, ni substance qui ne soit pas décomposée, puis on forme ses planches ou sa corbeille (les renoncules en bordure produisent beaucoup moins d'effet); on y trace au cordeau des lignes longitudinales et transversales, dont l'écartement doit être en rapport avec la force des griffes et la température, tel enfin que la terre soit couverte par les feuilles, ce qui entretient sa fraîcheur, mais sans que les feuilles d'une plante soient couvertes par les feuilles des autres, ce qui nuirait à la végétation. Aux environs de Paris, une renoncule couvre de 0 m. 10 c. à 0 m. 14 c. de terre; elle en couvre 0 m. 16 c. dans d'autres contrées. L'écartement des lignes ayant donc été calculé sur ces données, on place aux points d'intersection les griffes, l'œil en dessus en prenant les plus grandes précautions pour ne point briser leurs pointes, car de ces pointes sortiront les petits filets qui nourriront la plante. On enfonce avec les doigts les griffes à 0 m. 06 c.; on les recouvre, soit de la même terre avec le plat du râteau, soit en mettant par dessus de la terre préparée. Lorsque les feuilles sont hors de terre, les soins à donner à la plate-bande ou à la corbeille se bornent à des sarclages et aux arrosements nécessaires pour maintenir la faîcheur de la terre. Si le printemps est sec, les arrosements doivent être continués pendant la floraison, mais avec précaution pour ne pas tasser la terre et coucher les fleurs; on emploie à cet effet des arrosoirs ayant une pomme percée de très-petits trous. En juin, on arrose le soir, et lorsque la floraison est passée, on cesse d'arroser. Dès que les tiges et les feuilles sont desséchées, on ôte les griffes de terre, on les sépare, on les nettoie en les mettant dans un panier à claire-voie qu'on plonge dans l'eau en le remuant, on coupe avec des ciseaux le reste des tiges très-près de l'œil, on supprime les débris de l'ancienne griffe, on fait sécher les nouvelles à l'ombre, et on les serre dans un lieu sec sans être chaud. On multiplie les renoncules de semis pour avoir des variétés nouvelles. — *R. Pivoine, R. d'Afrique*: grande fleur très-double et prolifère; quatre variétés : *la R. Pivoine rouge* ou *Rouma*, la *Séraphique d'Alger*, couleur jonquille; la *Merveilleuse* ou *Souci doré*, à cœur vert et ayant la couleur du Souci doré; le *Turban doré*, rouge panaché de jaune. Cette espèce, dans un terrain peu humide, exposé au midi, gagnera beaucoup à être plantée dès le commencement de l'automne. — *R. à feuilles d'aconit, Bouton d'argent* : indigène ; en mai et juin, nombreuses fleurs blanches, petites, très-doubles ; terre fraîche, un peu ombragée ; peu d'eau à la fois, mais souvent ; couverture l'hiver ou orangerie ; multiplication d'éclats, la troisième année, lorsque la plante est dépouillée de ses feuilles. — *R. âcre, Bouton d'or* : indigène ; en juin, fleur jaune, bombée ; tous les deux ans, changer la plante de place. — *R. rampante, Bassinet, Pied de coq, Bouton d'or* : indigène ; en mai, fleurs d'un beau jaune ; terre franche légère, un peu ombragée et fraîche ; il faut la changer de place tous les trois ans ; multipl. de coulants. — *R. bulbeuse* : indigène ; en mai-septembre, fleurs jaunes, doubles, plus grandes que dans les variétés précédentes.

RENOUÉE *du Levant ; Persicaire du Levant* (polygonées). Annuelle. Tige verte et rougeâtre, articulée, de 2 à 3 m. Feuilles ovales, aiguës, larges. Épis pendants, terminaux et axillaires de fleurs rouges ou blanches. Terre substantielle et fraîche. Multipl. de graines semées en mars. — *R. à teinture* : de la Chine ; annuelle ; tige de 1 m. à 1 m. 50 c., pendant l'automne, épis paniculés terminaux de fleurs rouges. — *R. élégante* : d'Italie ; arbrisseau diffus, à rameaux grêles, à fleurs blanches en épis, vers la fin de l'été.

REPIQUAGE : opération qui consiste à lever les jeunes plantes, à nu si elles sont d'une espèce rustique, en motte si elles sont délicates, et à les replanter en pépinière, dans une terre convenablement préparée, en ménageant entre les pieds une distance proportionnée à l'étendue que devra couvrir chacune d'elles. Les fleurs annuelles d'automne sont ainsi repiquées, puis mises définitivement en place, aussitôt que leurs boutons à fleurs commencent à se montrer. On repique aussi les plantes bisannuelles, mais, comme elles ne fleurissent point la première année, on ne les met en place que vers le milieu ou la fin de l'automne. On traite de même les plantes vivaces qui ne fleurissent point la première année.

On repique, soit isolément en pots, soit en terrine pour les lever plus tard en motte et les mettre isolément en pots, les plantes délicates, ainsi que les arbres, arbrisseaux et arbustes de serre.

RÉSÉDA *odorant* (résédacées). Annuelle. Feuilles obovales. Fleurs nombreuses, verdâtres, exhalant une odeur suave. Toute terre. Cette plante se sème d'elle-même; elle devient ligneuse en serre tempérée, fleurit tout l'hiver, et peut durer plusieurs années.

RHÉXIE *de Virginie* (mélastomacées). Vivace. Tige rouge et verte d'environ 0 m. 60 c. Feuilles ovales, lancéolées, bordées de rouge. En été, grandes fleurs rouge carmin. Terre de bruyère tourbeuse, fraîche et ombragée. Multipl. de graines sur couche; le jeune plant doit passer le premier hiver en orangerie; on peut aussi, en prenant des précautions, séparer les pieds, tous les deux ans, après la floraison.

RHODANTHE *de Mangles* (composées). De la rivière des Cygnes. Annuelle. D'environ 0 m. 60 c. de hauteur. Feuilles sessiles, oblongues. Pendant tout l'été, capitules terminaux roses, à disque jaune. Multipl. de graines en pots sur couche chaude; repiquer en mai dans des pots plus grands, ou mettre en pleine terre sableuse et tenue constamment fraîche.

RHODODENDRON (éricacées). Ce genre d'arbrisseaux est un de ceux qui, par la beauté de leur feuillage et de leurs fleurs, contribuent le plus à la décoration des jardins, grands ou petits. Leur culture présente peu de difficultés; il suffit, en général, de les mettre en pleine terre de bruyère, humide, au nord ou au levant. On les multiplie de greffe, de marcottes et de graines; celles-ci sont très-fines. Le semis se fait dans une terrine remplie de terre de bruyère et couverte d'un peu de mousse hachée, qu'on place dans un vase contenant de l'eau, de manière qu'elle soit toujours entourée de 0 m. 08 c. de liquide; ce procédé dispense de tout arrosement. Le plan sera repiqué, la deuxième année, à 0 m. 055 de distance, la troisième à 0 m. 35 c.; on le mettra en place lorsqu'on le jugera suffisamment fortifié.

Les rhododendrons supportent parfaitement les hivers du midi, du centre et de l'ouest de la France; mais il en est qu'on fera sagement de rentrer sous le climat de Paris: nous allons commencer par la description de ces derniers.

Rhododendrons qui doivent être rentrés l'hiver sous le climat de Paris.

R. de Java: petites écailles brunes en dessous des feuilles;

larges corymbes de fleurs jaune jonquille, maculées de pourpre; étoile rose à l'entrée du tube où se détachent, sur un fond d'or, les étamines cramoisies.

R. en arbre; rosage arborescent : arbre pyramidal du Népaul. Feuilles lancéolées, coriaces, persistantes. Au printemps, corymbes ou bouquets de 20 à 30 fleurs écarlate foncé. On le greffe sur le R. pontique. Variétés : *à fleurs écarlates; à fleurs roses; à fleurs blanches; à fleurs blanches, ponctuées de pourpre; de Smith; de Gibson; triomphant doré.*

R. à feuilles couleur de cannelle : Du Népaul. Duvet ferrugineux en dessous des feuilles; bouquets serrés de fleurs blanches, ponctuées de rose et de jaune.

R. de lady Dalhousie : de l'Himalaya. Feuilles à nervures d'un jaune pourpré; bouquets de grandes fleurs blanches en forme de cloches.

R. de Falconer : de l'Himalaya. Têtes hémisphériques de petites fleurs blanches à l'extrémité des rameaux.

R. d'Egeworth : feuilles d'un vert foncé luisant en dessus, couvertes en dessous d'un épais duvet nankin; grandes fleurs bilabiées, blanches, à pétales supérieurs lavés de jaune soufre; odeur très-agréable.

R. de Thompson : des forêts du Sikkim. Buisson de 2 m. à 3 m. de hauteur; feuilles d'une largeur remarquable, d'un vert pâle en dessus, légèrement glauques en dessous; bouquets terminaux de 6 à 8 larges fleurs campanulées, d'un cramoisi très-vif; plante de premier ordre.

R. argenté : de l'Himalaya. Grandes feuilles d'un vert foncé en dessus, d'un blanc argenté en dessous; très-gros corymbes de fleurs d'un blanc pur. Plante magnifique.

R. de Madden : de l'Himalaya. Arbrisseau de 2 m., remarquable par ses fleurs, larges de 0 m. 10 c., blanches, quelquefois lavées de rose en dehors.

R. glauque : de l'Himalaya. Arbuste buissonnant d'environ 0 m. 80 c.; feuilles persistantes; bouquets de 7 ou 8 fleurs petites, pourpre clair, à l'extrémité des rameaux.

R. vergé : du Sikkim. Très-petit; au printemps, grandes fleurs axillaires, solitaires, rose tendre.

R. cilié : du Sikkim. Buisson de 0 m. 50 c.; feuilles alternes, ciliées; bouquets de 3 à 6 grandes fleurs campanulées, très-grandes, blanc carné ombré de rose.

R. à feuilles laineuses : du Sikkim. Grandes feuilles couvertes en dessous d'un épais duvet roussâtre. Au sommet des rameaux, bouquets de 5 à 8 grandes fleurs campanulées jaune pâle, marquées d'une tache jaune-orangé ponctuée de pourpre dans la gorge. Très-belle plante.

R. à fleurs de jasmin : de Malacca. Feuilles glabres, d'un beau vert; ombelles de fleurs blanches, ressemblant à celles du jasmin blanc. Espèce très-jolie.

Rhododendrons de pleine terre.

R. d'Amérique; Grand Rhododendron : arbrisseau de 1 m. 60 c. à 2 m.; feuilles à bords roulés en dessous; en été, corymbes de fleurs roses ou rouges. Variété à fleurs d'un blanc pur.

R. de Catawba : de la Caroline. Arbrisseau étalé; feuilles ovales; au printemps belles et grandes fleurs d'un rose tendre. Nous signalerons parmi les R. de Catawba :

— *R. blanc élégant* : grande fleur d'un blanc pur.

— *R. duc de Brabant* : blanc, bordé de rose lilacé, maculé et ponctué de jaune.

— *R. étendart de Flandre* : grande fleur blanc lilacé, à pourtour lilacé maculé de noir.

— *R. mammouth* : fleur large, d'un rose tendre maculé.

— *R. comte de Paris* : lilas clair, très-peu maculé.

— *R. glorieux* : grande fleur rouge clair.

— *R. fastueux à fleur pleine* : pourpre lilacé; fleur belle et brillante.

— *R. Victoria* : panicule serrée de fleurs pourpre violacé foncé.

— *R. pontique* : de l'Asie Mineure. Arbrisseau de 2 m. 50 c. à plus de 3 m; feuilles persistantes, coriaces, lancéolées; au printemps, grandes fleurs d'un rose violacé. Nous recommanderons parmi les variétés du R. pontique :

— *R. à fleur blanche pictée* : grande fleur blanche, maculée de jaune verdâtre.

— *R. Vervœne à fleur pleine* : fleur double, rose lilas; divisions supérieures nuancées de jaune ponctué.

— *R. à grande fleur* : fleur lilas pâle, peu maculée.

— *R. rouge* ou *cocciné*.

R. du Caucase : feuilles ovales, cotonneuses en dessous; fleurs blanches ou rose pâle. Variétés remarquables.

— *R. à fleur blanche* : maculée de jaunâtre.

— *R. à grande fleur blanche* : d'un blanc carné, maculé de rouge.

— *R. prince Camille de Rohan* : grande fleur frisée, rose tendre, tigrée de rougeâtre foncé.

— *R. rouge remarquable* : rouge vif maculé.

R. de la Daourie : tige d'environ 1 m.; feuilles caduques; en hiver, fleurs d'un rouge violacé.

R. velu : buisson de 0 m. 40 c.; petites fleurs campanulées d'un rouge vif, ponctuées d'or.

R. ferrugineux : petit buisson arrondi de 0 m. 30 c. à 0 m. 65 c.; feuilles oblongues, pointues, ponctuées de roux en dessous; fleurs petites, nombreuses, d'un rose vif ponctué de jaune.

Nous ne terminerons pas cet article sans recommander au choix de nos lecteurs quelques-uns des rhododendrons les plus recherchés parmi les hybrides provenant du R. pontique et du R. de Catawba.

R. comte de Flandre : fond blanc glacé de rose.

R. lady Godiva : grandes fleurs blanches, maculées de jaune d'ocre, en grosses panicules.

R. Minnie : fleur blanche, maculée de brun chocolat.

R. Sultane : incarnat très-clair, maculé de rouge brun.

R. Gulnare : gros bouquet pyramidal de fleurs couleur de chair.

R. gigantesque : fortes panicules de fleurs d'un rose brillant admirable.

R. Iago : fleurs rose foncé, maculées de noir.

R. van Dyck : fleurs tardives, d'un rose cramoisi.

R. John Waterer : fleurs d'un cramoisi éclatant.

R. d'Henderson : fleurs rouge pourpre à reflets violâtres.

RHODOLÉIA *de Champion* (hamamélidées). De la Chine. Arbrisseau à feuilles alternes, ovales, persistantes, blanches en dessous. Petits capitules axillaires de fleurs réunies par 5, munis d'un calice extérieur composé d'écailles, et d'un second involucre intérieur, plus long que le premier, formant une sorte de corolle d'un rose foncé. Terre légère et substantielle; orangerie.

RHODORA *du Canada* (éricacées). Arbuste de 0 m. 70 c. à 1 m. 30 c. Feuilles ovales, légèrement velues en dessous, glabres en dessus. Vers la fin de l'hiver, fleurs teintes de pourpre, ayant l'odeur de la rose et précédant les feuilles. Terre de bruyère ombragée. Multipl. de marcottes ou de graines.

RIBES, voyez *Groseiller.*

RICIN *commun, Palma Christi* (euphorbiacées). De l'Inde. Annuel en pleine terre ; vivace en serre chaude. Tige de 2 m. à 2 m. 30 c.; grandes feuilles palmées, à sept digitations, d'un vert luisant, nuancé de rouge. En été, grappes de fleurs jaunâtres. Terre légère, substantielle, à bonne exposition. Multipl. de graines semées sur couche au printemps ; repiquer en place. Variétés glauques et rougeâtres, à tiges ligneuses ou herbacées.

RINDÈRE *ailé, à feuilles lisses* (borraginées). De Russie. Vivace. Tige de 0 m. 50 c. à 0 m. 65 c. Feuilles blanchâtres, ovales, lancéolées. Au printemps, fleurs jaunâtres formant d'abord une ombelle et plus tard une grande girandole. Terre légère substantielle ombragée. Multipl. de tronçons de racines, d'éclats et de graines.

ROCHÉA, voyez *Crassule.*

ROCMÉRIE *écarlate* (papavéracées). De la Tauride. Annuelle. Fleurs se rapprochant du coquelicot, plus grandes, d'un écarlate très-vif. Semer en place au printemps. — *R. hybride* : du midi de la France ; fleurs plus petites et violettes.

ROMARIN *officinal* (labiées). Indigène. Arbrisseau de 1 m. 50 c. environ. Feuilles linéaires, persistantes. Au printemps, fleurs latérales d'un bleu pâle. Terre légère ; exposition abritée, mais chaude ; arrosements fréquents en été. Multipl. d'éclats, de boutures et de marcottes. Plante aromatique. Variétés panachées en blanc et en jaune.

RONCE *commune* (rosacées). Indigène. Variétés cultivées pour l'ornement des jardins : *R. sans épines, R. à fruits blancs, R. à feuilles panachées, R. à feuilles découpées,* donnant en été un nombre infini de fleurs roses ; *R. à fleurs doubles blanches,* d'un effet charmant ; *R. à fleurs doubles roses,* non moins jolie (ces deux dernières, pour produire tout leur effet, demandent à être palissées à l'ombre et taillées au printemps). — *R. odorante* ou *framboisier du Canada,* arbuste de 2 m. à 2 m. 50 c., remarquable par ses grandes feuilles palmées à cinq lobes, et ses fleurs roses. — *R. du nord*, à petite tige de 0 m. 20 c., et à fleurs solitaires d'un rose vif; terre de bruyère à l'ombre; multipl. de traces. — *R. à feuilles de rosier*, de 0 m. 65 c., remarquable par ses belles fleurs blanches et doubles ; orangerie.

ROSAGE, voyez *Rhododendron*.

ROSE DU CIEL, voyez *Lychnide*.

ROSE DE GUELDRE, voyez *Viorne*.

ROSE D'INDE, voyez *Tagétés*.

ROSE DU JAPON, voyez *Hortensia*.

ROSE DE NOEL, voyez *Hellébore noir*.

ROSEAU *à quenouille* (graminées). Vivace. Tige de 3 à 4 m. Feuilles longues, glauques, rubanées. En août, grandes panicules de fleurs pourprées. Terre profonde, humide. Multipl. de marcottes, de boutures, d'éclats mis en pots sur couche. Variété panachée plus petite et plus jolie.

ROSIER. L'auteur de l'article *Rosier*, dans le *Nouveau Dictionnaire d'histoire naturelle*, édit. de 1819, s'exprime ainsi :

« Qui ne connaît, qui n'a point admiré la rose, cette fleur que toutes les belles chérissent, que tous les amants recherchent, et que tous les poëtes ont chantée? Anacréon l'appelle le doux parfum des dieux, la joie des mortels, le plus bel ornement des grâces. « La rose, dit Sapho, est l'éclat des plantes, l'émail des prairies; elle a une beauté ravissante qui attire et fixe Vénus. » Bernard, un de nos poëtes modernes, épris des charmes de la rose, ne se contente pas de la peindre, il lui prête une âme, il lui parle, comme si elle pouvait l'entendre, et, impatient de la cueillir, il lui dit dans un amoureux transport :

> Tendre fruit des pleurs de l'aurore,
> Objet des baisers du zéphir,
> Reine de l'empire de Flore,
> Hâte-toi de t'épanouir.
> Que dis-je, hélas ! diffère encore,
> Diffère un moment de t'ouvrir;
> L'instant qui doit te faire éclore
> Est celui qui doit te flétrir.

» Ce vœu, que forme le poëte, est celui de tout amant de la

nature, qui aperçoit, au printemps, le premier bouton de rose; et c'est avec raison que Bernard nomme la rose, *reine des fleurs*.....

» Si la rose nous était inconnue, et qu'un naturaliste, arrivé depuis peu de la Perse ou de l'Inde, l'offrît tout à coup à nos regards, quel étonnement, quels transports de plaisir sa vue n'exciterait-elle pas en nous? Quel prix ne mettrions-nous pas à sa possession? »

Les *Rosiers* (rosacées) sont des arbrisseaux de toute grandeur, indigènes ou exotiques, munis ordinairement d'aiguillons épars, et à feuilles ailées avec impaire, garnies de stipules en forme d'ailes, au bas du pétiole commun. Leurs fleurs sont communément grandes, terminales, tantôt solitaires, tantôt disposées en corymbes; quelques-unes sont inodores, mais le plus grand nombre exhalent un parfum des plus suaves.

Il serait difficile, pour ne pas dire impossible, d'établir une bonne nomenclature de ce genre si nombreux en espèces, en variétés et en hybrides, si l'on s'en rapportait aux catalogues des marchands, dont la réunion pourrait former le plus inextricable des chaos. On y voit en même temps figurer une même rose sous des noms différents, et le même nom s'appliquer à des roses différentes. La meilleure classification connue jusqu'à ce jour est celle de M. Lindley, savant horticulteur anglais; elle comprend douze tribus de rosiers, dont quelques-unes renferment elles-mêmes plusieurs subdivisions. Quelle que soit l'importance que tout amateur attache à la culture des rosiers, les bornes que nous nous sommes imposées ne nous permettent point d'entrer ici dans une description complète des trois mille variétés connues aujourd'hui; nous ferons donc un choix, et dans chacune des divisions établies par Lindley, nous prendrons un certain nombre des rosiers les plus estimés, que nous placerons par ordre de nuances, pour la commodité de nos lecteurs.

1ᵉ TRIBU : *Rosiers à fleurs de Ciste.*

Ainsi nommés pour la ressemblance de leurs fleurs avec celles des Cistes des collines du midi de la France, ces rosiers ont des fleurs simples, à pétales échancrés.

R. à feuilles de Berberis : fleur jaune à onglet pourpre; doit être greffé sur le R. Pimprenelle pour vivre longtemps.

R. Hardy : même fleur.

2e Tribu : *Rosiers féroces.*

Ces rosiers doivent leur nom à la force et au nombre de leurs aiguillons.

R. du Kamtchatka : fleur simple, d'un violet clair.

R. du Parnasse : fleur double, violette.

3e Tribu : *Rosiers bractéolés.*

R. Marie-Léonide : fleur d'un blanc pur, double, remontante.

R. Victoire-Modeste : fleur très-grande, très-pleine, d'un blanc carné.

R. hybride du Luxembourg : fleur moyenne, double, rose foncé ; remontante.

4e Tribu : *Rosiers cannelles.*

Les rosiers de cette tribu, qui comprend six subdivisions, ne se taillent point et ne se greffent point sur églantier ; ils sont propres à décorer les grands massifs et les bosquets.

R. Calypso : fleur blanche, à centre carné.

R. de la Pensylvanie : fleur carnée pleine.

R. à grande fleur : fleur carnée double.

R. d'Hudson : fleur double, carnée, rouge au centre.

R. Boursault : fleur rose, semi-double.

R. soufre : grande fleur, jaune, très-pleine.

R. pompon jaune : petite fleur jaune, très-pleine.

5e Tribu : *Rosiers pimprenelles.*

Ces rosiers ne se greffent point ; on les élève francs de pied, en buisson ; ils doivent être taillés avec ménagement si l'on veut favoriser la floraison.

R. pimprenelle Hardy : fleur très-double, blanche, rayée de lignes pourpres.

R. reine des Pimprenelles : fleur semi-double, rose tendre.

R. aurore : fleur moyenne, pleine, d'un beau rose.

R. Harrisson : fleur moyenne, multiple, jaune.

6e Tribu : *Rosiers cent-feuilles.*

C'est la plus nombreuses des tribus ; elle comprend les *R. cent-feuilles communs* ; les *mousseux* ; les *hybrides de cent-feuilles* ; les

14.

R. de Belgique; les *R. bifères;* les *R. remontants;* les *R. hybrides remontants;* les *R. de Damas;* les *R. de Provence;* les *R. de Provins;* les *R. de Bourgogne.*

Rosiers cent-feuilles.

Cette section renferme les plus belles fleurs du genre ; malheureusement elles ne se montrent qu'une fois dans l'année.

R. unique à fleurs blanches : fleur très-pleine, d'un blanc pur.

R. pompon de Bourgogne à fleurs blanches : fleur très-petite, pleine, blanche, à centre carné.

R. unique à fleurs panachées : grande fleur très-pleine, d'un blanc panaché de rose vif.

R. Dometile-Bécar : grande fleur pleine, d'un rose clair strié de blanc.

R. ordinaire : fleur grande, pleine, d'un beau rose.

R. des peintres : grande fleur pleine, d'un rose vif.

R. à crête : fleur grande, pleine, d'un rose vif.

R. de Nancy : fleur grande, pleine, d'un rose foncé.

Rosiers cent-feuilles mousseux.

Ces rosiers se distinguent des autres cent-feuilles par une sorte de mousse qui couvre la partie supérieure des tiges florales et le calice tout entier.

R. unique de Provence : fleur moyenne, pleine, d'un blanc pur.

R. panachée double : fleur petite, blanche, quelquefois panachée de rose.

R. carnée : fleur moyenne ou grande, pleine, carnée.

R. à feuilles de Sauge : fleur moyenne, très-multiple, rose.

R. ordinaire : fleur grande, pleine, d'un rose vif.

R. Zoé; mousseux partout : fleur moyenne, très-multiple, rose.

R. Aïxa : fleur moyenne, aplatie, rose.

R. pompon : fleur petite, rose.

R. perpétuel Mauget : fleur moyenne, pleine, remontante, d'un rose vif.

R. ponctuée : fleur presque pleine, rose, ponctuée.

R. Julie de Mersan : fleur moyenne, pleine, rose foncé strié de blanc.

R. Cœlina : fleur moyenne, pleine, d'un rouge vif passant au violet.

R. comtesse de Noé : fleur moyenne, pleine, pourpre foncé.

R. général Drouot : fleur moyenne, presque pleine, remontante, pourpre.

R. nuits d'Young : fleur moyenne, pleine, pourpre marron foncé, velouté.

R. ferrugineux du Luxembourg : fleur d'un rouge cramoisi brillant.

R. Hermann Kégel : fleur moyenne, pleine, remontante, d'un cramoisi légèrement strié.

R. cramoisi foncé : fleur moyenne, pleine, cramoisi foncé ombré de violet.

Rosiers hybrides de cent-feuilles.

Ces rosiers proviennent du croisement des cent-feuilles mousseux ou à calice ru avec toutes sortes d'autres rosiers.

R. comtesse de Ségur : fleur moyenne, pleine, carné tendre.

R. pompon de la queue : fleur moyenne, pleine, carnée, très-bien faite.

R. madame Henriette : fleur grande ou moyenne, pleine, d'un beau rose.

R. Athénaïs : fleur moyenne, presque pleine, rose, ponctuée.

R. Anaïs Ségalas : fleur moyenne ou grande, pleine, d'un rose lilacé.

R. Laure : fleur d'un rose lilas.

R. admiration : fleur lilas foncé.

Rosiers hybrides de Belgique.

Toute la différence de ces rosiers avec les précédents consiste en ce que les jardiniers belges, qui en sont les créateurs, ont choisi pour les croisements les variétés à calice allongé.

R. York et Lancastre : fleur blanche panachée.

R. miroir des dames : fleur blanche à cœur carné.

R. Triomphe de Rouen : fleur d'un rose vif.

Rosiers bifères.

Ces rosiers se distinguent complétement des autres cent-feuilles par l'abondance de leur floraison qui se renouvelle deux fois.

R. financier : fleur très-pleine, d'un rose clair.

R. Antinoüs : fleur grande, pleine, d'un pourpre violacé.

Rosiers remontants; r. de Portland; r. perpétuels des quatre saisons.

R. Quatre-saisons moussues : fleur moyenne, très-multiple, blanche.

R. Cœlina Dubos : fleur moyenne, pleine, blanche.

R. Madame Tellier : fleur moyenne, pleine, carnée.

R. Julie Krudner : fleur moyenne, pleine, carné clair.

R. Requien : fleur grande, pleine, en panicules serrées, d'un carné vif très-frais.

R. Joséphine Antoinette : fleur grande, très-pleine, bombée, rose.

R. Lodoïska Marin : fleur grande, globuleuse, très-multiple, d'un rose vif.

R. Belle Faber : fleur très-grande, très-pleine, bombée d'un rose vif.

R. Rose Bernard : fleur moyenne, très-pleine, rose saumoné.

R. Laurence de Montmorency : fleur grande, pleine, rose lilacé.

R. Gloire des perpétuels : fleur moyenne, pleine, rouge.

R. du Roi : fleur grande ou moyenne, pleine, d'un rouge vif.

R. du Roi pourpre; R. Mogador : fleur grande ou moyenne, pleine, d'un rouge pourpre.

R. Prince Albert : fleur rouge en dehors et d'un pourpre foncé en dedans.

R. Pourpre royal : fleur moyenne, pleine, rouge violacé, à centre pourpre.

R. ébène : fleur moyenne, pleine, d'un pourpre violacé changeant.

R. purpurin : fleur moyenne, pleine, cramoisie.

Rosiers hybrydes remontants.

Ces rosiers proviennent de croisements opérés sur des cent-feuilles remontants; ils fleurissent à plusieurs reprises ou sans interruption, et tous leurs rameaux sont florifères.

R. Pauline Bonaparte : fleur petite, pleine, d'un blanc pur.

R. Docteur Hénon : fleur blanche, à centre jaunâtre.

R. Félicité Rigeaux : fleur d'une forme admirable, blanc satiné de rose.

R. Jeanne d'Arc : fleur grande, pleine, d'un blanc rosé.

R. Madame Lacour-Jury : fleur moyenne, pleine, d'un blanc rosé.

R. Rosine Margotin : fleur moyenne, pleine, carné tendre.

R. Duchesse de Sutherland : fleur grande ou moyenne, très-multiple, carnée.

R. Caroline de Sansal : fleur grande, très-pleine, carné clair à centre rosé.

R. Comtesse Bathiany : fleur grande, pleine, carné pâle.

R. Marquisa Boccella : fleur moyenne, pleine, carnée.

R. Madame Ducher : fleur grande, pleine, rose tendre presque blanc.

R. Ludovic Letaud : fleur rose carné.

R. Madame Phélip : fleur grande, pleine, bien faite, rose très-tendre.

R. Adam Paul : fleur grande, très-pleine, rose tendre.

R. Amandine : fleur grande, pleine, rose tendre.

R. Clémentine Seringe : fleur très-grande, pleine, rose clair nuancé.

R. Cornet : fleur grande, pleine, rose tendre.

R. Duchesse de Montpensier : fleur moyenne, pleine, rose tendre, à bords plus pâles.

R. Laure Romand : fleur moyenne, pleine, rose tendre.

R. Madame Aimée : fleur moyenne, très-pleine, rose pâle, à centre plus vif.

R. Graziella : fleur moyenne, pleine, rose tendre nuancé de rose vif.

R. Madame Eugène Cavaignac : fleur très-belle, très-large, rose tendre ou vif.

R. Reine Mathilde : fleur grande, pleine, d'un beau rose tendre.

R. Tite Live : fleur moyenne, pleine, rose tendre.

R. Vicomtesse Laure de Gironde : fleur grande, rose tendre transparent.

R. Sidonie : fleur grande, pleine, rose.

R. Angelina Granger: fleur moyenne, pleine, d'un beau rose.

R. Baronne Prévost : fleur grande, pleine, d'un beau rose.

R. Comtesse Duchâtel : fleur moyenne, très-pleine, rose.

R. Joseph Decaisne : fleur grande, pleine, d'un beau rose satiné.

R. Général Négrier : fleur grande, pleine, d'un beau rose.

R. Lady Stuart : fleur grande, pleine, rose.

R. Madame Guillot : fleur moyenne, pleine, d'un beau rose.

R. Madame Rivers : fleur moyenne, pleine, d'un rose glacé.

R. Robin Hood : fleur moyenne, pleine, rose.

R. Volta : fleur très-large, d'un beau rose éclatant.

R. Aubernon : fleur grande ou moyenne, pleine, d'un rose vif.

R. Charles Rouillard : fleur moyenne, pleine, d'un rose vif.

R. Léonie Verger : fleur petite, pleine, d'un rose vif.

R. perpétuel de Neuilly : fleur moyenne, pleine, d'un rose vif.

R. Thibault : fleur moyenne, pleine, d'un rose vif.

R. Aglaé Adanson : fleur grande, pleine, d'un rose vif satiné.

R. Comte de Montessier : fleur moyenne, pleine, globuleuse, d'un rose vif.

R. Comte de Nanteuil : fleur très-grande, très-pleine, bombée, d'un rose vif nuancé.

R. Général Cavaignac : fleur moyenne, très-pleine, d'un rose vif.

R. Clémentine Duval : fleur moyenne, très-pleine, d'un rose lilacé.

R. Madame Hilaire : fleur grande, pleine, rose lilacé tendre.

R. Reine des fleurs : fleur grande, pleine, rose lilacé, à bords clairs.

R. Belle Américaine : fleur moyenne, très-pleine, rose lilacé.

R. Comte d'Egmont : fleur grande, pleine, d'un rose lilacé.

R. Madame Louise Thénard : fleur moyenne, pleine, rose lilas, sans épines.

R. Marguerite d'Anjou : fleur moyenne, pleine, rose satiné lilacé.

R. Mistress Elliot : fleur grande, pleine, rose lilas foncé.

R. Ernestine de Barante : fleur petite, pleine, rose lavé de carmin.

R. Baron Larrey : fleur d'un beau rose carminé.

R. Béranger : fleur grande, pleine, rose carminé.

R. Jacques Laffitte : fleur grande, très-pleine, rose carminé.

R. Madame de Manoël : fleur grande, pleine, d'un beau rose carminé.

R. Madame Andry : fleur grande, pleine, d'un rose vif légèrement violacé.

R. Augustine Mouchelet : fleur bien faite, moyenne, d'un rose violacé.

R. Pompon de Sainte-Radégonde : fleur petite, pleine, d'un rose vif violacé.

R. Louis Bonaparte : fleur grande, pleine, rose vif violacé.

R. Baronne Hallez de Claparède : fleur grande, pleine, d'un rouge vif.

R. Soleil d'Austerlitz : fleur très-grande, d'un rouge éclatant velouté.

R. Souvenir de l'Empire : fleur moyenne, semi-double, d'un rouge vif.

R. Scipion Cochet : fleur moyenne, pleine, d'un rouge éclatant nuancé de pourpre.

R. Souvenir de l'Arquebuse : fleur moyenne, pleine, d'un rouge très-vif.

R. Géant des batailles : fleur moyenne, pleine, d'un rouge éclatant.

R. Général Bedeau : fleur grande, pleine, d'un rouge très-vif.

R. Mélanie Cornu : fleur moyenne, très-pleine, d'un rouge très-vif.

R. Colonel Foissy : fleur moyenne, pleine, rouge cerise vif.

R. Réveil : fleur bien faite, moyenne, très-pleine, rouge cerise nuancé et velouté.

R. Madame Frémion : fleur grande, pleine, rouge cerise très-vif.

R. Rivers : fleur grande, très-pleine, d'un rouge nuancé.

R. Docteur Marjolin : fleur grande, pleine, d'un rouge violacé.

R. Comte de Paris : fleur grande, pleine, rouge violacé.

R. Docteur Marx : fleur moyenne, pleine, rouge violacé.

R. Génie de Chateaubriand : fleur grande, pleine, rouge vif violacé.

R. l'Enfant du Mont-Carmel : fleur grande, pleine, pourpre foncé.

R. Triomphe de Paris : fleur grande, très-pleine, rouge foncé velouté noir.

R. Coquette de Montmorency : fleur bien faite, moyenne, pleine, d'un rouge violet.

R. Comte de Robrinski : fleur moyenne, pleine, carmin foncé, vif.

R. Souvenir de la Reine des Belges : fleur grande, pleine, d'un carmin éclatant.

R. Proserpine : fleur moyenne, pleine, cramoisi vif.

R. Paul Dupuy : fleur grande, très-pleine, cramoisi foncé passant au violet.

R. Pie IX : fleur grande, pleine, cramoisie.

Rosiers de Damas.

Les rosiers compris sous cette dénomination ont des rameaux d'inégale grandeur, dont les plus longs tendent à se courber en dehors, des sépales très-longs et réfléchis, un ovaire oblong, un fruit très-allongé.

R. Madame Hardy : fleur grande, très-pleine, creuse, d'un blanc pur.

R. Admirable de Damas : fleur blanche bordée de rose.

R. Léda : fleur à fond blanc panaché de lilas clair.

R. Princesse Amélie : fleur d'un rose tendre.

R. La belle d'Auteuil : fleur d'un rose tendre.

R. Duc de Sussex : fleur grande, pleine, bombée, d'un rose nuancé.

R. La ville de Bruxelles : fleur grande ou moyenne, pleine, d'un rouge clair.

R. OEillet parfait : fleur moyenne, bien faite, pleine, rouge panaché de blanc.

Rosiers de Provence.

Tout ce qu'on peut dire de cette subdivision sur laquelle on n'est point d'accord, quant aux sous-variétés qui la composent et aux caractères qui la distinguent, c'est qu'elle a pour couleurs dominantes le blanc et le carné.

R. Blanche-fleur : fleur bombée, d'un blanc très-pur.

R. Clarisse Jolivet : fleur grande, pleine, d'un blanc pur.

R. Princesse Clémentine : fleur grande, pleine, d'un blanc pur.

R. La Vestale : fleur moyenne, pleine, blanche.

R. Emerance : d'un blanc jaunâtre.

R. Grand Sultan : fleur grande, très-pleine, carné tendre.

R. Aurélie Delamarre : fleur moyenne, pleine, d'un beau rose.

R. Eulalie Lebrun : fleur moyenne, pleine, panachée rose et lilas.

R. Néron : fleur très-double, cramoisi-violet panaché de rouge.

Rosiers de Provins.

Cette subdivision comprend des arbustes touffus, à bois gros et court, formant des buissons arrondis ; les roses y sont distinguées en *unies* et *panachées*.

R. Désirée Parmentier : fleur grande, bien faite, pleine, carnée.

R. Comte Foy : d'un rose tendre.

R. Fanny Bias : d'un rose tendre.

R. Honneur de Flandre : fleur grande, bien faite, très-pleine, rose.

R. Triomphe de Flore : fleur moyenne, pleine, d'un rose tendre.

R. Camille Desmoulins : fleur grande, pleine, rose cramoisi.

R. Lacépède : d'un rose tournant au lilas.

R. Franklin : d'un rose cramoisi.

R. Guillaume Tell : fleur grande, très-pleine, bombée, d'un rose vif.

R. Beauté parfaite : d'un pourpre clair.

R. d'Aguesseau : fleur grande, pleine, d'un rouge vif.

R. Shakespeare : fleur grande ou moyenne, pleine, d'un rouge vif.

R. Surpasse-Tout : fleur grande, presque pleine, couleur cerise.

R. Belle de Marly : fleur grande, pleine, d'un rouge vif tournant au violet.

R. Belle de Crécy : fleur moyenne, très-pleine, pourpre foncé.

R. Mécène : fleur moyenne, très-multiple ; fond blanc panaché de rose.

R. Œillet flamand : fleur moyenne, double, plate, panachée de rose rouge et de blanc.

R. Renoncule ponctuée : fleur moyenne, pleine, d'un rouge vif ponctué et marbré.

15

R. Belle de Fontenay : fleur moyenne, pleine, rose, maculée de blanc mat.

R. Splendeur : rubis clair, marbré de blanc.

R. Reine Marguerite : pourpre rayé de blanc.

R. Tricolore de Flandre : fleur moyenne, pleine ; fond blanc panaché de rouge, de pourpre et de violet.

R. Panachée double ou *rubanée* : fleur violette, panachée de blanc et de lilas.

R. Camaïeu : fleur moyenne, pleine, rouge violacé, strié de blanc.

R. Georges Vibert : fleur pourpre violacé, panaché de blanc.

Rosiers de Bourgogne.

R. Pompon des Alpes : fleur blanche.

R. Pompon des Alpes : fleur rose.

7° Tribu : *Rosiers velus.*

Les rosiers de cette tribu doivent leur nom aux piquants fins, semblables à des poils rudes qui hérissent leur calice ; leur tige est garnie de piquants minces, raides et serrés. Ils ont des fruits arrondis et gros.

R. Céleste blanche : fleur blanche, d'une forme parfaite.

R. de Danemark : fleur moyenne, pleine, blanche, à centre rose.

R. royale ou *grande cuisse de Nymphe* : fleur grande, très-multiple, d'un blanc carné.

R. Madame Audot : fleur moyenne, pleine, carné tendre.

R. grande Pivoine : fleur très-développée, d'un rose vif.

8° Tribu : *Rosiers rouillés.*

Cette tribu se compose de véritables églantiers, ayant des aiguillons très-recourbés, des folioles rugueuses, des pédoncules hérissés de piquants très-fins. Leurs feuilles froissées sentent la pomme de reinette.

R. Capucine jaune pâle : fleur jaune.

R. toute jaune : fleur jaune soufre.

R. jaune de Perse; Persian-Yellow : fleur grande, pleine, jaune capucine.

R. Capucine orangé : fleur jaune en dehors, orangée en dedans.

9ᵉ Tribu : *Rosiers cynorrhodons.*

Églantiers destinés à recevoir la greffe des autres rosiers d'espèces vigoureuses.

10ᵉ Tribu : *Rosiers indiens.*

Les caractères distinctifs de ces rosiers consistent dans leurs feuilles luisantes en dessus, glauques en dessous, et dans leurs folioles oblongues, acuminées, peu profondément découpées.

Rosiers thé.

Ces rosiers ont généralement des fleurs d'une forme évasée, de nuances pâles et à cœur vert.

R. Clara Sylvain : fleur grande ou moyenne, pleine, d'un blanc pur.

R. Niphetos : fleur très-grande, multiple, d'un blanc pur.

R. Reine des Belges : fleur grande, très-pleine, d'un blanc pur.

R. Taglioni : fleur plane, blanche.

R. Madame Barillet-Deschamps : fleur d'un blanc légèrement jaunâtre.

R. Anthérose : fleur grande, très-pleine, creusée en coupe, blanche, à centre jaunâtre.

R. Barbot : fleur grande ou moyenne, pleine, d'un blanc jaunâtre, à bords lavés de rose.

R. Devohniensis : fleur grande, pleine, d'un blanc jaunâtre, plus foncée au centre, odorante.

R. Élisa Sauvage : fleur moyenne, pleine, d'un blanc jaunâtre.

R. Hyménée : fleur grande, pleine, bombée, jaunâtre.

R. abricoté : fleur grande, pleine, jaunâtre.

R. Reine Victoria : fleur grande, pleine, jaune passant au blanc.

R. Princesse Adélaïde : fleur grande, pleine, jaune soufre.

R. Safrano : fleur moyenne, multiple, jaune clair.

R. de Smith : fleur grande ou moyenne, très-pleine, jaune soufre.

R. Belle Archinto : fleur grande, très-pleine, carné nuancé de jaune et de rose.

R. Caroline : fleur moyenne, pleine carné vif.

R. moiré : fleur grande, pleine, carné à reflet jaunâtre.

R. Princesse Marie : fleur grande, très-pleine, carné rose à fond jaunâtre.

R. Sylphide : fleur grande, pleine, carné à reflet jaunâtre.

R. Adam : fleur très-grande, pleine, rose clair.

R. Bougère : fleur très-grande, très-pleine, rose Hortensia.

R. Comte de Paris : fleur très-grande, pleine, rose clair.

R. Eugénie Desgaches : fleur très-grande, pleine, bombée, d'un rose carné.

R. Souvenir d'un ami : fleur d'un beau rose tendre.

R. Triomphe du Luxembourg : fleur très-grande, pleine, rose, à fond aurore.

R. Prince d'Esterhazy : fleur grande, presque pleine, globuleuse, rose.

R. maréchal Bugeaud : fleur grande, pleine, rose nuancé.

R. Marie de Médicis : fleur grande, pleine, rose à fond jaunâtre.

R. Silène : fleur grande, pleine, d'un rose passant au rouge vif, odorante.

R. vicomtesse de Caze : fleur grande ou moyenne, pleine, rouge, à reflet aurore au centre.

R. Goubault : fleur grande, multiple, rouge clair à centre aurore, très-odorante.

Rosiers du Bengale.

R. Adeline Côme : fleur moyenne, pleine, blanche.

R. Camélia Orly : fleur grande, multiple, globuleuse, d'un blanc pur.

R. Reine-Blanche : fleur semi-double, d'un blanc pur.

R. Eugène Hardy : fleur moyenne, pleine, d'un blanc légèrement carné.

R. Fanny Duval : fleur grande, pleine, blanche, à centre carné.

R. Lactens : fleur grande, pleine, d'un blanc jaunâtre, odorante.

R. Cels multiflore : fleur grande, pleine, carnée.

R. Hippolyte : fleur moyenne, pleine, rose clair nuancé.

R. Confucius : fleur moyenne ou grande, pleine, rose clair.

R. Madame Bréon : fleur droite, grande, pleine, d'un beau rose.

R. Archiduc Charles : fleur grande, pleine, rose passant au cramoisi.

R. Romain des prés : fleur grande ou moyenne, très-pleine, rouge clair.

R. Triomphe de Gand : fleur grande, pleine, rouge.

R. Triomphante : fleur grande, pleine, rouge violacé.

R. Marjolin : fleur grande, très-pleine, pourpre vif.

R. Fabvier ; fleur moyenne, multiple, pourpre vif éblouissant.

R. Couronne des pourpres : fleur pourpre.

R. Eugène Beauharnais : fleur pourpre.

R. Beau carmin du Luxembourg : fleur moyenne, pleine, pourpre foncé velouté.

R. Carmin d'Yébles : fleur moyenne, très-multiple, arrondie, carmin vif.

R. Cramoisi supérieur : fleur moyenne, pleine, cramoisi vif.

Rosiers hybrides de Bengale non remontants.

R. Madame Plantier : d'un blanc pur.

R. Comtesse de Lacépède : fleur grande, bien faite, pleine, carnée.

R. Lady Stuart : fleur grande, très-pleine, carnée.

R. Las Casas : fleur très-grande, rose.

R. Paul Perras : fleur grande, pleine, d'un beau rose.

R. Charles Duval : fleur grande, très-pleine, rouge clair.

R. Colbert : rouge pourpre.

R. Général Kléber : fleur moyenne, bien faite, pleine, d'un pourpre vif violacé.

R. Hybride Lamarque : d'un pourpre foncé, nuancé de rouge feu.

R. Général Daumesnil : fleur grande ou moyenne, pourpre violet, à centre clair.

R. Gloire des Hellènes : fleur moyenne, très-double, d'un pourpre ardoisé.

R. Lucullus : fleur pourpre noir velouté.

R. Triomphe d'Angers : d'un cramoisi éclatant.

R. Velours épiscopal : fleur bombée, d'un beau violet velouté.

Rosiers de la Chine.

Ces rosiers, plus connus sous le nom de *R. de Bengale pourpres* ou *sanguins*, ont des tiges basses, grêles, et pour passer l'hiver sous le climat de Paris, doivent être couverts de litière, après avoir été rabattus jusqu'au niveau du sol.

R. Éblouissante : cerise feu.

R. sanguine : cramoisi vif.

Rosiers Lawrence.

Ils se distinguent par la petitesse de leur taille qui, pour quelques-uns, ne dépasse pas 0 m. 12 c. et même 0 m. 08, c.

R. Pompon bijou : fleur petite, presque pleine, rose clair.

R. Ordinaire ou *Bengale pompon :* fleur petite, presque pleine, rose.

R. Gloire des Lawrence : fleur très-petite, pleine, rose.

R. Désirée : fleur très-petite, pleine, rose.

R. de Chartres : fleur très-petite, multiple, rose.

R. Double multiflore : fleur très-petite, très-pleine, bombée, rose.

Rosiers de l'île Bourbon.

R. Caroline Riguet : fleur d'un blanc pur.

R. Acidalie : fleur grande ou moyenne, pleine, d'un blanc légèrement rosé.

R. Souvenir de la Malmaison : fleur très-grande et très-pleine, d'un blanc légèrement nuancé de carné.

R. Madame Angelina : fleur moyenne, très-multiple, d'un blanc jaunâtre passant au carné.

R. Madame Nérard : fleur moyenne, pleine, d'un carné tendre.

R. Paul et Virginie ; fleur moyenne ou grande, presque pleine, carné clair lilacé.

R. Reine de l'île Bourbon : carnée.

R. Sépintorus : fleur grande, pleine, bombée, carné vif.

R. Virginie ou *Eugénie Bréon* : fleur moyenne, pleine, carné saumoné.

R. Charles Desprez : fleur moyenne, bien faite, pleine, d'un rose tendre.

R. Velléda : fleur très-double, d'un rose tendre.

R. Guillaume le Conquérant : fleur grande, pleine, rose clair.

R. Desgaches : fleur moyenne, pleine, rose très-clair.

R. Madame Cousin : fleur grande, pleine, rose frais, très-tendre.

R. Bouquet de Flore : fleur moyenne, presque pleine, d'un rose très-frais.

R. Maréchal du palais : fleur grande, pleine, bombée, d'un rose tendre.

R. Pierre de Saint-Cyr : fleur moyenne, pleine, d'un rose tendre.

R. Thérésita : fleur moyenne, pleine, d'un rose très-frais.

R. Césarine Souchet : fleur moyenne, pleine, d'un rose tendre souvent nuancé de carmin.

R. Florifère : fleur moyenne, pleine, d'un rose nuancé de carmin.

R. Souvenir du quatre mai : fleur moyenne, bien faite, pleine, d'un rose carminé.

R. Miroir de perfection : fleur moyenne, pleine, d'un rose légèrement violacé.

R. Marquise d'Ivry : fleur moyenne, pleine, d'un rose hortensia.

R. Madame Desprez : fleur moyenne, très-pleine, en forme de coupe, d'un rose lilacé.

R. Marianne : très-belle fleur, grande, pleine, d'un rose vif.

R. Georges Cuvier ou *Beauté de Versailles* : fleur moyenne, bien faite, pleine, cerise et rose clair.

R. Lecoq ou *duc d'Estrées* : fleur grande, pleine, rouge clair.

R. Léon Oursel : fleur moyenne, pleine, rouge feu clair.

R. Menoux : fleur grande, pleine, d'un rouge vif.

R. Poiteau : très-jolie fleur, d'un rouge vif.

R. Rémond : fleur moyenne, pleine, d'un rouge vif.

R. Gloire de Paris : fleur grande, bien faite, pleine, d'un rouge vif à reflet cramoisi.

R. Vorace : fleur moyenne, pleine, d'un rouge cramoisi vif.

R. Proserpine : fleur moyenne, bien faite, pleine, d'un rouge cramoisi vif.

R. Étoile du Nord : fleur moyenne, pleine, rouge cerise vif, nuancé de pourpre.

R. Aurore de Suède : fleur moyenne, pleine, d'un rouge passant au violet clair.

R. Docteur Roques : fleur moyenne, bien faite, pleine, bombée, d'un rouge violacé.

R. Julia de Fontenelle : fleur moyenne, pleine, d'un rouge violacé, à odeur de violette.

R. Souchet : fleur moyenne, bien faite, pleine, d'un carmin pourpre.

R. Paul-Joseph : fleur moyenne, pleine, pourpre violet changeant.

R. Deuil du duc d'Orléans : fleur moyenne, pleine, pourpre foncé, à pétales bordés d'un liseré noir.

Rosiers Noisette.

Ces rosiers, qu'on regarde comme provenant du croisement de la rose du Bengale et de la rose musquée, portent le nom de M. Noisette, célèbre horticulteur dont le frère les a apportés des États-Unis en France, en 1814. Ils ont pour caractère principal la disposition de leurs fleurs par bouquets sur tous les rameaux ; on peut les conduire en cordons ou les palisser en espalier contre un mur.

R. Aimée Vibert : fleur moyenne, très-pleine, d'un blanc pur.

R. Lamarque : fleur grande, très-pleine, d'un blanc jaunâtre.

R. Caroline Marniesse : fleur moyenne, pleine, bombée, d'un blanc légèrement carné.

R. Eudoxie : fleur moyenne, pleine, blanc carné, à reflets d'or.

R. Miss Glogg : fleur moyenne, pleine, d'un blanc teinté de rose.

R. Eugénie Dubourg : fleur moyenne, pleine, carné clair.

R. Triomphe de la Duchère : fleur moyenne, pleine, rose tendre.

R. Vicomtesse d'Avesne : fleur moyenne, pleine, rose.

R. du Luxembourg : fleur grande, pleine, rose tendre, à centre rouge.

R. Bougainville : fleur rose lilacé vif.

R. Després : fleur grande, pleine, à fond jaune tournant au rose.

R. Solfatare : fleur grande, pleine, jaune soufre.

R. Ophirie : fleur moyenne, pleine, aurore cuivré.

R. Chromatella : fleur grande, pleine, jaune foncé.

R. Boulogne : fleur moyenne ou petite, pleine, d'un violet bleuâtre.

11° Tribu : *Rosiers à styles soudés.*

Les rosiers qui composent cette tribu, et dont plusieurs ne justifient point le nom qu'elle porte, ont des rameaux très-allongés, chargés de bouquets de petites fleurs très-doubles, et ne supportent la pleine terre qu'en espalier sous le climat de Paris.

Rosiers toujours verts.

Ces rosiers sont propres à couvrir des berceaux.

R. Princesse Louise : fleur moyenne, pleine, en forme de coupe, blanche.

R. Dona Maria : fleur moyenne, d'un blanc pur.

R. Félicité Perpétue : fleur moyenne, pleine, bombée, d'un blanc légèrement carné.

R. Princesse Marie : fleur moyenne, pleine, en forme de coupe, d'un rose très-clair.

Rosiers multiflores.

Ces rosiers périssent dans les hivers rigoureux.

R. Graulhié : fleur moyenne, pleine, blanche.

R. Belle de Baltimore : fleur petite, double, d'un blanc un peu carné.

R. Beauté des prairies : fleur petite, pleine, d'un blanc carné.

15.

R. Laure Davoust : fleur petite, très-pleine, blanche, rose lilas.

R. de la Grifferaie : fleur moyenne, pleine, d'un pourpre carminé.

Rosiers musqués.

R. double : fleur moyenne, double, blanche.

R. la princesse de Nassau : fleur moyenne, très-multiple, blanche.

12ᵉ Tribu : *Rosiers de Banks.*

Ces rosiers, qui craignent les froids rigoureux, demandent une bonne exposition; palissés contre un mur, ils acquièrent en peu de temps des dimensions considérables.

R. à fleur blanche : fleur petite, pleine, blanche, très-odorante.

R. à fleur jaune : fleur petite, sans odeur, d'un jaune beurre frais.

R. à fleur blanche nouvelle : fleur moyenne, très-pleine, d'un blanc pur.

Culture des Rosiers.

Ces arbrisseaux peuvent s'accommoder de toute espèce de terrain; cependant ils préfèrent une terre légère, substantielle, douce. Dans un sol humide, ils donnent des fleurs peu odorantes. Ils réussissent beaucoup mieux en pleine terre et en plein air, qu'en caisses et en pots. On peut les planter en tout temps, excepté pendant les gelées et dans les fortes chaleurs. Il faut les tailler tous les ans; plus on les taille, plus on prolonge leur durée. Quand on veut avoir de belles fleurs, et que les boutons sont nombreux, on en supprime une partie, en conservant quelques-uns des plus avancés, quelques autres ensuite de moindre force, et toujours ainsi jusqu'aux derniers qui commencent à paraître.

On multiplie les rosiers par semis, par drageons, par marcottes, par boutures et par la greffe. Celle-ci se fait en écusson ou à œil dormant sur des églantiers qu'on plante âgés de deux ans au moins, ayant des racines que la gelée n'ait point atteintes ou que le hâle n'ait point desséchées.

La durée des rosiers greffés à haute tige est toujours assez limitée. « Le rosier sauvage pousse naturellement des tiges très-élevées et qui vivent fort longtemps ; mais il a une telle vigueur de végétation qu'il produit constamment des tiges secondaires, et cette faculté devient pour lui un besoin impérieux lorsqu'on limite par la greffe le développement de sa tige principale. Le nombre des rejetons qui sortent de la souche augmente sans cesse malgré la surveillance la plus scrupuleuse du jardinier ; la tête affamée cesse de croître et finit par périr. En Angleterre, les horticulteurs les plus habiles ont trouvé le moyen de prolonger la durée des rosiers greffés sur églantier, en les déplantant tous les trois ans, vers le milieu de février, avant la reprise de la végétation. Ce procédé est devenu aujourd'hui d'un usage général ; voici comment on le pratique. On retranche avec le plus grand soin les racines endommagées, on raccourcit toutes les racines bien portantes, on supprime presque tout ce qui peut exister de chevelu qui se trouve, à cette époque de l'existence des rosiers, ou nul ou presque mort ; la tête est en même temps soumise à une taille sévère qui provoque une pousse très-active ; la terre des trous est, ou renouvelée, ou engraissée avec du fumier très-consommé ; le rosier ainsi disposé y est remis en place tout aussitôt ; l'opération doit être conduite assez rapidement pour que la racine du rosier ne reste pas exposée à l'air au delà du temps rigoureusement indispensable. (*Maison rustique du* xix *siècle*.) »

ROUGE (le) : maladie incurable, du moins jusqu'à présent, qui attaque le jeune bois des pêchers, et fait ordinairement périr l'arbre de la 3e à la 5e année. On la reconnaît à la teinte rougeâtre, de plus en plus intense du bois.

ROUILLE (la) : maladie aussi incurable que la précédente, produite par des champignons et qui marque de taches rousses, saillantes, les feuilles qu'elle fait tomber et les jeunes pousses qu'elle fait développer à contre-saison.

RUDBECKIE *élégante* (radiées). De l'Amér. septentrionale. Vivace. Touffe de 0 m. 70 c. Feuilles radicales lancéolées et pétiolées ; feuilles caulinaires sessiles, plus étroites. En été, capitules terminaux jaune safrané, à disque noirâtre. Terre franche légère. Multipl. de graines et d'éclats. — *R. de Drummond* : de la Californie ; capitules à 6 rayons pourpre noir, jaunes à l'extrémité. Pleine terre l'été, orangerie l'hiver. — *R. amplexicaule* : fleurs jaunes à onglets brun noir ; d'un très-joli effet.

S

SAINFOIN *à bouquets; S. d'Espagne* (papilionacées). Tri-sannuel. Tiges de 0 m. 70 c. à 1 m., feuilles pennées. En été, épis de fleurs rouges ou blanches, odorantes. Terre légère, à bonne exposition; couverture l'hiver, dans le nord de la France. Semer au printemps; repiquer en place avec la motte. — *S. du Canada :* vivace; tout l'été, grappes paniculées de fleurs d'un pourpre clair violacé; plante rustique; multipl. de graines et d'éclats. — *S. du Caucase :* vivace; tiges de 0 m. 35 à 0 m. 50 c.; au printemps, épis de fleurs pendantes, violet pourpre; toute terre; multipl. de grai-nes et d'éclats. — *S. capité :* de Barbarie; annuel; tige rameuse et diffuse de 0 m. 65 c.; en été, fleurs roses en têtes; semer sur couche, et mettre en place au mois de mai.

SALICAIRE *effilée* (lythrariées). D'Autriche. Vivace. Tiges de 1 m. à 1 m. 50 c. Feuilles longues et pointues. En été, épis paniculés de fleurs roses. Terre humide, au soleil. Multipl. de drageons et de graines. Plante rustique. — *S. rose :* fleurs plus belles que celles du précédent. — *S. commune :* indigène; en été, épis de fleurs nombreuses et purpurines.

SALPIGLOSSIE *pourpre* (scrophularinées). Du Chili. Vivace. Tige de 0 m. 50 c., feuilles lancéolées; en été fleurs infundibuli-formes, nuancées et striées de toutes les couleurs entre le blanc, le jaune, le violet et le pourpre. Terre légère. Multipl. de graines; rentrer le plant la première année. — *S. dorée* ou *à fleurs jaunes :* fleurs d'un jaune uni.

SANGUINAIRE *du Canada* (papavéracées). Vivace. Tige très-basse. Feuille unique, amplexicaule, très-grande, cordiforme, marbrée de rouge. Au printemps, fleurs blanches, à pétales ovales, terre légère, fraîche, ombragée. Multipl. de racines.

SANICLE *femelle*, voyez *Radiaire*.

SANSEVIÈRE *carnée* (liliacées). De la Chine. Feuilles linéai-res lancéolées. En été, épi de fleurs odorantes, d'un blanc rosé. Pleine terre avec couverture l'hiver. Multipl. par œilletons. — *S. à fleurs sessiles :* de la Chine; feuilles canaliculées, embrassantes, linéaires, disposées en touffes sur deux rangs ; hampe surmontée d'un épi de fleurs carnées ; terre fraîche et légère ; orangerie l'hiver.

SANTOLINE *commune; petit cyprès* (composées). De la France mérid. Arbuste de 0 m. 50 c., à feuilles persistantes, petites, pennées, d'un vert blanchâtre. En été, capitules de fleurs jaunes très-odorantes. Terre légère, au soleil ; couverture pendant les froids rigoureux. Multipl. de boutures et de marcottes. — *S. blanche* : d'Espagne ; feuilles plus blanches que celles de la précédente.

SAPIN *du Canada* (conifères). Arbre à tiges rameuses, qui, dans nos pays, ne s'élève pas à plus de 8 mètres. Branches inclinées, se relevant ensuite. Feuilles distiques, d'un vert pâle. Cônes à l'extrémité des branches. Il supporte la taille. — *S. Baumier; Baumier de Giléad :* de l'Amér. sept., de 8 à 10 m. ; terre profonde et légère, au nord. — *S. de Fraser :* de Pensylvanie ; plus petit que le précédent. Nous ne parlons pas des autres **SAPINS** ou *Abies*, à cause de leur taille gigantesque ; ceux même que nous venons de citer trouveront rarement leur place dans un jardin de dimensions moyennes, et jamais dans un petit jardin d'amateur.

SAPONAIRE *officinale* (caryophyllées). Indigène. Vivace. Tiges de 0 m. 70 c. Feuilles ovales lancéolées, moussant comme le savon, lorsqu'on les écrase. En été, fleurs odorantes, d'un rose violet. Tout terrain ; toute exposition. Multipl. d'éclats et de traces. — Variétés : *à fleurs doubles ; à fleurs pourpres doubles.*

SARCLAGE : opération qui consiste à enlever les mauvaises herbes, soit à la main, soit avec une petite ratissoire à tirer qu'on nomme *sarcloir.*

SARRACÉNIE *pourpre* (sarracéniées). Du Canada. Vivace. Tiges de 0 m. 35 c. Feuilles radicales, roulées en cornet, tachées de rouge. En été, grandes fleurs vertes en dedans et d'un rouge pourpre en dehors. Terre de bruyère tourbeuse et humide, ou mousse pourrie très-humide ; orangerie l'hiver. Multipl. de graines. — *S. à fleurs jaunes :* de l'Amér. mérid.; plus grande que la précédente, exigeant encore plus d'eau.— *S. à fleurs rouges.*— *S. variolée :* cornets garnis de poils. — *S. de Drummond :* hampe de 0 m, 40 c. portant de grandes fleurs terminales d'un rouge de sang.

SARRÈTE *pennatifide* (composées). Vivace. En été, capitules de fleurs rose violacé. Pleine terre. Multipl. d'éclats.

SAUGE (*Salvia*). Les plantes qui composent ce genre (famille des Labiées), sont belles et nombreuses ; on en compte plus de 400 espèces. Nous allons en décrire quelques-unes que nous diviserons en sauges de pleine terre, et en sauges d'orangerie. = Parmi les sauges de pleine terre, nous mentionnerons : *S. officinale ; grande Sauge ;* de l'Europe mérid. Vivace. En juillet, fleurs bleues ou blanches. Terre légère, sèche, bien exposée. Variétés : *Petite S.* ; feuilles étroites, blanchâtres ; *S. à feuilles tricolores,* panachées de rouge et de jaune, ou *frisées.* Multipl. de graines, d'éclats et de boutures. — *S. hormin* : d'Espagne ; annuelle ; tige de 0 m. 70 c. ; feuilles crénelées, d'un vert foncé ; en été, épi terminal de fleurs rose tendre, à bractées colorées (rouges dans une variété, violettes dans une autre) ; terre légère, sèche, bien exposée ; semer en place, ou en planche et repiquer. — *S. de Crète* : feuilles étroites ; faux verticilles de fleurs rouges. — *S. de l'Inde* : fleurs bleues. = Nous citerons parmi les plantes qu'il faut rentrer l'hiver en orangerie : *S. écarlate :* de la Floride ; vivace ; tige de 1 m. 50 c. ; feuilles persistantes, cordiformes, luisantes ; faux verticilles de grandes fleurs écarlates. Arrosements modérés. Multipl. de graines semées au printemps sur couche et sous châssis ; le plant fleurit la même année. — *S. candélabre* : d'Espagne ; vivace ; arbuste de 1 m. à 1 m. 30 c. ; feuilles oblongues, rugueuses, velues ; en été, grande panicule terminale de fleurs à tube blanc, jaunâtre en dehors, et dont la lèvre inférieure est d'un bleu clair ; multipl. de graines et de boutures. — *S. de Graham* : du Mexique ; arbuste toujours vert, de 1 m. à 1 m. 50 c. ; petites feuilles cordiformes, ponctuées en dessus, luisantes, à odeur de citron ; pendant l'été et l'automne, grappes grêles, dressées, de fleurs pourpre violacé ; multipl. de graines et de boutures. — *S. à fleurs pourpres ;* très-jolie plante vivace d'environ 0 m. 50 c. de hauteur. Multipl. d'éclats et de boutures. — *S. faux Léonurus :* du Pérou ; tige ligneuse de 1 à 2 m. En été, grandes fleurs axillaires d'un beau rouge écarlate. — *S. à fleurs de Gesnéria :* du Mexique ; faux verticilles de fleurs ponceau, jaunâtres en dessous, placés à l'extrémité de rameaux très-cotonneux. — *S. dorée* : du Cap. Arbrisseau très-rameux de 1 m. 50 c. à 2 m., à grandes fleurs d'un beau jaune, paraissant au printemps. — *S. demi-deuil* : du Mexique ; feuilles cordiformes, cotonneuses en dessous ; grappes terminales de fleurs dont la lèvre inférieure est courte et presque noire. — *S. pomifère* : de Crète ; tige ligneuse d'environ 1 m. 60 c. ; épis de grosses fleurs bleues, tachées de jaunâtre à la lèvre inférieure. Multipl. de boutures, d'éclats, ou de graines semées en pot sur couche, au printemps. — *S. d'Afrique* : du Cap. Arbrisseau d'environ 2 m. à fleurs violettes en épis ; en pot. — *S. bicolore :* de Barbarie ; vivace ; tiges de 1 m. ; au sommet des tiges, anneau de grandes fleurs bleues, tachées de blanc à la lèvre inférieure. Cette espèce, cultivée en pleine terre, perd ses tiges tous les ans, et doit être couverte l'hiver. — *S. citronnée* : de la Nouv.-Espagne. Arbuste .de 1 m. ; feuilles à odeur de citron ; grandes fleurs d'un beau bleu. Multipl. de boutures et d'éclats. — *S. à feuilles opposées* : arbuste des Andes du Pérou ; épis terminaux de fleurs rouge vermillon. — *S. à fleurs nombreuses* : du Mexique ; tige sous-ligneuse de 1 à 2 m. Panicules dressées de jolies fleurs terminales bleu d'azur. Multipl. de boutures.

SAULE *pleureur* ; *Parasol du Grand Seigneur* ; *S. de Babylone* (salicinées). D'Orient. Arbre trop connu pour être décrit. On cultive comme plantes d'ornement le *S. argenté : le S. à feuilles de myrte ; le S. violet* ; le *S. à feuilles de prunier* ; le *S. cendré* ; le *S. blanc*, le *S. noir*, qui ne sont que des arbrisseaux.

SAXIFRAGE *cotylédone* ; *S. pyramidale* ; *sédum pyramidal des jardiniers* (saxifragées). Des Alpes. Vivace. Feuilles en rosette, charnues, spatulées. Vers la fin du printemps, et à la troisième année de plantation, hampe de 0 m. 50 c., couverte de jolies fleurs blanches. Terre fraîche, ombragée. Multipl. de graines semées en place, ou d'éclats. — *S. de Sibérie* : vivace ; larges feuilles cordiformes, épaisses, persistantes ; au printemps, grappes terminales de fleurs roses. Multipl. de drageons tous les trois ans. — *S. sarmenteuse* ; *S. de la Chine* : tiges grêles, rougeâtres, à coulants ; feuilles vertes en dessus, purpurines en dessous ; au commencement de l'été, panicule de fleurs rose tendre et blanc ; pétales supérieurs très-petits, marqués de jaune à la base. Propre à orner les rocailles à l'ombre ; couverture l'hiver. —*S. ombreuse* ;

mignonnette; amourette : des Alpes ; vivace ; tiges d'environ
0 m. 30 c. ; feuilles en rosettes ; au printemps, panicules de petites
fleurs blanches, pointillées de rouge. Multipl. par la séparation
des touffes. Jolie en bordure. — *S. à feuilles rondes* : des Alpes ;
tiges de 0 m. 32 c. ; au printemps, panicule terminale de petites
fleurs blanches ponctuées de rouge. — *S. fourchue* : des Pyrénées;
touffes d'un beau vert, propres aux rocailles humides. — *S. mous-
seuse ; Gazon turc* : des Alpes ; tiges d'environ 0 m. 15 c. ; en mai,
petites fleurs blanches. On fait avec cette espèce de charmants
gazons à l'ombre. — *S. ligulée* : du Népaul ; au printemps, grandes fleurs à pétales ligulés, d'un blanc carné. Variété à fleurs
roses, plus grandes. Orangerie. Multipl. d'éclats ou de boutures
des feuilles dans l'été.

SCABIEUSE *fleur de veuve* (dipsacées). Des Indes. Bisannuelle. Tiges de 0 m. 70 c. Feuilles pennatifides ou spatulées. Pendant l'été et l'automne, capitules nombreux de fleurs pourpres,
roses, panachées, odorantes. Terre douce, bonne exposition. Semer en automne et repiquer au printemps. Variété naine. — *S.
du Caucase* : vivace ; capitules larges, bleu tendre. Multipl. de
graines et d'éclats. — *S. étoilée* : en été, fleurs blanches. — *S. de
Crète :* toujours verte ; tige ligneuse ; feuilles lancéolées ; fleurs
bleu pâle ; orangerie. Multipl. de graines sur couche et d'éclats.

SCEAU DE SALOMON *commun* (smilacées). Indigène.
Vivace. Feuilles ovales, lancéolées, sessiles. Au printemps, fleurs
blanches, penchées. Terre fraîche, ombragée. Multipl. de graines
et de racines. Variété odorante à fleurs doubles. — *S. multiflore* :
indigène ; tige de 0 m. 65 c. ; fleurs blanchâtres, pendantes, attachées, de 2 à 6, à des pédoncules axillaires.

SCHIZANDRE *écarlate* (schizandrées). Amér. sept. Tige
sous-ligneuse, rameuse, volubile. Feuilles ovales lancéolées. En
été, petites fleurs écarlates. Terre légère substantielle ; couverture pendant l'hiver. Multipl. de rejetons et de graines.

SCHIZANTHE *étalé* (scrophularinées). Du Chili. Annuel.
Tige pubescente de 0 m. 60 c. Feuilles pennées à folioles décurrentes. En été, panicule terminale de fleurs lilas clair ; palais
jaune, taché de pourpre, entouré de 4 taches violettes. Semer en
pleine terre en septembre, ou dès le premier printemps. Variété
à vastes panicules de grandes fleurs lilas, maculées de pourpre

foncé à la base des divisions supérieures. — *S. à feuilles pennées* :
du Chili ; annuel ; grande panicule de fleurs d'un beau violet,
ayant le limbe de l'étendard d'un blanc pur. — *S. de Graham; S.
émoussé* : du Chili ; annuel ; fleurs ayant 3 divisions du limbe d'un
rose pourpre, et la quatrième longue, étroite, échancrée, jaune,
réticulée de pourpre. Terre substantielle. Semer en septembre,
repiquer en pot sous châssis et mettre en pleine terre au printemps. Belle variété à fleurs blanches, marquées d'une tache
aurore.

SCIE. Il faut en avoir de deux espèces : l'une en forme de
couteau, destinée à couper les branches trop fortes pour la serpette ; l'autre, à main, nommée *égoïne*, pour scier les branches
qui ne peuvent être coupées, à cause de leur position, par la hache
ou par la serpe.

SCHIZOPÉTALE *de Walker* (crucifères). Du Chili. Annuelle.
Fleurs blanches à pétales bizarrement découpés, exhalant une
odeur d'amande. Semer en avril, à l'ombre, ou en septembre
pour repiquer en pot qu'on hiverne sous châssis froid ; mettre
en place au printemps.

SCILLE *du Pérou* (liliacées). D'Espagne. Vivace. Gros ognon.
Feuilles lancéolées. En mai, corymbe conique et régulier de fleurs
bleues. Terre légère ; couverture l'hiver. Multipl. de caïeux, dès
que les feuilles sont sèches. Variété à fleurs blanches. — *S. campanulée* : d'Espagne ; hampe de 0 m. 30 c.; en juin, grappe lâche
de fleurs d'un joli bleu violet. Multipl. de caïeux qu'on sépare
tous les deux ou trois ans. Variété à fleurs blanches. — *S. agréable; Jacinthe étoilée* : feuilles lancéolées, obtuses, d'un vert gai ;
hampe de 0 m. 25 c.; en avril, fleurs bleues, ouvertes en étoile.
Multipl. de graines et de caïeux. — *S. d'Italie; Lis-Jacinthe des
jardiniers* : indigène; hampe de 0 m. 16 c.; au printemps, grappe
conique, oblongue, de fleurs bleues, exhalant une odeur agréable.
— *S. de Sibérie :* en février et mars, hampe terminée par deux
ou trois fleurs bleues. — *S. à deux feuilles* : indigène; hampe de
0 m. 16 c.; en mars, épi lâche de trois ou quatre petites fleurs
bleues. — *S. maritime* : très-gros ognon; hampe de 1 m.; feuilles longues. En août et septembre, épi très-long de nombreuses
petites fleurs blanches; terre sablonneuse; orangerie. Multipl. de
graines et de caïeux. — *S. à fleurs en ombelle* : indigène; hampe

de 0 m. 16 c.; au printemps, corymbe ombelliforme de 6 à 12 petites fleurs bleues à odeur d'aubépine.

SCUTELLAIRE *à grandes fleurs* (labiées). De Sibérie. Vivace; tige de 0 m. 15 c. à 0 m. 25 c.; feuilles ovales lancéolées; épi de grandes fleurs d'un beau bleu. Pleine terre. Multipl. d'éclats, de boutures et de graines. — *S. de Ventenat* ; grappes de fleurs presque unilatérales, d'un rouge écarlate. — *S. coccinée* : du Mexique; tiges de 0 m. 60 c.; long épi terminal de fleurs écarlates. — *S. brillante* : du Mexique; grappes allongées de fleurs écarlates; ces trois dernières espèces veulent être mises sous châssis pendant l'hiver. — *S. du Japon* ; épis de fleurs bleues; pleine terre l'été, orangerie l'hiver. Multipl. de graines ou par la division des touffes.

SÉCATEUR : instrument employé presque généralement aujourd'hui pour la taille des arbustes et des arbres à fruit; on en fabrique d'assez gros pour couper des branches d'une certaine dimension et d'assez longuement emmanchés pour atteindre des branches élevées.

SÉDUM *orpin ; herbe aux charpentiers* (crassulacées). Indigène. Tiges de 0 m. 40 c. à 0 m. 60 c,; feuilles ovales, dentées. En été, corymbe serré de fleurs rouges. Terre sableuse à mi-ombre. Multipl. d'éclats. Variété à feuilles d'un noir violet. — *S. odorant ; Rhodiole ;* des Alpes; en juin, fleurs roses. — *S. à fleurs roses* : en juillet, corymbe de fleurs roses; orangerie; multipl. de boutures. — *S. à feuilles de joubarbe* : de la Tauride; bisannuel; feuilles en rosette, lavées de pourpre; tige de 0 m. 25 c.; panicule de fleurs très-rouges. Multipl. de graines, de boutures de tige et de feuilles. — *S. à fleur bleue* : tige diffuse de 0 m. 15 c.; en été, fleurs bleu tendre lilacé; joli en bordures. Semer sur couche en avril, repiquer sur couche et planter en mai. — *S. à feuilles de peuplier* : en juillet, bouquet de petites fleurs odorantes, lavées de rose; en pot, orangerie. — *S. de Siébold* : du Japon; feuilles arrondies, gris de lin lavé de rose; tout l'été, fleurs roses, nombreuses, disposées en cime. Pleine terre, entre des pierrailles; cette espèce, très-rustique, produit de l'effet, suspendue dans des corbeilles; multipl. de boutures.

SÉDUM *pyramidal*, voyez *Saxifrage*.

SÉLAGINE *bâtarde* (sélaginées). Du Cap. Arbuste de 0 m.

65 c.; petites feuilles oblongues. En été, corymbe de nombreuses fleurs d'un blanc azuré. En pot, dans un mélange de terre franche légère et de terre de bruyère; orangerie. Multipl. de boutures étouffées et de marcottes. — *S. fasciculée* : du Cap; arbuste de 0 m. 40 c. à feuilles spatulées; en été, corymbe serré de fleurs bleu lilas; orangerie.

SÉLINUM *trompeur* (ombellifères). Plante ligneuse de 0 m. 70 c. En été, larges ombelles de fleurs rose lilacé. Terre à oranger. Multipl. de graines semées en terrine.

SEMIS. Ils se font, selon le volume des graines, la nature et la délicatesse des plantes, *à la volée, en rayons, en potelets, en terrines et en pots*, et enfin *sur couche*. Pour enterrer les graines semées à la volée, on se sert de la fourche ou du râteau. On recouvre avec la terre déplacée les graines semées en rayons et en potelets. On sème en terrine les plantes délicates qu'il faut changer d'exposition ou rentrer en serre pendant l'hiver, et isolément en pots, celles qui craignent d'être transplantées. Il faut avoir soin de garnir le fond de la terrine d'un lit de gros sable, pour faciliter l'écoulement de l'eau. On sème sur couche ou sous cloche les graines dont on veut hâter la germination. Les plantes qui doivent être repiquées ou replantées seront semées dans une terre fertile, douce, très-meuble, un peu humide, afin de faciliter le développement du chevelu, ce qui contribuera puissamment à la reprise. Pour empêcher la terre de *se battre* et de *se plomber* et en même temps pour protéger les jeunes plantes contre les rayons d'un soleil trop ardent, on fera bien d'étendre sur le semis une couche mince de terreau ou de paillis.

SENEÇON *d'Afrique* ou *des Indes* (composées). Du Cap. Bisannuel. Feuilles pennatifides. En été, capitules pourpres à disque d'un jaune vif. Variétés : *S. lilas simple ; double lilas ; cramoisi foncé ; double cramoisi ; double blanc pur ; blanc rosé ; double blanc rosé ; double couleur de chair*. Terre franche légère, bien exposée. Semer sur couche et replanter en motte. — *S. agréable* : du Cap; tige ligneuse; capitules semblables à ceux de l'espèce précédente; orangerie; multipl. de boutures et de graines. — *S. à feuilles de peuplier :* des Canaries. Feuilles persistantes, cordiformes, argentées en dessous; au printemps, gros capitules jaunes; orangerie l'hiver, pleine terre au printemps; multipl. de rejetons au printemps, ou de boutures en été. — *S. maritime* : indigène ; tout l'été, capitules en corymbe, d'un jaune brillant. Au midi ; peu d'arrosements ; orangerie l'hiver, pleine terre au printemps ; multipl. de rejetons en pots, de boutures sur couche, de graines semées en terreau végétal passé au crible. — *S. pourpre* : de Ténériffe ; vivace ; tige de 0 m. 35 c. à 1 m.; feuilles cordiformes ; de février en mai, capitules pourpres, disposés en corymbe. Terre franche, terre de bruyère et terreau mélangés par tiers pour les nombreuses variétés cultivées en pots sous le nom de **CINÉRAIRES**. Voyez ce mot.

SÉPALE : division du calice.

SERFOUISSAGE : opération qui consiste à briser la croûte formée à la superficie du sol par la pluie, par les arrosements, ou par la sécheresse, ainsi qu'à détruire les mauvaises herbes en les déracinant. On emploie pour cet usage un instrument nommé *serfouette*, qui se compose d'une lame étroite et d'une fourchette à deux dents.

SERINGA : (philadelphées). Indigène. Arbrisseau de 3 à 4 m. Feuilles ovales, acuminées. En été, fleurs blanches, très-odorantes. Toute terre. Multipl. de rejetons, de boutures et de marcottes. Variétés : *naine,* formant un buisson d'environ 1 m.; *à fleurs semi-doubles,* qui s'ouvrent rarement; *à feuilles panachées.* — *S. inodore* : fleurs plus grandes et très-belles. — *S. pubescent* : feuilles pubescentes ; fleurs blanches, inodores. — *S. à grandes fleurs* : de la Caroline ; d'un bel effet par ses larges feuilles et ses grandes fleurs. — *S. du Mexique* : arbrisseau diffus, à petites feuilles ovales ; en été, grandes fleurs très-odorantes ; orangerie.

SERINGUER : opération par laquelle on asperge les feuilles d'une plante, soit au moyen d'une pompe, soit avec l'arrosoir, soit avec une espèce de seringue en cuivre ou en ferblanc, percée de petits trous à son extrémité.

SÉRISSA *à feuilles de myrte* (rubiacées). Du Japon. Arbuste de 0 m. 35 c. à 1 m. Feuilles petites, ovales, persistantes. Fleurs blanches pendant l'été et l'automne. Terre à oranger ; orangerie l'hiver ; ne fleurit qu'à une exposition chaude. Multipl. de boutures de racines. Variété à fleurs doubles.

SÉSAME *du Brésil* ; *Jugeoline* (sésamées). Plante annuelle.

Tige de 0 m. 80 c. à 1 m. Fleur rose violacé, dont le lobe inférieur est d'un jaune pâle bordé de rose. Multipl. de graines semées sur couche au printemps.

SHÉPHERDIA *du Canada* (éléagnées). Arbrisseau à feuilles larges, cotonneuses en dessous; de petites écailles brunes et dorées couvrent les bourgeons et les jeunes rameaux. Terre de bruyère, fraîche, ombragée. Multipl. de marcottes et de boutures de racines. — *S. argenté* : grandes feuilles ovales, argentées; même culture.

SHORTIE *de Californie* (composées). Annuelle. Feuilles étroites; en été, fleurs d'un jaune brillant. Plante très-basse et charmante en bordure ou en massif.

SIDA *lisse* (malvacées). De la Virginie. Vivace. Tiges de plus de 2 m. Feuilles opposées, lobées, En été nombreuses fleurs blanches. Toute terre profonde. Multipl. de graines et d'éclats.

SILÈNÉ *à fleurs roses* (caryophyllées), De Barbarie. Annuelle. Tiges de 0 m. 20 c. à 0 m. 25 c. Petites feuilles. En été, fleurs à 5 pétales d'un beau rose. Terre légère, sablonneuse et chaude. Semer en place à l'automne et au printemps. Bordures et massifs. — *S. à bouquets* : du Caucase; bisannuelle; tiges de 0 m. 50 c.; feuilles larges; belles fleurs fasciculées, d'un rose foncé; arrosements modérés. — *S. muscipula; S. gobe-mouche* : annuelle; feuilles linéaires; en été, panicules de fleurs roses. — *S. à odeur de Tagétès* : du Cap; trisannuelle; tiges de 0 m. 65 c., visqueuses comme les feuilles qui sont épaisses et lancéolées. En mai-octobre, fleurs d'un rouge velouté; terre légère substantielle; orangerie; on peut, en la cultivant comme plante annuelle, en faire des bordures et des massifs. Semer sur couche et sous châssis; repiquer en pots; rentrer le premier hiver, et mettre en pleine terre au printemps. — *S. à cinq taches* : indigène; tige de 0 m. 30 c. environ; en été, épi unilatéral de fleurs blanches, marquées d'une tache pourpre au milieu de chaque pétale. — *S. à fleurs pendantes* : de l'Europe mérid.; annuelle; tiges pubescentes; fleurs d'un rose vif. Variété à fleur blanche. — *S. Arméria* : annuelle; fleurs en cime, rose vif, rosées ou blanches. — *S. schafta* : du Caucase; vivace et rustique; en été, à l'extrémité des rameaux, bouquets de fleurs évasées, d'un rouge vif; multipl. d'éclats et de graines. — *S. de Virginie* : vivace; en été, fleurs fasciculées, écarlates; semer en automne, couvrir l'hiver et repiquer en place au printemps.

SILPHIUM *à feuilles laciniées* (composées). Vivace. Tiges d'environ 3 m. Grandes feuilles pennées. En été, larges capitules jaunes disposés en grappes. Terre profonde, meuble, bien exposée. Multipl. de graines et d'éclats. — *S. perfolié* : feuilles ovales, opposées, soudées par leur base; mêmes fleurs, même culture. — *S. à feuilles en cœur* : tiges de 1 m. 50 c.; feuilles alternes. — *S. à feuilles ternées* : tiges rougeâtres de 1 m. 50 c. à 2 m.; feuilles obovales, ternées, verticillées. Toutes ces plantes ont des capitules jaunes, sont vivaces, rustiques et fleurissent d'août en octobre.

SKIMMIE *du Japon* (xanthoxylées). Arbuste odorant. Feuilles alternes, ponctuées, persistantes. Panicules de fleurs blanchâtres paraissant après les feuilles. Fruits d'un rouge vif. Terre légère; orangerie. Multipl. de boutures.

SMILACINE *à grappes* (liliacées). De l'Amérique du Nord. Vivace. Tige de 0 m. 35 c. Feuilles oblongues, pubescentes. Grappe paniculée, terminale, de petites fleurs blanches. Terre de bruyère fraîche et ombragée.

SOGALGINE *à trois lobes* (composées). De la Nouvelle-Espagne. Annuelle. Touffe de 0 m. 80 c. Feuilles oblongues, opposées. En été, capitules jaune safrané, à rayons larges. Toute terre à exposition chaude.

SOLDANELLE *des Alpes* (primulacées). Vivace. Tiges de 0 m. 15 c. Feuilles réniformes. Au printemps, fleurs pendantes, campanulées, blanches ou violettes. Terre de bruyère mêlée de graviers et ombragée; couverture l'hiver. Multipl. d'éclats de racines ou de graines. Très-jolie petite plante.

SOLEIL *à grandes fleurs* (composées). Du Pérou. Annuel. Tige de 2 m. et plus. Feuilles cordiformes. Capitules à rayons jaunes et à disques noirâtres, dont le diamètre atteint jusqu'à 0 m. 30 c. Variétés : *S. à fleurs doubles; S. nain; S. soufré.* Terre franche profonde. — *S. vivace; S. multiflore* : de la Virginie; vivace; tiges d'environ 1 m. 30 c.; capitules simples, semi-doubles, doubles, plus petits que ceux du précédent, fleurissant en été; multipl. de graines ou d'éclats. — *S. argophylle* : du Texas; annuel; tiges cotonneuses de près de 2 m.; feuilles cotonneuses; fleurs jaunes à disque brun; semer en place au printemps. — *S.*

élancé : de l'Arkansas; tiges de 2 à 3 m.; feuilles linéaires, pendantes; en été, longue panicule terminale de capitules jaunes. On peut le pincer de manière à ne lui laisser atteindre qu'une hauteur de 0 m. 80 c. — *S. pubescent :* de l'Amérique du Nord. Vivace. Tige de 1 m.; feuilles pubescentes en dessous; pédoncules et involucres pubescents; capitules jaunes; multipl. par la division de la touffe.

SOPHORA *du Japon; S. pleureur* (papilionacées). Le sophora du Japon, grand et bel arbre de pleine terre, à feuilles pennées et à panicules de fleurs jaunâtres, trouverait difficilement sa place dans un petit jardin; mais il reçoit, à des hauteurs différentes, la greffe du *S. pleureur,* qui en est une variété; cet arbre d'un effet gracieux, dont les rameaux inclinés descendent jusqu'à terre, peut être admis dans les jardins de toutes dimensions.

SORBIER *des oiseleurs ; cochène* (rosacées). Indigène. Arbre de 8 à 10 m. Feuilles composées. Au printemps, corymbes de fleurs blanches odorantes. Pendant l'automne et l'hiver, fruits d'un beau rouge de corail. Terre franche, légère, à mi-ombre. Multipl. de greffe sur l'aubépine et le néflier.

SOUCI *commun* (composées). De l'Europe australe. Annuel ; feuilles obovales. En été et en automne, capitules simples ou doubles d'un jaune pâle ou safrané. Terre légère, substantielle, à exposition chaude. Semer à l'automne et au printemps. Variétés : *S. à bouquet* : 15 à 20 capitules secondaires naissant sous chacun des premiers capitules; — *S. de Trianon, S. de la reine, S. anémone :* capitules larges, très-doubles, d'un jaune pâle. — *Souci pluvial* : du Cap; annuel ; en été, capitules dont les rayons, blancs en dessus, violâtres en dessous, se ferment à l'approche de la pluie.

SOUCI D'EAU, voyez *Populage.*

SOURIS, voyez *Loir.*

SOUVENEZ-VOUS-DE-MOI, voyez *Myosotis.*

SOWERBÉE *à feuilles de jonc* (liliacées). De la Nouv.-Holl. Vivace. Feuilles rubanées, hampe grêle, terminée au printemps par un bouquet de fleurs pourpres. Terre de bruyère; orangerie. Multipl. de drageons. Plante jolie mais délicate.

SPADICE : assemblage de fleurs sessiles sur un axe commun, simple et nu, ou entouré d'une spathe.

SPARMANNIA *d'Afrique* (liliacées). Du Cap. Arbrisseau de 1 m. 50 c. à 3 m., toujours vert. Grandes feuilles cordiformes, aiguës, molles et comme veloutées au toucher. Toute l'année, ombelles de fleurs blanches, à filets pourpres; anthères s'éloignant du style aussitôt qu'on les touche. Terre franche légère; orangerie. Multipl. de graines, ou de boutures étouffées au printemps; ces boutures faites avec des branches disposées à fleurir, produisent de charmants arbustes de 0 m. 35 c. — Variété naine.

SPATHE : enveloppe membraneuse, qui renferme une ou plusieurs fleurs, s'ouvre latéralement, se dessèche et dépérit dans quelques individus, survit dans d'autres à la fleur.

SPÉCULAIRE, MIROIR DE VÉNUS, voyez *Campanule*.

SPERGULE *subulée*; *pilifère* (caryophyllées). Indigène. Annuelle. Touffes très-basses de feuilles linéaires que surmontent tout l'été de petites fleurs blanches, odorantes. Bordures ou petites pelouses. Semer au printemps.

SPHÉNOGYNE *élégante* (composées). Du Cap. Annuelle. Tige rameuse d'environ 0 m. 60 c. Feuilles linéaires. Tout l'été, capitules jaune orange, à disque rouge. Semer sous châssis en février; repiquer en mai, au midi, dans une terre fraîche, mêlée de terreau.

SPHÉRALCÉE *à ombelles* (malvacées). De la Nouvelle-Espagne. Arbrisseau d'environ 2 m. Feuilles larges, lobées, cotonneuses. D'août à décembre, fleurs rouge pourpre. Orangerie. Multipl. de boutures ou de graines semées en pot sur couche chaude. — *S. à fleurs écarlates* : du Mexique. — *S. de Crée* : petit arbrisseau à fleurs roses et rouges, qui peut être cultivé en pleine terre, comme plante annuelle.

SPHÉROLOBIUM *pliant* (papilionacées). De l'Australie. Petit arbrisseau à feuilles linéaires ; au printemps, longues grappes de fleurs jaunes, tachées de rouge. Terre de bruyère; orangerie. Multipl. de graines.

SPIGÉLIE *du Maryland* (spigéliacées). Vivace. Feuilles opposées, ovales lancéolées. En juin, épi unilatéral de fleurs odorantes d'un rouge vif au dehors et jaunes en dedans. Terre de bruyère humide, à mi-soleil. Multipl. de graines, d'éclats et de boutures.

SPIRÉE *à feuilles d'orme* (rosacées). De la Carniole. Arbris-

seau de 1 m. 30 c. à 1 m. 60 c. Feuilles ayant quelque ressemblance avec celles de l'orme; au printemps, grappes courtes de
fleurs blanches dont la corolle contient plus de 40 étamines. Tout
terrain un peu frais; multipl. de graines, de boutures, de marcottes et d'éclats. Supportant la tonte. — *S. à feuilles de Millepertuis* : du Canada; arbrisseau d'environ 2 m., à ombelles de petites fleurs blanches. — *S. à feuilles de prunier* : du Japon;
buisson de 0 m. 50 c.; rameaux grêles, pubescents, couverts de
fleurs blanches, très-doubles. — *S. à feuilles d'Obier* : du Canada; arbrisseau d'environ 3 m.; corymbes serrés de fleurs blanches. — *S. à feuilles crénelées* : de la France mérid. Buisson de
1 m. 50 c.; en mai, corymbes de fleurs petites, blanches, à l'extrémité des jeunes rameaux. — *S. tombante* : d'Autriche; arbuste de 0 m. 20 c. à 0 m. 30 c.; toute l'année, fleurs blanches;
jolie en bordure. — *S. à feuilles lancéolées* : de Bourbon; arbrisseau à feuilles persistantes; petits corymbes latéraux de fleurs
blanches. — *S. à feuilles de Chamédrys* : de Hongrie; corymbes
de fleurs blanches. — *S. à feuilles lisses* : arbuste de 1 m. toujours vert; en avril, panicules de très-petites fleurs blanches. —
S. à feuilles d'Aria : de l'Amér. du Nord : arbrisseau touffu de
2 m. En juin, grandes panicules terminales de fleurs blanches. —
S. à feuilles de saule : d'Auvergne; arbrisseau de 0 m. 70 c. à 1 m.
50 c.; en été, panicule dressée de petites fleurs d'un blanc carné.
— *S. pubescente* : buisson de 1 m. Feuilles persistantes, épaisses,
lobées, cotonneuses en dessous; en été, panicules de fleurs blanches sur les jeunes rameaux de l'année précédente. — *S. à feuilles de sorbier* : buisson à feuilles pennées, à rameaux tortueux;
en juin, grandes panicules touffues de fleurs blanches. — *S. de
Lindley* : du Japon; tiges simples de 2 m.; feuilles pennées; large
panicule droite de fleurs blanches. — *S. cotonneuse* : du Canada;
feuilles ovales, cotonneuses en dessous; en été, belle panicule
pyramidale de fleurs roses : terre de bruyère humide et ombragée. — *S. de Douglas* : du Canada; arbrisseau touffu de 1 m.
50 c.; en automne, panicules serrées de fleurs rose lilacé. — *S.
élégante* : du Népaul; arbrisseau à rameaux anguleux, à feuilles
lancéolées ou obovales; corymbes latéraux et terminaux de fleurs
roses. — *S. de Fortune* : de Chine : rameaux grêles, pubescents;
feuilles ovales, souvent teintées de violet; corymbes de fleurs

roses pendant une grande partie de l'année. Variété à fleurs en panicule. — *S. à larges panicules* : de Kamoun; arbrisseau à fleurs roses disposées en large corymbe horizontal. — *S. Ulmaire; Reine des prés* : indigène; vivace; tige de 0 m. 70 c. à 1 m. Feuilles pennées; en été, panicule de petites fleurs blanches, simples ou doubles; variété à feuilles panachées. — *S. à feuilles lobées; Reine des prés du Canada* : vivace; racines traçantes et odorantes; en été, fleurs roses, odorantes. — *S. barbe de bouc* : vivace; feuilles tripennées; en été, grandes panicules de petites fleurs blanches, dont les étamines dépassent les pétales. — *S. filipendule* : vivace; tiges de 0 m. 50 c.; en été, large cime de petites fleurs blanches. = Toutes ces plantes sont jolies; elles sont généralement rustiques; les spirées arbustes ou arbrisseaux peuvent être tondues aux ciseaux et prendre toutes les formes, principalement la *S. à feuilles de Millepertuis*, la *S. à feuilles d'orme*, et la *S. à feuilles crénelées*.

STACHYS *écarlate* (labiées). Du Mexique. Vivace. Tiges rameuses de 0 m. 65 c.; feuilles cordiformes. En été, faux verticilles de grandes fleurs d'un beau rouge. Terre franche légère, au midi; orangerie l'hiver, en lieu sec. Multipl. d'éclats, de boutures, et de graines semées sur couche au printemps. Variété à feuilles luisantes et à fleurs d'un rouge foncé. — *S. de Corse* : vivace. Petite plante charmante, formant gazon, à fleurs roses. Terre de bruyère à mi-ombre; orangerie. Multipl. d'éclats. — *S. velue* : des Alpes; vivace, tiges de 0 m. 50 c.; en été, épi de fleurs rouges; terre franche légère; multipl. d'éclats, ou de graines semées en mars.

STAPHYLÉÉ *à feuilles ailées; Patenôtrier; faux pistachier; nez-coupé* (staphyléacées). Indigène. Arbrisseau d'environ 4 m. Feuilles pennées. Au printemps, grappes pendantes de fleurs blanches. Tout terrain frais. Multipl. de graines ou de rejetons. — *S. à feuilles ternées* : arbrisseau plus petit; fleurs plus grandes.

STATICE; *Arméria commun; Gazon d'Olympe* (plombaginées). Indigène. Vivace. Feuilles linéaires formant gazon. Tout l'été, petites têtes de fleurs blanches, roses ou rouges, portées sur de longs pédoncules grêles. Terrain léger, frais. Multipl. d'éclats et de graines. Bordures. — *S. maritime* : variété à tiges beaucoup plus courtes. — *S. faux arméria* : de Barbarie; feuilles étalées, lancéolées; grosses têtes de fleurs roses portées sur des tiges de 0 m. 50 c. Belle plante remontante; châssis l'hiver. — *S. de Tartarie, Goniolimon de Tartarie* : épis courts et serrés de fleurs rouges formant au sommet d'une hampe rameuse un corymbe paniculé. — *S. élégante* : de Russie; hampe de 0 m. 33 c. formant par ses divisions un large corymbe de fleurs roses. — *S. limonium* : indigène; vivace; tiges rameuses de 0 m. 50 c. à 0 m. 70 c.; grandes feuilles en rosette; en été, épis unilatéraux de jolies petites fleurs bleues; terre franche, fraîche, au soleil. — *S. à feuilles lyrées* : d'Orient; bisannuelle; tiges ailées de 0 m. 65 c.; tout l'été, fleurs à calice bleu et à corolle blanche; si on la sème de bonne heure et sur couche, elle peut fleurir la même année. — *S. mucronée* : de Barbarie; vivace; tiges diffuses et rameuses de 0 m. 33 c.; feuilles ovales, farineuses: épis unilatéraux de fleurs violettes; orangerie l'hiver; multipl. de graines semées dès qu'elles sont mûres. — *S. à larges feuilles* : de la Tauride; feuilles très-larges, à longs pétioles; panicule étalée de fleurs à bractées blanches diaphanes; terre franche, fraîche, à exposition chaude. — *S. frutescente* : des Canaries; tiges droites, rameuses, ailées, formant un large corymbe de fleurs à calice bleu et à corolle blanche; terre légère, substantielle, sans humidité; orangerie l'hiver. — *S. à segments imbriqués* : des Canaries; rosettes radicales de feuilles étalées, découpées en lobes imbriqués de la base au sommet du pétiole; tiges ailées; fleurs à calice bleu et à corolle blanche, en corymbe assez régulier; orangerie. — *S. à grandes feuilles* : tige arborescente de 0 m. 35 c., au sommet de laquelle s'élèvent, du milieu de grandes feuilles obovales, des rameaux chargés de fleurs bleues, multipl. de racines bouturées. — *S. de Dikson* : du Cap; plante ligneuse; en été, fleurs roses, unilatérales; terre franche légère; orangerie. — *S. de Fortune* : de la Chine; ressemblant à la **S. limonium;** fleurs d'un beau jaune; terre légère, sablonneuse; orangerie l'hiver; multipl. d'éclats.

STÉVIE *pourpre* (composées). Du Mexique. Vivace. Tiges de 0 m. 60 c.; feuilles linéaires lancéolées; en été, corymbe de capitules roses, petits et nombreux. Terre franche légère; couverture l'hiver. Multipl. de graines et d'éclats. Elle peut être cultivée comme plante annuelle ainsi que la *S. à feuilles de saule,* arbrisseau de 0 m. 50 c., à capitules blancs, la *S. visqueuse*, etc.

STIGMATE : partie supérieure du pistil, supportée par le *style*, ou *sessile* quand le style manque.

STIPE *plumeuse* (graminées). Indigène. Vivace. Feuilles jonciformes. Tiges grêles de 0 m. 50 c. Au commencement de l'été, épis plumeux d'un gracieux effet en bordure. Toute terre sèche. Multipl. de graines et par la division des pieds.

STRAMOINE, voyez *Datura*.

STRATIFICATION : opération qui a pour but de hâter la germination de quelques graines. Elle consiste à disposer, soit dans un vase, soit en pleine terre, la graine par lits que séparent de petites couches de sable ou de terre, d'une épaisseur de 0 m. 03 c. à 0 m. 06 c. Si la graine est ainsi rangée dans un vase, on l'enterre à 0 m. 30 c. de profondeur, au pied d'un mur exposé au midi. Si les graines, visitées à la fin de février, ne sont pas encore entrées en germination, on leur donne un léger arrosement. On les retire dans le courant de mars pour les mettre en place.

STUARTIE *monostyle*; *Malacodendron* (tern-stræmiacées). De Virginie. Arbrisseau de 1 m. 60 c. à 2 m. Feuilles ovales, dentées. En été, grandes fleurs odorantes, frangées, d'un blanc rayé et maculé de pourpre. Terre franche, sablonneuse. Multipl. de graines tirées du pays, de boutures étouffées ou de marcottes; le plant doit être rentré en orangerie pendant les premiers hivers. — *S. à cinq styles* : même origine ; fleurs plus hâtives ; même culture.

STYLE : partie moyenne du *pistil*. Il n'existe pas dans toutes les fleurs ; le *stigmate* est alors *sessile*.

STYLIDIUM *glanduleux* (stylidiées). De la Nouvelle-Hollande. Arbuste d'environ 0 m. 30 c. Feuilles linéaires. Pendant le printemps, grappes terminales de petites fleurs jaunâtres, passant au rougeâtre, dont les styles sont remarquables par leur irritabilité. En pot ; terre de bruyère ; orangerie. Multipl. d'éclats, de boutures et de graines. — *S. de Hooker* : même origine; fleurs jaunes, bariolées de zigzags rouges; même culture. — *S. à fruits soudés* : bouquet terminal de fleurs roses ; même culture. — *S. fasciculé*, etc.

STYPHÉLIE *à plusieurs épis* (épacridées). De l'Australie.

Arbuste de 0 m. 65 c. à 1 m. Feuilles alternes, linéaires. Au printemps, épis axillaires et terminaux de petites fleurs blanches. Terre de bruyère; serre tempérée ou bonne orangerie. Multipl. de boutures. — *S. à trois fleurs* : même origine; feuilles ovales, imbriquées; en été, fleurs rouges tubuleuses, à cinq divisions enroulées; même culture. — *S. à petites fleurs*; ne se distingue du précédent qu'en ce qu'il est plus petit.

STYRAX *aliboufier officinal* (styracées). De la France mérid. Arbrisseau de 3 à 4 m. Feuilles ovales, blanchâtres en dessous. En juillet, grandes fleurs blanches semblables à celles de l'oranger. Terre légère, substantielle, abritée. Multipl. de drageons, de marcottes, et de graines semées sur couche dès qu'elles sont mûres. — *S. glabre* : de la Caroline; même culture.

SUREAU *commun* (caprifoliacées). Indigène. Arbrisseau de 4 à 5 m. Feuilles pennées. En juin, ombelles de fleurs blanches. Fruits noirs. Toute terre. Multipl. très-facile de boutures. Variétés : *à feuilles panachées de blanc; à feuilles panachées de jaune; à feuilles laciniées; à fruits blancs; à fruits verts; à feuilles de chanvre; à feuilles rondes.* — *S. à grappes* : arbrisseau de 2 m. Fleurs jaunâtres; fruits rouges; exposition abritée. — *S. du Canada* : moins grand que le *commun*; fleurs en ombelle plus large et se succédant longtemps. Variété à fleurs doubles. — *S. pubescent* : feuilles pubescentes.

SWAINSONIE *à feuilles de coronille* (papilionacées). De l'Australie. Arbrisseau à feuilles pennées. En été, grappes de fleurs d'un joli rose. Terre de bruyère substantielle; beaucoup d'eau durant la végétation; orangerie. Multipl. de graines et de boutures. — *S. à feuilles de Galéga* : de l'Australie; fleurs d'un rouge éclatant, à odeur de vanille. — *S. de Grey* : grappes de fleurs lilacées, marquées de blanc.

SWERTIE *vivace* (gentianées). Indigène. Tiges de 0 m. 35 c. Feuilles ovales. En été, panicules de fleurs bleues, en étoile. Terre de bruyère, tourbeuse, humide, à mi-ombre. Multipl. de traces ou de graines dès qu'elles sont mûres.

SYMPHORINE, *Symphoricarpos*, *à petites fleurs* (caprifoliacées). De la Caroline. Arbuste de 0 m. 65 c. à 1 m. Touffu. Petites feuilles ovales. En été, fleurs insignifiantes, auxquelles succèdent des fruits d'un rouge vineux. Toute terre. Multipl. de

16.

graines, de marcottes et de boutures. — *S. du Mexique* : grappes terminales de fleurs rosées ; fruit pisiforme, d'un blanc piqueté de violet. — *S. à grappes* : arbuste produisant plus d'effet que les précédents, par ses grappes de fruits blancs et gros comme des cerises. Variété à fruits agglomérés.

SYRINGA, voyez *Lilas.*

T

TABAC *ordinaire* (solanées). De l'Amérique du Sud. Annuel si on le cultive en pleine terre ; mais il peut être conservé en pot et rentré à l'automne. Tige rameuse, velue, de 1 m. 30 c. à 1 m. 50 c. Grandes feuilles velues et visqueuses. En été, grande panicule terminale de fleurs purpurines. Terre substantielle. Semer en place ou pour repiquer. — *T. glauque* : du Népaul. Arbuste de 3 à 4 m. Grandes feuilles glauques ; longues grappes terminales de fleurs jaunes. Multipl. de graines et de boutures ; on peut le traiter comme annuel en le semant sous châssis en janvier pour le repiquer en avril ; on peut aussi le bouturer en automne, rentrer la jeune plante en orangerie pendant l'hiver, et la mettre en pleine terre au printemps. — *T. ondulé ; T. odorant* : de l'Australie. Annuel. Tige de 0 m. 70 c. Feuilles spatulées. Pendant l'automne, fleurs blanches, à odeur de jasmin ; il peut également se conserver en orangerie.

TAGÉTÈS *élevé ; rose d'Inde ; grand œillet d'Inde* (composées). Du Mexique. Annuel. Tige de 0 m. 65 c. ; feuilles pennées ; pendant l'été et l'automne, grands capitules d'un beau jaune. Variétés : *à fleurs doubles, jaune souci ; à fleurs doubles, jaune clair ; rose d'Inde naine hâtive.* Toute terre. Semer en mai, en pleine terre, au pied d'un mur. — *T. étalé ; petit œillet d'Inde* : plus petit dans toutes ses parties ; capitules jaune orange. Variétés : *à capitules doubles ; à fleurs rayées : à fleurs tachées de jaune,* etc. — *T. bicolore ; œillet d'Inde rubané :* capitules à ligules jaunes au centre, brunes sur les bords. — *T. renoncule ; œillet d'Inde renoncule :* Capitules jaune mordoré, bordés de jaune d'or, dont les ligules sont régulièrement imbriquées. —

T. tacheté; *œillet d'Inde tacheté* : petits capitules jaunes, marqués de taches sanguines ; semer sur couche, repiquer en place ; exposition chaude et beaucoup d'eau. — *T. luisant* : de la Caroline ; vivace ; feuilles opposées, lancéolées, à odeur d'anis ; en été, petits capitules d'un beau jaune en corymbe ; orangerie.

TAILLE *des arbres fruitiers*. Une scie à main, un *sécateur*, une *serpette*, tels sont les instruments dont on se sert pour pratiquer la taille. La *scie* est indispensable pour l'amputation des grosses branches. Avec le *sécateur*, on opère vite, mais on écrase souvent le bois dont la cicatrice ne se fait point, ce qui occasionne la mortalité du rameau, quelquefois jusqu'au dessous du bouton terminal, ainsi anéanti. On n'a donc pas encore inventé un instrument préférable à la *serpette*; tout jardinier soigneux devra tailler avec celle-ci ; cependant il se servira sans inconvénient du *sécateur* pour la vigne qui doit être coupée à une certaine distance du bouton terminal.

Les rameaux soumis à la taille doivent être coupés en biseau, de manière que la partie supérieure de la plaie soit de niveau avec le bouton, et que la partie inférieure ne descende pas trop bas sur le côté opposé de l'écorce, ce qui aurait l'inconvénient d'éventer le bouton en amincissant le bois outre mesure. Si l'on opère sur une espèce à bois tendre (la vigne par exemple), comme la plaie ne se cicatrise point sur la coupe même et que le bouton pourrait être détruit par l'extension du desséchement, il faudra couper, toujours en biseau, le rameau à 0 m. 01 c. au-dessus du bouton réservé. L'onglet sec qui en résultera sera supprimé à la taille suivante. La plaie formée par le retranchement d'une branche avec la *scie à main*, doit être soigneusement aplanie avec un instrument bien tranchant ; si elle offre une certaine étendue, on devra la recouvrir de mastic à greffer.

M. Du Breuil, dans un excellent ouvrage (*Cours élémentaire théorique et pratique d'arboriculture*), a traité cette matière *ex professo;* nous nous permettrons d'en extraire quelques courts passages qui, sous forme d'aphorismes, constitueront un enseignement complet des principes essentiels de la taille.

« La durée de la forme d'un arbre soumis à la taille dépend de l'égale répartition de la sève dans toutes ses branches. »

En conséquence :

Tailler très-courts les rameaux de la partie forte, et tailler très-longs ceux de la partie faible.

Incliner la partie forte et redresser la partie faible.

Supprimer le plus tôt possible, sur la partie forte, les bourgeons inutiles, et pratiquer cette suppression le plus tard possible sur la partie faible.

Supprimer de très-bonne heure l'extrémité herbacée des bourgeons de la partie forte, et ne pratiquer cette opération que le plus tard possible sur la partie faible, en y soumettant seulement les quelques bourgeons qui sont trop vigoureux, et qui, dans tous les cas, devraient subir cette opération en raison de la position qu'ils occupent.

Palisser très-près du treillage et de très-bonne heure les bourgeons de la partie forte, et ne pratiquer ce palissage que très-tard sur la partie faible.

Laisser sur la partie forte le plus grand nombre de fruits possible, et les supprimer tous sur la partie faible.

Supprimer sur le côté fort un certain nombre de feuilles.

Éloigner le côté faible du mur et y maintenir le côté fort.

Couvrir le côté fort de manière à le priver de la lumière.

(Ces divers moyens doivent être employés successivement et dans le même ordre que ci-dessus jusqu'à résultat satisfaisant).

« La séve fait développer des bourgeons beaucoup plus vigoureux sur un rameau taillé court que sur un rameau taillé long. »

Tailler court pour obtenir des rameaux à bois, tailler long pour obtenir des rameaux à fruits.

« La séve, tendant toujours à affluer à l'extrémité des rameaux, fait développer le bouton terminal avec plus de vigueur que les boutons latéraux. »

Tailler sur un bouton à bois vigoureux, pour obtenir un prolongement de branche.

« Plus la séve est entravée dans sa circulation, moins elle agit avec force sur le développement des bourgeons, et plus elle produit de boutons à fleurs. »

En conséquence :

Tailler très-long le prolongement des branches de la charpente.

Appliquer aux bourgeons qui naissent sur les prolongements successifs de la charpente, ainsi qu'aux rameaux qui en résul-

tent, les opérations destinées à diminuer leur vigueur (le pincement et la torsion pour les bourgeons, et pour les rameaux le
cassement complet ou le cassement partiel).

*Pratiquer la taille d'hiver très-tardivement, lorsque déjà les
bourgeons ont atteint une longueur de 0 m. 04 c.*

*Arquer toutes les branches de la charpente de façon qu'une par-
tie de leur longueur soit dirigée vers le sol.*

*Pratiquer en février, vers la base de la tige de l'arbre, avec la
scie à main, une incision annulaire assez profonde pour entamer
la couche de bois la plus extérieure.*

*Déchausser au printemps le pied de l'arbre, de façon que les
racines principales soient mises à nu sur une grande partie de
leur longueur, et les laisser dans cet état pendant tout l'été.*

*Transplanter les arbres à la fin de l'automne, en les déplantant
avec le plus grand soin, de façon à leur conserver toutes leurs
racines.* -

Les cinq derniers procédés ne doivent être employés qu'à l'é-
gard des arbres trop vigoureux pour être mis à fruit par l'emploi
des deux premiers.

« Tout ce qui tend à diminuer la vigueur des bourgeons et à
faire affluer la séve dans les fruits concourt à augmenter la grosseur de ceux-ci. »

En conséquence :

Greffer les arbres sur des espèces de sujets peu vigoureux.

*Appliquer aux arbres une taille d'hiver convenable, c'est-à-dire
ne laisser sur l'arbre que les rameaux ou parties des rameaux
nécessaires à l'accroissement symétrique de la charpente ou à la
formation des rameaux à fruit.*

*Faire naître les rameaux à fruit directement sur les branches
de la charpente de l'arbre, et les maintenir le plus court possible.*

*Tailler les branches très-court dès que les boutons à fleur sont
formés.*

*Mutiler les bourgeons qui ne sont pas nécessaires à l'accroisse-
ment de la charpente de l'arbre.*

*Ne laisser sur l'arbre qu'un nombre peu considérable de fruits,
en faisant les suppressions dès qu'ils ont atteint le cinquième de
leur développement.*

Pratiquer une incision annulaire sur le rameau fructifère, au-

*dessous du point d'attache des fleurs, au moment de leur épa-
nouissement, et de façon que cette incision n'offre pas plus de
0 m. 005 m. de largeur.*

*Placer sous les fruits, pendant leur développement, un support
destiné à les empêcher de tendre leur pédoncule ou queue.*

*Maintenir les fruits dans leur position normale pendant tout le
temps de leur développement, c'est-à-dire les tenir dressés de façon que le pédoncule soit en bas.*

*Placer les fruits sous l'ombrage des feuilles pendant tout le
temps de leur accroissement.*

« Les feuilles servent à préparer la séve des racines pour la
nourriture de l'arbre et concourent à la formation des boutons
sur les rameaux. Tout arbre qui en est privé est exposé à périr. »

Ceci est à l'adresse des personnes qui, sous prétexte de placer
plus immédiatement les fruits sous l'influence du soleil, enlèvent
aux arbres une trop grande quantité de feuilles.

« Dès que les ramifications ont atteint l'âge de deux ans, ceux
de leurs boutons qui n'ont pas encore végété ne se développent
plus que sous l'influence d'une taille très-courte. Dans le pêcher,
ils résistent presque toujours à cette opération. »

D'où il suit que la taille doit être pratiquée, principalement
sur les arbres en espalier, *de manière à déterminer le développement de ces boutons sur les prolongements successifs des branches
de la charpente,* et qu'on doit *veiller à la conservation* des rameaux qui en résultent.

(Voir le mot *pêcher* pour les diverses formes de taille, et les
mots *cerisier, pommier, poirier,* etc., pour les détails qui concer-
nent spécialement chacun de ces arbres.)

TAMARIX *de Narbonne* (tamariscinées). De la France méridionale. Arbrisseau de 2 m. 50 à 3 m. 50 c. Rameaux un peu
pendants. Feuilles menues, imbriquées comme celles du cyprès,
en partie persistantes. Au printemps, épis lâches de petites fleurs
blanches, teintes de roses. Terre franche, légère, fraîche; il gèle
quelquefois, mais repousse du pied. Multipl. de boutures et de
marcottes. — *T. de l'Inde; T. élégant* : en été, grandes panicules
de fleurs plus petites et plus rouges. Terre sèche. — *T. à 4 étamines* : de la Tauride; moins grand que les précédents. —*T. d'Alle-*

magne : encore moins grand ; rameaux effilés, non pendants ; épis droits de fleurs bleuâtres.

TANAISIE *commune* (composées). Indigène. Vivace. Tiges droites de 1 m. à 1 m. 30 c. Feuilles pennées. En août, corymbes de capitules jaunes. Terre franche, au soleil. Multipl. d'éclats et de graines. — *T. boréale* : de Sibérie ; capitules jaunes plus gros.

TASMANIE *aromatique* (magnoliacées). De la Nouvelle-Hollande. Arbrisseau. Écorce aromatique. Feuilles oblongues, coriaces. Agglomération, au sommet des rameaux, de petites fleurs femelles, blanchâtres. En pleine terre, il ne supporte pas un froid de 10° au-dessous de zéro. Multipl. de marcottes et de boutures.

TAUPE. La présence des taupes dans un jardin est fâcheuse en se sens qu'elle bouleverse les semis. D'un autre côté, dans les localités qu'infeste le ver blanc, la taupe, par la grande consommation qu'elle fait de cette larve dont elle est friande, devient un animal plutôt utile que nuisible. En Angleterre, loin de songer à détruire les taupes, le cultivateur en achète pour les mettre dans les terrains où il n'y en a point. C'est donc une question fort controversée que la question des taupes. Quant aux moyens de s'en débarrasser, là où on les reconnaît nuisibles, nous nous bornerons à citer les deux suivants : le premier, d'une exécution facile, consiste à les empoisonner avec des noix bouillies dans de la lessive, sans qu'il en résulte aucun danger pour les autres animaux ; le second demande une certaine adresse : on défonce d'un coup de pied le petit monticule qui indique la présence d'une taupe dans un terrain, on guette le moment où elle vient travailler à le relever, et on enlève vivement l'animal d'un coup de bêche.

TÉCOMA *grimpant* ; *T. de Virginie* ; *Jasmin de Virginie* ; *J. trompette* (bignoniacées). De l'Amérique du Nord. Arbrisseau grimpant. Feuilles pennées avec impaire, à folioles velues en dessous. En été, grappes de longues fleurs rouge cinabre. Terre franche, légère et fraîche, à bonne exposition. Multipl. d'éclats, de marcottes, de boutures faites avec du bois de deux ans, de graines semées en terrine sur couche. Variétés : plus grande et plus rouge ; plus petite ; à fleurs pourpres. — *T. de la Chine* :

feuilles glabres et gauffrées; grande panicule de fleurs rouges; palissage au midi. — *T. brun* : du Chili; arbuste à rameaux pourpres; fleurs tubuleuses, jaune et cramoisi.

TÉLÉKIA *à feuilles en cœur* (composées). De Hongrie. Vivace. Tiges simples de 1 m. 30 c. Feuilles radicales cordiformes et longues; feuilles supérieures sessiles, ovales, plus petites. Tout l'été, nombreux capitules d'un beau jaune. Terre franche légère, au midi; plante rustique. Multipl. de graines ou d'éclats.

TÉRASPIC, voyez *Ibéride.*

TERRE. Il importe au jardinier de savoir reconnaître les diverses espèces de terre qui forment la couche supérieure ou cultivable de son jardin; voici, à ce sujet, une série d'indications, empruntée à un journal d'agriculture étranger; si ce journal s'adresse aux agriculteurs, ce n'est pas à dire que le jardinier ne puisse également tirer un enseignement utile des moyens indiqués.

On reconnaît les différentes espèces de terres : 1° *au toucher*. Si vous pressez entre les doigts de la terre et qu'elle soit rude au toucher, elle contient plus ou moins de sable. Si elle est douce, très-maniable, elle en contient peu. Si elle est grasse au toucher, elle contient de l'argile en excès. Un sol très-*sablonneux* est facile à labourer, à herser et à rouler dans tous les temps; dans le cas contraire, il est *argileux* ; 2° *par l'ouïe.* Quand vous écrasez entre les dents une pincée de terre, ou quand vous la triturez dans une écuelle, si elle fait entendre un certain craquement, cette terre est *sablonneuse;* 3° *par l'odorat.* L'argile peut se reconnaître à une certaine odeur qui lui est propre. Pour cela, prenez une motte de terre et rapprochez-la des narines en aspirant fortement; si vous sentez l'odeur dont nous parlons, cette terre est de l'*argile ;* si vous ne sentez aucune odeur, le sol est *sablonneux* ou *calcaire;* 4° *par la vue.* Quand vous labourez par un temps humide, si la terre adhère fortement aux instruments aratoires, elle contient de l'*argile;* moins elle est adhérente, plus elle renferme de *sable !* de *chaux* et d'*humus.*

Lorsque vous labourez, et que les tranches ou les mottes de terre sont luisantes et restent sans s'émietter pendant quelque temps, le sol est *argileux, compacte* et *fort;* si, au contraire, ces tranches s'émiettent facilement, le sol est *marneux* ou *calcaire.*

Un sol qui est labouré par un temps humide et qui ne donne point de tranches luisantes est un sol *léger*, c'est-à-dire une terre *sablonneuse* ou formée d'un sable *siliceux*. De grosses mottes produites par les labours, des fentes et des crevasses par les grandes sécheresses, annoncent un sol fort et compacte.

Un terrain sur lequel l'eau reste stagnante à la surface, après un temps de pluie, contient beaucoup d'*argile*; c'est un terrain propre au *drainage*; si, au contraire, l'eau s'infiltre pendant la pluie même, il y a peu d'argile et beaucoup de *sable* ou de *chaux*.

Si un terrain a une couleur blanchâtre, il contient de la *chaux* ou du *plâtre*. La couleur jaunâtre ou rougeâtre indique la présence du *fer* avec de l'*argile* ou de la *chaux*; l'*humus* se reconnaît à une couleur noirâtre ou brun foncé. Cette dernière nuance annonce, dans les vallées et les bas-fonds, un sol marécageux ou *tourbeux*.

Si vous faites bouillir de la terre avec de l'eau, et que la liqueur obtenue soit d'un jaune brun, c'est qu'il y a de l'*humus*; si le liquide reste incolore, il y a peu ou point d'*humus*.

Si vous versez sur un morceau de terre du fort vinaigre ou de l'esprit de sel (*acide hydrochlorique*) et qu'il se produise une effervescence ou un bouillonnement, cette terre contient de la *chaux* ou de la *marne*; l'absence de ce signe indique un terrain où la *chaux* manque.

Une végétation vigoureuse de trèfle, sainfoin, luzerne, indique un sol *calcaire* ou *marneux*. Un sol est *léger* lorsque le sarrasin, le seigle, les pommes de terre, les carottes y réussissent bien. Là où le froment et l'épeautre prospèrent, on peut ranger le sol parmi les terrains *forts* et *argileux*. La présence des laiches, des prèles, des scirpes, prouve un sol humide; celle des tussilages, des pas-d'âne, de la sauge sauvage, de l'arrête-bœuf, de la lupuline, un sol plus ou moins *calcaire*; l'absence de ces plantes annonce un sol pauvre en chaux.

TERREAU, *humus*. Cette terre existe rarement seule; elle est presque toujours mêlée aux terres *argileuses*, *sablonneuses* ou *calcaires*, et leur donne une grande fertilité. Elle se trouve partout où il y a eu végétation ou dépôt de matières animales. On nomme *terreau doux* celui qui résulte de la décomposition de

17

matières animales, et *terreau acide* celui qui provient des matières végétales décomposées. Ce dernier se distingue en *terre de
bois*, *terre de bruyère* et *terre tourbeuse*. La *terre de bois* contient
une trop grande quantité d'acide carbonique et demande à être
corrigée par la chaux, la marne, les fumiers, les cendres. La
terre de bruyère est formée du détritus des bruyères, des fougères,
des genêts, et de sable très-fin ; elle est *tourbeuse* si elle s'est formée dans un sol humide. Nous avons eu soin d'indiquer l'emploi
de ces différentes natures de terre à la suite de la description des
plantes auxquelles elles sont nécessaires.

TÉTRAGONOLOBE *rouge* (papilionacées). De Sicile. Annuel. Tige de 0 m. 35 c. En été, fleurs moyennes d'un rouge
foncé. Terre franche, légère au midi. Semer en avril.

THÉ *de la Chine* (ternstrœmiacées). Arbrisseau d'environ 2 m.
Feuilles ovales, persistantes. Vers la fin de l'été, nombreuses
fleurs blanches. Terre légère, fraîche, à mi-soleil ; orangerie ;
pleine terre dans le midi et dans l'ouest de la France. Multipl. de
rejetons, de marcottes, de boutures étouffées, et de graines. —
T. vert : plus élevé que le précédent.

THERMOPSIDE *du Népaul* (papilionacées). Arbrisseau de
2 m. 50 c. environ. Feuilles à trois folioles, accompagnées de stipules. Pendant l'été, grappes allongées de grandes fleurs jaunes.
Terre légère, substantielle ; beaucoup d'eau l'été, point d'eau
l'hiver ; orangerie sous le climat de Paris. Multipl. de boutures
étouffées et de graines. — *T. à forme de fève* : de l'Amérique du
Nord ; vivace. Panicules alternes de fleurs jaunes. Terre légère,
à mi-soleil, de même que : — *T. à forme rhomboïdale*, également
ment de l'Amér. du Nord, et à fleurs jaunes.

THLASPI, voyez *Ibéride*.

THLASPI JAUNE, voyez *Corbeille d'or*.

THUNBERGIA *odorant* (acanthacées). Des Antilles. Tige
grimpante, grêle, ligneuse à la base. Feuilles cordiformes. Fleurs
blanches, assez grandes. Semer sur couche au printemps et repiquer la jeune plante en pleine terre où elle fleurit abondamment
(on ne peut la conserver l'hiver que dans une serre chaude).
Même culture pour : — *T. à pétiole ailé* : du Bengale ; fleurs
jaunes, à centre pourpre très-foncé ; — *T. blanc*, à fleurs blanches, ayant le centre de la même couleur que le précédent ; —

T. blanc unicolore : fleurs d'un blanc pur ; — *T. jaune unicolore* : fleurs d'un jaune pâle ; — *T.* à fleurs jaunes, ayant le centre blanc ; — *T.* à feuilles entourées d'une bande blanche.

THUYA *de la Chine* (conifères). Arbre pyramidal de 7 à 8 m., susceptible d'être planté en rideau et tondu comme une charmille. Rameaux dressés. Feuilles très-courtes, d'un vert foncé ; fruit arrondi, muni de pointes. Toute terre. Multipl. de graines. — *Thuya occidental du Canada* : rameaux flexibles ; feuilles glanduleuses ; fruits oblongs et minces. Même culture, ainsi que pour le *T. pyramidal*, et le *T. filiforme*, tous les deux de la Tartarie.

THYM *commun* (labiées). D'Espagne. Petit arbuste odorant, propre à faire des bordures. Variétés : *T. panaché* ; *T. à larges feuilles* ; *T. à feuilles étroites*. Terre légère, au midi. Multipl. d'éclats au printemps. — *T. à odeur de citron* : feuilles ovales, ayant odeur de citron.

THYRSE : on dit des fleurs qu'elles sont disposées en thyrse, lorsque leurs pédoncules partent graduellement d'un axe commun, et arrivent à des hauteurs différentes.

TIARELLE *à feuilles en cœur* (saxifragées). De l'Amér. sept. Au printemps, hampe terminée par une ombelle de petites fleurs blanches, ponctuées de pourpre. Pleine terre de bruyère humide, à l'ombre.

TIGE : on nomme ainsi cette partie de la plante qui naît de la racine, s'élève ensuite perpendiculairement ou rampe sur la terre, et soutient les feuilles, les fleurs et les fruits. La tige est appelée : *simple*, lorsqu'elle ne se ramifie point ; *hampe*, lorsqu'elle est dénuée de feuilles ; *chaume*, lorsqu'elle ressemble à un tuyau fistuleux garni de plusieurs nœuds ou articulations ; *articulée*, lorsqu'elle est interrompue dans toute sa longueur, par des articulations ou des nœuds placés de distance en distance ; *tortillée*, lorsqu'elle se roule en spirale autour des corps qu'elle rencontre ; *fourchue*, lorsqu'elle se divise partout en formant la fourche ; *épineuse*, lorsqu'elle est garnie d'épines qui adhèrent à sa substance, de manière qu'on ne peut les en séparer sans les casser ; *aiguillonnée*, lorsqu'elle est parsemée d'aiguillons attachés seulement sur l'écorce, sans adhérer à la substance.

TIGRE : petit insecte qui vit sur le dos des feuilles de poirier, dévore leur parenchyme et les dessèche. Pour s'en débarrasser, on lave les branches et les feuilles de l'arbre avec une lessive caustique. Le *tigre* attaque principalement le bon-chrétien en espalier.

TIGRIDIE *à grandes fleurs; Queue de Paon* (iridées). Du Mexique. Ognon écailleux. Longues feuilles plissées, ensiformes. Tige de 0 m. 65 c., terminée en été par deux ou trois fleurs en forme de coupe, ayant les divisions extérieures jaunes, tachetées de rouge, violettes à la base, pourpres au bord supérieur, et les divisions intérieures jaunes, ponctuées de rouge. Chaque fleur ne dure que huit à dix heures. Plante bizarre par sa forme et très-belle par ses couleurs. Terre franche légère; couvrir dans les grands froids, ou rentrer l'ognon quand les feuilles sont desséchées. Multipl. de graines et de caïeux. — *T. éclatante* : fleurs plus riches de couleur et d'un plus grand effet. — *T. à fleurs jaunes,* du Mexique; fleur jaune, maculée de pourpre.

TIQUET, *altise bleue :* insecte qui s'attaque aux plantes de la famille des crucifères; on emploie, pour le faire périr, des décoctions de tabac, de noyer, de sureau, l'eau chargée de potasse ou de suie.

TONTE : on l'emploie pour donner aux arbres d'ornement une forme déterminée. Cette opération se fait avec le *croissant* ou avec la *cisaille,* entre la première et la seconde séve ; elle ne se pratique pas de la même façon sur tous les arbres ; ceux qui développent leurs fleurs avec la pousse actuelle ou sur elle peuvent être tondus de près; il n'en est pas de même du lilas, par exemple, dont les fleurs se développent sur le bois de l'année précédente.

TOURNEFORTIA; *faux héliotrope* (borraginées). Du Mexique. Vivace. Tige de 0 m. 35 c., couchées. Feuilles ondulées. Fleurs plus bleues que celles de l'héliotrope. Pleine terre ; orangerie l'hiver. Se sème de lui-même à l'automne.

TRACHÉLIE *bleue* (campanulacées). D'Alger. Bisannuelle. Tige de 0 m. 30 c. Feuilles ovales. En été, corymbe de petites fleurs bleu violacé. Pleine terre légère, à exposition chaude; orangerie l'hiver. Multipl. de boutures au printemps, ou de graines semées dès qu'elles sont mûres.

TRAGOPYRUM *frutiqueux* (polygonées). De Sibérie. Arbrisseau diffus d'environ 1 m. Au commencement de l'été, épis de fleurs d'un blanc verdâtre. Toute terre. Multipl. de marcottes et de boutures.

TRÈFLE *du Roussillon; T. incarnat* (papilionacées). Bisannuel. Tiges de 0 m. 30 c. à 0 m. 60 c. Feuilles trifoliées. Épis de fleurs d'un beau rouge, qui se succèdent longtemps, si on les coupe à mesure qu'ils défleurissent. Tout terrain. Multipl. de graines.

TREILLAGE. Que le treillage soit un ornement pour les murs d'un jardin, c'est un point que nul ne conteste, surtout s'il est proprement fait et peint d'un beau vert. Ce qui est mis en question, c'est son utilité ; on va même jusqu'à lui reprocher d'être une échelle commode pour les voleurs, qui auraient, il faut bien le dire, vingt autres moyens de descendre dans un jardin, après avoir atteint le faîte du mur sans le secours d'aucun treillage. Nous ne nous prononcerons ici ni pour les partisans du treillage, ni pour ses détracteurs ; nous nous bornerons à donner un conseil à ceux qui croiront devoir lui accorder la préférence sur le fil de fer dont l'application au palissage, très-répandue en Angleterre et en Allemagne, commence à se répandre également en France. Ce conseil, le voici : au lieu d'appliquer le treillage immédiatement contre le mur, on devra laisser entre eux un espace de 0 m. 03 c. au moins ; grâce à cette disposition, le fruit, autour duquel l'air circulera librement, recevra, par réflexion, la chaleur du côté du mur, et l'on n'aura plus l'inconvénient d'avoir des pêches ou des poires bonnes à manger d'un côté, tandis que de l'autre, elles seraient encore vertes.

TRILLE *sessile* (liliacées). De la Caroline. Vivace. Tige de 0 m. 16 c. à 0 m. 20 c., portant 3 feuilles obovales, marquées de blanc. Calice à 3 divisions. Fleurs sessiles, à 3 pétales, brun rougeâtre ; 3 étamines violettes ; 3 styles ; capsules violettes à 3 loges. Pleine terre, à bonne exposition ; couverture l'hiver. Multipl. d'éclats de racines ou de graines semées dès qu'elles sont mûres. — *T. à grandes fleurs* : fleurs blanches plus grandes ; même culture.

TRISTANIE *à feuilles de laurier-rose* (myrtacées). D'Australie. Arbrisseau de 1 m. 50 c. à 2 m. Feuilles étroites, d'un vert luisant, coriaces, persistantes. En automne, corymbes axillaires de fleurs jaunes. Terre de bruyère ; orangerie l'hiver. Multipl. de marcottes et de boutures. — *T. Déprimée* : nombreux épis de fleurs blanches ; même culture.

TRITÉLÉE *uniflore* (liliacées). De Buenos-Ayres. Plante bulbeuse. Feuilles linéaires. Fleur blanche, verdâtre en dehors, lavée en dedans de bleu lilacé, portée par une hampe dont la hauteur ne dépasse pas celle des feuilles. Pleine terre, à bonne exposition ; couverture l'hiver. Très-jolie petite plante.

TRITOME *à grappe* (liliacées). Du Cap. Vivace. Feuilles nombreuses, ensiformes, très-longues et persistantes. Hampe de 0 m, 70 c. à 1 m. portant en automne un épi de grandes fleurs pendantes, d'un rouge écarlate très-vif. Pleine terre légère au midi ; couverture ou orangerie l'hiver ; peu d'eau. Multipl. d'œilletons et de graines ; les œilletons se détachent en mai et on laisse sécher la plaie avant de les replanter. — *T. moyen* : plante moitié moins grande ; grappe de fleurs pendantes, à limbe jaune bordé vert, et à tube safrané, même culture. — *T. nain* : plus petit encore que le précédent ; feuilles plus courtes que la hampe ; fleurs rouge safran ; même culture.

TROÈNE *commun* (oléinées). Indigène. Arbrisseau de 3 à 4 m. Feuilles petites, lancéolées, aiguës. Au printemps, petites fleurs blanches. Baies noires. Toute terre. Multipl. de graines, de rejetons, de marcottes et de boutures. Variétés *à baies blanches*, *à feuilles panachées*. — *T. du Japon* : feuilles ovales ; en été, larges panicules de fleurs blanches. Pleine terre franche légère, à bonne exposition. Multipl. de graines et de greffe sur le troène commun ; bel arbrisseau.

TROLLE *d'Europe* (renonculacées). Des Alpes. Vivace. Tiges de 0 m. 70 c. Feuilles palmées à cinq lobes. Au printemps, grandes fleurs d'un beau jaune. Pleine terre franche, mêlée de terre de bruyère, à mi-ombre. Multipl. d'éclats et de graines. — *T. d'Asie* : fleurs un peu plus petites, d'un beau jaune orangé. — *T. du Caucase* ; fleurit souvent deux fois.

TUBERCULE : partie charnue, arrondie, féculeuse, produite par des rameaux rampants sur le sol.

TUBÉREUSE *bleue*, voyez *Agapanthe*.

TUBÉREUSE *des jardins* (liliacées). Du Mexique. Vivace. Ognon brunâtre. Feuilles étroites et longues. Tige faible de 1 m. à 1 m. 50 c. Épi de fleurs blanches, lavées de rose, d'une odeur pénétrante, mais des plus suaves, paraissant en juin. Terre franche, légère, substantielle, dans un pot de 0 m. 20 c. à 0 m. 25 c., que l'on enterre sur couche en mars, sous châssis ou sous cloche; couvrir pendant les nuits froides; arroser fréquemment pendant la végétation; donner de l'air de 11 heures à 1 heure, quand il fait du soleil, jusqu'à ce que la saison soit tout à fait douce, et alors seulement enlever le châssis ou la cloche; enfin retirer le pot de la couche au moment où les boutons vont s'ouvrir, et le placer à mi-soleil. Multipl. de caïeux qui demandent les mêmes soins, ne produisent de fleurs que la 3e ou même la 4e année, et ne réussissent aux environs de Paris que pour la variété *à fleurs doubles.* — Variétés *à fleurs semi-doubles*; *à fleurs doubles*; *à feuilles panachées.*

TULIPE *de Gesner*; *T. des fleuristes* (liliacées). Du Levant. Vivace. Feuilles oblongues, aiguës. Hampe glabre, nue dans sa partie supérieure. On a fait de ces belles plantes 4 divisions comprenant un nombre considérable de variétés parmi lesquelles sept ou huit cents sont regardées comme étant hors ligne. Ces divisions sont : les *Bizarres*, à fond brun ou d'une couleur foncée, estimées si elles ont l'onglet intérieur des pétales blanc; — les *Dragonnes*, aux couleurs vives et tranchées, aux pétales longs, tourmentés, déchiquetés, à la tige grêle et penchée; — les *Doubles*, qui sont les moins recherchées, quoique agréables; — enfin les *Flamandes* qui tiennent le premier rang dans l'estime des amateurs. Les *Flamandes* ou *T. à fond blanc* doivent avoir, pour être admises dans une collection d'élite, une tige droite de 0 m. 30 c. à 0 m. 40 c., la fleur plus haute que large, le fond d'un blanc éclatant, les pétales étoffés, bien arrondis au sommet, offrant au moins trois couleurs vives et tranchées. Terre franche, un peu sableuse, substantielle, meuble, exempte d'humidité, au sud-est ou au sud-ouest, éloignée des murs, de 5 m. au moins; sarclage, petit binage en avril; détacher les fruits aussitôt que les pétales sont tombés; relever les ognons vers la fin de juin, en détacher la tige, les racines, la vieille tunique, en séparer les caïeux; placer oignons et caïeux dans des boîtes à compartiments, à l'abri du soleil, en lieu sec et aéré. Multipl. de caïeux, qui reproduisent exactement la plante mère et dont la première floraison a lieu, suivant leur développement, de 1 à 4 ans; ou de semis en octobre d'où proviennent des plantes diverses qui fleurissent la 4ᵉ ou la 5ᵉ année ; une tulipe, obtenue de semis, n'offre d'abord que· des couleurs vagues, confuses ; mais elles se démêlent, se prononcent avec le temps ; il s'écoule quelquefois jusqu'à 15 ans avant que la 'fleur ait atteint toute sa perfection sous le rapport des couleurs ; quant·à la forme, si, dès la première floraison, elle est défectueuse, il faut rejeter la plante comme n'étant, à cet égard, susceptible d'aucun perfectionnement. = On fait avec les tulipes de magnifiques contre-bordures qu'on plante du 10 au 15 novembre, et qui, dans la première quinzaine de mai, parent les jardins du plus vif éclat. = Les collectionneurs en forment des planches plus ou moins longues, plus ou moins larges, selon la disposition du terrain et le nombre des plantes dont se compose la collection. « On ouvrira des fossés ; on en disposera le fond en pente, et on les remplira d'un mélange de terre franche, douce, amendée avec du terreau de feuilles et jamais avec des engrais animaux ; ce mélange aura été passé plusieurs fois à la claie, fait un peu de temps à l'avance et mis à l'abri. On placera les tulipes à 6 pouces (16 cent.), les unes des autres ; on les plantera suivant leur hauteur et de façon que des nuances bien différentes se trouvent rapprochées. Les ognons ne seront jamais exposés aux rayons du soleil, qui pourraient les faire périr. On doit se mettre plusieurs pour planter et déplanter, et apporter un grand soin pour ne pas se tromper de variétés et ne pas les confondre entre elles. La plantation se fait en automne le plus tard possible, et si l'on peut du 15 au 20 novembre. On ne doit point enfoncer la tulipe dans le sol, mais la mettre au fond d'un trou d'une profondeur variable, que l'on remplit de terre. Quand la plantation est finie, on paille pour éviter le durcissement de la terre. Au printemps, on sarcle, et l'on tient la planche nette jusqu'à la floraison. Celle-ci a ordinairement lieu au commencement de mai. Il faut alors couvrir les planches d'une tente en toile qui prolongera la durée des fleurs et les jouissances de l'amateur. Cette même tente peut aussi être utile lors des pluies et des neiges de printemps, car, sans cette précaution, les jeunes plantes pourraient beaucoup souffrir (*Livre du Jardinier*, par M. Mauny de Mornay). » — *T. sauvage* : indigène ; feuilles étroites, pliées ; hampe de 0 m. 50 c. ; en avril, 1 ou 2 fleurs jaunes ; variété à fleurs doubles ;

multipl. de caïeux tous les ans. — *T. odorante; T. Duc-de-Thol :* du midi de l'Europe ; hampe courte ; en mars, fleurs rouges, bordées de jaune, tachées de jaune verdâtre à l'onglet, exhalant une odeur suave. Variétés à *fleurs panachées* ou *bordées de blanc,* et s'épanouissant plus tard ; garantir l'ognon des souris et des mulots. — *T. œil du Soleil :* tiges et feuilles assez grandes ; en mai, grandes fleurs d'un beau rouge, marquées à l'onglet des pétales, d'une tache noirâtre, veloutée, encadrée de jaune. — *T. gallique :* indigène ; en avril et mai, fleurs odorantes, petites, vertes en dehors, marquées d'un point rougeâtre à l'extrémité. — *T. de Cels :* indigène ; fleur jaune safrané, les 3 divisions extérieures rouges en dehors ; multipl. de bulbes naissant sur des prolongements fibreux et radiciformes. — *T. de l'Écluse :* feuilles linéaires ; hampe de 0 m. 30 c. ; petites fleurs pourpre violet à la base ; 3 divisions extérieures roses, bordées de blanc, 3 divisions intérieures blanches. — *T. turque; T. à lobes étroits :* de Thrace ; 3 variétés : à fleurs blanches ; à fleurs rouge laque ; à fleurs rouges, jaunes à la base et à bords ondulés. On les désigne sous les noms de *Flamboyante, Dragonne, Mont-Etna,* etc.

TUPA *à larges feuilles* (lobéliacées). Du Chili. Vivace. Tiges herbacées de 1 m., feuilles grandes, ovales, un peu velues. En été, épis de grosses fleurs rougeâtres. Couverture l'hiver. Multipl. d'éclats et de racines. — *T. rouge feu :* du Mexique ; vivace ; tige rameuse ; rameaux violâtres et veloutés ; feuilles ovales, pubescentes ; longues grappes de fleurs coccinées ; pleine terre et orangerie ; multipl. d'éclats, de boutures et de semis.

TURION : bouton ou œil naissant immédiatement sur les rhizomes, au printemps.

TUSSILAGE ; *héliotrope d'hiver* (composées). De l'Europe méridionale. Tiges de 0 m. 35 c. De novembre à janvier, thyrses de capitules blanc purpurin, ayant l'odeur de l'héliotrope. Terre franche, légère, fraîche, à mi-ombre. Multipl. d'éclats et de racines.

TUTEUR, perche, bâton ou baguette qu'on enfonce dans la terre et auxquels on attache, pour les soutenir ou les redresser, les tiges faibles ou difformes.

17.

U

URGINÉA *du Japon* (liliacées). Ognon moyen. Feuilles étroites, roulées en dedans sur les bords. Hampe de 0 m. 20 c. à 0 m. 30 c. En été, long épi de petites fleurs d'un rose violacé. Pleine terre et orangerie.

UVULAIRE *de la Chine* (mélanthacées). Tige rameuse. Feuilles alternes, lancéolées. En été, fleurs pendantes, d'un pourpre presque brun. Pleine terre de bruyère ; couverture l'hiver. Multipl. d'éclats de racines à l'automne.

V

VALÉRIANE *grecque ;* voyez *Polémoine.*

VALÉRIANE *rouge* (valérianées). Indigène. Vivace. Tiges de 0 m. 65 c. Feuilles obovales, glauques. Pendant l'été et l'automne, panicules de fleurs rouges. Variétés à fleurs lilas et à fleurs blanches. Terre un peu sèche. Multipl. de graines ou d'éclats. — *V. des jardiniers* : d'Allemagne ; tige de 1 m. à 1 m. 30 c. ; au printemps, fleurs blanches. — *V. d'Alger* : annuelle ; grande plante rameuse à fleurs rouges ; terre légère. — *V. des Pyrénées* : vivace ; tige de 1 m. à 1 m. 60 c. ; feuilles cordiformes ; en été, fleurs rosées. Terre un peu légère, à l'ombre. Multipl. par la division des touffes.

VARAIRE *blanc; Hellébore blanc* (mélanthacées). Indigène. Vivace. Tiges de 1 m. Feuilles ovales, plissées, sessiles. En été, fleurs blanchâtres. Terre fraîche, ombragée. Multipl. de bulbes. — *V. noir* : indigène ; vivace ; plus grand que le précédent ; en été, fleurs brunâtres.

VÉLAR : *Barbarée commune ; Herbe de Sainte-Barbe ; Julienne jaune* (crucifères). Indigène. Vivace. De 0 m. 70 c. à 1 m. Feuilles en lyre ; au printemps, thyrses de fleurs d'un jaune brillant. Tout terrain. Multipl. d'éclats et de boutures. Plante rustique. — *V. de Pétrowski* : du Caucase ; annuel ; tige de 0 m.

35 c. à 0 m. 65 c.; feuilles linéaires, lancéolées; tout l'été, fleurs jaunes, odorantes. Semer au printemps ou mieux à l'automne. — *V. de Marschall* : vivace; 0 m. 15 c. de hauteur; grappes de fleurs orangé vif. Multipl. de boutures.

VELTHEIMIE *du Cap* (liliacées). Feuilles radicales, longues, ondulées. Hampe de 0 m. 32 c. à 0 m. 40 c. Épi de fleurs longues, pendantes, tubulées, d'un rose vif mêlé de pourpre. Terre franche légère, au midi; peu d'arrosements; orangerie, près des jours. Multipl. de caïeux qu'on relève tous les deux ou trois ans.

VERGE *d'or* (composées). De l'Amér. sept. Vivace. De 1 m. 30 c. à 1 m. 60 c. Feuilles alternes, glabres, luisantes. En automne, longues panicules de nombreuses fleurs jaunes. Terre franche légère; replanter les touffes tous les trois ou quatre ans. Multipl. d'éclats ou de graines semées dès qu'elles sont mûres. — On cultive plus de soixante espèces de ce genre, dont les plus remarquables sont *V. d'or du Canada; élevée: gigantesque; à tige verte; toujours verte; rugueuse; à fleurs nombreuses; à larges feuilles; à feuilles d'orme; lancéolée; glabre; à feuilles charnues; naine; à longs épis; étalée; à feuilles entières; de deux couleurs; du Mexique; à feuilles de plantin*, etc.

VERNONIE *de New-York* (composées). Tige de 1 m. 50 c. Feuilles lancéolées. En été, corymbe terminal de capitules pourpres. Tout terrain. Multipl. d'éclats. — *V. élevée* : de 2 m. à 2 m. 30 c.; grand corymbe de capitules pourpre violacé.

VÉRONIQUE *des jardiniers*, voyez *Lychnide*.

VÉRONIQUE *de Sibérie* (scrophularinées). Vivace. Tiges de 1 m. 30 c. à 1 m. 60 c. Feuilles verticillées. En été, gros épis de fleurs blanches. Toute terre. Multipl. de graines et d'éclats. — *V. à épis* : tiges simples de 0 m. 50 c.; fleurs bleu tendre. — *V. de Virginie* : de 1 m. à 1 m. 60 c.; en été, épi de fleurs blanches, long de 0 m. 33 c. — *V. élégante* : tiges de 0 m. 45 c. à 0 m. 55 c.; épis nombreux de petites fleurs roses. — *V. maritime* : tiges de 0 m. 65 c.; épis paniculés de fleurs blanches, carnées ou bleues. — *V. à feuilles de gentiane* : du Caucase; feuilles en touffe; au printemps, fleurs d'un bleu pâle. — *V. germandrée*; *V. teucriette* : tiges couchées; au printemps, fleurs bleues, veinées de rouge. — *V. remarquable* : de la Nouv.-Zélande; tige ligneuse; feuilles luisantes en dessus; grappes de fleurs bleues; variété à fleurs rouge amarante; terre de bruyère, orangerie; multipl. de boutures; plante belle et curieuse. — *V. chamœdris; V. petit chêne*: tiges basses; en juin, jolies fleurs bleues. Plante rustique, propre aux bordures. — *V. d'Anderson*: de la Nouv.-Zélande; tige ligneuse; feuilles oblongues, luisantes en dessus; longues grappes de fleurs violettes d'abord, puis blanches. Multipl. de boutures. — *V. à feuilles de saule*: même origine; épis terminaux de fleurs d'un bleu clair. — *V. de Lindley*: même origine; arbuste touffu; grappes axillaires et se renouvelant sans cesse de fleurs d'un blanc lilacé. = Les 4 espèces: *remarquable, d'Anderson, à feuilles de saule* et *de Lindley* demandent une terre légère, mêlée de détritus végétaux, la pleine terre pendant l'été, avec de fréquents arrosements, et l'orangerie l'hiver, dans la région du nord.

VERRINE, voyez *Cloche.*

VERVEINE *agréable* (verbénacées). De Buenos-Ayres. Vivace. Tiges couchées, radicantes. Pendant l'été et l'automne, corymbes terminaux de fleurs du plus beau bleu. Orangerie l'hiver. On peut la cultiver comme plante annuelle. — *V. Faux-Teucrium*: du Brésil; tout l'été, longs épis de grandes fleurs blanches ou rosées. — *V. à feuilles incisées*: du Brésil; feuilles pubescentes, oblongues, divisées en lobes incisés et dentés; épis terminaux de fleurs d'un rose pourpre. — *V. à feuilles de chamédrys*: du Paraguay; feuilles lancéolées, incisées; fleurs d'un rouge vif. = Ces trois dernières espèces ont donné de nombreuses et charmantes variétés qu'on augmente tous les ans par les semis et dont on fait des boutures pour les conserver et les propager. Ces boutures tenues sous châssis pendant l'hiver, sont plantées en pleine terre légère au mois de mai. — *V. Veinée*: du Brésil; vivace; tiges de 0 m. 65 c.; feuilles oblongues, lancéolées; tout l'été, épis de jolies fleurs d'un pourpre violacé; orangerie l'hiver; multipl. de boutures, d'éclats de racines et de graines.

VERVEINE *citronnelle* (verbénacées). Du Chili. Arbrisseau de 1 m. 50 c. à 2 m. Feuilles lancéolées, verticillées par 3. En été, jusqu'à l'automne, épis lâches de petites fleurs bleu pourpré en dedans et blanches en dehors, ayant, comme les feuilles, une agréable odeur de citron. Terre franche, légère, au midi; beaucoup d'eau l'été ; orangerie l'hiver ; tailler à la sortie de l'orangerie. Multipl. de marcottes et de boutures étouffées.

VIGNE (ampélidées). De la Perse. Arbre sarmenteux. Racines bifurquées. Tige couverte d'aspérités, donnant naissance à de gros nœuds et à une écorce brune qui se détache continuellement, soit en écailles, soit en longs filaments. Feuilles grandes, alternes, palmées, découpées en plusieurs lobes, le plus souvent dentées, et tenant au sarment par un long pétiole. Branches armées de vrilles tournées en spirales, qui leur servent à s'accrocher aux corps ligneux qu'elles peuvent atteindre. Fleurs disposées en grappes. — Comme nous n'avons à nous occuper ici de la culture de la vigne qu'en espalier ou en contre-espalier, nous croyons ne pouvoir mieux faire que de reproduire par extraits une remarquable notice sur la culture de la vigne à Thomery, près de' Fontainebleau, lue à la Société d'horticulture par M. de Bonnaire de Gif [1].

« La vigne est disposée en espalier et en contre-espalier. Les murs ont 2 m. 60 c. d'élévation au-dessus de terre. Le treillage est formé de lattes horizontales placées à 0 m. 24 c. d'intervalle, et de lattes verticales à 0 m. 50 c. Le sol des jardins de Thomery est formé d'une terre légère, mêlée de quelques cailloux. La plantation se fait avec des *crossettes*, et l'on choisit pour les couper les ceps qui fournissent les meilleures qualités de raisin.

» Chaque pied ne porte qu'un seul *cordon*, long de 2 m. 60 c., placé à son sommet et garni de deux bras opposés, longs chacun de 1 m. 30 c. Si le mur est assez élevé pour recevoir cinq étages de cordons, les ceps ne sont plantés qu'à 0 m. 55 c. S'il y a moins de cordons, on les met à 0 m. 65 c. Avant de planter, on procède au défoncement, à la préparation et à l'amendement des terres de l'espalier ; on les dresse en talus assez raide pour faciliter l'écoulement des eaux et les éloigner du pied de la vigne. On ouvre ensuite, à 1 m. 45 c. en avant du mur, une tranchée parallèle de 0 m. 27 c. de profondeur sur une largeur de 0 m. 50 c. Dans le fond de cette tranchée, on couche, dans le sens transversal, les crossettes qui ont au moins 0 m. 65 c. de longueur, et que l'on

[1] L'auteur de cette notice ayant fait usage des anciennes mesures, nous y avons substitué les nouvelles.

arque vers l'extrémité pour la faire sortir du sol. La partie excédante est taillée à 2 yeux. La tranchée est ensuite remplie à demi avec la terre de la fouille, sur laquelle on répand un lit de fumier assez épais pour conserver la fraîcheur nécessaire au développement des racines. Ces crossettes poussent à leur sommet un ou deux sarments ; on supprime le plus faible et on attache l'autre verticalement à un échalas pour favoriser sa croissance. En mars suivant, on le taille à 2 yeux pour le faire pousser vigoureusement. A l'automne, on ouvre une nouvelle tranchée parallèle à la première ; on épluche les sarments et on les y couche comme on avait fait des crossettes. L'année suivante, on exécute encore un couchage qui amène ordinairement le sommet de chaque sarment au pied du mur, sur le treillage duquel ils sont destinés à être palissés. Dans les terres généreuses, la vigne dure de 30 à 35 ans, et dans les autres de 20 à 25.

» La vigne, pour être productive, doit être concentrée et sans cesse rapprochée ; c'est ce qui constitue l'opération de la taille. A Thomery, on taille la vigne de très-bonne heure, c'est-à-dire dès les premiers jours de février (si la saison n'est pas trop rigoureuse) jusqu'aux premiers jours de mars, et toujours avant que le premier mouvement de la séve soit décidé, afin d'éviter les pertes trop abondantes. Les effets de la taille sur la vigne sont de développer avec plus de force les yeux conservés, principalement ceux sur lesquels elle est assise, et de faire ouvrir aussi des yeux inférieurs qui, sans elle, n'auraient pas donné de bourgeons. Ses effets sur le fruit sont d'augmenter son volume et sa qualité d'une manière très-sensible.

»Les crossettes ayant été plantées ainsi qu'il a été ci-dessus décrit, et leurs pousses, par des couchages successifs, étant arrivées au pied du mur en 3 ans, on les rabat autant que possible à la hauteur du premier cordon, en laissant à chacune 3 ou 4 yeux, suivant leur force. Toutes les tiges qui doivent former le premier cordon ne conservent que 2 yeux opposés dont les pousses sont dirigées horizontalement sans les forcer ; ce n'est que dans la seconde année qu'on les applique exactement sur les lattes. Les pousses des autres tiges sont palissées droites et favorisées sous le rapport de maturité de leur bois.

» Au printemps suivant, on rabat les tiges des pieds qui doivent former le second cordon à la hauteur de la seconde ligne de lattes horizontales, afin d'en faire sortir deux bras pour établir ce second cordon à 0 m, 50 c. au-dessus du premier ; les autres tiges continuent à être favorisées dans leur développement, et chacune d'elles est successivement arrêtée à la hauteur où l'on veut qu'elle forme deux bras pour constituer son cordon. En même temps que l'on rabat les tiges qui doivent former les deuxième et troisième cordons, on taille les sarments du premier cordon, chacun sur 3 yeux ; l'œil terminal fournit le prolongement du cordon, et les 2 autres forment 2 branches à fruit que l'on palisse verticalement et qu'à la taille suivante on rabat sur 2 yeux pour les convertir en *coursons*. On allonge ainsi successivement, d'année en année, chaque cordon suivant sa vigueur jusqu'à ce qu'il ait atteint la longueur déterminée, après quoi le bourgeon terminal se taille en courson comme les autres.

» La récolte de ces treilles commence l'année même du couchage, et dans ce but on leur laisse deux ou trois bourgeons latéraux ; elles continuent de produire jusqu'à l'instant où elles deviennent partie intrinsèque de l'espalier. La taille des coursons ou branches à fruit et des bourgeons terminaux est annuelle et se fait plus ou moins longue suivant l'indication donnée par les pousses précédentes.

» L'*ébourgeonnement* de la vigne commence lorsque le développement des nouveaux bourgeons est en activité. On coupe avec un instrument tranchant tous les bourgeons faibles, excepté ceux destinés à remplacer ou à concentrer les coursons. On supprime aussi les bourgeons doubles ou triples, et même ceux portant fruit, qui n'auraient pas assez de vigueur pour l'amener à maturité ou qui seraient trop chargés par rapport à l'âge ou à la faiblesse du cep. On retranche enfin tous ceux qui feraient confusion au palissage et qui ne seraient pas utiles aux produits de l'année ou nécessaires à la taille de l'année suivante, et l'on ne conserve généralement sur chaque courson qu'un ou deux bourgeons portant fruit. L'ébourgeonnement est une des principales opérations de la culture de la vigne ; à Thomery il est successif et répété très-souvent.

» L'*évrillement* s'exécute de bonne heure à Thomery ; on supprime en même temps les grapillons qui accompagnent souvent les grappes et nuisent à leur croissance ; on coupe les vrilles en leur laissant un petit talon de 0 m. 05 c. de longueur ; on pince les bourgeons d'une vigne formée lorsqu'ils ont 0 m. 50 c., c'est-à-dire lorsqu'ils atteignent le cordon immédiatement supérieur, qu'on ne leur laisse jamais dépasser ; ainsi on les arrête sur le huitième ou neuvième œil. Les bourgeons qui n'atteignent pas le cordon sont pincés à des hauteurs variables, le but n'étant plus alors de les arrêter, mais bien de les fortifier suivant le besoin des yeux de remplacement.

» L'époque du *palissage* de la vigne est indiquée par la croissance des bourgeons, et le besoin de les attacher, afin d'empêcher qu'ils ne soient décollés ou rompus par le vent. On commence par ceux destinés à former les tiges, et on attache ensuite les bourgeons destinés à former les bras. Les jeunes vignes sont palissées les premières, puisqu'elles poussent plus vigoureusement ; les bourgeons sont maintenus sur le devant du treillage et peu serrés d'abord. Le palissage à Thomery s'exécute à diverses reprises ; quelque temps après le commencement de cette opération, on retranche, surtout si l'année est abondante, les extrémités des grappes trop longues qui mûriraient difficilement ; on supprime aussi la grappe la plus élevée sur les bourgeons qui en ont trois ; on retranche même les grappes provenant des sous-yeux lorsque le bourgeon est trop faible pour les nourrir ou lorsqu'il y a intérêt à les conserver. L'époque la plus favorable pour ces suppressions est celle où les grains ont acquis la grosseur d'un pois ; on éclaircit aussi les grains trop serrés qui mûriraient difficilement sans cette précaution. On est dans l'usage d'effeuiller la vigne pour faire prendre au chasselas des treilles bien exposées les couleurs vives et transparentes que le soleil seul peut donner.

» Les vignes de Thomery reçoivent quatre labours, le premier à la fin de janvier, si le temps le permet ; les trois autres ont lieu dans les mois de mars, mai et juillet. Les cultivateurs ont grand soin de ne pas laisser les mauvaises herbes dans leurs jardins ; indépendamment du mal qu'elles occasionnent en effritant la terre elles privent la vigne de la rosée et de l'air qui lui sont nécessaires ; les labours ne se donnent que lorsque les terres sont ressuyées. Les cultivateurs, à Thomery, fument très-amplement leurs terres tous les quatre ans ; à cet effet, ils ouvrent, à l'entrée de l'hiver, au-devant des murs de leurs espaliers, une jauge d'environ 0 m. 80 c. à 1 m. de largeur, dans laquelle ils jettent une assez grande quantité de fumier à demi-consommé qu'ils couvrent ensuite légèrement de terre ; l'année suivante, ils font une opération semblable sur l'autre partie de la plate-bande ; ils ont la précaution, en mettant le fumier, de ne pas trop découvrir les racines. » (*Nous avons emprunté cet extrait au* Livre du Jardinier, *par M. Mauny de Mornay.*)

La vigne se multiplie de semis, de marcotte, de bouture et de grefle. Le semis est peu usité sous le climat de Paris où il faut en attendre le résultat sept ou huit ans.

Liste par ordre alphabétique des espèces et variétés de raisins cultivées pour le service de la table.

Alep (d') : grappe moyenne ; grains panachés de blanc et de noir.

Autriche (d') ; *Ciouta* : grappes petites ; grains blancs.

Chasselas blanc ambré (gros) : très-bon fruit ; grappes longues ; grains très-gros, ovales, à pulpe ferme et sucrée.

Chasselas doré ; de Bar-sur-Aube ; raisin de Champagne : bon fruit, grappe grande ; grains ronds, gros, jaune d'ambre, à pulpe fondante et sucrée.

Chasselas de Fontainebleau : fruit excellent ; grappes longues, peu serrées ; gros grains dorés à pulpe ferme et sucrée.

Chasselas hâtif : grains petits, peu colorés ; pulpe presque insipide.

Chasselas Loubal blanc : bon fruit ; grappes peu développées ; gros grains.

Chasselas de Montauban : bon fruit ; grains moyens, ombrés ; pulpe ferme, douce, relevée.

Chasselas musqué : bon fruit ; plus serré, moins transparent que le Fontainebleau ; pulpe légèrement musquée.

Chasselas noir : très-bon fruit ; grains très-gros ; pulpe sucrée.

Chasselas panaché : grappe longue, peu serrée ; grains petits, blanchâtres, panachés de rouge ; pulpe douce, peu relevée.

Chasselas Queen Victoria : bon fruit ; grappes peu serrées ; grains blancs, ronds, très-gros.

Chasselas rose ; royal rosé : excellent fruit.

Chasselas rouge : bon fruit, ne différant du Fontainebleau que par la couleur.

Chasselas violet : variété du Fontainebleau.

Corinthe blanc : très-bon fruit ; grappes assez grosses, longues, serrées ; grains petits, ronds, sans pépins ; pulpe fondante et sucrée.

Corinthe violet : ne différant du blanc que par la couleur.

Cornichon blanc : grappes lâches ; grains très-longs, renflés par le milieu, un peu recourbés ; pulpe douce, sucrée, mûrissant rarement.

Cornichon violet : ne différant du blanc que par la couleur ; mûrissant encore plus difficilement.

Griset blanc : très-bon fruit ; grappes petites et serrées ; pulpe sucrée et parfumée.

Madeleine blanche : fruit agréable ; grappe forte ; grain gros.

Madeleine précoce : bon fruit ; grappe petite et serrée ; grains très-petits d'un violet noir.

Morillon blanc : grappes assez grosses, longues et lâches ; grains moyens ; pulpe sucrée.

Mornain blanc : il a beaucoup de ressemblance avec le chasselas de Fontainebleau.

Muscat d'Alexandrie; passe-longue musquée : excellent fruit ; longues et grosses grappes; grains très-gros, ovales, jaunes ; pulpe musquée ; mûrit rarement.

Muscat blanc; M. de Frontignan : très-bon fruit ; grappes moyennes, très-serrées, grains durs, à peau blanche; pulpe sucrée, musquée ; a besoin de châleur pour mûrir.

Muscat nain ; M. de la mi-août : bon fruit; grains noirs, gros, ronds ; le plus hâtif des muscats.

Muscat noir : grappes longues, peu serrées ; grains petits ; pulpe douce, mais peu musquée.

Muscat rouge : bon fruit ; grappes assez serrées ; grains d'un rouge vif ; pulpe musquée.

Muscat violet : bon fruit ; grappes longues, serrées ; pulpe ferme, sucrée et musquée.

Pineau fleuri de la Côte-d'Or : excellent fruit ; grappes petites, assez serrées; grains un peu ovales; pulpe très-sucrée et parfumée.

Verjus; Bourdelas; Bordelais; grappes grosses et garnies; grains oblongs, très-gros, noirs, rouges ou jaune pâle; pulpe ferme; mûrissant rarement, mais employé pour la cuisine.

VIGNE *vierge* (ampélidées). De l'Amér. sept. Arbrisseau à rameaux sarmenteux, armés de vrilles. Feuilles d'un beau vert, rougissant à l'automne. Fleurs verdâtres, peu apparentes. Baies noires à l'automne. Propre à garnir les murailles, les rochers, les berceaux. Tout terrain. Multipl. de graines, de marcottes et de boutures.

VILLARSIE *élevée* (gentianées). De l'Australie. Vivace. Tiges de 0 m. 40 c. à 0 m. 55 c. Feuilles radicales, oblongues, lancéolées, un peu cordiformes. En été, corymbes de fleurs jaunes assez grandes. Terre de bruyère fréquemment arrosée l'été; orangerie. Multipl. d'éclats et de graines. — *V. à feuilles ovales :* très-jolie plante à très-grandes fleurs d'un jaune citron; terre marécageuse, orangerie; multipl. par la division du pied.

VIOLETTE *commune; v. odorante* (violariées). Indigène. Vivace. Plante couchée, traçante. Feuilles cordiformes, à longs pétioles. Au printemps, fleurs bleues, d'une odeur suave. Terrain frais et ombragé. Multipl. de rejetons et de graines. — Variétés : des *Quatre-Saisons;* à *fleurs blanches de Champlatreux;* à *fleurs doubles blanches;* à *fleurs doubles pourpres;* à *fleurs doubles bleues;* à *fleurs roses; de Parme :* fleurs semi-doubles, d'un bleu très-pâle; *de Bruneau :* fleurs doubles, à pétales panachés de blanc, de rouge et de violet. — *Violette tricolore; pensée annuelle :* fleurit de mai à septembre; sous-variétés très-belles qu'on multiplie de semis, d'éclats ou de boutures. — *V. à grande fleur :* de Suisse; vivace; grande fleur jaune. — *V. de l'Altaï; Pensée vivace :* on lui doit ces nombreuses et belles variétés qui sont aujourd'hui un des plus agréables ornements de nos jardins. Celles dont les couleurs sont vives et tranchantes, et qui présentent un masque au milieu sont les plus estimées. Multipl. de graines et de boutures. — *V. de Palma :* des Canaries; plante sous-ligneuse; fleurs bleu clair, à longs pédoncules; terre meuble; peu d'eau; ne supporte pas les hivers rudes en pleine terre.

VIOLETTE *marine,* voyez *Campanule.*

VIOLIER, voyez *Giroflée.*

VIORNE *commune* (caprifoliacées). Arbrisseau de 2 m. 50 c. à 3 m. Feuilles cordiformes, dentées, cotonneuses. En été, larges ombelles de fleurs blanches. Baies rouges d'abord, puis noires. Toute terre. Multipl. de graines, de rejetons, de marcottes. La viorne commune sert de sujet pour greffer les variétés et espèces rares. — *V. obier* : indigène ; au printemps, fleurs blanches, légèrement odorantes ; baies rouges. Variétés : à *feuilles panachées ;* à *rameaux rougeâtres et luisants* : de l'Amérique sept. ; à *fleurs en globe,* connue sous les noms de *Boule de neige, Caillebotte, Rose de Gueldre, Obier à fleurs doubles* : terre fraîche, au midi ; tondre, si on le veut, dès que la plante est défleurie. — *V. Laurier-Tin* : d'Espagne ; arbrisseau toujours vert d'environ 2 m. 60 c. ; au printemps, petites fleurs blanches en dedans, rouges en dehors ; peu d'eau l'été ; couverture l'hiver. — *V. odorante* : de la Chine ; feuilles larges, ovales, persistantes ; en été, corymbes de fleurs blanches. Beaucoup d'eau l'été ; orangerie sous le climat de Paris. — *V. à feuilles rudes* : de Madère ; fleurs blanches ; orangerie. — *V. à manchette* : arbrisseau de 3 m. ; fleurs blanches en été. — *V. comestible* : de l'Amér. sept., fleurs blanches ; fruits mangeables, d'un beau rouge. — *V. à gros capitules* : de la Chine ; capitules plus gros et plus beaux que ceux de la V. boule de neige ; pleine terre légère. — *V. à fleurs améthystes* : de la Chine, plante nouvelle. — *V. nue.* — *V. à feuilles plissées.* — *V. à feuilles de poirier.* — *V. à feuilles de prunier,* etc.

VIVACE : se dit des plantes qui durent plus de deux ans, quoique leurs tiges se renouvellent chaque année.

VITTADENIE *à feuilles lobées* (composées). De la Nouv.-Hollande. Vivace. Pendant tout l'été, fleurs semblables à de petites pâquerettes. Semer sur couche en avril ; pour planter en mai.

VOLUBILIS, voyez *Ipomée.*

W

WAHLENBERGIE *à fleurs de Pervenche* (campanulacées). De l'Australie. Tiges rameuses. Feuilles linéaires. Fleurs bleues.

Charmante en bordure. Semer au printemps dans une terre tamisée et fraîche ; vivace, si on la rentre en serre.

WEIGÉLIE *à fleurs roses* (caprifoliacées). De la Chine. Arbrisseau de 1 à 2 m. Feuilles ovales. Au printemps, fleurs roses d'un joli effet. Pleine terre légère. Multipl. de boutures étouffées. — *W. aimable* : du Japon ; arbuste buissonneux, plus élevé, et dont les fleurs durent plus longtemps.

WESTRINGIE *à feuilles de romarin* (labiées). De l'Australie. Arbrisseau de 1 m. 60 c. environ. Feuilles lancéolées, blanches en dessous. Tout l'été, fleurs blanches, assez grandes. Orangerie ; terre de bruyère. Multipl. de boutures et de graines.

WHITLAVIE *à grandes fleurs* (hydrophylées). De Californie. Annuelle. Feuilles ovales, alternes. Jusqu'à l'hiver, fleurs violettes, campanulées. Semer en place en avril, ou en pot pour repiquer.

X.

XANTHORRIZE *à feuilles de persil* (renonculacées). De la Caroline. Arbuste de 1 m. Au printemps, grappes pendantes de petites fleurs pourpres en étoiles. Terre légère fraîche. Multipl. d'éclats ou de rejetons.

XIMÉNÉSIE *à feuilles d'encélie* (composées). Du Mexique. Annuelle. Plante touffue, d'environ 1 m. En été et en automne, nombreux capitules jaunes. Terre légère, au midi. Semer sur couche et repiquer.

Y

YUCCA *superbe* (liliacées). De l'Amér. sept. Tige de 0 m. 65 c. à 1 m. Feuilles longues, lancéolées, mucronées, persistantes. En été, panicule pyramidale de 150 à 200 fleurs blanches. Terre franche légère ; couverture l'hiver. Multipl. de graines, de rejetons et d'œilletons. — *Y. à feuilles glauques* : tige courte ; hampe de 1 m. 50 c. à 2 m. ; 4 à 500 fleurs blanches, presque globuleuses, marquées de pourpre en dehors. — *Y. filamenteux* : de Virginie ; feuilles radicales, en touffe, dont les bords offrent des filaments blancs et pendants ; 200 fleurs et plus, d'un blanc verdâtre. Variétés : *panachée ; à feuilles planes.* — *Y. faux-dragonnier* : feuilles denticulées, pendantes pour la plupart ; orangerie. — *Y. à feuilles molles* : orangerie. — *Y. à feuilles d'aloès* : tige de 2 m. 50 c. à 3 m. ; fleurs un peu rosées ; variété à feuilles panachées de rose, blanc ou jaune ; orangerie dans le nord.

Z

ZAUSCHNÉRIE *de Californie* (œnothérées). Vivace. Buisson de 0 m. 30 c. Feuilles ovales, pubescentes. Fleurs écarlates, à étamines saillantes d'un rouge vif. Multipl. de graines et de boutures. Plante d'un effet charmant.

ZIÉRIE *trifoliée* (diosmées). De l'Australie. Arbuste de 0 m. 70 c. à 1 m. Feuilles à 3 folioles, odorantes lorsqu'on les froisse ; petites panicules axillaires de fleurs d'un blanc rosé. Terre de bruyère ; orangerie. Multipl. de graines, de boutures et de marcottes.

ZINNIA, **ZINNIE** *élégante* (composées). Du Mexique. Annuelle. Tige de 0 m. 70 c. Feuilles en cœur, allongées. Pendant l'été et l'automne, grands capitules roses, écarlates, feu, blancs, violacés, chamois, jaunes, suivant la variété ; disque conique et d'un pourpre noir. Terre franche légère ; bonne exposition. Semer sur couche tiède. — *Z. rouge ; Brésine* : de la Louisiane ; capitules rouge vif, à disque jaune. — *Z. élégante à fleurs doubles* ; même culture ; variété obtenue depuis 1860.

FIN.

Saint-Denis. — Typographie de A. MOULIN.

Auguste GOIN, Libraire-Editeur

LIBRAIRIE CENTRALE

D'AGRICULTURE ET DE JARDINAGE

(FONDÉE EN 1853)

RUE DES ÉCOLES, 82, PRÈS DU MUSÉE DE CLUNY

Anciennement QUAI DES GRANDS-AUGUSTINS, 41

CATALOGUE GÉNÉRAL

15 JANVIER 1865.

NOTA. — Tous les ouvrages composant le présent Catalogue sont expédiés *franco* sans augmentation des prix marqués, sur demande affranchie. — En outre de l'envoi *franco*, il sera fait 5 p. 100 de remise sur les commandes de 31 à 50 fr., et 10 p. 100 sur celle de 51 fr. et au delà. — *Sont exceptés de ces conditions les abonnements aux journaux, sur lesquels il n'est fait aucune réduction.* — Je me charge de fournir aux conditions détaillées ci-dessus les ouvrages de **Droit,** de **Littérature ancienne et moderne,** de **Médecine,** de **Sciences diverses,** etc. — Les demandeurs sont priés de joindre à leur commande un mandat de poste égal à la valeur des ouvrages demandés.

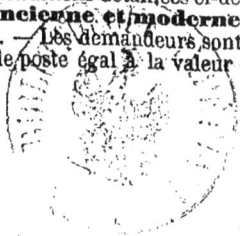

Bibliothèque de l'Agriculteur praticien.

Abeilles. Leur éducation, par A. ESPANET. In-18.   40 c.

Agriculteur praticien (*L'*), *Revue de l'agriculture française et étrangère,* 12e année. Prix de l'abonnement.   6 fr.

Agriculture. Quelques observations pratiques, par BODIN. In-18. 15 c.

Alcoolisation générale (*Traité complet d'*). Guide du fabricant d'alcools, etc., etc., par N. BASSET. 1 vol. in-18, 2e édit.   6 fr.

Almanach de l'Agriculteur praticien pour 1865. 9e année. 1 vol. In-18 avec de nombreuses fig.   50 c.

Les années 1857 à 1864, chaque.   50 c.

Amendements et Engrais (*Petit Traité des*), par P.-A. DE THIER. 1 vol. in-18. (*Sous presse.*)

Analyse chimique appliquée à l'agriculture (*Notions élémentaires d'*), par Isidore PIERRE. 1 vol. in-18 avec fig.   2 50

Basse-Cour et Lapin. Traité complet de l'élève et de l'engraissement des animaux de basse-cour et du lapin, par YSABEAU. 1 vol. in-18. 75 c.

Bétail (*De l'alimentation du*) aux points de vue de la production, du travail, de la viande, de la graisse, de la laine, du lait et des engrais, par Isidore PIERRE, 3e édition. 1 vol. in-18.   2 50

Bêtes ovines (*Des*) **et des Chèvres,** par YSABEAU. 1 vol. in-18. fig. 75 c.

Betterave (*Traité pratique de la culture et de l'alcoolisation de la*), par N. BASSET. 1 vol. in-18, 2e éd.   2 fr.

Céréales (*Etudes comparées sur la culture des*), des plantes fourragères et des plantes industrielles, par Isidore PIERRE. 1 vol. in-18. 2 50

Chaux, Marne et Calcaires coquilliers. Leur emploi pour l'amendement du sol, par Isidore PIERRE. In-18. 2e édition.   50 c.

Cultivateur anglais (*Le*), Théorie et pratique de l'agriculture, par MURPHY, trad. de l'angl. sur la 5e édit. par SANREY. In-18. Fig.   1 50

Culture (*De la petite*), ou moyens d'augmenter le rendement des terres de labour et de jardin, par A. ESPANET. In-18.   1 fr.

Dindons et Pintades, par MARIOT-DIDIEUX. 1 vol. in-18.   75 c.

Drainage. L'Art de tracer et d'établir les drains, par GRANDVOINNET. 1 vol. in-18 avec 160 figures.   3 fr.

Drainage. Résumé d'un cours pour les cultivateurs, par HERNOUX, ingénieur. In-18, fig.   1 fr.

Engrais en général (*Des*), suivi de la manière de traiter les matières fécales, par GRIFF. 2e éd. in-18. Fig.   50 c.

Fourrages (*Recherches sur la valeur nutritive des*), par Isidore PIERRE. 1 vol. in-18, 3e édit.   2 50

Fumier (*Plâtrage et sulfatage du*) et désinfection des vidanges, par Isidore PIERRE. In-18. 2e édit.   50 c.

Fumier de ferme (*Le*) élevé à sa plus haute puissance de fertilisation et n'étant plus insalubre, par QUENARD. In-18, 2e édit.   1 25

Guano du Pérou (*Le*), comp., falsif., emploi et effets de cet engr. 30 c.

Instruments aratoires (*Des*) **et des travaux des champs,** par YSABEAU. 1 vol. in-18, fig.   75 c.

Irrigation (*Manuel d'*), par DEBY. In-18 avec 100 fig.   1 50

Irrigations (*Petit Traité des*), par James DONALD, traduit par A. DE FRARIÈRE. In-18 avec fig.   50 c.

Lapin domestique (*Traité pratique de l'éducation du*), par le F. Alexis ESPANET, 3e édit. 1 vol. in-18.   1 fr.

Laiterie. — La laiterie. Art de traiter le laitage, de faire le beurre et de fabriquer les diverses espèces de fromages. 1 vol. in-18 avec fig. (*Sous presse.*)

Maïs (*Du*), de sa culture et des divers emplois dont il est susceptible, par KEENE et A. DE THIER. In-18. (*2e édition sous presse.*)

Maïs (*Alcoolisation des tiges du*) et du **Sorgho sucré**. Alcool. — Cidre. — Bière. — Vins artificiels, par Duret, chimiste. In-18. 75 c.

Pigeons de colombier et de volière (*Guide de l'éleveur de*), par Mariot-Didieux. In-18. 75 c.

Pigeons (*De l'éducation des*), **Oiseaux** de luxe, de volière et de cage, par A. Espanet. 1 vol. in-18. 1 fr.

Plantes fourragères (*Traité pratique de la culture des*), par de Thier. 2e édit. revue et augmentée par A. Leroy. 1 vol. in-18. 1 fr.

Porcs (*Du traitement des*) aux différentes époques de l'année. Extrait des meilleurs ouvrages anglais, par J. A. G. In-18 avec 32 fig. 1 25

Porcheries (*De l'établissement des*), dispositions diverses, construction, par J. Grandvoinnet. 1 vol. in-18 avec 95 fig. dans le texte. 2 50

Poules (*De l'éducation des*), **Dindes, Oies** et **Canards**, par le F. Alexis Espanet. 1 vol. in-18. 1 fr.

Races bovines (*De l'amélioration des*) en France, et particulièrement dans les départements de l'Est, par Saint-Ferjeux. 2e édit. 1 fr.

Récoltes dérobées (*Des*), comme fourrages et engrais verts, et culture de la *Moutarde blanche*, trad. de l'angl. par J. A. G. in-18 fig. 75 c.

Sang de rate des animaux d'espèces ovine et bovine, par Isidore Pierre. In-18. 1 fr.

Semailles en ligne (*Des*) **et des Semoirs mécaniques**, par F. Georges. In-8. (Extrait de l'*Agriculteur praticien*.) 50 c.

Sorgho à sucre (*Guide du distillateur du*), par F. Bourdais. In-18. 1 fr.

Stabulation (*De la*) de l'espèce bovine, p. le bar. Peers. 1 v. in-18. 1 25

Végétaux (*De la nutrition des*) considérée dans ses rapports avec les assolements, par le baron de Babo. 1 vol. in-18. 1 fr.

Vers à soie (*Guide de l'éleveur de*), par MM. Guérin-Méneville et Eugène Robert. 1 vol. in-18 avec figures. 75 c.

Vinification (*Traité pratique de*), par E. Ray. 2e édition. 1 vol. in-18. 1 25

Visite à un véritable agriculteur praticien, par Durand-Savoyat, propriétaire-cultivateur. 1 vol. in-18. 1 25

Abeilles.—Agriculture.—Amendements. — Bois. — Economie rurale. — Fumiers. — Oiseaux de basse-cour, etc.

Abeilles (*De l'Asphyxie momentanée des*) et des moyens de la pratiquer, ses avantages et ses inconvénients, par Hamet. In-18 orné de 10 fig. 50 c.

Abeilles (*Culture des*), par l'abbé Floquet, 1 vol. in-18. 1 fr.

Abeilles (*Educat. des*) et ruche française, par J. Varembey. In-8o. 1 75

Abeilles. — Guide du propriétaire d'abeilles, par S.-A. Collin, 3e éd. 1 vol. in-18, fig. (*Sous presse.*) 2 50

Abeille (*L'*) **italienne des Alpes.** Exposé sur l'art d'élever les reines italiennes de pure race, de les centupler en peu de mois, et de transformer en ruches italiennes les ruches communes, par Hermann. In-18. 1 fr.

Abeilles (*Méthode certaine et simplifiée pour soigner les*), par Féburier. 1 vol. petit in-18, fig. 1 25

Agriculteur commençant, par Schwerz, 5e édit. 1 vol. in-18. 1 25

Agriculture (*Cours d'*), par de Gasparin. 6 vol. in-8. 39 50

Agriculture. — Les lois naturelles de l'agriculture, par J. Liébig. 2 vol in-8o. 10 fr.

Agriculture moderne (*Lettres sur l'*), par J. Liébig. 1 vol. in-18. 3 50

Agriculture (*Traité d'*), publié sur le manuscrit de l'auteur, par de Meixmoron de Dombasle, 5 vol. in-8. 30 fr.

Agriculture — Traité élémentaire d'agriculture, par MM. GIRARDIN et DUBREUIL. 2e édit., 2 vol. in-18 ornés de 955 fig.   16 fr.

Agriculture élémentaire, théorique et pratique, par LAGRUE. 6e édit. 1 vol. in-18 cartonné avec grav.   1 25

Agriculture pratique. — Cours d'agriculture pratique professé à Orléans, en 1862, 1863 et 1864, par M. GAUCHERON et rédigé par M. COTELLE. 3 vol. in-12.   3 fr.

Agriculture pratique. — Cours d'agriculture pratique, publié sous la direction de A. YSABEAU. 4 vol in-18 illustrés de plus de 200 grav. 6 fr.

Agriculture pratique et raisonnée, par JOHN SINCLAIR, traduit de l'anglais par MATHIEU DE DOMBASLE, 1825. 2 vol. in-8o accompagnés de 9 planches. (Exemplaires reliés et brochés.)   15 fr.

Agriculture rationnelle. — Principes d'agriculture rationnelle, par J.-C. CRUSSARD. 1 fort vol. in-8o   8 fr.

Agriculture romaine. — Fragments d'études sur l'agriculture romaine (extraits des auteurs latins), par Isidore PIERRE. 1 vol. in-18. 1 50

Agronomie. — Recherches théoriques et pratiques sur divers sujets d'agronomie et de chimie appliquée à l'agriculture, par Isidore PIERRE. 2 vol. in-8o.   8 fr.

Le tome 1er contient : Fragments d'études sur l'état de la science des engrais et des amendements chez les anciens Romains. — Analyse des tourteaux de quelques graines oléagineuses. — Recherches expérimentales sur le poids des blés mouillés. — Etudes sur le colza, etc., etc.

Le tome 2 contient : Fragments d'études sur l'ancienne agriculture romaine. — Recherches expérimentales sur le poids de la graine de colza qui a été mouillée. — Recherches expérimentales sur le développement du blé.

Chaque volume se vend séparément.

Agronomie, Chimie agricole et Physiologie, par BOUSSINGAULT, 2e édit. 3 vol. in-8o accompagnés de 6 planches.   15 fr.

Amendements (*Traité des*). Marne, chaux, diverses espèces d'amendements, par PUVIS, 2e édit. 1 vol. in-12.   3 50

Ampélographie universelle, ou *Traité des cépages* les plus estimés, dar ODART, 5e édit. 1 vol. in-8o.   7 50

Animaux domestiques, par LEFOUR. 1 vol. in-18 et fig.   1 25

Animaux (*Recherches expérimentales sur l'alimentation et la respiration des*), par J. ALLIBERT. In-8.   1 50

Apiculture (*Cours pratique d'*), professé au jardin du Luxembourg par HAMET. 2e édit. 1 vol. in-18 orné de 100 fig.   3 fr.

Apiculture. — Mémoire à l'aide duquel une personne seule peut cultiver en toute saison 300 ruchées, les multiplier de bonne heure sans perte d'essaims et sans nuire au couvain des souches; les réduire de même; obtenir une majeure partie de leurs produits en corbillons de miel de choix, etc., par Prosper GRANDGEORGE. In-18 de 88 pages.   2 fr.

Apiculture. — Pratique complète d'apiculture rationnelle et profitable avec la ruche bretonne ordinaire et en paille, par un ancien président de comice du Finistère. 1 vol. petit in-18.   50 c.

Apiculture perfectionnée, ou Théorie et application pratique de la direction des rayons, par J. GRESLOT. 1 vol. in-12 avec planches. 1 fr.

Arbres (*Physique des*), ou Traité de leur anatomie et de l'économie végétale, par DUHAMEL DU MONCEAU. 2 vol. in-4, fig. (D'occasion.) 20 fr.

Arbres et Arbustes (*Traité des*) qui se cultivent en France en pleine terre, par DUHAMEL DU MONCEAU. 2 vol. in-4, fig. (D'occasion.) 25 fr.

Arbres et leur culture (*Semis et plantations des*), par DUHAMEL DU MONCEAU. 1 vol. in-4, fig. (D'occasion.)   12 fr.

Assolements (*Les*) et les **systèmes de culture**, par Gustave HEUZÉ. 1 vol. in-8o orné de fig. dans le texte.   9 fr.

Atmosphère (*L'*) est un engrais complet, par le docteur Schneider. In 8°.   60 c.
Atmosphère, Sol, Engrais, par Bobierre. 1 gros vol. in-18.   5 fr.
Basse-Cour (*Manuel de la fille de*), contenant des instructions pour élever, nourrir, engraisser tous les animaux de la basse-cour, etc., par Malézieux. 1 vol. in-18, orné de 38 planches.   3 fr.
Basse-Cour, Pigeons et Lapins, par Mme Millet. 4e édit. fig 1 25
Baux à ferme (*Etude sur les*), par Villard. In-8.   1 fr.
Bêtes bovines (*L'éleveur de*), par Villeroy. in-18 et fig.   1 25
Bêtes bovines (*Traité des*), par Weckherlin. 1 vol. in-12.   3 50
Bêtes ovines (*Traité des*), par Weckherlin. 1 vol. in-12.   3 50
Betteraves. Production agricole et richesse saccharine des betteraves ensemencées à différentes époques, par Marchand. in-8.   1 50

Bibliothèque agricole du midi de la France :

Cours élémentaire d'agriculture pratique, par Louis Fabre, directeur de la ferme-école de Vaucluse. 2 vol. in-18 ornés de 80 grav. 2 50
Principes d'agriculture à l'usage des écoles primaires, par le même. 2e édit. 1 vol. in-18 orné de 70 gravures.   1 25
Manuel du bon cultivateur, par le même. 1 vol. in-18.   1 50

Bœuf. Engraiss. du bœuf, par Vial. 1 vol. in-18 orné de 12 fig. 1 25
Bois. — Cours élémentaire de culture des bois, par Lorentz et Parade, 4e édition. 1 vol. in-8°.   8 fr.
Bois (*De l'Exploitation des*), par Duhamel du Monceau. 2 vol. in-4, fig. (*D'occasion.*)   25 fr.
Bois (*Du transport, de la conservation et de la force des*), par Duhamel du Monceau. 1 vol. in-4, fig. (*D'occasion.*)   8 fr.
Bois (*Culture et exploitation des*), par Thomas. 2 vol. in-8, fig. 10 fr.
Bois (*Traité du cubage des*), ou Tarifs pour cuber les bois carrés ou de charp., les bois en grume au 5e et au 6e réduit, par Gussor. In-8, 4e éd. 1 25
Bois en grume (*Tarif métrique pour la réduction des*) en bois équarris, mesurés de 3 en 3 centim., etc., par Fouchard. In-18.   2 50
Bon fermier (*Le*). Aide-mémoire du cultivateur, par Barral. 2e édit. 1861-62. 1 vol. in-18 orné de 230 grav.   7 fr.
Calendrier apicole. — Almanach des Cultivateurs d'abeilles pour 1865, par MM. Hamet et Collin. In-18 orné de 14 fig.   50 c.
Calendrier du bon Cultivateur, par Mathieu de Dombasle, 10e édit. 1 vol. in-12 avec planches.   4 75
Cailles, Faisans et Perdrix. (*Voir* page 16.)
Canards. (Voir *l'Education des poules*, de F. Alexis Espanet, page 4.)
Causeries sur l'agriculture et l'horticulture, par P. Joigneaux. 1 vol. in-18 orné de 27 grav.   3 50
Cheval (*Achat du*), par Gayot. 1 vol. in-18 et fig.   1 25
Cheval. — Choix du cheval, ou description de tous les caractères à l'aide desquels on peut reconnaître l'aptitude des chevaux aux différents services, par J. Magne. 1 vol. in-18 orné de 21 fig. dans le texte. 2 fr.
Cheval. — Histoire du cheval chez tous les peuples de la terre depuis les temps les plus anciens jusqu'à nos jours, par Ephrem Houel. 2 vol. in-8°.   10 fr.
Chevaux de pur sang, en France et en Angleterre, par Ephrem Houel. 1re partie (*Angleterre*), in-8° de 136 pages.   5 fr.
La 2e partie est *sous presse.*
Cheval, Ane et Mulet, par Lefour. 1 vol. in-18 et fig.   1 25
Chèvres. (*Voir* p. 3.)

Chimie agricole (*Analyse des cours de*), professés en 1858, 1860, 1861, et 1862, par Malaguti. 4 vol. in-18. 4 fr.

Chimie agricole (*Petit Cours de*), à l'usage des écoles primaires, par F. Malaguti. 1 vol. in-18, fig. 1 25

Chimie agricole, ou l'agriculture considérée dans ses rapports avec la chimie, par Isidore Pierre, 3ᵉ édit. 1 vol. in-18 avec fig. 4 fr.

Chimie appliquée à l'agriculture. Précis des leçons professées depuis 1852 jusqu'à 1862, par Malaguti. 3 vol. in-18. 10 50

Chimie usuelle (*La*) appliquée à l'agriculture et aux arts, par Stockhardt, trad. de l'allemand sur la 11ᵉ édit. In-18, 225 grav. 4 50

Choux. — Les choux, culture et emploi, par P. Joigneaux. 1 vol. in-18 orné de 14 figures. 1 25

Comptabilité agricole, par Saintoin-Leroy, comprenant :
Mémorial de l'agriculteur, contenant les tableaux propres à recevoir les notes et renseignements indispensables à tous les fermiers ou propriétaires. 1 vol. in-4° oblong. 4 fr.
Livre de caisse, faisant suite au précédent. In-4° oblong. 2 50
Manuel de la comptabilité agricole pratique, en partie simple et en partie double. 1 vol. grand in-8° avec tableaux. 3 fr.

Mémorial-Caisse, ou Registre de la petite culture à l'usage de l'enseignement élémentaire de la comptabilité agricole dans les Écoles primaires. In-8° oblong. 1 25

Comptabilité agricole. — Notions pratiques sur la comptabilité agricole en partie simple et en partie double, à l'usage des cultivateurs, des fermiers, des propriétaires, etc., par J. Schneider. In-18. 1 fr.

Comptabilité et géométrie agricoles, par Lefour. in-18, fig. 1 25

Conseils aux agriculteurs sur les moyens de prévenir l'enflure des vaches, par Papin. In-18. 40 c.

Conseils aux cultivateurs bretons sur l'hygiène des animaux domestiques, par Papin. 1 vol. in-12. 1 75

Constructions et mécaniques agricoles, par Lefour. in-18. fig. 1 25

Courses au trot, par Ephrem Houel, 2ᵉ édit. 1 vol. in-8°. 5 fr.

Cubage des bois en grume et équarris (*Tarif de poche* ou *Traité portatif du*), s'appliquant aux divers systèmes en usage ; vade-mecum des agents forestiers, etc., par Hurtault-Bance. In-18. 80 c.

Cubage des bois équarris (*Tarif métrique pour le*), etc., par Fouchard père. 1 vol. in-18. 4 fr.

Culture améliorante (*Principes de*), par Lecouteux. 2ᵉ éd. in-18. 3 50

Culture générale et instrum. aratoires, par Lefour. in-18. 1 25

Culture. — Traité des entreprises de grande culture, ou principes généraux d'économie rurale, par E. Lecouteux. 2 vol. in-8°. 15 fr.

Dindes. (Voir l'*Education des Poules*, de F. Alexis Espanet, page 4.)

Distilleries agricoles. — Traitement des diverses matières alcoolisables : vins, marcs, grains, pommes de terre, fécule, etc. Exposé de tous les procédés applicables à l'industrie rurale, par Ch. Barbier. In-8° de 110 pages avec 67 figures dans le texte. 5 fr.

Economie domestique, par Mᵐᵉ Millet-Robinet, 3ᵉ édit. 1 vol. in-18 orné de 77 figures. 1 25

Economie rurale, considérée dans ses rapports avec la chimie, la physique et la météorologie, par J.-N. Boussingault. 2 v. in-8, 2ᵉ éd. 15 fr.

Egide du monde agricole, ou prévisions et conseils du plus haut intérêt pour les agriculteurs et les négociants en grains et farines, par Ducrotoy. 1 vol. in-8°. 3 fr.

Encyclopédie pratique de l'Agriculteur, publiée sous la direction de

MM. Moll et Eugène Gayot. — Cet ouvrage sera complet en 15 ou 18 vol. Les tomes 1 à 10 sont en vente. Prix de chaque volume avec de nombreuses figures dans le texte. 7 fr.

Engrais (Des), ou l'art d'améliorer les plus mauvaises terres par les amendements et les engrais de toute nature, par Ducoin. 1 vol. in-18. 1 fr.

Engrais. — Du système de culture fondé sur l'emploi exclusif du fumier de ferme, et résumé de quelques notions et principes importants en matière d'engrais, de nutrition végétale et de culture, d'après les recherches et travaux de MM. Liebig, Boussingault, Malaguti, Bobierre, etc., par Dumay, 2e édition in-8°. 1 fr.

Engrais azotés (Des), par de Gasparin, extrait par Gueymard, avec un tableau comparatif de la puissance de 119 engrais. In-18. 25 c.

Engrais de commerce. — Guide pratique du cultivateur pour le choix, l'achat et l'emploi des engrais de commerce. Origine, composition, valeur, effets, durée, modes d'emploi, prix, garanties, recours en cas de fraude, etc., par A. Dudouy. 1 vol. in-18. (Sous presse.) 2 50

Engraissement (Observations et conseils pratiques sur l') des veaux, des vaches et des bœufs, par Favre d'Evire. 1824, in-8. 75 c.

Essais gleucométriques faits en 1862 sur cent variétés de raisin, par le docteur Fleurot. In-8. 1 fr.

Faisans, Cailles et Perdrix. (Voir page 16.)

Fécondation (De la) et de l'Éclosion artificielle des œufs de poisson et de l'éducation du frai, par Godenier. In-8. 1 fr.

Fermage (Estimation, plan d'amélioration, baux), par de Gasparin. in-18. 1 25

Fermentation vineuse. Leçons sur la fermentation vineuse et sur la fabrication du vin, par Béchamp. 1 vol. in-18. 2 50

Flore forestière. Description et histoire des végétaux ligneux qui croissent spontanément en France, etc., par Mathieu. 2e édit. 1 vol. in-8°. 9 fr.

Forêts. — Cours d'aménag. des forêts, par Nanquette. 1 vol. in-8° 6 fr.

Fours économiques à circulation d'air chaud, par A. Castermann. 1 vol. grand in-8 avec 5 pl., 2e édit. Bruxelles. 2 50

Fosse (La) à fumier, par Boussingault. In-8. 1 25

Fromage de Hollande. — Fabrication de fromage façon de Hollande, par Le Sénéchal, directeur de la vacherie impériale de Saint-Angeau. In-18 avec 20 fig. 50 c. Fait partie de l'Almanach de l'Agriculteur praticien pour 1865.

Fumiers. Des fumiers et autres engrais animaux, par J. Girardin, 6e édit. 1 vol. in-18 orné de 62 fig. 2 50

Fumier de ferme et compost, par Fouquet. 2e édit. in-18. 1 25

Fumier de ferme et d'écurie (Sur un nouveau mode de fabrication du), ou la litière-fumier, par Ch. Brame. 2 broch. in-8° av. pl. 50 c.

Gardes forestiers (Guide pratique à l'usage des), traitant des arbres et arbustes forestiers, de l'ensemencement des diverses espèces et de l'agriculture forestière, etc., etc., par Vidal. 1 vol. in-8° et 4 lithog. 3 fr.

Guano. — Du guano des mers du Sud, avec une carte des îles Chincha, par G. Cuzent. In-8°. 1 fr.

Houblon, par Erath. 1 vol in-18. fig. 1 25

Hygiène vétérinaire appliquée. Étude de nos races d'animaux domestiques, multiplication, élevage, par Magne. 2e édit. 2 vol. in-8°. 16 fr.

Il faut semer clair, ou Moyen de remédier à la disette des céréales, trad. de l'anglais de Davis, par de Thier. In-18. 30 c.

Incubation (De l') artificielle, par A. Leroy. In-18 avec 2 fig. 50 c.

Indispensable du Cultivateur (L'), contenant : barème des mesures de capacité usitées en France pour les grains, comparées entre elles pour les poids et les prix, et aux 100 kilos, etc., par Bathias, petit in-18. 2 fr.

— 8 —

Jardin du Cultivateur, par Naudin. 1 vol. in-18. 1 25

Jaugeages. — Recueil de procédés de jaugeages, depuis le volume d'une source jusqu'à celui de tous les cours d'eau, à l'usage de l'agriculture et de toutes les industries comme force motrice, par Gueymard. in-8°. 2 50

Laiterie, Beurre et Fromages, par Félix Villeroy. 1 vol. in-18 orné de 59 figures. 3 50

Landes de Bretagne (*Mise en valeur des*) par le défrichement et par l'ensemencement en bois, par le général de Lourmel. In-8. 2 fr.

Lapin domestique (*Instruction élément. pour élever le*), in-18. 50 Fait partie de l'*Almanach de l'Agriculteur praticien*, 1861.

Livre de la Ferme (*Le*) et des Maisons de campagne, publié sous la direction de P. Joigneaux. 2 vol. grand in-8° ornés de nombreuses fig. dans le texte. 32 fr.

Maison rustique des Dames, par Mme Millet-Robinet. 5e édit. 2 vol. in-18, ornés de 236 grav. 7 75

Maison rustique du XIXe siècle, publiée sous la direction de MM. Bailly, Bixio et Malepeyre. 5 vol. gr. in-8 ornés de 2,500 gr. 39 50

Matières fertilisantes, *engrais solides, liquides, naturels et artificiels,* par Gustave Heuzé, 4e édit. 1 vol. in-8. 9 fr.

Médecine vétérinaire. — Notions usuelles, par Sanson. 1 vol. in-18 avec figures. 1 25

Métairies. — Manuel du propriétaire de métairies, par J. Rieffel. 1 vol. in-18. 3 50

Métuyage. Contrat, effets, améliorations, par de Gasparin. 2e éd. in-18. 1 25

Mouches à miel (*Traité sur les*), suivi des procédés pour faire le miel et la cire, avec divers modèles de ruche, par Bonnardel. In-8. 1 50

Noir animal (*Le*). Analyse, emploi, vente, par Bobierre. in-18. 1 25

Oies. (Voir *l'Éducation des poules* de F. Alexis Espanet, page 4.)

Oie et Canard. Des moyens à employer pour les engraisser afin d'en tirer de meilleurs produits, par Comarmond. In-8°. 1 fr.

Oiseaux de basse-cour (*Manuel de l'éleveur d'*) et de **Lapins,** par Mme Millet-Robinet, 2e édit. 1 vol. in-12 avec gravures. 1 25

Osier (*Traité pratique de la culture de l'*) et de son usage dans l'industrie de la vannerie fine et commune, suivi d'un aperçu sur l'art du vannier, par A. Moithier. 1 vol. in-8 avec 4 pl. 2 fr.

Œuvres de Jacques Bujault, complétées et accompagnées de notes inédites par J. Rieffel et Ayrault, 3e édit. 1 vol. grand in-8 orné de 33 grav. 6 fr.

Pêche. *Voyez* **La chasse et la pêche,** *page 16.*

Phosphates (*Recherches sur l'emploi agricole des*), par P. Dehérain. 1 vol. in-8°. 2 fr.

Pisciculture. Rapp. sur le repeupl. des cours d'eau et sur les travaux de piscic. de M. Millet, suivi des *Étud. sur les fécondations artificielles des œufs de poisson,* par MM. de Quatrefages et Millet. In-8. 1 25

Pisciculture et culture des eaux, par P. Joigneaux. 1 vol. in-18 orné de 61 figures. 3 50

Plantes fourragères, par Gustave Heuzé, professeur d'agriculture à Grignon, 3e édit. 1 vol. in-8 orné de 18 pl. col. et de 38 vign. 10 fr.

Plantes fourragères (*Traité des*), par H. Lecoq. 2e édit. 1 vol. in-8° orné de 40 grav. 7 50

Plantes industrielles (*Les*), par Gustave Heuzé. 2 vol. in-8 ornés de 21 vignettes et de 10 pl. col. 18 fr.

Plantes racines, par Ledocte. in-18. fig. 1 25

Poulailler (*Le*). Monographie des poules indigènes et exotiques, par Ch. JACQUE. 2e édit. 1 vol. in-18, 117 grav.   3 50

Poules (*Des*), ou Réformation de la basse-cour, par BEAUFORT DE LA-MARRE. In-8.   75 c.

Poules (*Éducation des*), par BEAUFORT DE LAMARRE, suivie du *Chaponnage et de l'Engraissement de la Volaille* dans le Maine et la Bresse. In-18.   25 c.

Poules (*Éducation des*), par MARIOT-DIDIEUX. 1 vol. in-18. 3 50

Poules et Œufs, par E. GAYOT. 1 vol. in-18 orné de 38 fig.   1 25

Poules (*Maladies des*). Causes et traitement. Trad. de l'angl. In-18. (Fait partie de l'*Almanach de l'Agriculteur praticien, 1862.*)   50 c.

Prairies, par DEMOOR. in-18. fig.   1 25

Prairies artificielles. Des causes de diminution de leurs produits; études sur les moyens de prévenir leur dégénérescence, par Isidore PIERRE, mémoire couronné par la Société d'agric. d'Orléans. 1 vol. in-18.   1 fr.

Prairies artificielles (*Essai sur les*), luzerne, trèfle ordinaire, trèfle printanier et sainfoin ou esparcette, par H. MACHARD. 1 vol. in-18.   1 fr.

Propriétaire architecte, contenant des modèles de maisons de ville et de campagne, de remises, écuries, orangeries, serres, etc., par U. VITRY. 2 vol. in-4 avec 100 grav.   20 fr.

Races bovines, par DAMPIERRE. 1 vol. in-18 fig.   1 25

Révolution agricole, ou moyen de faire des bénéfices en cultivant les terres, par V.-F. LEBEUF. 1 vol. petit in-18.   3 fr.

Ruches. — Les ruches de tous les systèmes, ou examen et description des ruches anciennes et modernes, avec 51 fig. dans le texte, par BUZAIRIES, avec des notes par HAMET. In-8.   1 50

Ruche à espacements (*Notice sur la*) et sa culture, par SAURIA. In-8° avec 3 planches et tableaux.   1 fr.

Sangsues (*De l'Élève et de la Multiplication des*), visite aux marais des environs de Bordeaux, par QUENARD. In-8.   75 c.

Sangsues (*Notice sur le marais à*) de Clairefontaine, par E. SOUBEIRAN. In-8.   75 c.

Sarrasin (*Recherches analytiques sur le*), considéré comme substance alimentaire, par Isidore PIERRE. In-8°.   1 25

Science hippique. — Cours professé à l'École des haras pendant les années 1848, 1849 et 1850, par Éphrem HOUEL. 1 vol. in-8°.   5 fr.

Sol et Engrais, par LEFOUR. 1 vol. in-18.   1 25

Sorgho (*Composition chimique et extraction du sucre de la canne de*), par Paul MADINIER. In-8.   60 c.

Sorgho (*De l'Introduction et de l'Acclimatation du*) dans le nord de la France, etc., par DUMONT-CARMENT. In-8.   1 50

Sorgho à sucre (*Le*). Culture, récolte, emploi de la graine, extraction du jus sucré, distillation, etc., par Paul MADINIER. In-8.   60 c.
(Extrait de l'*Agriculteur praticien.*)

Sorgho sucré (*Le*), sa culture comme plante fourragère et comme plante alcoolisable et saccharine, par Louis HERVÉ. In-8.   60 c.

Soufrage des vignes (*Instruction sur le*), par LE CANU. In-18. 50 c.

Soufrage des Vignes malades (*Manuel pour le*). Emploi du soufre, ses effets, par H. MARÈS. 4e édit. 1 vol. in-18, fig.   1 fr.

Tarif métrique pour la réduction des bois en grume et carrés, etc., par J.-F. LECLERC. In-8   3 fr.

Taupier (*L'Art du*), ou Méthode amusante et infaillible pour prendre les taupes, par DRALET. 16e édit. 1 vol. in-12, fig.   1 fr.

Topinambour, offert comme moyen d'améliorer les plus mauvais terrains, etc., par CÉNAS, 3e édit. In-8.   1 fr.

Travaux des champs, par Victor Bonie. in-18 avec fig. 1 25
Truite. — De la pisciculture de la truite, par Comarmond. In-8. 1 50
Vaches laitières (*Traité des*) et l'espèce bovine en général, par F.
Guénon, 4e édit. 1 vol. in-8°, nombreuses fig. 6 fr.
Vaches laitières (*Abrégé du traité des*) par F. Guénon. 1 vol. in-18,
nombreuses fig. 2 fr.
Vaches laitières (*Choix des*), par Magne. 1 vol. in-18. fig. 1 25
Vache laitière (*Traité spécial de la*) et de l'élève du bétail, par
Collot, 2e édit. 1 vol. in-8° et planches. 6 fr.
Vers à soie (*Conseils aux nouveaux éducateurs de*), par F. de
Boullenois, 2e édit, 1 vol. in-8°. 3 50
Vers à soie de l'ailante et du ricin (*Education des*) et culture des
végétaux qui les nourrissent, par Guérin-Ménevillle. in-12. 1 50
Vers à soie. — La maladie des vers à soie; conseils aux éducateurs,
par A. Jeanjean. 1 vol. in-18. 1 25
Vigne (*Nouvelle Culture de la*) en plein champ, sans échalas ni
attaches, par Trouillet. 3e édit. in-18 avec 15 gravures. 2 fr.
Vigne (*Régénération de la*) par une nouvelle plantation, par
E. Trouillet. In-18. 75 c.
Vigne. — Résumé des opérations à suivre pendant le cours de la végé-
tation de la vigne et étude de la rupture des bourgeons à l'état herbacé,
par E. Trouillet. Tableau in-folio, fig. et texte. 50 c.
Vigne (*Culture de la*) **et vinification**, par J. Guyot. 1 vol. in-18. Fig.
dans le texte. 3 50
Vigne. — Le quatrième livre du *Rustican de Pierre Crescenzi*,
consacré à la vigne, à sa culture et à l'étude de son produit. In-8. 2 fr.
Traduct. d'une partie d'un ouvrage publié pour la première fois en 1471.
Vigne (*Nouveau mode de culture et d'échalassement de la*),
applicable à tous les vignobles où l'on cultive les vignes basses, par
T. Collignon. 1 vol. in-8 avec 3 pl. 3 fr.
Vigneron (*Manuel du*). Exposé des divers procédés de culture de la
vigne et de vinification, par Odart. 3e édit. 1 vol. in-18. 4 50
Vignes rouges et vins rouges en Maine-et-Loire, par Guillory aîné.
1 vol. in-8 avec pl. 2 50
Vignobles. — Culture perfectionnée et moins coûteuse des vignobles,
par A. Dubreuil. 1 vol. in-18, orné de 144 fig. dans le texte. 3 50
Vin. — L'art de faire le vin, par Ladrey. 1 vol. in-18. 3 fr.
Viticulture. Etudes comparées sur la viticulture, par Pistor-Paillet.
In-12. 75 c.

Bibliothèque de l'Horticulteur praticien.

Almanach du Jardinier-Fleuriste pour 1865, suivi de notes sur le
jardin potager, 12e année. 1 vol. in-18 avec fig. dans le texte. 50 c.
Les années 1859, 1860, 1861, 1863 et 1864, chaque 50 c.
Arbres fruitiers (*Des*) **et de la Vigne**, par Ysabeau. 1 vol. in-18. 75 c.
Arbres fruitiers et de la Vigne (*Nouvelle Méthode de taille des*),
par Picot-Amette. 3e édit. 1 vol. in-18 orné de 37 grav. dans le texte. 1 50
Arbres fruitiers (*Instructions élémentaires sur la taille des*), par
Lachaume. 1 vol. in-18 orné de 20 fig. 1 fr.
Arbres fruitiers (*Les*). Manuel populaire de culture, marcottage, bou-
turage, greffage et taille, par P. Joigneaux. 1 vol. in-18 orné de 111 grav.
et du portrait de van Mons. 2 50
Asperges (*Instructions pratiques sur la plantation des*), par Bos-
sin. 2e édition. 1 vol. in-18. 75 c.

Bouturer, greffer, marcotter et semer (*Guide pour*) les plantes d'ornement, annuelles ou vivaces, arbres et arbustes, extrait en partie du JARDIN FLEURISTE, par Ch. LEMAIRE et LEQUIEN. in-18 orné de 35 fig. 1 fr.

Camellias (*Culture des*), par DE JONGHE. 2e édit. 1 vol. in-18. 1 fr.

Champignons (*Culture des*), avec l'indication d'une nouvelle méthode pour en obtenir en tous lieux par l'emploi de la mousse, suivi d'une nomenclature des champignons comestibles et vénéneux, par SALLE, 2e édit. 1 vol. in-18, fig. dans le texte. 1 fr.

Chrysanthème de l'Inde (*Culture du*), suivie de la description de 250 variétés, par BERNIEAU. 1 vol. in-18. (*Sous presse.*)

Fuchsia (*Histoire et Culture du*), suivies de la description de 540 espèces et variétés, par F. PORCHER. 1 vol. in-18. 3e édit. 2 fr. 25

Jardin Fleuriste (*Le*), ou Instructions pour la culture des plantes d'ornement, annuelles ou vivaces, arbres et arbustes, oignons à fleurs, etc., par Ch. LEMAIRE et LEQUIEN. 2e édit. 1 vol. in-18 orné de 31 figures. 3 50

Jardins. — Tracé et paysage des jardins, par le comte Raoul DE CROY. 1 vol. in-18 avec fig. dans le texte. (*Sous presse.*)

Melons (*Culture des*). Méthode simple et précise pour obtenir les melons d'une grosseur extraordinaire, etc., par DUFOUR DE VILLEROSE. 2e édit. 1 vol. in-18 orné de 5 grav. 1 fr.

Pêcher. — Instructions pratiques sur la culture du pêcher, par LASNIER. In-18. 50 c.

Poirier. — Culture du poirier. comprenant la plantation, la taille, la mise à fruit et la description abrégée des cent meilleures poires, par Ch. BALTET. 3e édit. des *Bonnes Poires*, 1 vol. in-18. 1 fr.

Fruits et légumes de primeur (*Traité général de la culture forcée par le thermosiphon des*), par le comte LÉONCE DE LAMBERTYE. Cet ouvrage sera publié en six livraisons de 48 pages in-8°. Prix de chaque livraison. 1 25

Les livraisons seront ainsi composées :

Melon et Concombre, 1 livr. ; — **Ananas**. 1 livr. ; — **Vigne**, 1 livr. ; — **Fraisier**, 1 livr. ; — **Groseillier, Framboisier, Figuier**, 1 livr. ; — **Pêcher, Prunier, Cerisier, Abricotier**, 1 livr. ; — **Tomates, Haricots**, 1 livr.

Les livraisons **Vigne, Melon et Concombre** et **Fraisier** *sont parues*. Des rapports très-favorables de cet ouvrage ont déjà été faits par la *Société impériale d'Horticulture de Paris* et par un grand nombre de Sociétés les plus importantes des départements.

Arbres fruitiers, Botanique, Culture potagère, Jardinage.

Annuaire horticole pour 1865, contenant les adresses des principaux horticulteurs, pépiniéristes et grainiers de l'Europe, avec l'indication de la spécialité de leurs cultures, etc., par INGELREST. In-12. 1 50

Arboriculture (*L'*) **des Écoles primaires.** ou Notions d'arboriculture fruitière mises à la portée des enfants, par J. BRÉMOND. 2e édit., 1 vol. in-18 et atlas. 2 fr.

Arboriculture (*L'*) **fruitière en 26 leçons**, par GRESSENT. 2e édit. 1 vol. in-18 avec 192 fig. explicatives. 6 fr.

Arboriculture (*Cours d'*), par DUBREUIL. 5e édit. 2 vol. in-18. 12 fr.

Arboriculture. Leçons élémentaires, théoriques et pratiques d'arboriculture, par GRESSENT. in-18. 1 50

Arboriculture (*Notions préliminaires d'*) à la portée de tout le monde. Conseils pratiques, par E. TROUILLET. 2e édit. In-18 orné de 21 fig. 1 fr.

Arbres fruitiers. — Le pincement court ou méthode de direction des arbres, et notamment du pêcher, par Grin aîné. In-8 èt 5 pl. 1 50

Arbres fruitiers. Manuel théorique et pratique de la culture forcée des arbres fruitiers, comprenant tout ce qui concerne l'art de faire mûrir leurs fruits hors de saison, par Pynaert. 1 vol. in-18 orné de 12 fig. 5 fr.
<small>Cet ouvrage a été couronné par la Société impériale d'horticulture de Paris.</small>

Arbres fruitiers (*Instruction élémentaire sur la conduite des*), par Dubreuil. 5e édit. 1 vol. in-18, fig. 2 50

Arbres fruitiers (*Tableau de la conduite et de la taille des*), avec texte explicatif, par l'abbé Dupuy. In-plano. 2 fr.

Arbres fruitiers. Taille et mise à fruit, par Puvis. 1 vol. in-18. 1 25

Arbres fruitiers (*Pratique raisonnée de la taille des*) et de la vigne, par Cossonet. 1 vol. in-8, avec 21 planches. 5 fr.

Arbres fruitiers (*Taille raisonnée des*), par J.-A. Hardy. 5e édit. 1 vol. in-8 avec figures. 5 50

Arbres fruitiers (*Traité de la culture des*). Procédé pour hâter et assurer une abondante récolte de fruits même sur les arbres les plus stériles, etc., par Poulet. In-8º. 50 c.

Arbres fruitiers. — Traité de la culture des arbres fruitiers, contenant une nouvelle méthode de les tailler, avec une méthode particulière de guérir les maladies qui attaquent les arbres fruitiers, par Forsyth, 2e édit., 1805. 1 vol. in-8º orné de 13 pl. (Exempl. broch. ou rel.) 5 50

Arbres fruitiers (*Traité des*), contenant leur figure, leur description, leur culture, etc., par Duhamel du Monceau, 1768. 2 vol. grand in-4º reliés, ornés de 181 planches gravées. 45 fr.

Asperges. Culture en plein air, par Lhérault-Salboeuf, in-18. 50 c.

Asperges. Les asperges, les fraises et les figues, par Lebeuf, 2e édit.. 1 vol. in-18. 1 50

Asperges (*Culture des*), par Loisel. 1 vol. in-12. 1 25

Bon Jardinier (*Le*) pour 1865, par Poiteau, Vilmorin, Decaisne, Neumann, Pepin. 1 vol. in-12. 7 fr.

Bon Jardinier (*Figures de l'Almanach du*), par Decaisne, 20e éd., 632 grav. et 45 pl. 1 vol. in-12. 7 fr.

Botanique populaire, contenant l'histoire de toutes les parties des plantes, par H. Lecoq. 1 vol. in-18 orné de 215 grav. 3 50

Botaniste (*Petit Manuel du*) et de l'Herboriste, suivi de principes de médecine, de pharmacie, etc. 2e éd. 1 vol. in-12.) 1 75

Boutures. (*Voir le* **Jardin fleuriste**, page 11.)

Cactées. — Monographie de la famille des cactées, suivie d'un traité complet de culture, etc., par Labouret. 1 vol. in-18. 7 50

Catalogue descriptif et raisonné des arbres fruitiers et d'ornement pour 1863, par André Leroy. In-8. 1 fr.

Catalogue raisonné et précédé d'instr. sr la plant., la taille des arbres fruitiers, arbustes et rosiers cultivés chez Jamain et Durand. In-4. 1 50

Champignons et Truffes, par Rémy. in-18 avec 12 pl. color. 3 50

Chasselas (*Culture du*), à Thomery, par Rose Charmeux. 1 vol. in-18 orné de 41 fig. 2 fr.

Concombre. — Culture forcée. *Voyez* **Melon**, page 11.

Conifères de pleine terre. Notice sur 86 variétés, par Paul de Mortillet, 2e édit. in-8. 1 50

Conifères (*Traité général des*). Description, synonymie, procédés de culture et de multiplication, par A. Carrière. 1 vol. in-8. 10 fr.

Culture maraîchère de Paris, par Moreau et Daverne. 2e éd. in-8. 5 fr.

Culture maraîchère, par Courtois-Gérard. 4e éd. 1 vol. in-18. 3 50

Culture maraîchère dans les petits jardins, par Courtois-Gérard. 4e édit. 1 vol. petit in-18 avec 15 grav. 1 fr.

Culture potagère (*Nouv. Traité de*), par JOIGNEAUX, 1 vol. in-18. 2 25

Encyclopédie horticole, par CARRIÈRE, 1 vol. in-18.   5 fr.

Fécondation naturelle et artificielle des végétaux (*De la*) et de l'hybridation, par H. LECOQ. 2ᵉ édit., 1 vol. in-8 orné de 106 grav. 7 50

Fleurs coloriées (*Album de*) annuelles et vivaces, par VILMORIN-ANDRIEUX. 12 planches sont en vente. Chaque planche avec texte.   4 fr.

Fleurs (*De la Culture des*) dans les appartements, sur les fenêtres et dans les petits jardins, par COURTOIS-GERARD. 4ᵉ édit. In-18.   1 fr.

Fleurs (*Instructions pour les semis de*) de pleine terre, par VILMORAIN-ANDRIEUX. 4ᵉ édit. In-16.   75 c.

Flore élémentaire des jardins et des champs, avec des clefs analytiques conduisant promptement à la détermination des familles et des genres, et un vocabulaire des termes techniques, par LE MAOUT et DECAISNE. 2 vol. petit in-8.   9 fr.

Fraisier. — Sa culture forcée, par le comte DE LAMBERTYE. In-8. 1 25

Fraisier, sa botanique, son histoire, sa culture, par le comte LÉONCE DE LAMBERTYE. 1 vol. in-8.   5 fr.
Ouvrage honoré de la souscription de Son Exc. le ministre de l'agriculture et du commerce.
Couronné par les Sociétés d'horticulture de Bordeaux, Reims, Rouen, Tours, etc.

Fruits et Légumes de primeur (*Culture forcée des*). (*Voir* page 11.)

Graines et Fruits. — Des moyens de grossir les graines et les fruits, de doubler les fleurs et d'en varier à volonté les proportions et la forme, par Achille BARBIER. In-8.   1 fr.

Greffes diverses. (*Voir le Jardin fleuriste*, page 11.)

Horticulteur praticien (*L'*), Revue de l'horticulture française et étrangère, par MM. GALEOTTI, FUNCK, comte DE LAMBERTYE, MORREN, etc. 1858 à 1862. 5 vol. grand in-8º ornés de 120 planches coloriées et de gravures dans le texte.   40 fr.

Horticulture (*Entr. famil. sur l'*), par E.-A. CARRIÈRE. 1 vol. in-18. 3 50

Horticulture. Principes d'horticulture extraits des **Instructions pour les jardins fruitiers et potagers**, par DE LA QUINTINYE, avec notes sur les nouveaux modes de culture et de formes d'arbres fruitiers, etc., par Ch. MOREL. 1 vol. in-8º orné de 16 fig. dans le texte.   4 50

Jardin fleuriste (*Le*). Journal horticole et botanique, contenant l'histoire, la description et la culture des plantes les plus rares et les plus méritantes nouvellement introduites en Europe. Ouvrage complet en 4 gros vol. grand in-8º ornés de 432 planches coloriées et de fig. dans le texte. 50 fr.

Jardin fruitier. — L'Ecole du jardin fruitier, qui comprend l'origine des arbres fruitiers, le choix, la plantation, la transplantation des arbres; les pépinières, les greffes, la taille et les formes qu'on peut donner aux arbres fruitiers, etc., par DE LA BRETONNERIE, 1784 et autres dates. 2 vol. in-12 reliés ou brochés.   5 fr.

Jardin fruitier du Muséum, ou iconographie de toutes les espèces et variétés d'arbres fruitiers cultivés dans cet établissement, avec leur description, leur histoire, leur synonymie, etc., par J. DECAISNE. Cet ouvrage paraît par livraisons in-4º de 4 planches supérieurement gravées et coloriées avec texte. La 75ᵉ livr. vient de paraître. Prix de la livr. 5 fr.

Jardinage (*La pratique du*), par Roger SCHABOL. 2 vol. in-12 reliés. (*Rare et recherché.*)   6 fr.

Jardinage (*La théorie du*), par l'abbé Roger SCHABOL. 1 vol in-12 relié. (*Rare et recherché.*)   3 50

Jardinage (*Manuel de*), par COURTOIS-GÉRARD, 6ᵉ éd. 1 vol. in-18. 3 50

Jardinier amateur. — Petit dictionnaire manuel du jardinier amateur, par MOLÉRI. 1 vol. in-18.   2 50

Jardinier des fenêtres, des appartements, etc, par Rémy. 4e édit.
1 vol. in-18. 3 50

Jardinier fruitier (*Le*). Principes simplifiés de la taille des arbres
fruitiers, par E. Forney. 2 vol. in-8. fig. 8 fr.

Jardinier multiplicateur (*Guide pratique du*), ou Art de propager
les végétaux par semis, boutures, greffes, etc., par Carrière. In-18. 3 50

Jardinier paysagiste. — Guide pratique du jardinier paysagiste.
Album de 24 plans coloriés sur la composition et l'ornementation des
jardins d'agrément à l'usage des amateurs, propriétaires et architectes,
par Siebeck, avec introduction par Naudin. In-folio cart. 25 fr.

Jardinier solitaire (*Le*), ou Dialogues entre un curieux et un jardinier
solitaire, contenant la méthode de faire et de cultiver un jardin fruitier
et potager. etc., 1 vol. in-12 relié. (*Ancien et rare.*) 3 fr.

Jardins. — Manuel de l'amateur des jardins. Traité général d'horticulture, par Decaisne et Naudin. 1re partie. 1 vol. in-8 orné de 203 fig.
dans le texte. 7 50

Jardins (*Traité de la composition et de l'ornement des*), avec
161 pl. représentant, en plus de 600 fig., des plans de jardins, des ma-
chines pour élever les eaux, etc. 6e édit. 2 vol. in-4 oblong. 25 fr.

Jardin potager (*L'École du*), qui comprend la description des plantes
potagères, les qualités de terre et les climats qui leur sont propres, etc.;
la manière de dresser et conduire les couches, et d'élever des champignons
en toutes saisons, par de Combles. 2 vol. in-12 reliés. (*Rare.*) 6 fr.

Légumes coloriés (*Album de*), par Vilmorin-Andrieux. 13 planches
sont en vente. Chaque planche se vend séparément. 3 fr.

Légumes et Fruits, par Joigneaux. 1 vol. in-18. 1 25

Maladies des arbres fruitiers. Moyen très-simple de les prévenir et
de les guérir, par Lahaye. 1re partie : *Arbres à pepins* in-8o. 1 50

Melons (*Traité complet de la culture des*), par Loisel. 3e éd. 1 25

Melon et Concombre. — Leur culture forcée, par le comte de Lambertye. In-8o. 1 25

Œillets (*Culture des*), par Ragonot-Godefroy. In-12, fig. 2e éd. 1 25

Oignons à fleurs coloriés (*Album d'*), par Vilmorin-Andrieux. 4 livraisons sont en vente. Chaque planche se vend séparément. 4 fr.

Orchidées (*Culture des*). Instructions sur leur récolte, expédition et
mise en végétation, par Morel, 1 vol. in-8o. 5 fr.

Pêchers (*Traité de la culture des*), par de Combles. 1 vol. in-12.
(*Ouvrage ancien et rare.*) 3 fr.

Pêcher en espalier carré (*Pratique raisonnée de la taille du*), par
Al. Lepère. 5e édit. 1 vol. in-8 avec 8 planches. 4 fr.

Pelargonium, par Thibault. 1 vol. in-18. 1 25

Pensée (*La*), la **Violette**, l'**Auricule** ou Oreille-d'Ours, la **Primevère**. Histoire et culture, par Ragonot-Godefroy. in-18, fig. col. 2 fr.

Pépinières, par Carrière. 1 vol. in-18. 1 25

Plantes à feuillage coloré. — Recueil des espèces les plus remarquables servant à la décoration des jardins, des serres et des appartements, par J. Lowe et W. Howard. 1 vol. grand in-8 orné de 60 grav.
coloriées et de 46 gravures sur bois. 25 fr.

Plantes, Arbres et Arbustes (*Manuel général des*). Description et
culture de 25,000 plantes indigènes d'Europe ou cultivées dans les serres;
par MM. Hérincq et Jacques, pour les trois premiers volumes, et Du-
chartre, pour le 4e volume. 4 vol. petit in-18 à 2 colonnes. 36 fr.

Plantes de serre froide, par de Puydt. 1 vol. in-18. 1 25

Plantes de terre de bruyère. — Description, histoire et culture des
rhododendrons, azalées, camellias, bruyères, épacris, etc., par E. André.
1 vol. in-18 orné de 30 fig. 3 50

Poires. — Quarante poires pour les dix mois de juillet à mai. — Monographie divisée en quatre séries de dix poires, dont la maturation s'effectue pendant chacun des mois de juillet à mai, etc., par P. DE MORTILLET, 2ᵉ édit. 1 vol. in-8 avec 40 fig. au trait de grandeur naturelle. 3 50

Poirier (*Taille du*) **et du Pommier** en fuseau, par CHOPPIN. 1 vol. in-8, fig., 3ᵉ édition. 3 fr.

Potager moderne (*Le*). Traité complet de la culture des légumes, par GRESSENT. 1 vol. in-18. 6 fr.

Reine-Marguerite (*Culture de la*), par MALINGRE. In-18. 30 c.

Rose (*La*), histoire, culture, poésie, par P.-L.-A. LOISELEUR-DESLONGCHAMPS. 1 vol. in-12, fig. 3 50

Rose (*La*) chez les différents peuples, anciens et modernes ; description, culture et propriété des Roses, par CHESNEL, 1838. 1 vol. petit in-18. 1 25

Rosier (*De la Culture du*), avec quelques vues sur d'autres arbres et arbustes, par le comte LELIEUR, 1811. 1 vol. in-12. 1 25

Rosier. — La taille du rosier, sa culture, ses belles variétés, par E. FORNEY. 1 vol. in-18 orné de 52 fig. 2 fr.

Rosier, culture, multiplication. *Voir le Jardin fleuriste.*

Rosier, Violette, Pensée, etc., par MARX-LEPELLETIER. 1 vol. in-18. 1 25

Serres (*Art de construire et de gouverner les*), par NEUMANN, 2ᵉ éd. 1 vol. in-4 avec 23 pl. grav. 7 fr.

Thermosiphon (*L'Art de chauffer par le*), ou **Calorifère à air chaud**, par A***. 1 vol. in-4, avec 21 planches gravées. 2ᵉ édit. 3 fr.

Encyclopédie illustrée du Sportsman.

Chasseur infaillible. — Le Chasseur infaillible (*the Dead Shot*) ou Guide complet du sportsman pour l'usage du fusil, contenant des leçons progressives sur le tir de toute espèce de gibier, le tir aux pigeons, le dressage des chiens, par MARKSMAN, traduit de l'anglais sur la 3ᵉ édition par Ch. KERDOEL, augmenté d'un appendice sur le tir de la caille, des oiseaux de marais et du gibier de mer. 1 vol. in-18. 3 50

Chevaux. — Conseils aux acheteurs de chevaux, ou Traité de la conformation extérieure du cheval et de l'état de santé ou de maladie, avec de nombreuses instructions pour l'appréciation, avant la vente, des vices, défauts, affections, etc., suivi de la loi sur les vices rédhibitoires et la garantie du vendeur, par JOHN STEWART, traduit de l'anglais par le baron D'HANENS. 1 vol. in-18. 3 50

Écurie. — Economie de l'Ecurie. Traité de l'entretien et du traitement des chevaux (écurie, pansage, nourriture, boisson, travail), par JOHN STEWART, traduit de l'anglais sur la 7ᵉ édition par le baron D'HANENS. 1 vol. in-18. 3 50

Bécasse. Le Chasseur à la bécasse, par SYLVAIN (Th. POLET DE FAVEAUX). 1 vol. in-12 orné de 35 figures dans le texte. 3 50

Cailles, Perdrix, Colins ou Cailles d'Amérique. Guide pratique pour les élever, etc., par ALLARY. Edition augmentée d'un chapitre sur l'*Incubation artificielle*, par A. LEROY. 1 vol. in-18. Fig. 1 50

Chasse. Carnet de chasse. in-18 oblong, joli cartonnage, toile anglaise. 2 50

Chasse aux petits oiseaux. — Manuel du tendeur, récit de chasse aux petits oiseaux, suivi d'une notice sur le rossignol, par J. CRAHAY. 1 vol. in-18. 1 25

Chasse (*La*) **et la Pêche** en Angleterre et sur le continent. Trad. de divers ouvrages anglais, 1842. 1 vol. in-8°, orné de 52 grav. 3 50

Coq de bruyère (*La chasse au*). Histoire naturelle, mœurs, lieux habités par ces oiseaux. L'art de les chercher, de les tirer, de les élever en volière, par Léon DE THIER. 1 vol. in-18. 2 50

Faisans, Canards mandarins, Cygnes, etc. Guide pratique pour les élever, par ARTHUR LEGRAND. 1 vol. in-18 avec fig. 2 fr.

Oiseaux de volière (*Manuel de l'amateur des*), ou Instruction pour connaître, élever, conserver et guérir toutes les espèces d'oiseaux que l'on aime à garder en volière ou dans la chambre, par BECHSTEIN. Trad. de l'allemand sur la 2e édit. 1 vol. in-18. 3 50

Rossignols. Manuel sur l'art de prendre vivants et d'élever les rossignols, par CONORT. 1838. In-18. 2 50

JOURNAUX D'AGRICULTURE ET D'HORTICULTURE.

L'AGRICULTEUR PRATICIEN, *Revue de l'Agriculture française et étrangère*, publié avec la collaboration des Agriculteurs et Agronomes les plus distingués de la France et de l'étranger.

Ce Journal, dans lequel sont traitées toutes les questions agricoles les plus importantes, est le meilleur marché des Journaux publiés à Paris. Il paraît les 10 et 25 de chaque mois. — L'abonnement date du 1er janvier. La 12e année est en cours de publication.

PRIX DE L'ABONNEMENT POUR L'ANNÉE :

Paris, les départements, l'Algérie et la Corse............ 6 fr. » c.
Royaume d'Italie.................................... 7 »
Belgique, Espagne, Portugal, Suisse et Colonies.......... 7 50
Les onze années publiées............................... 55 »
Chaque année séparément............................... 6 »

L'APICULTEUR, *Journal des Cultivateurs d'abeilles, Marchands de miel et de cire*, publié sous la direction de M. HAMET.

Ce Journal paraît le 1er de chaque mois, par livraisons de 32 pages avec figures dans le texte. — L'abonnement date du 1er octobre. La 10e année est en cours de publication.

PRIX DE L'ABONNEMENT POUR L'ANNÉE :

Paris, les départements, l'Algérie et la Corse.............. 6 fr.
L'étranger, port en sus.

FLORE DES SERRES ET DES JARDINS DE L'EUROPE, description et figures des plantes les plus rares nouvellement introduites sur le continent ou en Angleterre, publiée par VAN HOUTTE.

Cet ouvrage paraît à des époques indéterminées, par cahiers grand in-8 composés de 9 planches coloriées et 32 pages de texte ornées de gravures sur bois. Le tome 15 est en cours de publication.

PRIX DE LA SOUSCRIPTION AU VOLUME :

Paris, les départements, l'Algérie et la Corse.,............ 38 fr
L'étranger, port en sus.

L'ILLUSTRATION HORTICOLE, *Journal spécial des serres et des jardins*, par LEMAIRE, et publié par VERSCHAFFELT. Un cahier grand in-8 tous les mois, grav. dans le texte et 4 pl. coloriées. La 12e année est en cours de publication.

PRIX DE L'ABONNEMENT : 18 FR.

ON S'ABONNE A CES JOURNAUX

En envoyant un bon de poste ou un mandat à vue sur Paris et sur *papier timbré*, à l'ordre de M. Ate GOIN, éditeur, rue des Ecoles, 82.

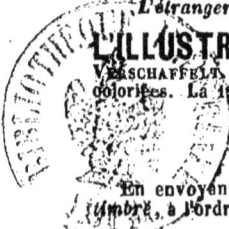

Evreux, A. HÉRISSEY, imprimeur. — 165

OUVRAGES DU MÊME AUTEUR

PETITS

DRAMES BOURGEOIS

ÉTUDES DE MŒURS

Un fort volume in-18 jésus. — Prix . . . . 3 fr. 50

LA

TRAITÉ DES BLANCHES

Un fort volume in-18 jésus. — Prix. . . . . 2 fr. 50

SOUS PRESSE

L'AMOUR

ET

LA MUSIQUE

Un joli volume in-18 jésus, illustré de jolies gravures sur bois dessinées
par Geoffroy. — Prix. . . . . 3 fr. 50

Saint-Denis. — Typographie de A. Moulin.

www.ingramcontent.com/pod-product-compliance
Lightning Source LLC
Chambersburg PA
CBHW060137200326
41518CB00008B/1059